Journal
für
die Baukunst.

In zwanglosen Heften.

Herausgegeben

von

Dr. A. L. Crelle,

Königlich-Preufsischem Geheimen-Ober-Baurathe, Mitgliede der Königlichen Akademie der Wissenschaften zu Berlin, Correspondenten der Kaiserlichen Akademie der Wissenschaften zu St. Petersburg und der Königlichen Akademieen der Wissenschaften zu Neapel und Brüssel, Ehrenmitgliede der Hamburger Gesellschaft zur Verbreitung der mathematischen Wissenschaften.

Elfter Band.

In 4 Heften.

Mit dreizehn Figurentafeln.

Berlin.

Bei G. Reimer.

1837.

Inhalt des elften Bandes.

Erstes Heft.

Zweites Heft.

Drittes Heft.

Viertes Heft.

Journal
für
die Baukunst.

In zwanglosen Heften.

Herausgegeben

von

Dr. A. L. Crelle,

Königlich-Preufsischem Geheimen-Ober-Baurathe, Mitgliede der Königlichen Akademie der Wissenschaften zu Berlin, Correspondenten der Kaiserlichen Akademie der Wissenschaften zu St. Petersburg und der Königlichen Akademicen der Wissenschaften zu Neapel und Brüssel, Ehrenmitgliede der Hamburger Gesellschaft zur Verbreitung der mathematischen Wissenschaften.

Elfter Band.

Erstes Heft.

Mit drei Figurentafeln.

Berlin.

Bei G. Reimer.

1837.

1.
Instruction für junge Architekten zu Reisen in Italien.

(Vom Herrn Ober-Baumeister *Engelhard* zu Cassel in Hessen.)

Inhalt.

1. **Einleitung.**

2. **Vorbereitung zur Reise.** Wissenschaftliche Bildung. Theoretische Kenntnisse der Grundregeln der Baukunst im allgemeinen und ihrer verschiedenen Zweige, Kenntnifs der Geschichte der Baukunst, der Geschichte Italiens, der italienischen und der lateinischen Sprache, so wie der classischen Schriftsteller in beiden Sprachen; ferner der besseren Reisebeschreibungen von Italien, und besonders auch der über italienische Gebäude erschienenen Werke und Abbildungen.

   Practische Bildung. Erfahrung in Bau-Ausführungen aller Art. Fertigkeit in verschiedenen Arten zu zeichnen und aufzunehmen.

3. **Wohlsein auf der Reise.** Guter Rath in Absicht auf Reisebequemlichkeit; körperliches Wohlbefinden und Reiseökonomie. Reisegesellschaft. Sicherheit.

4. **Regeln für die Reisestudien selbst.** Art und Weise der Aufsuchung der Merkwürdigkeiten eines Ortes. Aufsuchung der Bekanntschaft unterrichteter Männer und besonders der am Orte wohnenden Architekten. Die Anschaffung des Planes der Stadt. Der Besuch auf dem Thurme. Vorläufige Ansicht, Plan zum speciellen Studium. Zeichnen und Aufnehmen. Vorsicht dabei in politischer Hinsicht. Das Tagebuch oder Reisejournal. Etwaniger Verkauf von Kunstarbeiten. Sammlung von Zeichnungen zu bestimmten Endzwecken. Besuch öffentlicher Orte. Excursionen nach merkwürdigen Gegenständen, die in der Nähe liegen und die sich nicht unmittelbar in die Reiseroute bringen lassen. Custoden und Conservatoren.

5. **Die Reiseroute selbst und die Bezeichnung der wichtigsten Gegenstände der architektonischen Studien an den verschiedenen Orten.** Italienische Gränze zu Pontiebba. Ospidaletto, San Daniele, Spilimbergo, *Pordenone*, Sacile, Co-

negliano, *Treviso.* Ferner Mestre, *Venedig,* Fusine, Stra, *Padua, Vicenza, Verona,* Villafranca, *Mantua. Ferrara. Bologna. Ravenna,* Cesenatico, *Rimini.* Sinigaglia, *Ancona,* Loretto, Macerata, Tolentino, Seravalle, Fuligno, Assisi, Perugia, Passignano, Cortona, Arezzo, *Florenz,* Spoleto, Terni, Narni, *Rom.* Albano, Tivoli, Villa Adriana, Vicoaro, Subiaco, San Benedetto, Veletri, Pontinische Sümpfe, Terracina, Fondi, Itri, Mola di Gaeta, Suessa, Capua, Caserta, *Neapel. Pompeji.* Vesuv. Puzzoli, Bajä, Pästum, zurück nach Rom. Über Ronciglione, Caprarola, Viterbo, Bolsena, Orvieto, *Siena* nach Florenz. *Pisa.* Livorno, Carrara, Sarzana, Lerici, La Spezzia, *Genua. Pavia. Mailand.* Die borromäischen Inseln.

Einleitung.

Die Reise nach Italien ist der Glanzpunct im Lebenslaufe des Architekten, nach welchem er schon als Knabe und Jüngling sehnsüchtig schaut, und der, nachdem er da war, noch einen Lichtschein über sein ganzes späteres Leben wirft. Es ist eine höhere Stufe; wie das Studium auf der Universität.

Alles hat eine Wissenschaft und kann mit mehr oder weniger Vollkommenheit getrieben werden: so auch das Reisen. Es ist freilich nicht zu fürchten, dafs ein Architekt, der zu seiner Ausbildung nach Italien reiset, seinen Zweck ganz verfehlen werde, welchen Plan er auch befolgen möge; denn die Gegenstände, die sich seinen Blicken darbieten, müssen ihm Belehrung und Geistesentwickelung von selbst schaffen, welche dann so mächtig auf ihn wirken dürften, dafs das Bestreben danach bald die vorherrschende Neigung seiner Seele werden möchte.

Wer viele Jahre und mit unbeschränkten Mitteln in diesem Lande der Künste und der Musen leben kann, der wird die Wissenschaft zu reisen von selbst erlernen; aber er wird erst nach einer gewissen Zeit den vollen Genufs des Reiseglückes haben, und ein Vorstudium dieser Wissenschaft würde ihm Zeitverlust erspart haben. Wer dagegen, mit beschränkten Mitteln, nur kürzere Zeit in Italien reisen kann: dem wird der Zeitgewinn um so mehr willkommen sein, welchen er durch ein solches Vorstudium erlangt.

Es kann indessen nicht zweckmäfsig sein, durch Reisevorschriften Jemand in gewisse Formen zwängen und mit Pedanterei ihn hofmeistern zu wollen; jeder Mensch sieht einen eigenen Regenbogen und hat seine eigene Geistesrichtung: ihn in eine andere nöthigen, würde ihn zur Maschine machen und ihm schädlich sein; aber Jeder wird guten Rath nach seiner Individualität benutzen und anwenden.

Um mich nun selbst auf den Standpunct zu setzen, Reisevorschriften mit aller der Vollständigkeit und Fürsorge geben zu können, die ich dem jungen Reisenden zuwenden möchte, habe ich mir seine Persönlichkeit zu vergegenwärtigen gesucht. Ich setze voraus, der Architekt, der die italienische Reise unternehmen will, sei ein junger Mann über zwanzig, bis etwa vier und zwanzig Jahre alt; von früh auf zur Baukunst gebildet, und, nach Erlernung der gewöhnlichen Vorkenntnisse und allgemeiner bauwissenschaftlichen Kenntnisse, mehrere Jahre unter Leitung eines älteren Architekten mit den practischen Arbeiten seines Faches beschäftigt gewesen; habe dann einige Jahre auf einer guten Universität studirt, und sei auch durch Reisen in seinem deutschen Vaterlande mit demselben bekannt geworden; nun aber wolle er durch eine Reise nach Italien seinen Studien die Vollendung oder vielmehr die zunächst liegende Fortsetzung geben.

---

2. Vorbereitung zur Reise.

Um den gröfsten Vortheil von einer Reise nach Italien zu ziehen, wird der Unternehmer derselben solche schon einige Zeit vorher innerhalb der Wände seines Studirzimmers beginnen müssen: ich meine damit die specielle Vorbereitung zu der Reise, die ihm einen Vorgenufs von derselben gewähren wird, wenn er seine Studien in eine stete Beziehung zu derselben bringen will.

Ich brauche nicht zu erinnern, dafs er nicht erst in Italien die Grundregeln der Baukunst müsse erlernen wollen; er mufs es vielmehr so weit gebracht haben, dafs er der Welt bereits als ein unterrichteter und geschickter Architekt nützen kann, und es ist nun seine Absicht, die Grundsätze des Faches, das er erlernt hat, durch die Anschauung der bedeutendsten Gebäude, welche Alterthum und neuere Zeit hervorgebracht haben, zu bewähren und zu prüfen, und sich so schon in der Jugend eine Erfahrung zu erwerben, welche der Architekt, dem es nicht vergönnt ist, die Werke vieler architektonischen Meister zu sehn, erst in einer Reihe von Jahren durch die Versuche, die er selbst oder seine Nachbaren machten, einsammeln kann. Der Reisende will sich eine Ansicht der Tausend und aber Tausend Mittel und Wege erwerben, welche die Baukunst dem Architekten liefert, um ihre Zwecke zu erreichen, und seine Phantasie mit den vielen schönen Erinnerungen bereichern, welche die Gebäude Italiens dem Gedächtnifs aufzubewahren geben. Gar vieles wird hierbei von der Art und Weise abhängen, wie er die Gegenstände ansieht und beurtheilt, und es ist gewissermafsen der Erfolg, welchen die italienische Reise für seine weitere architektonische Ausbildung haben wird, schon zum voraus durch die Grundsätze bedingt, wonach er Dasjenige beurtheilt, was er zu sehn bekommt. Wenn nun gleich nicht zu wünschen ist, dafs er dabei einem starren Systeme folge, und alles was dahinein nicht pafst von sich zurückweise: so ist doch gleichwohl bei der unendlichen Menge von Gegenständen, die bald seine Aufmerksamkeit beschäftigen werden, eine Prüfung derselben nach gewissen Regeln, oder, wenn man lieber will, wie ich schon oben sagte, der Regeln nach den Gegenständen sehr zu wünschen. Ich will z. B. annehmen, er betrachte das Rathhaus einer italienischen Stadt, das in dem romantischen Style des Mittelalters erbauet ist, so würde er dabei schon im Aeufsern so viel Neues von schönen Ornamenten und zierlichen Anordnungen erblicken, dafs er schnell zu seinem Zeichnenbuch greifen und irgend eine schöne Fensterstellung mit ihren Gliederungen und Verzierungen entwerfen möchte, vielleicht aber das Wesentliche des Gebäudes übersehen. Wenn er dagegen, bevor er einer schönen Einzelnheit seine ganze Aufmerksamkeit widmet, sich mit dem Ganzen vertraut macht, also zuerst die innere Einrichtung des Gebäudes, die Bestimmung der einzelnen Theile, die verschiedenen äufseren Einrichtungen und deren Zwecke und ihren innern Zusammenhang zu ergründen sucht: so wird ihm der eigentliche Werth des Gebäudes erst erkennbar und jene schöne Einzelnheit erst recht verständlich werden; er wird das Gebäude, mit allen Theilen, eben so wie es im Geiste seines Erbauers oder dessen Architekten entstand, sich entwickeln sehen und sich die Idee desselben ganz aneignen.

Eben so werden Constructionen aller Art erst dann lehrreich werden, wenn man die Schwierigkeiten der Aufgabe, die gelöset wurde, kennt. Der Reisende gehe z. B. durch die weiten Hallen des Arsenals zu Venedig, um die mannigfaltige Gewerbthätigkeit in demselben kennen zu lernen, so würde er, wenn er kein Architekt wäre, vielleicht dieses und jenes unmittelbar vor Augen stehende Erzeugnifs der dort beschäftigten Arbeiter besehen; es würde ihm aber vielleicht nicht einfallen, sich darüber zu wundern, wie man diese weiten Hallen, unter denen ganze Linienschiffe stehen, mit Dächern und Gebälken bedecken konnte; und diese merkwürdigen Constructionen würden seiner Aufmerksamkeit entgehen, an denen gleichwohl eine Menge von höchst wichtigen Regeln für dergleichen Zusammensetzungen zu prüfen und zu bewähren, oder von neuem zu bilden sind.

Es ist wohl nicht selten der Fall, daſs ein eifriger Reisender, während er reiset, sich den Plan bildet, seine Reise dereinst öffentlich zu beschreiben. Das geschieht freilich hernach nicht immer; indessen möchte ich doch den Vorsatz niemals tadeln; denn er wird den Reisenden bewegen, alles gründlich und gut zu sehn und zu untersuchen, weil er ja dereinst dem Publicum davon Rechenschaft geben will; der Vorsatz wird zugleich eine Veranlassung sein, ein sorgfältiges und vollständiges Tagebuch zu führen, was künftig in der Erinnerung einen groſsen Genuſs und eine reiche Ausbeute liefern kann. Eben so möchte ich rathen, sich auf der Reise vorzunehmen, die vollständigen Materialien wie zu einem Lehrbuche der Baukunst zu sammlen, welches man künftig schreiben wolle. Man bilde sich ein System für dieselben, oder nehme ein vorhandenes System zur Grundlage an, theile z. B., wenn man ein eigenes System befolgen wollte, die Baukunst in vier Theile: in die Constructionskunde, die Verzierungskunst, die Bauökonomiewissenschaft und die Gebäudekenntniſs, und entwerfe sich nun eine vollständige Disposition für die Darstellung der Lehre von jedem dieser Theile, classificire die Constructionskunde nach den verschiedenen Bauhandwerken und diese wieder in Unterabtheilungen nach den bei jedem Handwerke vorkommenden Bauarbeiten. Die Verzierungskunst mag man mit einem allgemeinen Theile, worin ihr Wesen und Ursprung entwickelt wird, beginnen, solche dann nach ihren Mitteln, nemlich Formen, Farben, Baustoffen, Gemälden, Bildhauerarbeiten, Arabesken, Beleuchtung, Vegetation und Wasserkünsten, in verschiedene Capitel theilen, und dann zu einem speciellern Theile übergehn, worin der Vollständigkeit wegen der ägyptischen, altindischen, altgriechischen, persepolitanischen, altrömischen, byzantinischen, arabischen, sogenannten neugothischen, und neuen griechisch-römischen Bauart besondere Abschnitte gewidmet werden, wenn auch schon in Italien von ägyptischen Monumenten nur wenig und von sonstigen orientalischen Bauwerken, einiges arabische ausgenommen, gar nichts vorkommt.

In der Bauökonomiewissenschaft kann man einmal die Materialien und das anderemal das Arbeitslohn berücksichtigen, beide aber unter der

Rubrik der verschiedenen Professionen betrachten, und alsdann wiederum sowohl Materialien als Arbeitslohn aus einem gedoppelten Standpunct ansehn, indem man glaubwürdige Notizen über die in Geld ausgedrückten Werthe der verschiedenen Materialien und Arbeiten an wichtigen Orten und Gebäuden einsammelt und auf der andern Seite wieder gute Erfahrungen über die Verwendung der Arbeitszeit zu denselben aufzuzeichnen bemühet ist.

Ich glaube, daſs Vielen ein solches Studium bei einer italienischen Reise etwas prosaisch vorkommen wird, und es möchten wohl nicht häufig die Reisevorgänger solches getrieben haben: dennoch darf ich dem Reisenden dasselbe nicht erlassen, wegen des groſsen Nutzens für eine künftige practische Laufbahn.

Man möge mich hier nicht miſsverstehn: ich verlange nicht, daſs man keine italienische Stadt verlassen solle, bis man dieselbe vollständig, in Absicht auf alle diese Dinge durchuntersucht hätte; man wird vielmehr schon selbst genugsam beurtheilen lernen, was einer genaueren Untersuchung werth ist, und Unnützes von Wesentlichem zu unterscheiden wissen; denn es ist ein groſser Unterschied zwischen vernünftiger Systematik und starrer Pedanterei; und ich wünsche, daſs der Reisende dieses recht oft bedenke.

Die gröſste Erndte auf dieser Reise hat man aber für den vierten Theil der Baukunst, nemlich für die Gebäudekenntniſs, wie ich denselben genannt habe, zu erwarten, und diese reichste Erndte wird man mit der geringsten Mühe machen. Ich verstehe unter Gebäudekenntniſs nichts anderes als das Verständniſs der äuſseren und innern Einrichtung einer jeden Gebäudeart, nach dem ihr bestimmten Endzwecke, und rathe, daſs man sich ein recht vollständiges Verzeichniſs von allen möglichen Gebäuden entwerfe, mit specieller Angabe alles dessen, was dabei in Absicht auf innere und äuſsere Einrichtung interessant sein kann.

Man vergesse hier nicht, daſs das kleine s i n n i g e Bürgerhaus oft mehr Ausbeute liefern kann, wie der groſse s i n n l o s e Pallast; und kein Gebäude möge man für allzu geringfügig, für allzu prosaisch halten, um nicht bedacht zu werden. Wir haben unzählige Schriften über Palläste aller Art, aber, so viel ich weiſs, noch kein einziges, worin die verschiedenen Arten der Wohnungen und baulichen Bedürfnisse des städtischen Bürgers, so wie des Landmannes, mit einiger Vollständigkeit dargestellt und critisch beleuchtet wären; dennoch möchte ein solches fast nützlicher sein als jene Werke; denn es werden eher hundert Bürger- und Bauernhäuser gebaut, bevor Ein Pallast zu Stande kommt.

Ich würde z. B. ein städtisches Wohnhaus auf folgende Weise in Rubriken bringen.

α. Zergliederung der Abtheilungen des städtischen Wohnhauses:

a) die Hausflure,
b) die Vorzimmer,
c) die Wohnzimmer,
d) die Schlafzimmer,
e) die Versammlungszimmer, Gallerien und Säle,
f) die Speisezimmer,
g) die Geschäftszimmer, mit Beziehung auf die verschiedenen Bedürfnisse des Gelehrten, Künstler, Handwerker, des Staatsmannes und des Kaufmannes,
h) Kaufgewölbe und Laden,
i) Küchen,
k) Vorrathskammern,
l) Keller,
m) Bodenräume,
n) Gesindestuben,
o) Abtritte,
p) der Hof,
q) Remisen,
r) Stallungen,
s) die Treppen.

β. Dimensionsberechnung nach drei Classen:

a) die Zimmer selbst,
b) die Hausthür,
c) Stubenthüren und Fenster,
d) Thore,
e) Oefen und Heitzungen,
f) Schornsteine.

γ. Vereinigung der verschiedenen Theile, und Communicationen.

δ. Mobilien und Hausgeräthe.

η. Hausgärten,

und so alle verschiedenen Theile des städtischen Hauses berührend, und alle sonstige dabei in Beziehung kommende Baulichkeiten, wie z. B. auch Brunnen, Befriedigungen u. dergl. nicht vergessend.

In Absicht auf ländliche Wohnungen wird man gerade in Italien nicht die gröfste Zahl von Erfahrungen einsammeln; aber eben die grofse Abweichung der italienischen Landwirthschaft von der deutschen wird doch zu manchen höchst nützlichen Betrachtungen und zu mehr neuen Gedanken Veranlassung geben, als wenn man nur Nachahmungen oder Wiederholungen schon bekannter Dinge sähe.

Besonders ist es dann auch nöthig, seine Kenntnisse in der Geschichte der Baukunst und den ihr verwandten Künsten und Gewerben zu ordnen und in ein System zu bringen. Ich würde rathen, auch zu diesem Studio Tabellen, und zwar in chronologischer Ordnung, zu entwerfen. Hier werden anfänglich nur Namen und Jahreszahlen stehen. Wenn man nun aber in jeder Epoche die Namen der Gebäude, welche man zu sehn bekommt, einrückt, so wird nach und nach vor der Phantasie des Reisenden ein herrliches Bild der Geschichte der Baukunst entstehn, vor dessen Gröfse man vielleicht vorher zurückschreckt, das aber später immer reizender und interessanter werden wird.

Ich will hier besonders auf die Geschichte des Mittelalters in Italien aufmerksam machen. Die mittelalterliche Bauart, in welcher Italien unzählige, im Norden gar noch nicht bekannte, ja kaum geahndete Schätze besitzt, wird in unseren Tagen von dem Zeitgeschmack immer eifriger aufgenommen, studirt und benutzt; und ich habe bei der Reiseroute, die ich anrathe, Rücksicht darauf genommen. Ganz besonders wichtig ist in dieser Hinsicht Venedig und seine nächste Umgegend auf dem festen Lande, wo dem Reisenden eine vollständige steinerne Baugeschichte, besonders in den vielen Kirchen, vor Augen treten wird, indem dort von der Zeit der Erbauung der St. Marcuskirche an bis zu der neuern Zeit, fast für jedes Viertel eines Jahrhunderts eine bedeutende, prächtige und wohlerhaltene Kirche sich finden läfst; ich glaube man wird hier besonders wohl thun, sich von Manchem, wovon man sich dort gute Abbildungen verschaffen kann, Skizzen zu entwerfen. An Venedig schliefst sich ganz Ober-Italien an. Man wird z. B. hernach Reminiscenzen an die St. Marcuskirche oder an den Pallast des Dogen zu Venedig vielfältig in der ganzen Lombardei antreffen, gleichsam anmuthige Variationen auf dasselbe Thema, welche auch das Angenehme haben, daſs sie das Alter der Gebäude näher bezeichnen.

Malerei und Bildhauerei sind der Baukunst so nahe verwandt, und werden von derselben so oft angewendet, daſs man auch deren Geschichte nicht auſser Acht lassen darf. Die theoretische Vorkenntniſs und die baldige sorgfältige und wiederholte Betrachtung einiger der ersten Gemäldegallerien und Kunstsammlungen werden dieses Studium leicht, angenehm und unterhaltend machen.

Auch in der Geschichte der Gewerbe, welche Beziehungen zu den Gebäuden haben, ist gar manches Interessante zu finden, was wieder über die Geschichte der Baukunst Aufschluſs geben wird. Es ist eben keine groſse Uebung nöthig, um aus der Technik der Steinmetzen und Maurer das Jahrhundert, wenigstens die Hauptepoche zu erkennen, in der ein Gebäude aufgeführt wurde; was zu einem gar willkommnen Hülfsmittel wird, um Restaurationen alter Gebäude, da wo solche sonst dem ursprünglichen Style des Gebäudes angepaſst, wenigstens mit demselben vereinigt sind, zu erkennen.

Eine Schwierigkeit beim Bereisen von Italien, die von den meisten Reisenden nicht genug beachtet wird, ist die Unkenntniſs der italienischen Sprache. Wer die lateinische oder französische Sprache erlernt hat, und sich vor seiner Abreise nach Italien einige Monate lang mit den Grundregeln der italienischen Sprache ernsthaft beschäftigt hat, wird zwar durch einige Monate practischer Anwendung so weit kommen, wegen Essen und Trinken nicht in Verlegenheit zu gerathen, für seine künstlerischen und wissenschaftlichen Forschungen jedoch überall noch Hindernisse und Nachtheile erfahren. Es ist also wesentlich besser, eine vollkommnere Sprachkenntniſs zu besitzen.

So ist die Kenntniſs der classischen Literatur in der italienischen und lateinischen, vielleicht auch in der griechischen Sprache, eine gar wünschenswerthe Sache. Der Architekt sollte keine Gelegenheit dazu versäumen. Haben ihm aber seine übrigen Studien zu wenig Zeit dazu gelassen, so kann er den Mangel durch den Umgang mit Gelehrten und Schriftstellern, sowohl fremden als einheimischen, in Italien eher als in einem andern Lande ersetzen.

Reisebeschreibungen von Italien giebt es viele, und ich brauche nicht erst zu empfehlen, die bessern zu lesen; fast möchte ich rathen, diejenigen, welche zugleich zur Unterhaltungslectüre bestimmt sind, denen vorzuziehen, welche nur eine Aufzählung der Merkwürdigkeiten und eine kalte, wenn gleich gelehrte Beschreibung derselben enthalten; denn es ist unmöglich, davon viel im Gedächtnifs zu behalten: eine Bibliothek aber auf der Reise mitzuführen, wird wenig thunlich sein.

Sehr nützlich, wenn nicht unentbehrlich, ist ein gutes Itinerarium, oder ein sogenannter Wegweiser. Das voluminöse und jetzt auch wohl etwas veraltete Volkmannische oder Lalandische Werk wird man nicht auf allen Excursionen mit sich nehmen können. In Ermanglung eines besondern Wegweisers für Architekten, der meines Wissens nicht existirt, kann ich nur Reichards *Guide des voyageurs en Italie* aus eigner Erfahrung als recht brauchbar empfehlen, und mufs nur erinnern, dafs Reichard für Reisende aller Art schrieb, so dafs man daher im Lande noch gar manches aufser dem darin angeführten finden wird, was für den Architekten speciell interessant ist. Auch Dr. Neigebaurs Handbuch für Reisende in Italien (Leipzig, 1833) kann vorzüglich empfohlen werden; es ist noch neuer und reichhaltiger als Reichards *Guide*. Ein Buch dieser Art ist ganz unentbehrlich; denn es fehlt zwar in Italien nicht an Personen, welche ein Geschäft daraus machen, Fremde herumzuführen; allein einmal ist deren beständiges Geleite sehr kostspielig, und dann mufs man sich auch von ihrer Laune und Bequemlichkeit nicht abhängig machen.

Sehr zu empfehlen sind übrigens Erkundigungen an Ort und Stelle bei sachverständigen Personen, deren man viele in Italien treffen wird. Bekanntschaften mit italienischen Architekten und Gelehrten wird man leicht machen; auch ohne besondere Empfehlungen, die übrigens nie zu verachten sind. Der Italiener hat in seinem Hause selten Gesellschaft; dagegen pflegt er regelmäfsig an jedem Tage Abends ein bestimmtes Caffeehaus oder einen andern öffentlichen Ort zu besuchen, wo er seine Freunde und Bekannten trifft: dahin pflegt er denn auch den Fremden zu bescheiden, und es hat eine solche Zusammenkunft gewöhnlich noch den Vortheil weiterer nützlicher Bekanntschaften.

Gar gut ist es auch, sich mit den Abbildungen italienischer Gebäude bekannt zu machen, bevor man die Reise antritt. Von den antiken Gebäuden geben die Werke von Piranesi, wenn auch nicht immer ganz genau richtige, so doch im Character der ganzen Erscheinung die treusten Vorstellungen; und um die Darstellung der modernen italienischen Gebäude haben sich die französischen Architekten in vielen bekannten Werken, z. B. Percier, Fontaine, Clochard, Durand, Grandjean, Letarouillet u. s. w., so wie die deutschen Architekten Hittorf, Zanth, Stier, Thürmer, Knapp, Guttensohn u. a. wesentliche Verdienste erworben.

Es ist sehr gut, alle diese Sachen zu kennen, wäre es auch nur, damit man dadurch manche unnütze und Zeit raubende Aufzeichnung sparte, sobald man weifs, wo gute Abbildungen zu finden sind; während noch ein grofser Nutzen darin besteht, dafs man ein Gebäude viel besser durch die nochmalige Ansicht wird kennen lernen, wenn man schon vorher dessen Abbilduug studirt hat.

Einen grofsen Schritt in der Vorbereitung zu der italienischen Reise wird der junge Architekt gethan haben, wenn er schon eine Anzahl Jahre bei practischen Ausführungen assistirt hat. Dies scheint sogar durchaus nöthig, nicht etwa weil Theorie und Praxis gar verschieden wären, (was nach meiner Ansicht nur, ein zwar häufiger, aber gar nicht richtiger Gemeinplatz ist, indem eine *gute* Theorie und eine *gute* Praxis meines Dafürhaltens mit einander übereinstimmen), sondern weil der junge Architekt durch die Praxis erst erfährt, worauf es eigentlich bei seinem fernern Studio ankommt, und was Hauptsache und Nebensache ist; weil er ferner dadurch allein die Richtung und das Bedürfnifs seiner Zeit kennen lernt, und auch, weil er, wenn er die einheimische Praxis kennt, die fremde besser zu unterscheiden und zu würdigen im Stande sein wird.

Es darf dem jungen Architekten endlich nicht an Fertigkeit fehlen, Gebäude und architektonische Gegenstände überhaupt, mit Leichtigkeit aufzunehmen und zu zeichnen.

Ich will hierbei auf zwei ganz verschiedene Klippen aufmerksam machen. Es ist einmal sehr gewöhnlich, dafs junge Künstler sogenannte Zwickbücher, nemlich eingebundene weifse Blätter, in bequemem Taschenformat (der Länge nach), bei sich führen, um darin merkwürdige Gegenstände mit leichten Strichen schnell aufzuzeichnen und ihrem Gedächtnisse aufbewahren zu helfen. Ich will dieses nicht tadeln; denn später vergifst sich manches Interessante viel leichter als man glaubt; und nach der Rückkehr, wenn man den Gegenstand nicht mehr erreichen kann, wird Einem jedes Blättchen lieb, da schnell die Erinnerung dadurch hervorgerufen wird: aber ich mufs dabei doch gegen Oberflächlichkeit warnen. Ich habe dergleichen Skizzenbücher gesehn, wo die Gewöhnung des Zeichners an gewisse Formen, für die in der Zeichnenschule seine Hand gelenk geworden war, alles Charakteristische vernichtete: da waren byzantinische und gothische Ornamente unvermerkt zu ähnlichen römischen geworden, und die Eigenthümlichkeiten der Verhältnisse dieser verschiedenen Bauarten verschwanden unter der Maafsgabe derjenigen, welche dem Zeichner einmal bequem geworden waren.

Die entgegengesetzte Klippe ist die Aufnahme vieler specieller und ausgeführter Zeichnungen, wenn die Zeit, welche man an einem Orte zubringen kann, nicht im Verhältnifs damit steht. Der Grundsatz, der hierbei obwaltet, lieber etwas Rechtes als vieles Unvollkommne zu machen, ist gewifs nicht unrichtig; und wenn der Reisende in Absicht auf Zeit und Geld nicht beschränkt ist, so mag er immer anfangen, Alles was ihm neu und merkwürdig erscheint, auf die genaueste und ausführlichste Weise abzuzeichnen und auszumessen. In einem Menschenalter wird er dann freilich mit Italien nicht fertig werden. Wer dagegen nicht die Mittel hat, lange an einem Orte zu bleiben, der mag sich vorsehn, dafs er die Zeit gut eintheile und sie nicht mit mechanischer Zeichnenarbeit verliere. Es werden leichte Entwürfe von diesem und jenem Ganzen oder Theile, einige Hauptmaafse und schriftliche Notizen genügen, um sich das Interessante anzueignen. Nicht selten sind an Ort und Stelle gute Abbildungen wichtiger Bauwerke zu haben, die nicht gerade in den allgemeinen Kunsthandel kommen. Wenn man sich dergleichen sammelt, kann man wieder Zeit sparen, und durch den Vergleich mit den Originalen sie entweder verbessern oder als richtig bewähren.

Es ist nicht selten, dafs man für einen besondern Zweig oder Theil des Faches, dem man sich widmet, eine Vorliebe hegt; was ich nicht tadeln will: oft ist man sich dessen kaum bewufst, und wendet schon unwillkürlich auf den Gegenstand der Neigung einen besondern Fleifs. Es ist nicht nöthig, dafs man sich in dergleichen, auch auf einer Reise, gerade absichtlich und aus Pedanterei darauf beschränke, etwas Ausgezeichnetes zu leisten; hält man den Gegenstand auf der italienischen Reise nur im Auge, so wird man Gelegenheit haben zu irgend einer wissenschaftlichen Arbeit, durch die man vielleicht etwas Vorzügliches leisten wird, um die Vorstudien zu machen; denn es wäre gerade nicht unmöglich, dafs man nun eben in diesem Theile weiter käme, wie die Zeitgenossen. Dagegen möchte ich aber nicht eben rathen, eine solche Vorliebe für einen Theil des Baufaches, wenn sie nicht schon natürlich begründet und vorhanden ist, sich zur besondern Pflicht zu machen.

---

3. Wohlsein auf der Reise.

Dieser Abschnitt müſste eigentlich zugleich von einem Arzt und von einem Gastwirth niedergeschrieben werden; ich glaube neben deren gröſserer Competenz hier nur einige nützliche Erfahrungen niederlegen zu können, und denke durch die Digression den Dank des Reisenden zu gewinnen.

Auch in der Art, den Weg der Reise zurückzulegen soll keine Pedanterei sein. Durch wenig interessante Gegenden reise man je schneller je besser, etwa mit der Eilpost, wo es eine solche giebt; es würde thöricht sein, durch ermüdende Fuſstouren in solchen Gegenden seine Gesundheit auf das Spiel zu setzen; besser, einige Thaler mehr ausgegeben, und dadurch an Zeit und Wohlbefinden gewonnen, um an bedeutenden Orten desto länger zu verweilen. Dagegen würde ich dem jungen Architekten, der gesund und kräftig ist, rathen, sich stets so einzurichten, daſs er, wo es ihm nöthig scheint, seinen Weg zu Fuſs weiter fortsetzen könne; aber nicht, um gleichsam wie ein Bote zu gehn, sondern um das schöne Land mit aller Gemächlichkeit zu durchwandern. Ein junger Künstler braucht nicht viel Gepäck; eine dauerhafte und bequeme, einfache Kleidung, bei welcher besonders auf Festigkeit der Fuſsbekleidung gesehen werden muſs, trägt man an sich; es bedarf keiner zweiten, um unterweges Orte und Personen, die interessant sind, besuchen zu können. Und was braucht man auf der Reise weiter als ein Zeichnenbuch, einen vollen Geldbeutel, etwas Wäsche, und das Itinerarium; was alles in den Taschen, oder allenfalls in einer leichten Jagdtasche stecken kann. Dazu noch einen leichten und zum gehen eingerichteten Stockschirm in der Hand: so ist die Equipage fertig. Einen gröſseren Kleider- und Wäschevorrath, etwa auch einige wenige unverfängliche Bücher, kann man besonders einpacken, um sie durch Spediteure von einem gröſseren Ort zum andern zu senden; wobei ich aber Vorsicht anrathe, da diese Speditionen in Italien äuſserst theuer sind und langsam von Statten gehn, auch wohl ganz ausbleiben. Man mufs den Namen und die Adresse des Spediteurs, an welchen die Sachen gerichtet worden, genau aufschreiben, und wenn man an dessen Wohnort angekommen ist, oft und sorgfältig nachfragen; denn der Spediteur sucht gewöhnlich den Fremden nicht auf, wenn er auch dessen Adresse hätte; wodurch mir selbst und Anderen Monate lange Verzögerungen widerfahren sind.

Es giebt zuweilen Gelegenheit, Reisestrecken zu Wasser zurückzulegen: entweder an den Seeküsten in kleinen Booten und Fahrzeugen, oder auch im Innern, auf Flüssen, in Marktschiffen. Ich kann aus Erfahrung weder zu dem einen noch zu dem andern rathen. Die Küstenfahrzeuge sind unvollkommen eingerichtet, und die Schiffer verlassen sich gewöhnlich auf die grofse Zahl kleiner Häfen und Buchten, die an den Küsten nahe bei einander liegen, und von denen meistens einer rückwärts oder vorwärts zu erreichen ist, wenn man ein Wetter aufsteigen sieht; allein die Gewandtheit und Einsicht dieser Schiffer ist nicht immer besonders grofs, und der Geiz, der mit der Vermeidung einer Gefahr durch Aufenthalt nicht immer einverstanden ist, spricht auch ein Wort mit. Übrigens ist es wahr, dafs der Anblick der italienischen Seeküsten vom Meer aus, besonders durch die vielen kleinen Inseln und Klippen der prächtigsten Gebirgsformationen, meistentheils gar schön ist; davon kann man sich aber auch durch kleine Spazierfahrten auf dem Meere, zu denen ich bei recht günstiger Witterung besonders rathe, eine gute Vorstellung machen.

Auf den Marktschiffen der Flüsse findet man nicht immer gute, im Gegentheil meistens recht üble Gesellschaft, schlechte oder auch gar keine Verpflegung in Verköstigung und Nachtruhe; und dann sieht man vom Lande nichts.

Die gewöhnliche Art, in Italien zu reisen, ist die mit Miethkutschern oder sogenannten Vetturini. Man braucht nur den Platz zu miethen, den man einnimmt. Sobald der Vetturino alle Plätze vermiethet hat, reiset er ab; er sorgt nicht allein für den Transport des Reisenden und seiner Effecten, sondern auch für dessen Nachtquartier und für seine Beköstigung unterwegs, wofür man ihm hernach ein für allemal auf die ganze Reisestrecke eine gewisse Summe zahlt, über welche vorher ein schriftlicher Contract gemacht wird. Gewöhnlich behält sich der Vetturino aufserdem ein Trinkgeld vor, dessen Betrag von der Zufriedenheit des Reisenden abhängen soll; ich habe es zweckmäfsig gefunden, dieses Trinkgeld ausdrücklich zu verweigern, weil man deshalb gewöhnlich Unannehmlichkeiten bekommt, da die Vetturini nie zufrieden zu stellen sind. Giebt man dann dessenungeachtet ein kleines Geschenk, so sind beide Theile zufrieden.

Uebrigens ist diese Reisemethode wenig für Künstler geeignet. Der Vetturino bricht vor Sonnenaufgang auf, und ruhet um Mittag, und nicht grade an den Orten, welche den Reisenden am meisten interessiren, sondern an solchen, die seinem öconomischen Interesse zusagen. Dann bleibt er wieder unterwegs bis Sonnenuntergang, oder später. Dabei sind die Wagen geschlossen; und so sieht man von den Gegenden und Orten, durch welche man kommt, wenig oder nichts, wenn man nicht einen bestimmten Aufenthalt an gewissen Stellen im Contract ausdrücklich vorbehalten hat; was aber nicht so leicht geht, weil nicht immer alle Passagiere damit einverstanden sind.

Ein solcher Vetturino legt des Tages etwa 12 gute Wege-Stunden zurück, und man rechnet, daſs man ihm auf den Tag, für Transport, Quartier und Kost ungefähr 2 Scudi, etwas über 4 schwere Gulden (2 Rthlr. 20 Sgr.) für die Person bezahlt. Dieser Preis scheint sich seit zwanzig Jahren nicht verändert zu haben.

Noch giebt es eine andere Reisemethode, die ich mehrmals erprobt und sehr bewährt, auch besonders für junge Künstler passend gefunden habe. Es finden sich nemlich in allen gröſseren italienischen Städten kleine Fuhrwerke, die den bekannten Tilbury's ähnlich, wenn auch minder zierlich sind. Sie sind einspännig und zweisitzig. Der Führer stellt sich entweder hinten auf, oder sitzt auf einem nicht gar bequemen Platz an der Scheere, von wo er ohne Aufenthalt abspringt und zu Fuſs geht, wenn der Weg bergauf führt. Es ist dabei hinter dem Sitz so viel Raum, daſs man einen Coffer oder ein Paar Mantelsäcke aufbinden kann. Freilich ist man gegen Regen und Staub nicht geschützt; aber man ist stets im Stande, sich nach allen Seiten umzusehn, und diese Fuhrwerke sind ungemein wohlfeil; dabei macht der Vetturino noch den höflichen Diener des Reisenden. Erwogen, daſs der Transport des Reisegepäcks durch Spediteure in Italien so sehr theuer und weitläufig ist, glaube ich fast, daſs, wenn zwei Personen zusammen ein solches Fuhrwerk, welches *Calessa* oder *Sediola* genannt wird, miethen, sie nicht viel theurer reisen, als wenn sie zu Fuſs gehn und das Gepäck durch Spediteure senden.

In dem Falle, daſs man mit einem Vetturino reiset und demselben die Verköstigung u. s. w. überträgt, hat man mit Wirthen u. dergl. nichts zu thun. Wenn man aber auf andere Art reiset, so ist es klug, und wird nicht unschicklich sondern sehr gewöhnlich befunden, mit den Wirthen zu accordiren. Man fragt, bevor man abpacken läſst, „was zahle ich für Kost und Quartier?" Darauf ist gewöhnlich die Antwort: „Sie haben bei mir keinen Accord nöthig; ich bemühe mich stets alle Gäste billig und gut zu behandeln." Hierdurch läſst man sich aber nicht irre machen, sondern erwiedert, es sei dennoch besser, zu accordiren: denn so sei der Eine und der Andere zufrieden. Nun sagt der Wirth, es komme darauf an, wie man bedient sein wolle. Antwort: „*alla mercantile*" wie reisende Kaufleute, was gut und verhältniſsmäſsig billig ist. Man rechnet dann für Kost und Quartier etwa ½ Scudo (etwas über 16 Gr.) für den Tag; auch wohl etwas mehr. Wer dagegen als *Signore* behandelt sein will, der wird es nicht viel besser haben, aber viel mehr bezahlen müssen. Ich habe mir gewöhnlich insbesondere die gröſste Reinlichkeit in Absicht auf das Nachtquartier (Bett) vorbehalten: eine Vorsicht, der ich es zuschreibe, daſs ich gar nicht von Ungeziefer incommodirt worden bin, worüber die Reisenden sonst so sehr klagen. Uebrigens nehmen manche Wirthe und Vetturini den Reisenden gern sehr viel mehr ab, als billig ist; man muſs sich also zum Voraus bei Sachverständigen nach den Preisen erkundigen und danach handeln.

In Absicht auf den Geldtransport hatte man mir empfohlen, statt der Wechsel einen Creditbrief auf die gröſseren Städte mitzunehmen. Der Creditbrief lautete auf eine bestimmte Summe, und jeder Bankier notirte, was ich empfangen hatte: eine Einrichtung die ich sehr bequem gefunden habe; nur daſs dergleichen Creditbriefe nicht so leicht, am wenigsten in kleinen Städten, zu haben sind. Es existirt auch noch eine andere, mir sehr vortheilhaft scheinende Einrichtung; es giebt nemlich eine Gesellschaft von Bankiers, die aus sehr angesehenen Männern in allen Hauptstädten von Europa besteht; wer sich an einen derselben wendet, kann für den Werth der Einlage eine Anzahl Actien, wenn ich nicht irre jede zu fünf Pfund Sterling, haben, und erhält nun ein Verzeichniſs der Mitglieder der Gesellschaft, bei deren jedem er die Actien nach Belieben wieder in Geld umsetzen kann; auch finden sich leicht andere Bankiers oder Kaufleute, die dergleichen Actien auszahlen, wenn sie auch nicht zur Gesellschaft gehören. Sehr wesentlich ist es, besonders für Italien, daſs man Wechsel oder Creditbriefe stets in Geldsorten ausstellen läfst, die an den beiden Orten, wo der Wechsel ausgestellt ist und wo er eincassirt werden soll, Cours haben. Ich habe mich sehr wohl dabei gefunden, dafs ich Franken dazu wählte; denn überall gilt Silber und Gold, welches einen bestimmt ausgesprochenen Werth in Franken hat (z. B. Napoleonsd'or, Laubthaler). Man zahlt dieselbe Sorte, die man wieder empfängt, und ist also im Klaren; die Bankiers sind aber nicht immer damit einverstanden, und ich habe Fremde in *Rom* versichern hören, dafs sie durch die Coursberechnungen an 10 Procent verloren hätten.

Wer so glücklich ist, einen gleichgesinnten und gleichgestimmten Reisegesellschafter zu finden, ist zu beneiden; ich setze bei zusammenreisenden Künstlern voraus, dafs sie von gleichem, oder wenigstens verwandtem Fache sind. Unpassende Reisegesellschaft ist dagegen ein grofses Uebel; selbst gar keine ein kleineres, da man jetzt in Italien überall Landsleute und Künstler findet, an die man sich unterwegs häufig anschliefsen und dadurch Kosten sparen und Ideen-Austausch gewinnen kann.

Clima und Lebensmittel sind zwar in Italien von denen in Deutschland sehr verschieden, sagen aber dem Deutschen gewöhnlich aufserordentlich zu; aber darin liegt eben die Gefahr, indem leicht das höhere körperliche Wohlbefinden dazu verleitet, Vorsichtsmaafsregeln zu vernachläfsigen, die von wohlmeinenden Eingeborenen dem Fremden ertheilt werden. Man glaubt sich durch die vermeintlich stärkere deutsche Leibesbeschaffenheit zu geringerer Vorsicht berechtigt, und mufs dann gewöhnlich dafür büfsen; wenigstens war ich in diesem Falle mit der sogenannten *aria cattiva* oder schlechten Luft in *Rom*, hinsichtlich welcher ich die Warnungen gering geachtet hatte und mir nun ein heftiges Wechselfieber zuzog, was sich nach Jahren noch in Deutschland wiederholte.

Eben so ist Vorsicht im Genufs des sehr wohlfeilen und wohlschmekkenden Weins, besonders dem Kranken, nöthig; das Uebermaafs macht nicht sowohl trunken, als vielmehr krank.

Gefährlich ist auch besonders der Genufs von Eis, der unmittelbar ein Wechselfieber zur Folge haben kann.

Um in Italien des Nachts gut zu schlafen, mufs man Abends spät, besonders in *Rom*, nur wenig essen; auf der Reise hält man die Hauptmahlzeit um fünf oder sechs Uhr Abends, und hat also noch Zeit, sich nach der Mahlzeit Bewegung zu machen.

Die Italiener haben gewöhnlich eine besonders liebreiche Fürsorge für einen, selbst ganz fremden Kranken; besser ist es aber doch, nicht krank zu werden, um so mehr, da dort die häufigsten Krankheiten gewöhnlich heftig und gefährlich sind.

Auch in dieser Beziehung sind Empfehlungsbriefe wichtig, deren man überhaupt nicht zu viel haben kann, und mit denen man leicht reichlich versehn wird, da sie sich unterwegs vervielfältigen. Man erhält z. B. einen Empfehlungsbrief an ein angesehenes Haus in Wien, welches nun wieder Empfehlungsbriefe für mehrere italienische Städte giebt u. s. w.

Es wird viel von der Unsicherheit und Gefährlichkeit des Reisens in Italien erzählt; es ist indessen damit nicht so schlimm; die Gewohnheit, jedem Morde, der im freien Felde geschehen ist, durch ein schwarzes Kreuz auf viele Jahre hin gleichsam ein Monument zu setzen; die Neigung der Italiener für tragische Geschichten, welche sie alle dergleichen Ereignisse, und wenn sie sich auch schon vor zwanzig und dreifsig Jahren oder länger zugetragen haben, nicht leicht vergessen läfst, so dafs man oft solche alte Geschichten anhören mufs; endlich die aufserordentlich grofse Aengstlichkeit der Italiener selbst, mögen wohl mehr als billig ist die Sache vergröfsern. Es ist indessen wahr, dafs es unsichere Gegenden giebt, in denen man vorsichtig sein mufs; und überhaupt giebt es allgemeine Vorsichtsmaafsregeln, die man sehr wohl thut, immer zu beobachten. Dahin gehört, dafs man unterwegs niemals viel Geld oder Kostbarkeiten vor fremden Personen blicken lasse, besonders aber, dafs man in Italien nicht bei Nacht reise, wozu man durch die milde Temperatur der Nächte leicht versucht wird. Deshalb ist auch das Reisen mit dem sogenannten Postcourier, welcher Tag und Nacht unterwegs ist, das gefährlichste. Der Vetturino eilt stets, vor Anbruch der Nacht an Ort und Stelle zu kommen, weil er nicht nur fürchtet, selbst etwas zu verlieren, sondern weil auch durch eine Beraubung seiner Passagiere sein guter Ruf gefährdet wird, da man immer geneigt ist, an Verrath zu denken. Hört er etwa, dafs die Weiterreise gefährlich sei, so bleibt er an dem Orte, wo er es hört, bis sich mehrere Vetturini einfinden, die dann zusammen die Reise antreten. Am gefährlichen Orte steigen dann die männlichen Passagiere aus und folgen den Wagen, indem sich jeder so gut als möglich bewaffnet. Was übrigens die Bewaffnung betrifft, so ist das Tragen von Dolchen bei den höchsten Strafen (irre ich nicht, selbst bei Lebenstrafe) in Italien, wenigstens im Kirchenstaate, verboten.

Wer zu Fuſs reiset, hat in Italien nichts von Räubern zu fürchten; am wenigsten, wenn er in den Gasthäusern öconomisch lebt; denn Verrath irgend einer Art geht wohl immer einem Raubanfalle voran.

Noch ist zu bemerken, daſs es in Italien nicht an Gelegenheit fehlt, besonders bei den übermäſsigen Forderungen der Wirthe und Miethskutscher, allerhand Streit und Händel sich zuzuziehen. Der Italiener läſst sich mit Worten viel sagen; nur soll man sich nie erlauben, was indeſs auch eigentlich nie ein gebildeter Mann sich erlauben wird, denselben thätlich zu miſshandeln; die leichteste beim Wortwechsel Statt findende thätliche Berührung setzt den Italiener in Wuth, und dann antwortet er häufig nicht mit Schlägen, sondern mit Messerstichen.

---

4. Regeln für die Reisestudien selbst.

Wenn man an einen Ort ankommt, dessen Merkwürdigkeiten man sehen will, so ist wohl das nächste, das Itinerarium zur Hand zu nehmen, und die Merkwürdigkeiten darin aufzusuchen. Wer dann die Mittel hat, einen Lohnbedienten, Cicerone oder Antiquario anzunehmen, und mit demselben erst alles einmal durchzusehn, um das dabei Ausgewählte weiter zu betrachten und zu studiren: der wird allerdings am besten wegkommen; indessen gewährt das Ableiern der Beschreibungen der Lohnbedienten keinen groſsen Genuſs; man bekommt auch viel Lügen zu hören, und es sind diese Leute immer in einem gewissen Grade einseitig. So ist denn die Bekanntschaft unterrichteter Männer, und besonders der am Orte wohnenden Architekten, nützlicher und wünschenswerther; auch, wie bemerkt, gewöhnlich leicht zu machen. Durch die übermäſsigen Forderungen vieler Wirthe und Vetturini wird der Reisende leicht versucht, die Italiener überhaupt für sehr eigennützig, ja betrügerisch zu halten: dieses wäre aber, meiner Erfahrung nach, ungerecht. Man findet in den gebildeteren Ständen sehr viele rechtliche und brave Menschen, und eine, in Deutschland schwerlich so häufige, uneigennützige Freundlichkeit und Gefälligkeit gegen Fremde.

Alles dieses findet sich leicht, wenn man nur nicht gar zu eilig ist, und nicht, wie viele Reisende, das Weiterreisen, statt des Reisens selbst, als Endzweck betrachtet. Es ist überhaupt zu wünschen, daſs man den

Grundsatz, nur nicht zu sehr nach *Rom* zu eilen, sondern das viele, ungemein Interessante und Wichtige, was sich unterwegs findet, wohl zu studiren, als eine Hauptregel dieser Instruction betrachten möge. Es würde sehr irrig sein, zu glauben, dafs von allem Interessanten, was in Italien zerstreut ist, Gleiches in *Rom* vorhanden sei. *Rom* ist z. B. nicht reich an Gebäuden des Mittelalters, von welchen das Venetianische, und die Lombardei überhaupt, so vieles Herrliche besitzen. Dabei bemächtigt sich des Künstlers, der erst einmal *Rom* gesehen hat, ein eigenes Gefühl, das wir nicht seinen Fortschritten günstig nennen können: es ist nicht gerade Uebersättigung mit Kunstanschauungen, nicht Abspannung, auch nicht die Empfindung, das Vollkommenste gesehen zu haben; noch weniger aber ist es ein productiver Enthusiasmus, eine fruchtbare Begeisterung: sondern es ist wohl am nächsten jener Gemüthsstimmung ähnlich, aus welcher Salvandy's berühmter Ausspruch hervorgegangen zu sein scheint, dafs das gröfste Glück, die süfseste Freude des Lebens, in dem Triumph über grofse Schwierigkeiten, über Leiden und Widerwärtigkeiten liegt. Hat man erst einmal *Rom* gesehen, so ist kein höheres Ziel mehr aufzustellen: man fühlt sich auf einmal gleichsam ernst und alt geworden.

Aber ganz anders ist es auf dem Wege dorthin. Jeder neue Gegenstand scheint eine Staffel zum Weiterkommen zu sein, und die Freude über denselben wird durch die Aussicht in die Zukunft gesteigert. Man sollte ein ganzes Leben lang nach *Rom* reisen, es aber nie erreichen. Wer auf der Reise dahin ist, gleicht Demjenigen, der einen hohen Berg hinaufsteigt, von dessen Gipfel er die schönste Aussicht erwartet und schon im allmäligen Emporklimmen bei jedem neuen Anblick, der sich ihm aufthut, freudig aufjauchzt: ist er aber einmal auf der Höhe gewesen, und steigt wieder herab, so werden ihm die neuen Aussichten, die sich ihm da eröffnen, wenig Theilnahme mehr abgewinnen, und wären sie auch noch so schön.

Doch zur Sache. Es wird sehr nützlich sein, sich den Plan der Stadt, in welche man kommt, wenn ein solcher existirt, zu verschaffen. Mit demselben in der Hand auf einen Thurm zu steigen, nach jenem englischen Grundsatz, ist nicht unzweckmäfsig, wäre es auch nur, um von der Lage der Stadt, von ihrem Verhältnifs zur Umgegend, und dadurch von manchen örtlichen Beziehungen der Gebäude-Anlagen einen richtigen Begriff zu erhalten. Alsdann aber rathe ich doch immer noch, sich erst eine allgemeinere Ansicht der Gegenstände zu verschaffen, bevor man zu den speciellen Studien übergeht, die man dann nach der Zeit, welche Einem vergönnt ist, einrichten und dazu einen mehr oder weniger ausgedehnten Plan entwerfen kann.

Ueber die Art des Zeichnens und Aufnehmens habe ich mich schon oben geäufsert. Man sollte auch nicht allzu sparsam mit Ausmessungen, besonders von Grundrissen sein. Bei vielen Gebäuden genügt es, die Hauptmasse einzutragen, und Anderes in die Auftragung mit freier Hand einzuzeichnen. Wenn man sich einen Arbeiter, allenfalls einen Knaben, zum Mefsgehülfen nimmt, so verliert das Geschäft vieles von seiner Beschwerlichkeit; und diese Hülfe wird mit geringen Kosten zu erhalten sein.

Noch will ich bemerken, dafs man aus politischen Rücksichten beim Zeichnen einige Vorsicht anzuwenden hat; ich habe mir mehrmals Unannehmlichkeiten, ja selbst Arrestationen dadurch zugezogen, dafs ich Ansichten von Gebäuden und Gegenden zeichnete, welche Fortificationen enthielten, die ich eben so wenig in einem alten, landhausartigen Thurme, wie in einem aufgeworfenen Erdhaufen vermuthen konnte. In beiden Fällen befreite mich nur mein gut in Ordnung gehaltener Pafs von gröfserem Nachtheil. Ich will daher bei dieser Gelegenheit darauf aufmerksam machen, dafs ein gut visirter Pafs, besonders für einen Reisenden zu Fufse, in Italien durchaus keine Nebensache ist. Uebrigens ist es in Italien so sehr gewöhnlich, dafs Künstler Gebäude und Landschaften zeichnen, dafs zwar Vorsicht nöthig ist, aber dafs man dabei doch auch gerade nicht ängstlich zu sein braucht.

Die Führung eines Tagebuchs oder Reisejournals ist eine, besonders im Anfange beschwerliche, aber doch ungemein nützliche und später, vorzüglich nach der Rückkunft, sehr dankbare Sache.

Das Beschwerliche in dessen Führung entsteht daraus, dafs man des Morgens früh, sei es, dafs man mit einem Vetturino reise oder zu Fufs gehe, immer mit dem Tage aufbricht, um während der Mittagshitze nicht unterwegs zu sein, und vor Nacht einkehren zu können. Man hat also des Morgens keine Zeit zum Tagebuch; um Mittag will man den Ort, wo man sich befindet, während des kurzen Aufenthaltes sehn: es bleibt also nur der Abend übrig; aber die Ermüdung nach so einem italienischen Reisetage, wo der Körper durch die Hitze und Bewegung, der Geist durch die vielfältigen Eindrücke nicht wenig abgemattet ist, ist keine Kleinigkeit; und wird sie auch überwunden, so möchte doch das Tagebuch selbst darunter etwas leiden. Aber alles das fällt weg, wenn man nicht allzu schnell reiset, nicht nach *Rom* eilt, statt Italien zu bereisen. Dann kann man das Tagebuch als eine Hauptsache betrachten, dem man die beste Zeit des Tages widmen darf. Man kann den Tag über auf jedem Blättchen Papier, auf welches man Datum und Ort obenan setzt, die verschiedenen Gegenstände durch einzelne bezeichnende Worte andeuten, an welche sich hernach die Erinnerung knüpft, so daſs man, wenn die Zeit zur ausführlichen Aufstellung des Tagebuches, (was übrigens kurz und bündig sein, aber viele Gegenstände enthalten soll), fehlt, immer noch einige Tage nachher dasselbe vervollständigen kann.

Da hier von Beschäftigungen unterwegs die Rede ist, so erinnert sich's an einen Irrthum, welcher bei reisenden jungen Künstlern nicht ungewöhnlich ist: nemlich daſs Mancher glaubt, durch den Verkauf von Kunstarbeiten, die er unterweges verfertigen will, die Reisekosten ganz oder zum Theil aufzubringen. Dieses ist ein übler Plan. Es wird in der That kein junger Künstler, dem es um seine Ausbildung zu thun ist, nach Italien reisen wollen, bloſs um sagen zu können, er sei da gewesen. Wer nun aber dort aufrichtig studirt, der hat keine Zeit, Kunstarbeiten zu machen, und auch, wenn er nicht etwas sehr Ausgezeichnetes liefert, keine Gelegenheit, sie zu verkaufen; denn wenn schon die Concurrenz der Käufer in *Rom*, *Neapel* und *Florenz* sehr viel gröſser ist, als an andern Orten, so ist doch auch die Concurrenz der Verkäufer, und zwar ausgezeichneter und berühmter Verkäufer, nemlich der dort lebenden und wohnenden Künstler, besonders in *Rom*, auſserordentlich groſs, und viel gröſser als irgendwo anders. Ein anderes ist es mit der Vorbereitung zu Arbeiten, die künftig nach der Rückkunft nützlich und einträglich werden können. Eine jede gute Studienzeichnung und jede zweckmäſsige Untersuchung und Ausmessung muſs mehr oder weniger dazu dienen können; auch kann die Sammlung und der Ankauf von seltenen Abbildungen und Kunstarbeiten, wozu sich immer noch Gelegenheit findet, ein Gewinn für die Zukunft sein: es gehört aber dann auch eben deshalb zu einer Reise, von welcher man auch Geldgewinn ziehen will, mehr Geld zur Auslage, als die Reisekosten; nicht aber weniger.

Noch will ich bemerken, daſs es nicht genug ist, das todte Italien kennen zu lernen. Die Bekanntschaft mit dem lebenden gehört ebenfalls zu dem Kunststudio. Es ist deshalb nöthig, aufser den Kirchen auch Theater, öffentliche Feste und Spiele u. s. w. zu besuchen; wobei manches Schöne zu lernen ist. Besonders gut verstehen sich die Italiener auf Anordnung öffentlicher Feste; auf Illuminationen, Feuerwerke etc.

Das Wichtigste bei dem Reisestudio ist endlich eine gute Reiseroute, die ich in dem folgenden Abschnitte zu geben bemühet sein werde. Bevor ich aber dazu übergehe, will ich bemerken, dafs es nicht wohl thunlich ist, alles auf der italienischen Reise Merkwürdige in einen Reizezug zu bringen, so dafs man niemals einen Rückweg nach demselben Orte zu machen hätte. Es werden also auch Rückwege angegeben werden. Aufserdem bleiben manche Excursionen oder kleine Abstecher nach benachbarten Orten zu machen, deren ich viele bezeichnen werde, deren aber noch mehr vorkommen können, und womit man nicht sparsam sein mufs.

Die grofse Menge von Fremden, welche täglich Gebäude, Villen und Kunstsammlungen zu sehen wünschen, und die gütigen Gesinnungen der Eigenthümer gegen die reisenden Fremden, haben überall sehr bequeme Einrichtungen für das Sehen von dergleichen hervorgebracht; und nur selten wird man dabei Schwierigkeiten finden. Die Palläste und Villen werden gewöhnlich von alten Dienern der Eigenthümer, welche Diener man Custoden nennt, gezeigt. Man findet in ihnen sehr höfliche und zuvorkommende Leute, die auch in ihren Ansprüchen auf eine Geld-Belohnung sehr bescheiden sind. In *Rom* erhält ein solcher Custode, dafür, dafs er den Eingang zu einer Villa öffnet, gewöhnlich eine kleine Münze, die noch nicht zwei gute Groschen ausmacht, von jeder Person; ein gleiches wird in Rom für den Einlafs in das vaticanische Museum bezahlt. Wenn man sich aber von dem Custoden führen und das Nöthige erklären läfst, so zahlt man mehr, und wohl nicht weniger als das vierfache; man kann aber dabei sparen, wenn man sich an andere Reisende anschliefst; was noch den wichtigen Vortheil einer gegenseitigen Mittheilung und vielseitigen Beobachtung hat, so wie den Nutzen, dafs sich der Custode mehr Mühe giebt, alles vollständig zu zeigen und zu erläutern. Mit Custoden mufs man die Conservatoren, unter deren höherer Aufsicht gröfsere Museen und Kunstsammlungen stehen, nicht verwechseln. Letzteres sind gelehrte und oft sehr ausgezeichnete Männer.

(Die Fortsetzung folgt im nächsten Hefte.)

2.
Practische Abhandlung über Dampfwagen auf Eisenbahnen.

(Vom Herrn Chev. *F. M. G. de Pambour.*)

(Fortsetzung von No. 2. Heft 1., No. 9. Heft 2., No. 11. Heft 3. und No. 14. Heft 4. des vorigen Bandes.)

Sechstes Capitel.
Von verschiedenen Nebentheilen der Dampfwagen und ihren Wirkungen.

Abschnitt I.
Vom Regulator.

§. 69.
Wirkung des Oeffnens des Regulators.

Der Nebendinge oder Vorrichtungen, welche einen mehr oder weniger beträchtlichen Einfluſs auf die Wirkung von Dampfwagen haben, und welche folglich näher betrachtet werden müssen, sind insbesondere drei: der Regulator, das Blaserohr, und das Voreilen des Gleitventils; von welchen wir nun der Reihe nach reden wollen.

Wir haben schon bemerkt, daſs die Röhre von dem Kessel nach den Cylindern ganz oder theilweise vermittelst eines Hahns oder Regulators verschlossen werden kann. Wenn der Regulator ganz offen ist, so strömt der Dampf so frei in die Cylinder, als es der Querschnitt der Röhre, durch welche er gehen muſs, gestattet. Dann ist die Geschwindigkeit so groſs, als es bei der Dampf-Erzeugungskraft der Maschine möglich ist. Wird vermittelst des Regulators die Durchgangs-Oeffnung für den Dampf ein wenig verkleinert, so mag der Dampf im Anfange geschwinder strömen, und so noch aller erzeugte Dampf entweichen. In diesem Falle wird die Wirkung die nemliche bleiben wie vorhin. So lange der Durchgangs-Querschnitt nicht zu der Dampferzeugung aufser Verhältnifs ist, wird die Wirkung der Maschine nicht vermindert werden.

Führt man indessen mit der Verengung der Durchgangs-Oeffnung fort, so wird sie zuletzt nothwendig so klein werden, dafs ein wesentliches Hindernifs für die Zulassung des Dampfes entsteht. Von da an wird also blofs ein Theil des im Kessel erzeugten Dampfes in die Cylinder gelangen können, und folglich wird in eben diesem Verhältnifs die Wirkung vermindert werden.

Wir haben die Dampfmasse, welche die Maschine in der Zeit-Einheit in die Cylinder zu liefern vermag, ihre wirksame Dampf-Erzeugungskraft genannt, und wir sehen nun, dafs die Stellung des Regulators eine Verminderung dieser Dampf-Erzeugungskraft zur Folge haben kann. Die obige Formel zeigt, warum die Kraft vermindert wird.

Die Erfahrung bestätigt es, dafs von einer Maschine eine und dieselbe Ladung mit verschiedener Geschwindigkeit fortgezogen werden kann, je nach der Verengung und Erweiterung der Oeffnung des Regulators. Darauf beruht die auf der Liverpooler Eisenbahn gewöhnliche Methode, zu verhindern, dafs leichte Ladungen mit gröfseren Geschwindigkeiten fortgetrieben werden, als es die Sorge für die Erhaltung der Maschine, der Fuhrwerke und der Bahn selbst gestatten. Diese Art die Geschwindigkeit zu reguliren ist in so weit gut, dafs man, wenn auf der Bahn irgend eine geringe Steigung oder sonst irgend ein Hindernifs vorkommt, durch Oeffnen des Regulators und gleichzeitiges Anfachen des Feuers der Maschine wieder ihre volle Kraft zu geben und sie in Stand zu setzen vermag, das Hindernifs ohne Verminderung der Geschwindigkeit zu übersteigen.

Es mufs also die Gröfse der Oeffnung des Regulators in Betracht gezogen werden, wenn man sich der Wirkuug der Maschine vergewissern will. Aus diesem Grunde haben wir bei dem obigen Bericht über unsere Versuche den Stand des Regulators angemerkt. Es wäre gut gewesen, wenn der Zeiger des Regulators einen graduirten Kreis gehabt hätte, um vermittelst desselben die Gröfse der Oeffnung genau zu messen und damit die Wirkung der Maschine zu vergleichen. Wegen des Mangels des graduirten Kreises konnte die Oeffnung nur näherungsweise geschätzt werden.

§. 70.

Von den Dampfröhren.

Berücksichtigt man ferner das, was die freie Bewegung des Dampfes betrifft, so zeigt sich, dafs von zwei, übrigens ganz ähnlichen Maschinen diejenige im Vortheil sein mufs, deren Dampfröhren einen gröfsern Querschnitt haben. Indessen ist es offenbar, dafs über eine gewisse Gröfse dieses Querschnitts hinaus, die für den Durchgang alles Dampfes, den der Kessel zu entwickeln vermag, und der für die gröfste Geschwindigkeit der Maschine hinreichend ist, nichts mehr durch die weitere Vergröfserung des Durchgangs-Querschnitts gewonnen werden kann. So kommt es denn, dafs, wie eben vorhin bemerkt wurde, der Durchgangs-Querschnitt bis zu einer gewissen Grenze ohne einen Verlust an der Wirkung sich verringern läfst; wenn nemlich der Querschnitt ursprünglich gröfser war, als nothwendig.

Die Erfahrung hat den angemessenen Querschnitt der Dampfröhren bestimmt, und der Erfolg würde ihn, wenn man nicht darauf achtete, bald anzeigen; denn sollte z. B. eine mit ihrer gröfsten Geschwindigkeit sich bewegende Maschine doch noch Dampf durch ihre Sicherheits-Ventile ausströmen lassen, so würde es ein Zeichen sein, dafs der Durchgangs-Querschnitt für die Dampf-Erzeugungskraft des Kessels zu klein sei.

§. 71.

Tafel der Maafse der Dampfröhren einiger Liverpooler Dampfwagen.

Es giebt also für die Dampfröhren einen der Dampf-Erzeugungskraft der Maschinen und den Maafsen des Kessels angemessenen Querschnitt. Wir geben daher hier den Durchmesser der Dampfröhren derjenigen Maschinen an, mit welchen wir experimentirt haben, so wie auch einiger anderen, deren Maafse man im Anfange dieser Schrift findet. Die Dampfröhren, von welchen die Rede ist, sind diejenigen, welche den Dampf von dem Kessel nach den Gleitventil-Kammern leiten. Der Querschnitt der Röhren, welche ihn weiter in das Innere der Cylinder führen, hat die nemliche Gröfse, obwohl eine verschiedene Form, z. B. 1 Zoll Breite und 7 Zoll Länge; was den nemlichen Querschnitt giebt, wie eine kreisförmige Röhre von 3 Zoll Durchmesser.

Durchmesser der Dampfröhren einiger Dampfwagen auf der Eisenbahn zwischen Liverpool und Manchester.

Namen der Dampfwagen und Zahl ihrer Construction.	Durchmesser des Cylinders.	Länge des Kolbenlaufs.	Heitzfläche		Innerer Durchmesser der Dampfröhren	Anmerkungen.
			für die strahlende Wärme.	für die mitgetheilte Wärme.		
	Zoll.	Zoll.	Quadratfuſs	Quadratfuſs.	Zoll.	
Samson No. 13.	13,60	15,54	37,91	393,19	3,16	Diese Maschine wird jetzt hergestellt und bekommt 2,91zöllige Dampfröhren.
Goliath No. 15.	13,60	15,54	38,01	383,84	3,16	
Atlas No. 23.	11,65	15,54	53,82	205,49	3,16	
Vulcan No. 19.	10,68	15,54	32,56	289,90	3,40	
Fury No. 21.	10,68	15,54	31,00	289,90	3,40	
Vesta N. 24.	10,80	15,54	43,38	241,52	3,16	
Leeds No. 30.	10,68	15,54	32,60	289,90	3,40	
Firefly No. 31.	10,68	17,48	41,41	341,98	2,91	

Abschnitt II.

Vom Blaserohr.

§. 72.

Bei der Beschreibung eines Dampfwagens haben wir gesagt, daſs der Dampf, nachdem er in den Cylindern seine Wirkung geth nicht, in den Schornstein ausströmt. Dieses Ausströmen geschieht stoſsweise, durch eine aufwärts gebogene Röhre mit enger Mündung, welche mitten im Schornstein liegt. Fig. 5. zeigt dieselbe; sie ist das sogenannte **Blaserohr.**

Der Dampf, nachdem er die Luftsäule vor sich hergedrängt hat, welche den Eingang in den Schornstein füllt, läſst stoſsweise einen leeren Raum hinter sich. Dieser Raum wird unmittelbar von der äuſseren Luft wieder angefüllt, welche durch die Esse eindringt, um den Raum einzunehmen. Nach jedem solchen Stoſse, oder gleichsam Athemzuge, wird das Feuer und die Kraft der Hitze angefacht.

Diese Wirkung ist derjenigen zweier Blasebälge ähnlich, welche fortwährend das Feuer anblasen; und das auf die beschriebene Weise künstlich erzeugte Blasen in das Feuer ist für den Gang der Maschine so nothwendig, daſs dieselbe, wenn etwa zufällig das Blaserohr zerbrochen, verbrannt oder undicht geworden ist, sogleich unbrauchbar wird; woraus denn auch folgt, daſs der **gewöhnliche** Zug eines Schornsteins dagegen höchst matt ist.

Man sieht leicht, daſs die Heftigkeit des Luftstroms und das Anfachen des Feuers um so stärker sein wird, je enger die Mündung der Röhre ist. Es wird mittelst enger Röhren in der gleichen Zeit mehr Dampf erzeugt werden, und die Kraft der Maschine wird also zunehmen. Das Blaserohr ist daher ein wichtiger, bei einer Maschine zu berücksichtigender Gegenstand; denn so wie der Durchmesser des Rohrs verändert wird, ändert sich auch die Dampf-Erzeugungskraft des Kessels.

Bei den Dampfwagen, mit welchen wir unsere Versuche anstellten, beträgt der Durchmesser der Mündung des Blaserohrs 2,19 bis 2,43 Zoll, welches sein gewöhnliches Maaſs ist. Der *Leeds* macht indessen eine Ausnahme; der Durchmesser seines Blaserohrs beträgt nur 2,18 Zoll. Das Blaserohr des *Atlas* hatte bei allen Versuchen 2,85 Zoll Durchmesser, ausgenommen am 4ten August, wo man ihm 2,91 Zoll Durchmesser gab, um zu sehn, in wie weit sich dadurch die Wirkung der Maschine vermindern würde. Die Vergleichung dieses Versuchs gegen die übrigen mit der nemlichen Maschine zeigt, daſs die Geschwindigkeit etwa in dem Verhältniſs wie 17 zu 15 abnahm. Dieses Verhältniſs ist ungefähr das umgekehrte des Querschnitts der Mündung, also das gerade Verhältniſs der Geschwindigkeit der Ausströmung des Dampfes in den Schornstein. Auf diese Maaſse, als eins der Elemente der Wirkung, muſs also die Verdampfungskraft der Maschine bezogen werden.

Das allgemein angenommene Maaſs von 2,19 bis 2,43 Zoll für den Durchmesser der Mündung des Blaserohrs ist das, welches die Erfahrung gegeben hat. Es ist auf die Weise ermittelt worden, daſs man, ohne sonst der Ausströmung des Dampfes ein Hinderniſs entgegenzusetzen, die Mündung immerfort und so lange verengte, als eine Zunahme der Wirkung zu verspüren war, und damit innehielt, sobald die Zunahme aufhörte.

Für eine Mündung von 2,43 Zoll im Durchmesser, oder 4,72 Quadratzoll Fläche, für Cylinder von 10,86 Zoll Durchmesser oder 179 Quadratzoll Querschnitt, also in dem Falle, wenn die Mündung des Blaserohrs etwa der 38ste Theil des Cylinder-Querschnitts ist, wird folglich die Geschwindigkeit des in den Schornstein ausströmenden Dampfes, weil nothwendig aller Dampf entweichen muſs, etwa 38 mal so groſs sein, als die Geschwindigkeit des Dampfes in den Cylindern oder die Geschwindigkeit der Kolben, und folglich etwa $6\frac{1}{2}$ mal so groſs als die Geschwindigkeit des Wagenzuges, welche etwa 6 mal so groſs ist als die der Kolben.

Die Wirkung des Blasens ist daher in dem Verhältnisse gröfser, wie es die Geschwindigkeit der Bewegung des Wagenzuges selbst ist. Legt z. B. derselbe 12 819 Ruthen in der Stunde zurück, so wird die Geschwindigkeit der Ausströmung 83 323 Ruthen in der Stunde oder 278 Fufs in der Secunde sein. Und da diese Geschwindigkeit nicht blofs durch das Bestreben des Dampfes, in die Luft auszuströmen, erzeugt werden kann: so mufs nothwendig für so grofse Geschwindigkeiten ein Theil der Kraft der Maschine selbst zur Austreibung des Dampfes, d. h. also zur Anfachung des Feuers in der Esse aufgewendet werden. Daraus, dafs auf diese Weise auf die Vermehrung der Wirkung wieder ein Theil der Kraft aufgeht, folgt denn, dafs es nothwendig eine Grenze geben mufs, wo der Verlust dem Gewinne gleich ist, und wo also der Gewinn aufhört. So erklärt sich, dafs die Erfahrung für die Verengung der Mündung des Blaserohrs nothwendig eine Grenze hat angeben müssen.

Abschnitt III.

Vom Voreilen des Gleit-Ventils.

§. 73.

Art und Wirkung des Voreilens.

Das Dritte, was wir zu untersuchen haben, ist das Voreilen des Gleitventils.

Bei der Beschreibung der verschiedenen Theile eines Dampfwagens haben wir gezeigt, dafs das Gleitventil es ist, was dem Dampfe abwechselnd den Zutritt vor und hinter die Kolben öffnet und verschliefst. Wenn die Maschine so regulirt wäre, wie es scheint, dafs sie es sein sollte, so würde das Gleitventil den Zugang für den Dampf so lange offen erhalten müssen, bis der Kolben den Boden des Cylinders erreicht hat. In diesem Augenblicke würde der Wechsel erfolgen müssen; die vorige Zugangs-Oeffnung würde verschlossen und die entgegengesetzte geöffnet werden müssen. Dann würde das Gleitventil genau der Bewegung des Kolbens folgen. Der Wechsel für beide würde strenge gleichzeitig sein.

Aber so ist es in der Wirklichkeit nicht. Man hat durch Erfahrung gefunden, dafs die Maschine eine gröfsere Geschwindigkeit erlangt, wenn das Gleitventil dem Kolben ein wenig v o r e i l t, d. h. wenn es dem Dampfe den Zugang ein wenig e h e r öffnet, als es strenge genommen sein müſste. Ist die Maschine auf diese Weise regulirt, so ist dem Dampfe der Zugang in dem Augenblicke, wo der Kolben seinen neuen Lauf beginnt, nicht erst zu öffnen, sondern schon ein wenig geöffnet worden. Dieses vorzeitige Oeffnen heiſst das Voreilen des Gleitventils, weil es in dem Verhältniſs erfolgt, wie das Ventil dem Kolben voreilt. Kommt z. B. das Gleitventil bei seiner Rückkehr dem Kolben um einen Viertelzoll zuvor, so wird der Dampf, wenn erst der Kolben den Boden des Cylinders berührt, schon einen Viertelzoll Oeffnung bereit finden.

Die Wirkung davon, sowohl auf die Geschwindigkeit, als auf die Ladung, müssen wir hier näher untersuchen.

Die gewöhnliche Art, die gröſsere Geschwindigkeit derjenigen Maschinen zu erklären, deren Gleitventile ein wenig voreilen, ist die, daſs man sagt, der Dampf sei in dem Augenblicke, wo der Kolben seinen Lauf beginnt, schon zu wirken bereit. Aber man sieht leicht, daſs, wenn der Dampf eher wirkt als der Kolbenlauf beginnt, seine Wirkung auch eher wieder aufhören werde, als der Kolbenlauf geendigt hat. Das Resultat würde bloſs sein, daſs was einerseits hinzukäme, andererseits wieder abginge. Diese Erklärung ist also unbefriedigend.

Dagegen giebt uns die obige Berechnungsart der Geschwindigkeit der Maschinen die gewünschte Erklärung von selbst.

Wenn nemlich der Wechsel der Zugänge für den Dampf, statt genau am Ende eines Kolbenlaufs zu erfolgen, unserer Voraussetzung gemäſs schon in dem Augenblicke vor sich geht, wo der Kolben noch einen Zoll von dem Boden des Cylinders entfernt ist, so strömt schon von diesem Augenblick an kein Dampf mehr in den Cylinder. In der That ist an der einen Seite der Zugang verschlossen: zwar ist er an der anderen offen; aber der Kolben, welcher nothwendig seinen Lauf vollenden muſs, preſst den Dampf in den Zugangsröhren zusammen, und er kann aus denselben nicht eher ausströmen, als bis der Kolben seine rückgängige Bewegung antritt. Auf diese Weise wird also, rücksichtlich des bei jedem Kolbenlauf in den Cylinder strömenden Dampfes, die Länge des Laufes wesentlich um einen Zoll vermindert. Wir haben §. 51. gesehen, daſs man, um die Geschwindigkeit des Kolbens zu finden, die Masse des im Kessel erzeugten Dampfes mit dem Querschnitte des Cylinders dividiren muſs, und daſs dann der Quotient die Geschwindigkeit giebt, mit welcher der Dampf durch die Cylinder strömen muſs; also die Geschwindigkeit des Kolbens.

So verhält es sich, wenn der Dampf ohne Unterbrechung ausströmen kann: aber wenn, wie es hier wirklich der Fall ist, der Dampfstrom bei jedem Kolbenlauf eine Unterbrechung erleidet, so ist offenbar für die Ausströmung der nemlichen Dampfmasse eine gröfsere Geschwindigkeit nothwendig. Es ist die Erzeugung des Dampfes im Kessel, was die Geschwindigkeit regulirt und begrenzt. Wenn also z. B. m Cylinder voll Dampf in der Minute erzeugt werden, und die Länge der mit Dampf zu füllenden Cylinder ist l, so werden, wenn von der nemlichen Dampfmasse jetzt nur $l-\beta$ lange Cylinder mit Dampf zu füllen sind, $m.\frac{l}{l-\beta}$ Cylinder in der Minute gefüllt werden. Die Geschwindigkeit der Kolben wird also im umgekehrten Verhältnifs der zu füllenden Länge der Cylinder zunehmen.

Wie wir sehen, ist also das Voreilen des Gleitventils für die Geschwindigkeit vortheilhaft. Dagegen ist ein Verlust an Kraft, und folglich an Ladung damit verbunden.

Es stelle *ED* Fig. 25. den Kolbenlauf vor; und zwar bewege sich der Kolben nach der Richtung des Pfeils. Es werde dem Dampfe der Zugang zum Kolben ein wenig eher abgeschnitten als er, wie wir weiter unten sehen werden, an der andern Seite sich öffnet. Der Kolben befindet sich in dem Augenblick, wo das Zuströmen des Dampfes an der Seite *E* unterbrochen wird, in *A*, und wenn das Ventil an der entgegengesetzten Seite *D* dem Dampfe den Zutritt öffnet, in *C*.

Es wird alsdann die bewegende Kraft in dem Augenblick aufhören, wo der Kolben den Punct *A* erreicht hat. Nachdem hierauf der Kolben seinen Lauf vermöge der erlangten Geschwindigkeit fortgesetzt und den Punct *C* erreicht hat, hat er nicht allein keinen Antrieb weiter von der bewegenden Kraft erhalten, sondern sogar von dem auf der entgegengesetzten Seite zugelassenen Dampfe einen Widerstand erlitten. Der Kolben kann indefs nicht still stehen. Er mufs seinen Lauf vollenden. Er mufs also den neuen Dampf, der sich ihm widersetzt, zurücktreiben. Da hiezu eine Kraft, derjenigen gleich, nothwendig ist, welche der Dampf dem Kolben gegeben haben würde, so folgt, dafs durch den Raum *CD* hindurch nicht blofs die Wirkung der bewegenden Kraft aufgehoben, sondern dafs selbst eine entgegengesetzte Kraft wirksam war; was denn also nothwendig einen verhältnifsmäfsigen Verlust an Kraft zur Folge hatte.

Die Wirkung der bewegenden Kraft erstreckt sich also jetzt nur noch auf die erst um AD und dann um CD verminderte Länge des Kolbenlaufs, so dafs, wenn diese beiden Längen durch β und α bezeichnet werden, die von der Maschine zu erwartende wesentliche Wirkung einem Kolbenlaufe von der Länge $l-\beta-\alpha$ entspricht.

Nun haben wir in §. 54. gesehen, dafs die gröfste Ladung, welche eine Maschine ziehen kann, gefunden wird, wenn man die Spannung des Dampfes gegen die Kolben der im Kessel gleich setzt. Sie ist auf diese Weise

$$M = \frac{(P-\varrho)d^2 l}{(\delta+n)D} - \frac{F}{\delta+n};$$

in welchem Ausdruck l die Länge des Kolbenlaufes bezeichnet. Die Ladung ist also kleiner, wenn der Kolbenlauf kürzer ist; und wenn man die Reibung der Maschine, die durch das Glied $\frac{F}{\delta+n}$ ausgedrückt wird, bei Seite setzt, so verhält sich die Ladung wie die Länge des Kolbenlaufes selbst.

Daraus ergiebt sich die Wirkung des Voreilens des Gleitventils. Das Maximum der Ladung der Maschine nimmt dadurch nahebei in dem Verhältnifs $\frac{l-\alpha-\beta}{l}$ ab. Für andere Ladungen dagegen, die kleiner als die möglich-gröfste sind, nimmt die Geschwindigkeit der Bewegung in dem Verhältnifs $\frac{l}{l-\beta}$ zu.

Dieses Resultat für den letzten Fall ist keinesweges befremdend. Denn so wie der Kolbenlauf kürzer ist, werden natürlich von der gleichen Dampfmasse im Kessel mehr Cylinder voll gefüllt, und der allgemeine Ausdruck der Geschwindigkeit zeigt dies auf den ersten Blick. Dieser allgemeine Ausdruck der Geschwindigkeit ist (§. 51. Form. 6.):

$$V = \frac{mPSD}{144[(F+(\delta+n)M)D+d^2 l\varrho]}.$$

Da hier die Gröfse l blofs im Nenner vorkommt, so folgt, dafs die Geschwindigkeit der nemlichen Ladung um so gröfser ist, je mehr der Kolbenlauf abnimmt.

Eine ähnliche Wirkung scheint schon in der Ausübung beobachtet worden zu sein. Nemlich rücksichtlich der Wirkungen für die verschiedenen Cylinder-Durchmesser. Von zwei Maschinen mit 12 und 11 Zoll Durchmesser wird, wenn alles übrige gleich ist, die mit den gröfsern Cylindern eine stärkere Ladung zu ziehen vermögen; aber mit gleicher Ladung, wenn dieselbe kleiner ist als das Maximum, wird die Maschine mit 11zölligem Cylinder eine gröfsere Geschwindigkeit haben. Dies folgt aus der obigen Formel und erklärt sich auf gleiche Weise, wie für die Wirkung des Voreilens des Gleitventils.

§. 74.

Berechnung der Wirkung des Voreilens des Gleitventils.

Das Obige ist zur blofsen Erklärung der beobachteten Wirkung hinlänglich. Wenn wir aber die Gröfse der Wirkung des Voreilens des Gleitventils berechnen wollen, so müssen wir das Maafs von α und β näher zu bestimmen suchen. Das heifst, wir müssen die Lage des Kolbens gegen das Ventil in dem Augenblicke suchen, wo es dem Dampfe den Zutritt eröffnet oder schliefst.

Zu dem Ende müssen wir uns Dessen erinnern, was im Eingange dieser Schrift, bei der Beschreibung des Dampfwagens, über das Ventil berichtet worden ist und was die Figuren 9. und 10. vorstellen.

Das Gleitventil bewegt sich über den drei Oeffnungen der Cylinder hin und her, und ohne Aufenthalt von dem einen Ende seines Laufes bis zum andern. Diese Bewegung wird durch die Umdrehung um die excentrische Scheibe und die Mittellinie der Wagen-Achse hervorgebracht, welche Umdrehung die Wirkung einer gewöhnlichen Kurbel hat. Da aber die Bewegung durch einen Querhebel vermittelt wird, so wird das Ventil zurückgetrieben, wenn die excentrische Scheibe vorwärts schiebt; und umgekehrt.

Der Radius der excentrischen Scheibe macht mit der Kurbel einen rechten Winkel. Deshalb steht sie vertical, wenn die Kurbel horizontal liegt; und folglich befindet sich dann das Gleitventil in der Mitte seines Laufs. Umgekehrt, wenn die Kurbel vertical steht, ist die excentrische Scheibe horizontal, und das Gleitventil befindet sich am Ende seines Laufs.

Endlich befindet sich der Kolben genau am Ende seines Laufs, wenn die Kurbel horizontal liegt. Also correspondirt die Mitte der Stellung des Ventils mit dem Ende des Kolbenlaufs. Fig. 9. und 10. zeigt diese verschiedenen Stellungen. Fig. 10. zeigt, dafs wenn sich das Ventil in der Mitte seines Laufes befindet, die excentrische Scheibe vertical, die Kurbel horizontal und der Kolben am Ende seines Laufs ist. Fig. 9. zeigt, dafs, wenn das Ventil das Ende seines Laufs erreicht hat, die excentrische Scheibe horizontal, die Kurbel vertical und der Kolben in der Mitte des Cylinders ist.

Indessen ist solches nur dann der Fall, wenn das Gleitventil gar nicht voreilt. Nur dann nemlich, wenn die excentrische Scheibe mit der Kurbel genau einen rechten Winkel macht, würde die Mitte des Ventillaufes genau mit dem Ende des Kolbenlaufes correspondiren. Findet dagegen einige Abweichung von dem rechten Winkel Statt, das heifst: erreicht das Ventil etwas eher die Mitte seines Laufes, als der Kolben den Boden des Cylinders, so entspricht diese Abweichung gerade jenem Voreilen des Ventils, welches wir zu untersuchen haben.

Dieses vorausgeschickt, wollen wir nun annehmen, das Ventil befinde sich genau mitten in seinem Laufe, und es stehe folglich die excentrische Scheibe vertical. In diesem Augenblick ist der Dampf völlig abgesperrt, wie es Fig. 10. und 26. zeigen. Nun ist aber das Ventil so eingerichtet, dafs es über alle Oeffnungen ein wenig vortritt, etwa um einen Achtelzoll, und es folgt daraus, dafs die Oeffnungen durch das Ventil schon ein wenig e h e r verschlossen werden, nemlich schon, wenn es noch $\frac{1}{8}$ Zoll von der Mitte seines Laufs entfernt ist. So z. B., wenn das Ventil nach der Richtung des Pfeiles Fig. 26. sich bewegt, werden die Oeffnungen schon geschlossen, wenn es noch in der Lage *a* ist, und schon dann wird der Dampf abgesperrt. In diesem Punct also beginnt schon die Wirkung des Voreilens, und es correspondirt dieser Punct mit dem Puncte *A* des Kolbenlaufes Fig. 25.

Während der Zeit, dafs das Ventil aus der Lage *a* (Fig. 26.) in die Lage *b*, und weiter in die Lage *c* sich begiebt, bleibt alles unverändert; aber über *c* hinaus fängt die Oeffnung rechts an, geöffnet und der Dampf auf die entgegengesetzte Seite zugelassen zu werden. Der Punct *c* correspondirt also mit dem Puncte *C* Fig. 26. für den Kolbenlauf.

Nachdem nun das Ventil den Punct *c* (Fig. 25.) passirt ist, öffnet sich der Zutritt dem Dampfe mehr und mehr. Hat nun z. B. dann, wenn das Ventil um $\frac{5}{8}$ Zoll weiter gerückt, das heifst, der Dampfcanal um $\frac{5}{8}$ Zoll geöffnet ist, der Kolben das Ende seines Laufes erreicht, so finden wir, wenn wir von *c* $\frac{5}{8}$ Zoll weiter nach *d* messen, in *d* den Punct, wo sich das Ventil befindet, wenn der Kolben am Boden des Cylinders angelangt ist. Dieser Punct *d* (Fig. 25.) correspondirt also mit dem Puncte *D* Fig. 26., nemlich mit dem Ende des Kolbenlaufes.

Wir haben nun die Längen *AC* und *CD* (Fig. 26.) im Kolbenlauf aus den Längen *ac* und *cd* (Fig. 25.) im Ventillaufe zu suchen, welche letzeren gegeben sind; denn *cd* ist das Voreilen des Ventils und *ac* das Voreilen mit Einschlufs des doppelten Vorsprungs der Canal-Mündungen.

Gesetzt der Ventillauf sei 3 Zoll lang, so mufs der Abstand des Mittelpuncts der excentrischen Scheibe, welche diese Bewegung hervorbringen soll, von dem Mittelpuncte der Wagen-Achse, $1\frac{1}{2}$ Zoll sein. Der Mittelpunct der excentrischen Scheibe beschreibt also um den Mittelpunct der Achse einen Kreis von 3 Zoll im Durchmesser, während die Kurbel um jenen Mittelpunct einen Kreis von 16 Zoll Durchmesser durchläuft; wenn nemlich die Länge des Kolbenlaufs 16 Zoll ist.

Es sei *b* (Fig. 27.) der Mittelpunct der Wagen-Achse. Ein Kreis von $1\frac{1}{2}$ Zoll Halbmesser, um *b* beschrieben, wird den Lauf der excentrischen Scheibe vorstellen, sein Durchmesser aber den Lauf des Ventils. Ein Kreis dagegen, um *b* mit 8 Zoll Halbmesser beschrieben, wird den Lauf der Kurbel und sein Durchmesser den Lauf des Kolbens vorstellen.

Da nun die Mitte des Ventillaufes mit dem verticalen Rande der excentrischen Scheibe correspondirt, so ist hier jene Lage des Ventils der Punct *b*. Da wir nun sehen, dafs, indem das Ventil über die Canalmündung hinstreicht, der Dampf schon ein Weilchen vorher abgesperrt wird, so finden wir, wenn wir von *b* aus eine dem Vorsprunge der Mündungen gleiche Länge abmessen, den Punct *a*, wo die Wirkung des Voreilens des Ventils beginnt. Nehmen wir dagegen auf der andern Seite von *b* eine gleiche Länge, so findet sich der Punct *c*, in welchem die Mündungen wiederum sich öffnen. Endlich giebt, von *c* aus eine dem Voreilen gleiche Länge abgemessen, den Punct *d*, welcher mit dem Ende des Kolbenlaufes correspondirt.

Zieht man nun auf *dap* Perpendikel nach dem Kreis-Umfange, welche denselben in a', b', c', d' schneiden, so sind diese Puncte die Orte, in welchen sich die excentrische Scheibe befindet, wenn das Ventil resp. in *a*, *b*, *c*, *d* ist.

Aber während die excentrische Scheibe den Bogen $a_1 d_1$ durchläuft, beschreibt die Kurbel an der Wagen-Achse nothwendig einen zu dem **gleichen** Winkel gehörigen Bogen. Da nun die Kurbel horizontal oder in der Richtung *bD* liegt, wenn der Kolben am Ende seines Laufs ist, so finden wir, wenn wir von dem Puncte *p* aus Bogen abmessen, die gleich $d'c'$, $d'b'$, und $d'a'$ sind, also Bogen, deren Sinus dc, db und da sind, dann aber durch die Endpuncte dieser Bogen Radien ziehen, die Puncte A', B', C' und D, in welchen die Kurbel sich befindet, wenn die excentrische Scheibe in a', b', c' und d' ist. Fällen wir endlich aus A_1, B_1, C_1 und D Perpendikel auf bD, so geben die Puncte A, B, C und D die gleichzeitige Stellung des Kolbens.

Also, um es zu wiederholen: während das Ventil von a, wo es den Dampf abzusperren beginnt, nach c gelangt, wo es dem Dampfe den Zutritt an der entgegengesetzten Seite öffnet, und nach d, wo das Voreilen des Ventils endigt, durchläuft die excentrische Scheibe die Puncte a', c', d', und die Kurbel, in ihrem Umkreise, die Puncte A', C', D; der Kolben aber ist gleichzeitig in A, wo er aufhört von dem Dampfe getrieben zu werden, in C, wo ihn der Dampf in der entgegengesetzten Richtung zu treiben anfängt, und in D, wo sein Lauf endigt.

Nunmehr wird es nicht schwer sein, die oben durch α und β bezeichneten Längen CD und AD zu finden.

Für die Praxis darf man nur die Figur nach einem Maafsstabe wie Fig. 27. zeichnen, und kann dann in der Figur die Längen CD und AD messen.

Durch Rechnung finden sich diese Längen wie folgt.

Zuerst ist

$$1. \quad AD = bD - bD \cos A'bD,$$

und wenn man den Winkel

$$A'bD = \gamma$$

setzt,

$$2. \quad \sin\gamma = \frac{ms}{bp} = \frac{ad}{bp}.$$

Aber bD ist der halbe Kolbenlauf; also ist $bD = \frac{1}{2}l$; bP hingegen ist die Hälfte des Ventillaufes, welche durch l_1 bezeichnet werden mag. Setzt man aufserdem das Voreilen des Ventils $cd = a$ und den Vorsprung des Ventils über die Oeffnungen $ab = r$, so ist

$$3. \quad ad = a + 2r.$$

Zunächst also ist, vermöge (1.), die Länge AB oder

$$4. \quad \beta = \tfrac{1}{2}l - \tfrac{1}{2}l\cos\gamma = \tfrac{1}{2}l(1 - \cos\gamma),$$

wo γ durch die Gleichung (2.) bestimmt wird, die vermöge (3.)

$$5. \quad \sin\gamma = \frac{a+2r}{\frac{1}{2}l_1} = \frac{2(a+2r)}{l_1}$$

giebt. Auf dieselbe Weise findet sich CD oder

$$6.\quad \alpha = \tfrac{1}{2}l(1-\cos\gamma_1),$$

wo y_1 durch die Gleichung

$$7.\quad \sin\gamma_1 = \frac{2a}{l_1}$$

bestimmt wird.

So finden sich also die Längen α und β, welche oben nöthig waren, aus den Längen des Kolbenlaufes, des Ventillaufes und des Voreilens desselben oder der Vorsprünge der Canal-Mündungen, welche alle bekannt sind. Wir können also nunmehr unmittelbar die Wirkung des Voreilens des Ventils sowohl auf die Geschwindigkeit als auf die Ladung berechnen.

Wie wir sahen, nimmt die Geschwindigkeit der Bewegung in dem Verhältnifs $\frac{l}{l-\beta}$ zu. Dieses Verhältnifs ist vermöge (4.)

$$8.\quad \frac{l}{l-\beta} = \frac{l}{\tfrac{1}{2}l(1+\cos\gamma_1)} = \frac{2}{1+\cos\gamma}.$$

Das Maximum der Ladung nimmt dagegen in dem Verhältnifs ab, als wäre die Länge des Kolbenlaufes nicht mehr l, sondern $l-\alpha-\beta$; und vermöge (4.) und (6.) ist

$$9.\quad l-\alpha-\beta = \tfrac{1}{2}l(\cos\gamma+\cos\gamma_1),$$

wo γ und γ_1 durch die Gleichungen (5.) und (7.) gegeben sind. Die trigonometrichen Bezeichnungen hätten auch vermieden werden können, aber die Rechnung würde dann weniger bequem geworden sein.

Um ein Beispiel zu geben, wollen wir eine Maschine annehmen, in welcher der Kolbenlauf $l = 16$ Zoll, der Ventillauf $l_1 = 3$ Zoll, der Vorsprung der Mündung $r = \frac{1}{8}$ Zoll, das Voreilen des Ventils aber $a = \frac{5}{8}$ Zoll ist.

In diesem Falle ist nach (5.) $\sin\gamma = \frac{2.\frac{5}{8}+4.\frac{1}{8}}{16} = \frac{14}{8.3} = \frac{7}{12} = 0{,}58333.$ Hierzu gehört nach den Tafeln der Winkel $\cos\gamma = 0{,}81222$. Also ist zufolge (4.)

$$10.\quad \beta = 8(1-0{,}81222) = 1{,}5 \text{ Zoll}.$$

Auf ähnliche Weise findet sich nach (6.)

$$11.\quad \alpha = 8(1-0{,}90906) = 0{,}73 \text{ Zoll}.$$

Es folgt also, dafs in dem angenommenen Falle der Kolben, in dem Augenblick, wo die Spannung des Dampfes auf ihn zu wirken aufhört, noch $1\frac{1}{2}$ Zoll, und wenn sie anfängt auf der entgegengesetzten Seite zu wirken, noch $\frac{3}{4}$ Zoll vom Boden des Cylinders entfernt ist. Es wird also dem zufolge, was oben auseinander gesetzt worden, die Geschwindigkeit aller Ladungen, welche nicht das Maximum übersteigen, in dem Verhältnifs $\frac{l}{l-\beta}=\frac{16}{14,5}$ vergröfsert; das Maximum der Ladung dagegen wird in dem Verhältnifs vermindert, als wäre der Kolbenlauf statt 16 Zoll nur noch $l-\alpha-\beta=13,77$ Zoll lang.

Nähme man an, dafs das Voreilen des Ventils nur $\frac{1}{8}$ Zoll betrüge, und dafs der Kolben, von dem Augenblick an, wo die Wirkung des Dampfes auf ihn aufhört, noch 0,25 Zoll, und von da, wo der Dampf auf seine andere Seite zu wirken anfängt, noch 0,03 Zoll vom Boden des Cylinders entfernt sei, so würde man aus den Formeln finden, dafs in solchem Falle die Geschwindigkeit in dem Verhältnifs $\frac{16}{15,75}$ vermehrt, das Maximum der Ladung dagegen so vermindert wird, als wäre der Kolbenlauf nur noch 15,72 Zoll lang.

Wir wollen die *Vesta* zum Beispiel nehmen. [In diesem ganzen Paragraphen sind die englischen Maafse beibehalten worden, weil die Reduction auf preufsische keinen Zweck gehabt, sondern die Rechnung nur erschwert haben würde. Blofs die Resultate des gegenwärtigen Beispiels sind auf preufsisches Gewicht reducirt worden. D. H.] Es ist

der Durchmesser der Cylinder dieser Maschine . . $d=0,927$ Fufs,
die Länge des Kolbenlaufes . . . . $l=1,33$ Fufs,
der Durchmesser ihrer Triebräder . . . . $D=5$ Fufs,
die Reibung der Maschine . . . . $F=187$ Pfd.

Das Maximum der Ladung ergiebt sich aus der Formel

$$M=\frac{(P-\varrho)d^2 l}{(\delta+n)D}-\frac{F}{\delta+n}.$$

Beträgt nun der wirksame Druck des Dampfes auf den Quadratzoll Preufs. 57,98 Pfd. Preufs., so würde das Maximum der Ladung folgendes sein:

Wenn das Ventil gar nicht voreilt . . . . 3686 Ctr.
Wenn es 1,456 Linien Preufs. voreilt . . . . 3607 Ctr.
Wenn es 7,283 Linien Preufs. voreilt . . . . 3114 Ctr.

Die Geschwindigkeit giebt die Formel

$$V=\frac{mPDS}{144[(F+(\delta+n)M)D+\delta^2 l\varrho]}.$$

Die Ladung von 3686 Ctr. wird hiernach 5901 Ruthen in der Stunde fortgezogen werden. Die Ladung von 3607 Ctr., welche, wenn das Ventil gar nicht voreilte, 5995 Ruthen fortgeschafft werden würde, wird in dem Verhältnifs $\frac{16}{15,75}$ schneller fortgebracht werden, also 6089 Ruthen weit in der Stunde. Endlich wird die Ladung von 3114 Ctr., welche ohne Voreilen des Ventils 6640 Ruthen fortgerückt werden würde, wegen des Voreilens des Ventils 7322 Ruthen in der Stunde durchlaufen.

Wir sehen hieraus, dafs das Voreilen des Ventils sowohl auf die Geschwindigkeit als auf das Maximum der Ladung nur dann eine einigermafsen beträchtliche Wirkung hat, wenn es von einiger Gröfse ist.

[Wenn man genauer auf das Verhalten und die Wirkungen bei dem Voreilen des Gleitventils eingehen und die Kräfte in Betracht ziehen wollte, welche zur Ueberwindung des Beharrungsvermögens der Massen nöthig sind, so würden die Resultate etwas anders zu stehen kommen. Allein wegen dessen, was der Herr Verfasser so eben am Schlusse dieses Paragraphs bemerkt, und da die nähere Theorie doch ohne Hypothesen nicht zu vollenden sein würde, ist es für die Praxis wohl am besten, bei der obigen Rechnung stehen zu bleiben. D. H.]

§. 75.

Versuche über die Wirkung des Voreilens des Gleitventils.

Die obigen Rechnungen zeigen uns den Verlust an Kraft, den eine Maschine durch das Voreilen des Gleitventils erleidet.

Es beruht indessen bei diesem Voreilen des Ventils, da noch keine nähere Untersuchungen deshalb angestellt worden sind, alles noch auf blofse Gewohnheit. Einige Maschinenbauer geben gar kein Voreilen Statt: andere einen Sechzehntheil- höchstens einen Achtel-Zoll engl.: wieder andere geben bis fünf Achtel-Zoll, und noch mehr. Unzweifelhaft erleichtert ein mäfsiges Voreilen des Ventils den Gang der Maschine; aber zu viel davon würde zuletzt die Wirkung hemmen. Aus diesem Grunde unternahmen wir deshalb einige Versuche.

Wir experimentirten zuerst mit dem *Leeds*, und machten am 15ten August die in §. 67. beschriebenen drei Versuche, den ersten mit $\frac{1}{8}$, den dritten mit $\frac{2}{8}$ Zoll Voreilen, den zweiten ohne Voreilen. Da aber durch den Wechsel der Ladung, der Dampfspannung und der Abhänge der Bahn die Resultate sehr verwickelt wurden, so gaben wir diese Maschine bald auf, und nahmen die *Vesta.* Eine sinnreiche, vom Herrn *J. Gray* zu Liverpool angegebene, an der Maschine angebrachte Einrichtung machte es leicht, das Voreilen willkürlich zu verändern, ohne die Fahrt zu unterbrechen, so dafs mit der nemlichen Ladung und an der gleichen Stelle nach und nach mit verschiedenem Voreilen experimentirt werden konnte. Die Einrichtung bestand in drei Einschnitten, vor- und rückwärts an der excentrischen Scheibe, in welche die Treibstange nach Belieben vermittelst des gewöhnlichen Fangehebels gelegt werden konnte. Der erste Einschnitt gab ein Voreilen von $\frac{1}{8}$ Zoll, der zweite ein Voreilen von $\frac{3}{8}$, der dritte ein Voreilen von $\frac{5}{8}$ Zoll Engl. Um den Unterschied merklicher zu machen, bemühten wir uns, eine Vergleichung zwischen der ersten und dritten Stellung des Gleitventils zu erlangen.

Der Leser wolle sich erinnern, dafs die *Vesta* folgende Maafse hat. [Die Maafse und Gewichte sind wieder nur bei den Resultaten reducirt. D. H.]

Der Durchmesser der Cylinder ist	$11\frac{1}{8}$	Zoll	Engl.
Die Länge des Kolbenlaufs	16	-	-
Der Durchmesser der Triebräder	60	-	-

I. Am 16. August 1834, des Morgens, als die Maschine mit einem Zuge von 20 Wagen am Fufse der Rampe von Whiston angelangt war, deren Abhang 1 auf 89 ist, wurde der Wagenzug bis auf 7 Wagen, welche zusammen 34,43 Tonnen und mit dem Munitionswagen 39,93 Tonnen wogen, abgenommen. Die Maschine strengte sich nun an, den Abhang mit diesen 7 Wagen zu ersteigen.

Das Voreilen des Gleitventils wurde erst auf $\frac{5}{8}$ Zoll gestellt. Die Maschine, mit 10 engl. Meilen Geschwindigkeit in der Stunde an dem Fufse des Abhanges angelangt, setzte einige Zeit ihre Bewegung fort, wurde aber bald sichtlich matt, und nach $\frac{3}{4}$ engl. Meilen Lauf stand sie still. Der Druck an der Wage war $23\frac{1}{2}$ Pfund.

Nun wurde das Voreilen des Ventils auf $\frac{1}{8}$ Zoll gestellt. Alsbald setzte sich die Maschine wieder in Bewegung und erreichte den Gipfel der Rampe mit einer Geschwindigkeit von 14 Kolbenschlägen in der Minute; die Spannung der Wage hatte bis auf $23\frac{1}{4}$ Pfund abgenommen.

II. Am Abend des nemlichen Tages, wo der Maschine an derselben Stelle ein Zug von 8 beladenen und 12 leeren Wagen angehängt war, wurden blofs die 8 beladenen Wagen an derselben gelassen. Das Gewicht derselben betrug 27,05 Tonnen, und mit dem Munitionswagen 32,05 Tonnen. Mit dieser Ladung, und 10 engl. Meilen in der Stunde erlangter Geschwindigkeit, begann sie das Ersteigen der Rampe.

Das Voreilen des Ventils wurde auf $\frac{5}{8}$ Zoll gestellt. Die Maschine gelangte, ohne stehen zu bleiben, auf den Gipfel. Der Druck an der Wage war 23 Pfund; die Geschwindigkeit 46 Kolbenschläge in der Minute.

III. Nachdem die Maschine an den Fuſs der Rampe zurückgekehrt war, wurden noch 6 leere Wagen angehängt; das gesammte Gewicht betrug nun 43,18 Tonnen und mit dem Munitionswagen 48,18 Tonnen.

Diese Ladung war für die Maschine zu groſs, selbst bei dem geringsten Voreilen des Ventils. Der Druck war 23 Pfd. Zwei leere Wagen wurden abgenommen.

IV. Die Maschine zog also nun 8 beladene und 4 leere Wagen, zusammen 34,05, und mit dem Munitionswagen 39,05 Tonnen an Gewicht.

Mit $\frac{5}{8}$ Zoll Voreilen des Ventils kam die Maschine nicht von der Stelle.

Mit $\frac{1}{8}$ Zoll Voreilen setzte sich die Maschine in Bewegung und die Geschwindigkeit nahm allmälig zu, von 11 Kolbenschlägen in der Minute, auf 14 und zuletzt auf 17.

Das Voreilen wurde abermals auf $\frac{5}{8}$ Zoll gestellt, und die Maschine blieb wieder stehen.

Mit $\frac{1}{8}$ Zoll Voreilen setzte sie sich wieder in Bewegung. Während des ganzen Experiments war der Druck an der Wage 23 Pfd.

V. Der Wagenzug bewegte sich weiter aufwärts, und es wurden noch zwei leere Wagen abgelöset. Es blieben also in allem 8 beladene und 2 leere Wagen angehängt, zusammen 30,38 und mit dem Munitionswagen 35,38 Tonnen an Gewicht.

Das Voreilen des Ventils war $\frac{5}{8}$ Zoll. Die Maschine blieb stehen. Der Druck an der Wage betrug 23 Pfd.

Bei einem Voreilen von $\frac{1}{8}$ Zoll setzte sich der Zug wieder in Bewegung; die Dampfspannung war die nemliche.

VI. Endlich wurde noch ein leerer Wagen abgenommen und das Gewicht dadurch auf 28,55 Tonnen, und auf 33,55 Tonnen mit dem Munitionswagen, reducirt.

Bei $\frac{5}{8}$ Zoll Voreilen des Ventils und 23 Pfd. Druck blieb die Maschine stehen.

Bei $\frac{1}{8}$ Zoll Voreilen setzte sie sich in Bewegung und erreichte den Gipfel, obgleich während des Versuchs die Spannung allmälig von 23

auf $21\frac{1}{2}$ Pfd. abgenommen hatte. Die Maschine führte also mit $21\frac{1}{2}$ Pfd. Spannung das aus, was sie bei einem Voreilen von $\frac{5}{8}$ Zoll mit 23 Pfd. nicht hatte leisten können.

Aus dieser Reihe von Versuchen sieht man sehr nahe das genaue Maafs der Kraft der Maschine in den beiden Fällen, und den Verlust an Kraft durch die Vergröfserung des Voreilens des Ventils.

§. 76.

Tafel der Resultate dieser Versuche.

Um diese Resultate übersichtlicher zu geben, stellen wir sie in folgender Tafel zusammen.

Versuche über die Wirkung des Voreilens des Gleitventils.
(In Preufsischem Maafs und Gewicht.)

Name und Beschreibung des Dampfwagens.	Zahl des Versuchs.	Gewicht der Ladung sammt Munitionswagen.	Voreilen des Gleitventils: 7,28 Linien. Art der Bewegung.	Voreilen des Gleitventils: 7,28 Linien. Wirksamer Druck auf den Quadratzoll.		Voreilen des Gleitventils: 1,45 Linien. Art der Bewegung.	Voreilen des Gleitventils: 1,45 Linien. Wirksamer Druck auf den Quadratzoll.	
Die *Vesta.*								
Durchmesser der Cylinder 10,8 Zoll.	III.	Ctr. 950	Keine.	20—23	=54,69 Pfd.	Keine.	20—23	=54,69 Pfd.
Länge des Kolbenlaufes 15,54 Zoll	I.	787	Keine.	20—23,5	=56,14 Pfd.	Von der Ruhe an.	20—23,5	=55,14 Pfd.
Durchmesser der Räder 58,27 Zoll.	IV.	770	Keine.	20—23	=54,69 Pfd.	Von der Ruhe an.	20—23	=54,69 Pfd.
Gewicht 171,67 Ctr.	V.	697	Keine.	20—23	=54,69 Pfd.	Von der Ruhe an.	20—23	=54,69 Pfd.
Reibung 181,00 Pfd.	VI.	661	Keine.	20—23	=54,69 Pfd.	Von der Ruhe an.	20—21,5	=50,33 Pfd.
	II.	632	Fortgesetzte.	20—23	=54,69 Pfd.			

Alles also, was diesen Versuchen zufolge eine Maschine mit 7,28 Linien Voreilen des Ventils zu leisten vermag, ist, eine Last, die ohne Munitionswagen 533 Ctr. beträgt, fortzuziehen; mit 1,45 Linien Voreilen dagegen zieht sie eine Last von 671 Ctr. fort. Die Wirkungen verhalten sich also ungefähr wie 4 zu 5; was in der Ausübung für das geringere Voreilen entscheidet.

Um indessen ein absolutes Maafs der Kraft der Maschine in den beiden Fällen zu haben, müssen wir den gesammten Widerstand gegen den Kolben berechnen.

Im ersten Falle zog die Maschine 632 Ctr. einen Abhang von 1 auf 89 hinauf. Mit Rücksicht darauf, und das Gewicht des Dampfwagens selbst mit angeschlagen, betrug also die Ladung so viel als 3154 Ctr. auf horizontaler Bahn.

Im zweiten Falle zog die Maschine denselben Abhang 770 Ctr. hinauf, was im Ganzen eine Ladung von 3725 Ctr. auf horizontaler Bahn giebt.

Diese Zahlen stehen nahe genug in dem nemlichen Verhältnisse zu einander, wie die berechneten. Dafs die aus den Versuchen gefundenen Zahlen ein ein wenig gröfseres Verhältnifs geben, liegt daran, dafs bei der Berechnung das Gewicht des Munitionswagens als unveränderlich von $98\frac{1}{2}$ Ctr. betrachtet wurde, was es nicht ist, weil während des länger dauernden Versuchs beträchtlich viel Wasser und Kohlen verbraucht wurden, was sich nicht in Anschlag bringen liefs, da wir keine Mittel hatten, den Munitionswagen während des Versuchs zu wiegen. Wenn der Munitionswagen ganz leer ist, so wiegt er nur 59 Ctr., welcher Unterschied, auf den Abhang 1 auf 89 gerechnet, so viel ausmacht, als 158 Ctr. auf horizontaler Bahn.

Wir dürfen daher, gleichmäfsig nach Theorie und Erfahrung schliefsen, dafs die Kraft der Maschine durch das Voreilen des Gleitventils in dem nemlichen Verhältnifs abnimmt, wie die daraus entstehende Verminderung der nutzbaren Länge des Kolbenlaufes.

§. 77.

Practische Tafel über die Wirkung des Voreilens des Gleitventils.

Zur Erleichterung in der Ausübung haben wir nach der obigen Formel §. 74. eine Tafel der Wirkung des Voreilens des Gleitventils für die am gewöhnlichsten auf Eisenbahnen vorkommenden Dampfwagen berechnet.

Nach der Formel (8. §. 74.) steht die Geschwindigkeit der Bewegung, wenn das Ventil gar nicht voreilt, zu derjenigen bei einem Voreilen a, in dem Verhältnifs $\frac{2}{1+\cos y}$; zugleich aber wird das Maximum der Ladung auf dasjenige reducirt, welches Statt finden würde, wenn die Länge des Kolbenlaufes statt l nur $\frac{1}{2} l (\cos y + \cos y_1)$ wäre (9. §. 74.), wo die Winkel y und y_1 durch die Gleichungen $\sin y = \frac{2(a+2r)}{l_1}$ und $\sin y_1 = \frac{2a}{l_1}$ bestimmt werden (5. und 7. §. 74.). Es bedeutet in diesem Ausdrucke

l die Länge des Kolbenlaufes in Fufsen,

a das Voreilen des Ventils,

l_1 die Länge des Ventillaufes,

r den Vorsprung der Ventilränder vor die Mündungen der Dampfcanäle. Die drei letzten Gröſsen a, l_1 und r können beliebig, in Fuſsen oder in Zollen ausgedrückt werden, indem nur ihr Verhältniſs zu einander vorkommt.

Die hiernach berechnete Tafel wird auf einen Blick zeigen, wie die Geschwindigkeit mit dem Voreilen des Ventils zugleich zunimmt. Die zweite Spalte der Tafel zeigt, wie die Ladung abnimmt, wenn die Geschwindigkeit wächst; jedoch konnten wir darin nicht über dasjenige Maximum der Ladung hinaus gehen, dessen die Maschinen überhaupt fähig sind. Die Tafel ist auch nur der Uebersicht wegen weiter fortgeführt worden, als sonst für den Gegenstand nothwendig gewesen wäre.

Practische Tafel der Wirkungen des Voreilens des Gleitventils.

Ueberall ist der Durchmesser der Räder der Maschine . . . . 58,27 Zoll.
Die wirksame Spannung des Dampfes auf den Quadratzoll . . . . 51,3 Pfund.
Die Länge des Ventillaufs . . . . 2 Zoll 11 Linien.
Der Vorsprung der Ventilränder über die Mündungen der Dampfcanäle . . . . 1,45 Linien.

Uebrige Maaſse der Maschinen.	Ladung mit Einschluſs des Gewichts des Munitionswagens.	Geschwindigkeit in der Stunde für ein Voreilen des Gleitventils von			
		0	1,45 Linien.	4,37 Linien.	7,28 Linien.
	Ctr.	Ruthen.	Ruthen.	Ruthen.	Ruthen.
	986	13255	13469	13892	14626
Durchmesser der Cylinder . 10,68 Zoll.	1971	9264	9409	9708	10221
Länge des Kolbenlaufs . . 15,54 Zoll.	2779	7431	7546	7785	8196
Reibung . . . . 116 Pfd.	3055	6956	7068	7290	0
Heitzfläche . . . . 132 Quadr.-F.	3213	6717	6820	0	0
	3252	6657	0	0	0
	986	11879	12067	12447	13110
Durchmesser der Cylinder . 11,65 Zoll.	1971	8567	8704	8978	9452
Länge des Kolbenlaufs . . 15,54 Zoll.	2957	6700	6807	7021	7392
Reibung . . . . 145 Pfd.	3311	6221	6320	6516	6862
Heitzfläche . . . . 132 Quadr.-F.	3607	5863	5957	6145	0
	3804	5649	5739	0	0
	3863	5602	0	0	0
	986	12405	12601	12998	13686
Durchmesser der Cylinder . 12,62 Zoll.	1971	9170	9315	9606	10118
Länge des Kolbenlaufs . . 15,54 Zoll.	2957	7273	7388	7619	8025
Reibung . . . . 160 Pfd.	3883	6089	6183	6380	6717
Heitzfläche . . . . 151 Quadr.-F.	4257	5713	5803	5986	0
	4474	5516	5602	0	0
	4553	5448	0	0	0

Uebrige Maafse der Maschinen.	Ladung mit Einschlufs des Gewichts des Munitions-wagens.	Geschwindigkeit in der Stunde für ein Voreilen des Gleitventils von			
		0	1,45 Linien.	4,37 Linien.	7,28 Linien.
	Ctr.	Ruthen.	Ruthen.	Ruthen.	Ruthen.
	986	12746	12819	13357	14062
Durchmesser der Cylinder . 13,6 Zoll.	1971	9640	9794	10101	10636
Länge des Kolbenlaufs . . 15,54 Zoll.	2957	7751	7875	8119	8550
Reibung . . . . 174 Pfd.	3942	6482	6585	6790	7149
Heitzfläche . . . . 170 Quadr.-F.	4514	5918	6012	6200	6529
	4967	5538	5623	5803	0
	5223	5427	5427	0	0
	5302	5286	0	0	0
	986	11178	11353	11712	12332
Durchmesser der Cylinder . 11,65 Zoll.	1971	8482	8614	8888	9358
Länge des Kolbenlaufs . . 17,5 Zoll.	2957	6833	6939	7157	7538
Reibung . . . . 160 Pfd.	3706	5952	6046	6239	6568
Heitzfläche . . . . 151 Quadr.-F.	4080	5593	5683	5863	0
	4277	5422	5508	0	0
	4356	5354	0	0	0

Wir sehen nun aus dieser Tafel, dafs ein zu starkes Voreilen des Gleitventils die Kraft der Maschine zu sehr vermindert. Es mufs also dabei eine gewisse Grenze nicht überschritten werden.

Es ist übrigens leicht, das Voreilen der Maschine zu messen, oder es nach einem bestimmten Maafse zu regeln.

Nachdem nemlich die Ventilkammer unter dem Schornsteine geöffnet worden, mufs der Ventildeckel abgenommen werden, um den Gang des Ventils sehen zu können; die Maschine wird auf den Schienen langsam fortgezogen, bis die Kurbel genau horizontal liegt. Alsdann befindet sich der Kolben am Boden des Cylinders. Mifst man nun die Oeffnung, welche jetzt das Ventil dem Dampfe gestattet, so findet man genau das Voreilen des Ventils.

Wünscht man hierauf das Voreilen zu ändern, so läfst man die Kurbel in der nemlichen Lage, löset die Kurbelstange, welche an der Achse blofs mit einer Schraube befestigt ist und dreht die excentriche Scheibe, bis das Ventil, welches dadurch sich fortbewegt, so viel Differenz giebt, als man verlangt. Darauf befestigt man wieder die Kurbelstange, um die excentrische Scheibe in dieser Lage festzuhalten. Ist solches geschehen, so wird offenbar das Ventil, wenn die Kurbel horizontal liegt, und also der Kolben im Begriff ist seinen Lauf zu beginnen, dem Dampfe stets so viel Durchzug gestatten, als man verlangt hat.

Es giebt noch andere Mittel, das Voreilen des Ventils zu ändern, ohne die Ventilkammer zu öffnen; aber sie geben entweder kein richtiges Resultat, oder sind der Maschine nachtheilig.

Bei den obigen Versuchen über die Geschwindigkeit und die Ladung der Maschinen war die *Vesta* die einzige, deren Voreilen des Ventils einen merkbaren Einfluſs auf die Geschwindigkeit hatte.

Siebentes Capitel.

Von den Krümmungen der Bahn und den Rampen.

Abschnitt I.

Von den Krümmungen.

§. 78.

Von der conischen Form der Räder und der Erhöhung der Schienen, um die Wirkung der Krümmen zu heben.

Wir haben untersucht, welche Anordnungen die Wirkung einer Maschine verstärken oder schwächen. Es sind nun ferner zwei äuſsere Umstände zu erwägen, die ebenfalls Einfluſs auf die Bewegung haben können.

Die Krümmungen einer Schienenbahn vergröſsern den Widerstand, und zwar um so mehr, je kleiner ihre Halbmesser sind. Denn ein Fuhrwerk hat vier Unterstützungs-Puncte, und wenn dieses Viereck in einer Krümmung sich fortbewegen soll, so können die Spurkränze der Räder nicht mehr so, wie es in gerader Richtung geschieht, an den Schienen entlang rollen, ohne sie zu berühren; sie müssen also die Schienen streifen. Die Schienen legen sich ferner theilweise den Rädern entgegen und hindern also ihren Lauf, indem sie sie zwingen ihre Richtung zu ändern.

Sodann hat das Rad, welches auf der äuſsern Schiene rollt, natürlich einen längeren Weg zu durchlaufen, als das Rad auf der innern Schiene. Nun sind aber die Räder der jetzt gebräuchlichen Wagen nicht von einander unabhängig. Sie sind beide an der Achse fest, welche sich mit ihnen zugleich umdreht. Muſs also das eine Rad einen längeren Weg machen als das andere, so muſs jenes natürlich zum Theil, nemlich um die Länge des Unterschiedes der beiden Wege, auf den Schienen geschleift werden.

Endlich werden die Fuhrwerke in den Krümmen durch die Schwungkraft der Bewegung gegen die Schienen aufserhalb gedrängt, und die Spurkränze der Räder müssen sich also stärker als bei der geradlinigen Bewegung an den Schienen reiben.

Die bis jetzt bekannte Weise, die Schienenbahn und die Räder der Fuhrwerke so einzurichten, dafs die beschriebenen drei Ursachen vermehrter Reibung gehoben werden, besteht darin, einestheils die Räder conisch zu machen, anderntheils in den Krümmen die äufsere Schiene höher zu legen, als die innere. Aber diese Mittel sind bis jetzt nur nach ungefährer Schätzung angewendet worden, und erfüllen daher ihren Zweck nur mehr oder weniger unvollkommen. Wir glauben durch eine nähere Untersuchung und durch Rechnung allgemeine Regeln angeben zu können, die die Erreichung des Zwecks sicher stellen.

Der Widerstand, welchen die Fuhrwerke in den Krümmen finden, rührt theils von den Ursachen desselben, theils von den Wirkungen derselben her: theils nemlich, wie oben bemerkt, daher, dafs die Wagen in den Krümmen sich wenden müssen, wobei sich die Schienen ihrem Lauf entgegensetzen und die Räder geschleift werden: theils von der Schwungkraft der Bewegung, welche eine Reibung der Spurkränze an den Schienen verursacht.

Der erste Theil des Widerstandes wird offenbar gehoben werden, wenn sich die Räder so einrichten lassen, dafs der Wagen von selbst der Krümmung folgt. Dieses geschieht, wenn man die Räder ein wenig conisch macht: den gröfsern Halbmesser nach innen, wie es Fig. 2. vorstellt. Wenn alsdann die Schwungkraft den Wagen nach aufsen drängt, so rollt das Rad auf einem gröfseren Umkreise. Der Wagen kann also nicht mehr in gerader Richtung laufen: er mufs, weil jetzt das eine Rad gröfser ist als das andere, eine Krümme beschreiben, und aufserdem müssen die zwei mit einander fest verbundenen Räder Bahnen von verschiedener Länge durchlaufen.

Wir haben nun den Unterschied der Durchmesser der beiden Räder auszumitteln, der nöthig ist, damit der Wagen ohne Zwang die bestimmte Krümme beschreibe; so wie die Abweichung des Wagens nach der Seite, damit dieser Unterschied der Durchmesser entstehe. Sodann müssen wir untersuchen, wie die Schienenbahn anzuordnen sei, damit die Schwungkraft der Bewegung diese Abweichung nach der Seite hervorbringe. Werden diese Bedingungen erfüllt, so wird offenbar die erste Art des Widerstandes der Krümmen durch sich selbst gehoben werden. Rücksichtlich der Reibung der Spurkränze der Räder an den Schienen müssen wir untersuchen, in wie weit das Rad conisch sein müsse, damit es, selbst wenn es die stärkste Krümmung der Bahn durchläuft, nicht so weit seitwärts getrieben werden könne, dafs der Spurkranz mit der Schiene in Berührung kommt. So werden sich durch die Gestaltung der Räder und durch die Anordnung der Bahn die beiden Arten des Widerstandes heben lassen.

Es mögen mm' und nn' Fig. 28. die beiden Schienen einer Eisenbahn vorstellen. Wenn der Wagen ohne Zwang den Krümmen folgen soll, so mufs das äufsere Rad den Bogen mm' beschreiben, während das innere den Bogen nn' durchläuft, beide Bogen von den nemlichen Halbmessern begrenzt. Wenn also der Bogen mm' etwa dem Umfange des äufsern Rades gleich ist, so mufs nn' dem Umfange des innern gleich sein; und folglich müssen die Durchmesser der beiden Räder zu einander in einem gewissen Verhältnisse stehen.

Bezeichnet D den Durchmesser des äufsern, D_1 den Durchmesser des innern Rades, und π das Verhältnifs des Kreisumfanges zum Durchmesser, so ist $mm' = \pi D$ und $nn' = \pi D_1$. Aber da die beiden Kreisbogen von den nemlichen Halbmessern begrenzt werden, so ist $\frac{mm'}{nn'} = \frac{mo}{no}$. Bezeichnen wir daher den mittleren Durchmesser der Krümmen, os, durch r und die halbe Breite der Schienenbahn durch e, so ist $\frac{mm'}{nn'} = \frac{r+e}{r-e}$; also $\frac{D}{D_1} = \frac{r+e}{r-e}$, und daraus folgt $\frac{D-D_1}{D} = 1 - \frac{r-e}{r+e}$; mithin

$$1. \quad D - D_1 = D\left(1 - \frac{r-e}{r+e}\right) = \frac{2eD}{r+e}.$$

Dieser Ausdruck giebt den Unterschied, welchen die Durchmesser der Räder zu dem bestimmten Zwecke haben müssen.

Da wir nun verlangen, dafs der Unterschied der Durchmesser dadurch hervorgebracht werden solle, dafs der Wagen zur Seite gedrängt wird, so fragt sich, wie grofs diese Abweichung nach der Seite sein müsse.

Es hängt solches offenbar von dem Grade der Kegelförmigkeit der Räder ab.

Auf der Liverpooler Eisenbahn haben die Räder der Bahnwagen 3. Fufs Engl. innern und 2 Fufs 11 Zoll äufsern Durchmesser. Das Rad wird ursprünglich cylindrisch gemacht, und die Kegelform wird durch eine zweite Felge hervorgebracht, die, ohne den Spurkranz, an einer Seite $\frac{1}{2}$ Zoll dicker ist als an der andern. Die 29ste Figur stellt den Durchschnitt des Radkranzes in einem Viertheil der wirklichen Gröfse vor. Seine Breite ist $3\frac{1}{2}$ Zoll, und folglich beträgt die Kegelform, von $\frac{1}{2}$ Zoll auf $3\frac{1}{2}$ Zoll, ein Siebentheil.

Dieselbe werde allgemein durch $\frac{1}{a}$ bezeichnet. Alsdann werden die Räder, da sie beide ursprünglich auf gleichen Umkreisen rollen, um den Unterschied $D-D_1$ der Räder hervorzubringen, um

$$2.\quad \tfrac{1}{4}a(D-D_1)$$

zur Seite gedrängt werden müssen. Denn da die Neigung der Bahn in die Quere $\frac{1}{a}$ ist, so wird die so eben ausgedrückte Abweichung zur Seite einen Unterschied der Halbmesser von $\frac{1}{4}a(D-D_1)\frac{1}{a}=\frac{1}{4}(D-D_1)$, also einen Unterschied der Durchmesser von $\frac{1}{2}(D-D_1)$ hervorbringen. Dieser Unterschied der Durchmesser entsteht aber in *plus* auf der Aufsenseite und zugleich in *minus* auf der innern Seite der Räder, mithin doppelt; und folglich entsteht im Ganzen ein Unterschied der Durchmesser von $D-D_1$; wie es verlangt wird.

Setzt man in (2.) den Ausdruck von $D-D_1$ aus (1.), so findet sich

$$3.\quad \mu=\frac{aeD}{2(r+e)}$$

für die nothwendige Abweichung des Wagens zur Seite.

Diese Abweichung wird die erste Art des Widerstandes heben. Die Frage ist nun, auf welche Weise sie durch die Schwungkraft hervorgebracht werden könne. Die Schwungkraft drängt zwar unbedingt den Wagen zur Seite; aber ihre Wirkung mufs auch gerade so sein, wie es hier nöthig ist, weil sonst der verlangte Zweck nicht würde erreicht werden.

Wenn, wie vorhin, r der Halbmesser der Krümmen, ferner V die Geschwindigkeit der Bewegung, und m die in Bewegung gesetzte Masse bezeichnet, so wird die Schwungkraft in den Krümmen bekanntlich durch

$$4.\quad f=\frac{mV^2}{r}$$

ausgedrückt. Ist ferner P das Gewicht der bewegten Masse und $2g$ die Beschleunigung der Schwere, so ist $P = 2gm$ und folglich $m = \frac{P}{2g}$. Also ist

$$5. \quad f = \frac{PV^2}{2gr}.$$

Dieses ist die Kraft, mit welcher ein mit der Geschwindigkeit V in einer Krümme vom Halbmesser r sich bewegendes Gewicht P in der Richtung des Halbmessers vom Mittelpuncte der Krümme sich zu entfernen strebt. Es bezeichnet in dem Ausdruck (5.) g die senkrechte Höhe, von welcher ein in leerem Raume sich bewegender Körper in der ersten Secunde herabfällt, und es ist $g = 15{,}625$ Fufs Preufs. Bezieht man die Geschwindigkeit V ebenfalls auf eine Secunde und auf das nemliche Längenmaafs wie r, so giebt die Formel (5.) die Schwungkraft als einen Theil von P an, und folglich als ein Gewicht. Betrüge z. B. die Geschwindigkeit 30 Fufs in der Secunde, und wäre der Halbmesser der Krümme 500 Fufs, so würde $f = P\frac{30^2}{2.15{,}625.500} = 0{,}0756\,P$ oder ungefähr $\frac{1}{18}P$, das heifst $\frac{1}{18}$ des Gewichtes der bewegten Masse sein.

Mit der Kraft f wird nun der ganze Wagenzug in der Richtung des Halbmessers der Krümme seitwärts, nach aufsen gedrängt. Lägen die beiden Schienen gleich hoch, so würde diesem Triebe nach der Seite blofs die Reibung des Spurkranzes gegen die Schienen widerstehen müssen. Legen wir dagegen die äufsern Schienen höher als die innern', so wird sich, wenn es in gehörigem Maafse geschieht, der Schwungkraft dadurch widerstehen lassen, dafs sich die Räder gerade so weit zur Seite begeben, als es nothwendig ist und verlangt wird. In der That wird, wenn die äufsere Schiene höher liegt als die innere, die Bahn dadurch zu einer s c h i e f e n E b e n e. Auf dieser hat die Last der Wagen eine Neigung, abwärts, also nach der i n n e r n Schiene hin zu gleiten. Die Schwungkraft dagegen drängt sie nach der ä u f s e r n. Also läfst sich ihre Wirkung durch die beschriebene Anordnung aufheben,

Die äufsere Schiene liege um y höher als die innere (Fig. 30.). Alsdann ist der Abhang der schiefen Ebene, da ihre Breite $2e$ beträgt, $\frac{y}{2e}$. Von dieser Ebene würde ein Gewicht P mit der Kraft $\frac{Py}{2e}$ hinabzugleiten streben. Es werden also die Wagen mit der Kraft $\frac{Py}{2e}$ nach der i n n e r n

Schiene hingedrängt werden, während die Schwungkraft sie mit der Kraft $f = \frac{PV^2}{2gr}$ nach der äufsern Schiene treibt. Giebt man daher dem Abhange y eine solche Gröfse, dafs $\frac{Py}{2e} = \frac{PV^2}{2gr}$ oder

$$6.\qquad y = \frac{eV^2}{gr}$$

ist, so wird der Wagenzug weder mehr nach aufsen, noch nach innen getrieben werden, und folglich ganz in seiner Bahn bleiben.

Wie weiter oben gefunden, müssen aber die Wagen um die Breite $\mu = \frac{aeD}{2(r+e)}$ (3.) nach der Seite getrieben werden. Es kommt daher nun darauf an, welches die dazu nöthige Höhe ist.

Nehmen wir zu diesem Ende an, der Wagenzug sei schon zur Seite gedrängt worden. Er sei von ab (Fig. 30.) nach cd getrieben, das heifst, der Punct des innern Rades, welcher in a war, sei um die Breite μ nach c und der Punct b nach d gedrängt worden. In dieser Lage ist der Abhang der Ebene, auf welcher sich der Wagenzug befindet,

$$7.\qquad \frac{y}{2e-\mu}.$$

[Es scheint, man müsse setzen $\frac{y}{2e}$, nicht $\frac{y}{2e-\mu}$. D. H.] Nun hat, vermöge der Kegelform der Räder, der Durchmesser des Rades an der äufsern Seite der Krümmung um eine gewisse Gröfse zu- und der Durchmesser des Rades an der innern Seite um eben so viel abgenommen. Da die Schräge der Räder $\frac{1}{a}$ gesetzt worden ist, so beträgt die Höhe, für den Unterschied μ der Breite, für jedes Rad $\frac{\mu}{a}$. Um diese Höhe ist also das eine Rad gehoben und das andere gesenkt worden, und folglich kommt $\frac{2\mu}{a}$ zu dem Unterschiede der Höhe der Schienen selbst hinzu.

Die äufsere Seite des Wagens befindet sich also um $y + \frac{2\mu}{a}$ höher als die innere; und da nun die Entfernung der Unterstützungs-Puncte von einander, der Breite nach, $2e-\mu$ ist, so verhält es sich auf dieselbe Weise, als rollte der Wagen auf einer schiefen Ebene, deren Abhang

$$8.\qquad \frac{y + \frac{2\mu}{a}}{2e-\mu}$$

ist.

Damit nun die Schwungkraft f (5.) den Wagen in dieser Lage halten, und ihn weder nach aufsen noch nach innen gleiten lassen möge, mufs sie der Kraft, mit welcher die Last P von dem Abhange (8.) hinabzugleiten strebt, gleich sein; das heifst es mufs

$$9. \quad \frac{PV^2}{2gr} = \frac{P\left(y + \frac{2\mu}{a}\right)}{2e - \mu}$$

sein. Daraus folgt $(2e - \mu)V^2 = 2gr\left(y + \frac{2\mu}{a}\right)$ und

$$10. \quad y = \frac{V^2}{2gr}(2e - \mu) - \frac{2\mu}{a}.$$

Setzt man hierin den Ausdruck von μ (3.), so findet sich

$$11. \quad y = \frac{eV^2}{2gr}\left(2 - \frac{aD}{2(r+e)}\right) - \frac{eD}{r+e}.$$

Diese Gleichung giebt aus der bestimmten Kegelform und dem Durchmesser der Räder, so wie aus der mittleren Geschwindigkeit der Bewegung und der Breite der Bahn, die dem Halbmesser r entsprechende Höhe y, um welche die äufsere Schiene über die innere emporragen mufs.

Es sei z. B., wie auf der Liverpooler Bahn,

Die mittlere Geschwindigkeit in der Secunde . $V = 28{,}46$ Fufs Preufs.,

Die Schräge der Radkränze . . . . $\frac{1}{a} = \frac{1}{7}$,

Die halbe Breite der Bahn . . . . $e = 2{,}28$ Fufs Preufs.,

Der Durchmesser der Räder . . . . $D = 2{,}91$ Fufs Preufs.

Für diesen Fall, und für eine Krümme von 485,6 F. (500 F. Engl.) Halbmesser giebt die obige Gleichung $y = 2{,}75$ Zoll. Um so viel also mufs in der Krümme die äufsere Schiene höher liegen als die innere.

Werden nach dem Maafs, welches die Gleichung (11.) giebt, die Schienen ungleich hoch gelegt, so wird die erste Art des Widerstandes der Krümmen dadurch gehoben. Da aber diese Aufhebung des Widerstandes durch eine Ausweichung nach der Seite erreicht wird, so wäre zu fürchten, die Ausweichung möchte so stark sein, dafs die Spurkränze der Räder an die Schienen anstreifen und sich also an denselben reiben. In diesem Falle würde man nur einen andern Widerstand an die Stelle des vorigen gebracht haben. Dieser Punct mufs also näher erwogen werden.

Wir haben bis jetzt die Schräge der Radfelgen $\frac{1}{a}$ als gegeben betrachtet. Da sich die Ausweichung der Wagen nach der Seite danach richtet, so mufs die Schräge $\frac{1}{a}$ ein **solches** Maafs haben, dafs in der kürzesten Krümme die Ausweichung nie so stark ausfallen kann, dafs der Spurkranz des Rades mit der Schiene in Berührung kommt.

Die nothwendige Ausweichung nach der Seite war $\mu = \frac{aeD}{2(r+e)}$ (3.). Haben also z. B. die Räder im Ganzen auf den Schienen 2 Zoll Spielraum, so dafs, wenn der Wagen in seiner richtigen Lage steht, der Spurkranz jedes Rades von der Schiene 1 Zoll entfernt ist: so mufs μ jedenfalls kleiner sein als 1 Zoll, wobei μ die Abweichung in der **kürzesten** Krümme bezeichnet. Setzt man daher in der Gleichung (3.) für r den Halbmesser der Krümme, und den gröfsten Werth von $\mu = 1$ Zoll, so giebt die Gleichung den **gröfsten** Werth von a, oder die geringste Schräge der Radfelgen $\frac{1}{a}$.

In dem obigen Zahlenbeispiele findet sich für die gröfste Schräge der Radfelgen $\frac{1}{a} = \frac{1}{12}$; aber eine gröfsere Schräge ist um so mehr dienlich.

Auf der Liverpooler Bahn ist der Halbmesser der stärksten Krümme 833 F. lang. Dieses giebt $\frac{1}{12}$ für die Schräge der Radkränze. Aber man kann sie, wenn es zu anderem Zwecke besser befunden wird, gröfser machen. Gewöhnlich nimmt man dafür $\frac{1}{7}$ an. Dieses geschieht, um es unmöglich zu machen, dafs die Spurkränze an die Schienen stofsen, etwa bei einem starken Sturme von der Seite, oder bei zufälligen Unterbrechungen der Höhe der Schienen, durch welche die Wagen auf die niedrigen Schienen sich senken könnten. Da schon $\frac{1}{12}$ hinreichend ist, die Spurkränze von den Schienen abzuhalten, so ist das Anstreifen bei $\frac{1}{7}$ Schräge fast ganz unmöglich.

Haben die Radkränze die gehörige Schräge erhalten, so wird nun die ungleiche Höhe der Schienen den Widerstand in den Krümmen heben, ohne dafs ein neuer Widerstand entsteht; und folglich wird der Wagenzug die Krümme ohne alle Verminderung der Geschwindigkeit durchlaufen.

§. 79.

Practische Tafel über die ungleiche Höhe der Schienen.

Dieselbe wird dem Obigen zufolge durch den Ausdruck

$$y = \frac{eV^2}{2gr}\left(2 - \frac{aD}{2(r+e)}\right) - \frac{eD}{r+e} \quad (11.)$$

bestimmt, wo

D der Durchmesser der Räder,
r der Halbmesser der Krümmen,
e die halbe Breite der Bahn,
V die mittlere Geschwindigkeit der Bewegung in der Secunde,
$2g = 31{,}625$ F. die Beschleunigung der Schwere,
$\frac{1}{a} = \frac{1}{7}$, also $a = 7\mu$ und
y die Höhe der äufsern Schienen über die innern bezeichnet.

Nach der obigen Formel gerechnet, ergiebt sich folgende

Practische Tafel der Höhe, um welche in den Krümmen einer Eisenbahn die äufsere Schiene über die innere hervorragen mufs, damit der Widerstand in den Krümmen aufgehoben werde.

Beschreibung der Fuhrwerke und der Bahn.	Halbmesser der Krümmen.	Höhe der äufsern Schiene über der innern für eine Geschwindigkeit in der Stunde von 4273 Ruth.	8546 Ruth.	12819 Ruth.
	Fufs.	Zoll.	Zoll.	Zoll.
	243	1,11	5,44	12,61
Durchmesser der Wagenräder . . 2 Fufs 10,96 Zoll.	486	0,55	2,75	6,37
Breite der Eisenbahn . . . . . . 4 Fufs 6,77 Zoll.	971	0,28	1,39	3,20
Spielraum der Spurkränze der	1942	0,146	0,69	1,60
Räder an jeder Seite . . . . 11,65 Linien.	2913	0,097	0,46	1,07
Schräge der Radfelgen . . . . $\frac{1}{7}$.	3885	0,068	0,35	0,81
	4856	0,058	0,27	0,64

[Gegen die Ansichten und Rechnungen in diesen beiden Paragraphen möchte zunächst auch theoretisch noch einiges zu erinnern sein. So z. B. widersteht der Schwungkraft nicht blofs die Kraft, mit welcher die Last der Wagen vermöge der Schräge der Radkränze nach innen zu gleiten strebt, sobald sie zur Seite gedrückt wird, sondern auch die Reibung auf den Schienen, die in den obigen Rechnungen gar nicht vorkommt. Einen Körper, der sich auf seiner Unterstützung reibt, eine schräge Ebene hinauf zu drängen, ist mehr Kraft nöthig, als es der Fall sein würde, wenn die Reibung nicht Statt fände. Sodann ist die Schräge, welche für eine bestimmte Geschwindigkeit pafst, auch nur dieser angemessen. Macht man aber die Schräge so stark, dafs sie für die äufserste Geschwindigkeit ausreicht, so werden die Schienen durch die starke Schräge und keilförmige Gestalt der Räder sogar mehr als nöthig auseinander gedrängt u. s. w.

Aber noch mehr möchte gegen die conische Gestalt der Räder practisch zu erinnern sein. Da nemlich die Schienen keineswegs eine vollkommne stetige Bahn oder Ebene bilden, so rollen die Räder auch da, wo die Bahn keine Krümmen hat, keinesweges ganz gerade aus, sondern beschreiben eine sehr langgestreckte Schlangenlinie, von einer Seite nach der andern hinüber. Sind nun die Räder conisch, so entsteht dadurch in den geraden Strecken der Bahn gerade das, was man in den Krümmen vermeiden will. Die Räder bekommen nun, wenn sie conisch sind, durch das Schwanken von einer Seite nach der andern ungleiche Halbmesser, und müssen also auf der Bahn mehr oder weniger fortgeschleift werden; ja das Schwanken wird dadurch nur um so stärker. Und da nun die geraden Strecken der Bahn bei weitem mehr ausmachen als die krummen, so wird eigentlich mehr verloren als gewonnen. Deshalb hat man auch in neuester Zeit, so viel mir bekannt, die conische Gestalt der Räder ziemlich wieder aufgegeben, und macht sie, bis zu den Spurkränzen, wieder ganz cylindrisch; und, wie es scheint, mit Recht.

Gegen das Uebel, welches die conische Form der Räder und die ungleiche Höhe der Schienen haben soll, dürfte es vielleicht practisch nicht wohl ein anderes Mittel geben, als die Wagen so einzurichten, dafs sich die beiden Räder einer Achse, obgleich daran befestigt, unabhängig von einander, also mit verschiedener Geschwindigkeit drehen können; was auch wohl angehen möchte; dann aber, die Halbmesser der Krümmen so grofs zu machen als möglich; nie kleiner als 200 bis 300 Ruthen. D. H.]

Abschnitt II.

Von den Rampen.

§. 80.

Vom Widerstande der Wagenzüge auf Rampen.

Abhänge sind ein grofses Hindernifs der Bewegung auf Eisenbahnen. So wie die Wagenzüge einen Abhang erreichen, vergröfsert sich der Widerstand ungemein, weil die ganze Last den Abhang hinauf gehoben werden mufs.

Gesetzt ein Dampfwagen habe eine Last von 2240 Ctr. zu ziehen. Da die Reibung auf horizontaler Bahn den 280sten Theil der Last beträgt, so sind dazu auf horizontaler Bahn 8 Ctr. Zugkraft nöthig. Nun möge sich der Wagenzug einen Abhange von 1 auf 100 hinauf bewegen sollen. Alsdann wird zu dem Widerstande der Reibung ein neuer Widerstand hinzukommen, welcher dem Bestreben gleich ist, welches die Last haben würde, von dem Abhange hinab zu rollen. Derselbe verhält sich zu der Last, wie die Höhe des Abhanges zu seiner Länge. In dem angenommenen Falle also, und wenn wir noch das Gewicht des Dampfwagens selbst zu 200 Ctr. anschlagen, so dafs die ganze den Abhang hinaufzuziehende Last 2440 Ctr. beträgt, wird der auf dem Abhange hinzukommende Widerstand $\frac{2440}{100} = 24{,}4$ Ctr. ausmachen. Da nun 1 Ctr. Zugkraft auf der Ebene 280 Ctr. Last fortschafft, so wird es auf diesem Abhange eben so sein, als wenn $280 . 24{,}4 = 6832$ Ctr. Last mehr, mithin im Ganzen $2240 + 6832 = 9072$ Ctr. Last auf horizontaler Bahn fortzuziehen wären.

Hiernach ist die Zugkraft auf Abhängen zu berechnen, und wir haben das Beispiel gegeben, weil man zuweilen in solchen Fällen blofs das Gewicht der von den Dampfwagen fortgezogenen Last in Anschlag gebracht findet, während gleichwohl auch noch das Gewicht des Dampfwagens selbst in Betracht kommen mufs, welches in jenen Fällen einen Theil der fortzuziehenden Last ausmacht.

Rücksichtlich des Brennstoffes werden wir sehen, dafs die Rampen auf der Liverpooler Bahn, obgleich sie fast unmerklich zu sein scheinen, gleichwohl einen Aufwand von einem Sechstheil mehr erfordern, als auf horizontaler Bahn nothwendig sein würde. Man sieht daraus, wie wichtig es ist, eine Eisenbahn so viel als möglich horizontal zu bauen. Man glaubt zuweilen etwas zu ersparen, wenn man es vermeidet, Anhöhen zu durchschneiden, oder Dämme durch Thäler zu schütten. Aber das ist häufig ein Irrthum; das erste Anlage-Capital wird dadurch vielleicht vermindert, die jährliche Mehr-Ausgabe dagegen kann bei weitem die Ersparung übersteigen, und folglich hat man eigentlich nicht gewonnen sondern verloren. Die Mehr-Ausgabe kann sogar das ganze Werk uneinträglich machen. [Man findet über diesen Gegenstand Mehreres in der Abhandlung No. 11. im 4. Hefte 9ten Bande dieses Journals. D. H.]

Rampen auf Eisenbahnen können es nicht allein unmöglich machen, die Frachtpreise für Güter genugsam herabzusetzen, sondern, was wichtiger ist, die Gefahr beim Herabfahren von den Anhöhen kann das öffentliche Vertrauen in die Sicherheit der Fahrt vernichten. Man mufs also nicht die wichtige Regel vergessen, dafs es nicht blofs darauf ankommt, eine glatte, sondern auch eine möglichst horizontale Bahn zu bauen. Das letzte ist aufserdem das einzige Mittel, Dampfwagen wirksam zu machen.

Ist es indessen unmöglich, Abhänge zu vermeiden, und hat man stehenden Dampfmaschinen wegen des unvermeidlichen Aufenthaltes bei dem Dienste derselben entsagt, so giebt es nur noch zwei Mittel. Entweder muſs dann die Ladung so weit vermindert werden, daſs die Kraft der Maschine hinreicht, mit derselben den Abhang zu ersteigen; oder man muſs eine oder mehrere Hülfsmaschinen vorspannen.

Auf der Liverpooler Bahn übersteigen die Züge von Personenwagen, weil sie nicht sehr schwer sind, selten die Kraft der Maschine, selbst nicht an den steilsten Stellen, welche 1 auf 89 und 1 auf 96 Abhang haben. Die Maschinen bekommen keine Hülfe, und beim Hinabfahren wird die Geschwindigkeit bloſs durch den Regulator gemäſsigt. Den Wagenzügen dagegen, welche für eine einzelne Maschine zu schwer sind, spannt man eine am Fuſse der Rampe bereit stehende und bloſs zu diesem Zwecke bestimmte zweite Dampfmaschine vor. Diese Hülfsmaschinen sind für eine langsame Bewegung und groſse Kraft-Aeuſserung eingerichtet. Die Cylinder haben 11,65 bis 13,69 Zoll im Durchmesser; ihr Kolbenlauf ist gewöhnlich 15,54 Zoll lang; die Räder dagegen haben nur 4 Fuſs 4,4 Zoll im Durchmesser. Auſserdem sind die Maschinen, um stark auf die Schienen einzugreifen, 236 Ctr. schwer, und die vier Räder sind gekuppelt. Diese Hülfsmaschinen, da sie sich langsamer fortbewegen, erfordern dann auch in der Regel weit weniger Ausbesserungen.

Auf der Darlingtoner Bahn sind der Abhänge zu viele, als daſs bei jedem eine Hülfsmaschine aufgestellt werden könnte. Hier also vermindert man die Ladung um so weit, daſs eine und dieselbe Maschine sie über alle Anhöhen hinwegzuschaffen vermag.

Die Dampfwagen verstärken indessen, so wie sie bei einem Abhange anlangen, ihre Kraft beträchtlich, weil die Geschwindigkeit der Bewegung bedeutend abnimmt und die Cylinder weniger Dampf consumiren. Da nun das durch die vorherige Geschwindigkeit der Maschine heftig angefachte Feuer noch fortfährt, die nemliche Menge Dampf zu entwickeln, so muſs ein groſser Theil desselben durch das Sicherheitsventil entweichen. Aber die Oeffnung desselben ist zu enge, um allen Dampf ausströmen zu lassen. Auch leistet die Feder, welche das Ventil niederdrückt, mehr und mehr Widerstand, wie der Dampf das Ventil höher hebt, um sich einen Ausweg zu verschaffen. Die Folge davon ist, daſs der Dampf, weil er nicht so schnell entweichen kann als er erzeugt wird, eine höhere Spannung im Kessel annimmt.

Diese Verstärkung der Spannung hängt offenbar von verschiedenen Umständen ab: von der Gröfse der Ventil-Öffnung; von der Dampf-Erzeugungskraft des Kessels; von der vorherigen Anfachung des Feuers, und von der Länge des Hebels der Federwage. Bei einigen Maschinen kann, wie oben bei der Dampfspannung bemerkt, die Verstärkung dieser Spannung bis 10 Pfd. auf den Quadratzoll betragen.

In solchem Falle also kann die Dampfspannung, wenn sie 50 Pfd. auf den Quadratzoll beträgt, beim Ersteigen eines Abhanges um den fünften Theil zunehmen; was beträchtlich ist. Dieses mufs daher bei Berechnung der Ladungen, welche die Maschinen ziehen sollen, in Betracht gezogen werden. Doch ist solches nur dann nöthig, wenn die Rampen nicht sehr lang sind, weil auf langen Abhängen das Feuer bald weniger stark angefacht wird, und also die Verstärkung der Dampfspannung wieder nachläfst. Uebrigens mufs das Gewicht der Maschine immer so stark sein, dafs die Räder hinreichend auf die Schienen eingreifen; worüber das Weitere im folgenden Capitel vorkommt.

Noch in einem andern Falle müssen die Maschinen eine erhöhte Anstrengung machen. Nemlich bei dem Anfange der Bewegung. In der That mufs da die Maschine, die, wenn die Masse schon in Bewegung ist, blofs den Widerstand zu überwinden hat, eine stärkere Kraft anwenden, um ihr erst die Bewegung mitzutheilen. Im ersten Falle ist blofs die Geschwindigkeit zu erhalten: im andern ist sie hervorzubringen. Die Zulage an Kraft bezieht sich hier auf die sogenannte *vis inertiae* der Materie; was aber, in so fern man der Materie damit einen eigenthümlichen Widerstand beilegt, eine uneigentliche Benennung ist.

Der Anfang der Bewegung ist also für Dampfwagen, die eine schwere Ladung fortziehen sollen, eine schwierige Aufgabe. Indessen erlangt die Maschine auch hier, wie bei dem Ersteigen von Abhängen, eine beträchtlich zunehmende Kraft. Die Langsamkeit der Bewegung bringt hier zweierlei Wirkungen hervor. Die Spannung in den Cylindern nimmt gleichförmig mit der im Kessel zu, und diese nimmt zu durch die Wirkung der Federwage. Ungeachtet dieses doppelten Gewinns ist indessen die Schwierigkeit des Anfangs der Bewegung bei schweren Ladungen so bedeutend, dafs wir rathen möchten, dem Anfange der Bahn einen kleinen

Fall zu geben. Dann wird sich der Wagenzug nicht allein bei der Abfahrt leichter in Bewegung setzen lassen, sondern es wird auch bei der Ankunft das starke Hemmen vermieden werden, welches den Rädern und Wagen sowohl als der Bahn selbst stets nachtheilig ist.

§. 81.

Practische Tafel des Widerstandes, welchen Wagenzüge auf Rampen finden.

Im vorigen Paragraph haben wir angezeigt, wie der Widerstand, welchen die Wagenzüge auf Rampen finden, zu berechnen sei. Darnach ist die folgende Tafel für die gewöhnlichsten Fälle aufgestellt.

Es ist klar, dafs die in der Tafel angegebenen Ladungsgewichte nur auf den Widerstand auf den Abhängen sich beziehen, und nicht etwa die Gewichte sind, welche die Maschinen fortzuziehen vermögen, die vielmehr von der Kraft der Maschine, von der weiter oben die Rede war, und von dem Eingreifen der Räder, wovon das nächste Capitel handeln wird, abhängen.

Die Tafel, welche die Ladungen auf Abhängen auf Ladungen auf horizontaler Bahn reducirt, dient, um danach vermittelst der frühern Tafeln entweder die Ladungen zu finden, welche eine Maschine einen gegebenen Abhang hinaufzuschaffen vermag, oder umgekehrt, den Abhang, welchen die Maschine mit einer gegebenen Ladung zu ersteigen im Stande ist.

Practische Tafel des Widerstandes, welchen Wagenzüge auf Rampen finden.

Gewicht des Dampfwagens.	Gewicht des Wagenzuges sammt Munitionswagen.	Gewicht derjenigen Ladung, welche auf horizontaler Bahn denselben Widerstand machen würde, wie die nebenstehende Ladung auf Abhängen von					
		1 auf 500.	1 auf 400.	1 auf 300.	1 auf 200.	1 auf 150.	1 auf 100.
	Ctr.	Ctr.	Ctr.	Ctr.	Ctr.	Ctr.	Ctr.
158 Ctr.	493	867	946	1104	1399	1715	2306
	986	1636	1794	2070	2582	3114	4179
	1478	2405	2621	3016	3765	4533	6051
	1971	3173	3469	3962	4947	5953	7924
	2465	3942	4297	4908	6130	7352	9796
	2957	4711	5144	5874	7313	8771	11669
197 Ctr.	493	887	986	1143	1459	1794	2424
	986	1656	1833	2109	2641	3193	4297
	1478	2424	2661	3055	3824	4612	6169
	1971	3193	3508	4001	5006	6031	8042
	2465	3962	4336	4947	6189	7431	9914
	2957	4731	5184	5913	7372	8850	11787
	3449	5499	6012	6859	8554	9897	13659
	3942	6268	6859	7805	9737	11669	15532

Gewicht des Dampfwagens.	Gewicht des Wagenzuges sammt Munitionswagen.	Gewicht derjenigen Ladung, welche auf horizontaler Bahn denselben Widerstand machen würde, wie die nebenstehende Ladung auf Abhängen von					
		1 auf 500.	1 auf 400.	1 auf 300.	1 auf 200.	1 auf 150.	1 auf 100.
	Ctr.	Ctr.	Ctr.	Ctr.	Ctr.	Ctr.	Ctr.
236 Ctr.	493	907	1005	1183	1518	1872	2543
	986	1675	1853	2148	2700	3272	4415
	1478	2444	2681	3095	3883	4691	6288
	1971	3213	3528	4041	5066	6110	9737
	2465	3982	4356	4987	6248	7510	10033
	2957	4750	5204	5953	7431	8929	11905
	3449	5519	6031	6899	8613	10348	13778
	3942	6288	6879	7845	9796	11747	15650
	4435	7056	7726	8791	10979	13167	17523
	4928	7825	8554	9737	12161	14586	19395

(Die Fortsetzung folgt im nächsten Hefte.)

3.
Nachrichten von der projectirten Eisenbahn zwischen Berlin und Frankfurt a. d. O.

(Vom Herausgeber.)

Nachdem die Ausführung des Projects zur Eisenbahn zwischen Berlin und Potsdam von den Urhebern derselben, dem Justiz-Commissarius Herrn *Robert*, dem Rechnungsrath-Rath Herrn *Doussin* und dem Verfasser dieses Aufsatzes vorzubereiten gesucht worden war, bemühte sich der Herr etc. *Robert* auch um die Verwirklichung der Idee einer Eisenbahn-Verbindung von Berlin mit den Städten Leipzig, Stettin und Frankfurt a. d. O., und that dazu geeignete Schritte.

Es konnte indessen von dem Herrn etc. *Robert* nur das Project zu der Eisenbahn zwischen Berlin und Frankfurt a. d. O. weiter verfolgt werden, da sich zu den beiden anderen Bahnen, von Berlin nach Stettin und nach Leipzig, zu letzterer in einer verschiedenen Richtung, mehr auf Dresden zu, andere einzelne Actionnair-Gesellschaften gebildet hatten.

Für die einzelne Eisenbahn nach Frankfurt a. d. O. war es unbedenklich am besten, mit derselben dem Spreethale zu folgen, und folglich über Fürstenwalde zu gehen. Anfangs rechnete man noch zugleich auf die Abzweigung nach Cüstrin, die auch von Fürstenwalde aus sehr gut practicabel sein würde. Einstweilen, und bis dahin, dafs man über Cüstrin weiter hinaus wird bauen können, ist indessen diese Abzweigung aufgegeben worden, um so mehr, da es zunächst nur vorzüglich auf die Verbindung der Meſsstadt Frankfurt mit Berlin und auf den Anfang der Straſse nach Schlesien ankommt.

Zu der Straſse von Berlin über Fürstenwalde nach Frankfurt a. d. O., etwa $10\frac{1}{2}$ Meilen lang, bildete sich, nachdem durch allgemeine Ermittelungen der Frequenz und Recognoscirung des Bau-Terrains die Ausführbarkeit der Eisenbahn durch Privatmittel und ihre Gemeinnützigkeit evident constatirt worden waren, unverzüglich eine Actionnair-Gesellschaft.

Die auf 2 Milionen Thaler geschätzten Baukosten wurden in wenigen Stunden unterzeichnet. Die Actionnairs wählten zu Mitgliedern ihres Vorstandes den Herrn Obristen *v. Reufs*, den Herrn Major *v. Kräwel*, den Herrn Geheimen Justiz- und Kammergerichts-Rath *Jordan* und den Verfasser dieses Aufsatzes, so wie letzteren zum Techniker und den Herrn Justiz-Commissarius *Robert* zum Syndicus.

Es wurde beschlossen, dafs unverzüglich ein überschläglicher aber ausführlicher Plan zu dem Unternehmen, sowohl in ökonomischer als in technischer Beziehung, ausgearbeitet werden sollte. Dieses ist geschehen, nachdem vorher die jetzige Frequenz auf der bisherigen Land- und Wasserstrafse authentisch ermittelt und die nöthigen Messungen und Nivellements gemacht worden waren.

Der Plan ist als Manuscript gedruckt worden, um ihn den hohen Behörden vorzulegen und den Actionnairs mitzutheilen. Da derselbe, als auf ein wichtiges und nützliches Bauwerk sich beziehend, auch die Leser dieses Journals interessiren könnte, so theilen wir ihn hier nebst den zugehörigen Zeichnungen ausführlich mit. Nachrichten von dem weiteren Fortgange des Werks, falls dasselbe, wie zu hoffen und zu erwarten, zur Ausführung kommen sollte, werden nachfolgen.

Ueberschläglicher Entwurf zu einer Eisenbahn zwischen Berlin und Frankfurt a. d. O.

I. Oekonomischer Theil des Entwurfes.

Erster Abschnitt.

Andeutung des Nutzens von Eisenbahnen überhaupt, und der gegenwärtigen Eisenbahn inebesondere, für den Verkehr, für die Anwohner, und für das Gemeinwesen oder den Staat.

1.

Wenn der Verkehr auf einer Land- oder Wasserstrafse auch nur so viel beträgt, dafs das, was für die Fortschaffung der Personen und Frachten bezahlt werden mufs, die Kosten des Transports auf der Eisenbahn,

Den Gewinn des Staats vermehrt sie gleichfalls, auf die Weise (§. 1. III.).

Setzen die Unternehmer wegen des höheren Ertrags die Transportkosten nicht herab, so wird wenigstens durch den höheren Ueberschufs das Anlage-Capital schneller amortisirt, oder es werden früher neue Capitalien erzeugt. Die Erhöhung der Vortheile und des Gewinns im ersten Falle §. 1. kommt jedenfalls zu denselben hinzu.

3.

Ist, als *dritten* Fall angenommen, der reine Ertrag einer Eisenbahn, nach der bisherigen Frequenz der Strafse berechnet, höher als das *Maximum,* welches der Staat den Unternehmern gestattet, so *müssen*, der allgemeinen Verordnung zufolge, die Transportkosten oder der Bahnzoll herabgesetzt werden, und dann entsteht die in §. 2. gedachte Erhöhung von Gewinn und Vortheil für Alle gleichzeitig, und in noch stärkerem Maafse.

4.

Es wäre noch, als *vierten* Falles, desjenigen zu gedenken, wenn die Transportkosten auf einer vorhandenen Land- oder Wasserstrafse, nach dem Maafse der bisherigen Frequenz, *noch nicht* die gewöhnlichen Zinsen des Anlage-Capitals einer Eisenbahn deckten.

Selbst in diesem Falle kann noch die Eisenbahn für den Verkehr, für die Anwohner und für den Staat wesentlich und sehr bedeutend nützlich sein, obgleich sie dann nicht mehr durch *Privat-Unternehmer* ausführbar ist. Der Fall ist derjenige vieler Chausséen. Der Chausséezoll, welcher, sehr weise, nicht nach den *Erbauungskosten* abgemessen ist, deckt meistens fast nur die *Erhaltungskosten*, nicht die Zinsen des Anlage-Capitals. Gleichwohl hat der Staat, und mit sehr grofsem Recht und zum Segen des Landes, es angemessen gefunden, die Capitalien zu den Chausséen, ohne dafs sie durch den Bahnzoll wieder einkämen, herzugeben. Zinsen und Capital kommen dem Staate hier nicht durch den *Bahnzoll,* sondern durch die *Belebung des Verkehrs* und den erhöhten *Wohlstand* wieder ein. Nun verhalten sich Eisenbahnen zu Chausséen, und zwar in noch stärkerer Proportion, so, wie Chausséen zu unbefestigten Strafsen. Werden durch Chausséen an 100 Ctr. Zugkraft auf gewöhnlichen Strafsen 50 bis 60 Ctr. erspart, so ersparen Eisenbahnen an 100 Ctr. Zugkraft auf Chausséen nicht blofs 50 bis 60, sondern 80 bis 90. Also können Eisenbahnen sehr wohl auch dann noch vortheilhaft sein, wenn die Transportkosten auf einer Strafse, nach der bisherigen Frequenz berechnet, selbst die gewöhnlichen Zinsen des Anlage-Capitals nicht decken.

Es läfst sich hier im Vorbeigehen bemerken, wie der Umstand, dafs Chausséen in der Regel nicht durch den Strafsenzoll die Zinsen der Anlagekosten gewähren, durchaus nicht beweiset, dafs auch Eisenbahnen etwa in dem gleichen Falle sind. Die Ersparung an Zugkraft durch Chausséen an der auf gewöhnlichen Strafsen ist nicht so grofs, dafs sie *direct* die Zinsen des Anlage-Capitals eintrüge, und der Strafsenzoll *kann*, ohne den Nutzen der Chausséen wieder aufzuheben, nicht so hoch gesetzt werden, dafs auch noch die Zinsen des Bau-Capitals einkommen. Diese können, wie gesagt, nur *indirect*, durch Belebung des Verkehrs und Erhöhung des Wohlstandes, erzielt werden. Auf Eisenbahnen dagegen ist die Ersparung an Zugkraft an der auf Chausséen allerdings so grofs, dafs, wenn der Verkehr nur einigermafsen lebhaft ist, die Zinsen *direct* durch den Bahnzoll, ohne Erhöhung der Transportkosten, und noch neben dem Gewinn an Zeit und neben anderem directen Gewinn, eingezogen werden können.

Doch gehört obiger vierte Fall nicht weiter hierher, weil in demselben eine Eisenbahn durch Privat-Unternehmer nicht mehr ausführbar ist.

5.

In allen drei obigen Fällen ist angenommen worden, dafs nur auf die Frequenz der *bisherigen* Land- und Wasserstrafse gerechnet werden solle. Allein, sobald nur überhaupt eine Eisenbahn ausführbar ist, selbst in dem ungünstigsten Falle §. 1., sind schon die Vortheile und der Gewinn, welche dem Verkehre durch die Beschleunigung, Sicherheit und Ununterbrochenheit der Fahrt zu Theil werden, so sehr grofs, dafs unverzüglich die Frequenz *zunehmen* wird, in so fern sonst nur die Eisenbahn zweckmäfsig gebaut ist und wirklich die Vortheile der Beschleunigung und Sicherheit der Transporte gewährt, die davon erwartet wurden. Die Erfahrung bestätigt diese Zunahme der Frequenz in allen Ländern und Gegenden, wo bis jetzt Eisenbahnen gebaut worden sind: eben sowohl in dem dicht bevölkerten England und Belgien, als in den schwach bevölkerten Nord-Amerikanischen Staaten. In manchen Gegenden, z. B. bei Liverpool, Brüssel, Dublin, New-York, hat die Frequenz sogar auf eine erstaunliche und ungeahnte Weise zugenommen. Sind in einigen Fällen, in England, Nord-Amerika und Frankreich, einzelne Eisenbahnen weniger gedeihlich gewesen, so läfst sich auch in allen diesen Fällen auf das bestimmteste nachweisen, dafs die Schuld keinesweges an dem Systeme der Eisenbahnen überhaupt, sondern entweder an Terrain-Hindernissen lag, welchen man durch falsche Berechnungen Trotz bieten wollte, indem man nicht erwog, dafs beim Uebersteigen hoher Berge die Ersparung an Transportkraft bei starken und wiederholten Abweichungen von der horizontalen Lage, so wie die Beschleunigung der Fahrten, besonders wenn stehende Maschinen gemacht werden, zu bedeutend abnimmt und sehr bald fast verschwindet, so dafs also der Gewinn durch die Eisenbahn aufser Verhältnifs verloren geht; oder auch wohl sonst an nicht guten technischen Anordnungen, wie z. B. auf der Bahn von St. Etienne nach Lyon. Beispiele, auf einem Theile der Bahn von Baltimore nach dem Ohio, oder bei Saratoga, beweisen zur Stelle durch die That, dafs der Fehler nicht an den Eisenbahnen selbst lag, sondern blofs *technisch* war. Denn nachdem man, *neben* der verfehlten Bahn, im Thale statt über die Berge eine zweite Bahn baute, hatte diese den besten Erfolg.

Die *Zunahme* der Frequenz auf jeder technisch richtig angeordneten Bahn ist also ganz unbezweifelt. Es beruht dieser Erfolg nicht blofs auf abstrahirten Gründen, sondern vielfache *Erfahrungen* und *Thatsachen* bestätigen ihn.

Nun aber nehmen die *Ausgaben* auf einer Eisenbahn keinesweges mit der Frequenz, also mit der Einnahme in *gleichem* Verhältnisse zu, sondern viel *weniger*. Die *Erhaltungs-Kosten* der Bahn nemlich steigen nicht in geradem Verhältnisse mit der Frequenz, weil sie nicht durch die *Abnutzung* der Bahn allein, sondern auch, und noch mehr, durch die Vergänglichkeit der Baustoffe an sich, die auch ohne alle Abnutzung Statt findet, verursacht werden. Die *Verwaltungs-Kosten* bleiben für eine noch nicht *sehr* vergröfserte Frequenz fast noch die nemlichen. Selbst die Kosten der *Transportkraft* nehmen, wenn mit Dampf gefahren wird, anders wie bei Pferden, nicht in gleichem Verhältnisse mit der Frequenz zu, weil, wegen der *Ungleichheit* des Bedarfs an Transportkraft, dieselbe immer schon *viel* stärker *vorhanden* sein mufs, als sie zum *durchschnittlichen* Bedarf nothwendig sein würde, und die vorhandene Kraft ohne Vermehrung der Ausgaben immer noch 20 bis 30 Procent mehr als *durchschnittlich* erforderlich ist, leisten kann. Auf diese Weise ist der Ertrag der *Zunahme* des Verkehrs für die Unternehmer beinahe *reiner Gewinn*, und dieser erhöht wieder den reinen *Ueberschufs* in einem stärkern als demjenigen Verhältnifs in welchem die vermehrte Frequenz zu der ursprünglichen steht. Gesetzt z. B. eine Eisenbahn koste 2 Millionen Thaler, und es werde auf derselben nach den bisherigen Preisen des Verkehrs 270 Tausend Thaler jährlich eingenommen. Von dieser Einnahme gehe etwas über die Hälfte, namentlich 150 Tausend Thaler, auf die Kosten der Transportkraft und die Erhaltung und Verwaltung des Werks auf, was ungefähr, wie es sich weiter unten bei der gegenwärtigen Eisenbahn zeigen wird, das richtige Verhältnifs sein dürfte: so bleiben 120 Tausend Thaler oder 6 Procent reiner Gewinn zu Zinsen übrig. Nun nehme die Frequenz um den *fünften* Theil zu: so wird die Brutto-Einnahme jetzt statt 270, 324 Tausend Thaler betragen. Die Ausgaben bleiben aber noch fast *dieselben*. Also bleiben jetzt nicht 120, sondern 174 Tausend Thaler reiner Gewinn übrig; und dieses beträgt nicht den *fünften* Theil der vorigen reinen Einnahme, nemlich nicht 24 Tausend Thaler, sondern 54 Tausend Thaler, also *mehr als zwei* Fünftheil des vorigen reinen Ueberschusses *mehr*. Der reine Gewinn steigt also mit der Zunahme der Frequenz in *stärkerem* Verhältnifs als diese.

Sobald also nur eine Eisenbahn überhaupt ausführbar ist, das heifst, sobald nur, im ungünstigsten Falle §. 1., die auf der bisherigen Strafse für den bisherigen Verkehr bezahlten Transportkosten die Ausgaben auf der Eisenbahn und gewöhnliche Zinsen decken, ist schon mit der höchsten, an Gewifsheit grenzenden Wahrscheinlichkeit zu erwarten, dafs der Erfolg sich nach Ausführung der Bahn noch verbessern, dafs also der Fall §. 1. von selbst in einen der folgenden, §. 2. oder 3., übergehen und dafs mithin die Vortheile und der Gewinn für die Unternehmer und den Verkehr, so wie für die Anwohner der Bahn und für den Staat, von selbst zunehmen werden.

Doch läfst sich allerdings bei dem *Entwurfe* einer Eisenbahn auf eine Zunahme der Frequenz *im voraus* nicht *rechnen*, und zwar deshalb, und *nur* deshalb nicht, weil sich die Zunahme, obgleich sie ohne allen Zweifel Statt finden wird, im Voraus nicht *ermessen* oder *schätzen* läfst. Es läfst sich nur auf die *bisherige* Frequenz auf der *bisherigen* Strafse und sogar nur auf denjenigen Theil derselben rechnen, von welchem mit *Sicherheit* abzusehen ist, dafs er auf die Eisenbahn übergehen werde. Dieses soll also auch nur in dem hier vorliegenden Falle geschehen.

6.

Es könnte noch scheinen, dafs, wenn gleich der Verkehr auf einer Strafse so stark ist, dafs das, was dafür bezahlt wird, die Ausgaben auf der Eisenbahn und die Zinsen des Anlage-Capitals deckt, und selbst noch mehr beträgt, dennoch zu befürchten sei, der Verkehr werde sich der Eisenbahn *nicht* zuwenden, sondern nach wie vor auf der bisherigen Strafse bleiben.

Der Grund davon könnte nur der sein, dafs das Publicum etwa die Fahrt auf der Eisenbahn für *weniger angenehm*, oder für *gefährlicher* halten möchte, als die Fahrt auf der Chaussée, oder zu Wasser.

Die gröfsere *Annehmlichkeit* der Fahrt auf einer Eisenbahn gegen die auf einer Chaussée verkennt aber, wie tausendfältige Erfahrungen beweisen, die *grofse Mehrheit* des Publicums keinesweges. *Gefahren* mögen allerdings Einzelne immer noch fürchten: aber wiederum die grofse Majorität glaubt daran schon jetzt nicht mehr; und mit vollem Rechte. Es *existiren* jetzt in England, America, Belgien, Frankreich und Deutschland zusammen effective schon über 600 Preufsische Meilen Eisenbahnen auf Landstrafsen, und ein grofser Theil davon wird schon seit 5, 6, 8 bis 10 Jahren befahren. Gleichwohl hat die Erfahrung in diesem schon so beträchtlich grofsen Maafsstabe gezeigt, dafs verhältnifsmäfsig *weniger* Unfälle auf Eisenbahnen vorkommen, als auf Chausséen und zu Wasser; was auch seinen natürlichen Grund hat, indem so dringende Gefahren, wie das Herabrollen der Wagen von steilen Abhängen, das Umwerfen derselben auf unebenem Boden, das Durchgehen der Pferde, das Umwerfen und Untersinken der Schiffe durch den Sturm und auf Untiefen, oder durch Aufstofsen auf harte Körper unter dem Wasser, auf Eisenbahnen gar nicht vorkommen. Gefahren für die Passage auf Eisenbahnen, die *gröfser* oder *zahlreicher* wären als die auf Chausséen und zu Wasser, oder die auch nur diesen nahe kämen, sind gar nicht vorhanden, und können daher auch nicht befürchtet werden: und bald wird schwerlich auch nur irgend Jemand noch *deshalb* eine Eisenbahn meiden.

Aufserdem aber ist es, mit Ausnahme bestimmter Fälle, ganz unmöglich, dafs Jemand für seine Person, oder für seine Waaren, die Fahrt auf der Chaussée, oder zu Wasser, der Fahrt auf der Eisenbahn vorziehen sollte, selbst wenn er für die letzte *eben so viel* bezahlen müfste, als für jene. Denn, wenn Jemand z. B. von Berlin nach Frankfurt a.

d. O., er mag seinen Wagen und seine Pferde mitzunehmen haben oder nicht, in *3 Stunden* gelangen kann, so wird er nimmermehr es vorziehen, auf der Chaussée *9 bis 10 Stunden* unterweges zu bleiben und ein oder ein Paar Mal in Wirthshäuser einzukehren. Wenn Jemand seine Waaren für *4 Sgr.* den Centner in *3 bis 4 Stunden* auf der Eisenbahn von Berlin nach Frankfurt a. d. O. schaffen lassen kann, so wird er gewifs nicht *8 bis 12 Sgr.* für den Centner bezahlen und sie auf dem Frachtwagen *2 bis 3 Tage* unterweges lassen, oder sie, für die den Transportkosten auf der Eisenbahn *gleichen* Kosten, *8 Tage lang* einem Schiffe übergeben. Dies ist eben so wenig und eben so selten zu fürchten, als dafs Jemand aus blofsem Eigensinne Geld und Zeit verschleudern und wegwerfen sollte.

Allerdings giebt es noch Fälle, wo man aus *wirklichen* Gründen die Eisenbahn meiden wird. Wenn z. B. Jemand blofs eine Lustreise machen und auf derselben absichtlich möglichst lange in der freien Luft verweilen will, so dafs er die Schnelligkeit der Fahrt gar nicht *verlangt*, so wird er die Eisenbahn *nicht* wählen. Sind Waaren zu transportiren, denen selbst die geringe Erschütterung auf der Eisenbahn schädlich sein könnte, z. B. Gläser und dergl., so wird man sie nach wie vor zu Wasser senden, oder gar tragen lassen. Und so einiges Andere. Aber dieser Fälle sind offenbar im Verhältnisse zu der Gesammtzahl ungemein wenige. Für die grofse Mehrzahl ist durchaus keine Ursache vorhanden, die Eisenbahn zu meiden.

Auch geordnete Transporte, welche kostbare Vorkehrungen und Einrichtungen erfordert haben, können vielleicht einstweilen von der Eisenbahn entfernt bleiben. Solche Ausschliefsungen sind aber vorübergehend. Es ist ein solcher Fall zwischen Berlin und Frankfurt a. d. O. rücksichtlich des Salztransportes vorhanden. Die Salzfracht wird aber, obgleich die Ursachen der jetzigen Transport-Art vorübergehend sind, bei der Berechnung der bisherigen Frequenz ausgeschlossen werden.

7.

Noch könnte es scheinen, dafs das *Bedürfnifs* dieser oder jener Eisenbahn nicht entschieden vorhanden sei.

Das Bedürfnifs einer Eisenbahn entsteht aber offenbar keinesweges etwa erst dann, wenn der Verkehr so stark geworden ist, dafs die vorhandene Land- oder Wasserstrafse ihn nicht mehr fördern kann. Auf *diese* Weise würde das Bedürfnifs *nie* entstehen. Denn wie stark auch immer der Verkehr sein und werden möchte, so dürfte man nur die Chaussée oder den Canal breiter machen, oder eine zweite und dritte *Parallel*-Strafse bauen, um ihm Raum zu schaffen.

Auch läfst sich nicht sagen, dafs das Bedürfnifs einer Eisenbahn sich in so fern noch nicht offenbart habe, dafs die Eisenbahn bisher nicht *gewünscht* wurde. So lange noch keine Eisenbahnen und Dampfwagen *gebräuchlich* waren, oder so lange sie, wenn man will, noch nicht *erfunden* waren, *konnte* noch Niemand wünschen, schneller zu reisen, als es mit den üblichen und bekannten Mitteln *möglich* war. Dafs ein solcher Wunsch gleichwohl schon da war, ist gewifs; denn bekanntlich wurden schon immer die *üblichen* Mittel, das Reisen zu beschleunigen, nur zu oft bis auf die äufserste Grenze des Möglichen angestrengt, und der Wunsch, schnell fortzukommen, stieg bis zur Uebertreibung. Sobald aber die Mittel, schneller sich fortzubewegen gefunden waren, war auch das *Bedürfnifs*, sich ihrer zu bedienen, in so fern sich Vortheile dabei ergaben, da, und griff mit dem besten Rechte Platz. Es ist für Jedermann ein unwiderstehliches und auch völlig gerechtfertigtes Bedürfnifs, seinen Zustand, wie und wo er nur immer kann, zu verbessern; und der Drang, dieses Bedürfnifs zu befriedigen, ist auch, in so fern es ohne Anderen zu schaden geschehen kann, nicht allein untadelhaft, sondern sogar löblich. Es kommt nur darauf an, ob die Befriedigung des Bedürfnisses *möglich* ist. Durch die Eisenbahnen *ist* es möglich, sich und Frachten wohlfeiler, angenehmer und schneller fortzubewegen. Also ist das *Bedürfnifs* der Eisenbahnen *überall* da, und auf jeder, auch noch so wenig frequenten Strafse immer vorhanden. Es kommt nur darauf an, ob die Umstände gestatten, dem Bedürfnisse zu genügen.

8.

Von allen Seiten betrachtet ist daher der Nutzen der Eisenbahnen, überall wo sie ausführbar sind, wohl unwidersprechlich.

Es wird also in dem vorliegenden Falle der Bahn zwischen Berlin und Frankfurt a. d. O. nur darauf ankommen, nachzuweisen, dafs dieselbe rücksichtlich der Frequenz und der Oertlichkeit durch Privatmittel *ausführbar* sei, um zugleich den Nutzen derselben für das Publicum erwiesen zu haben.

Dieses wird durch das Folgende geschehen.

(Die Fortsetzung folgt im nächsten Hefte.)

4.

Ueber das Setzen des wasserfreien Chaussée-Dammes zwischen der Lippebrücke und der Festung Wesel, nach dem Hochwasserstande im November 1836.

(Von dem Bau-Conducteur Herrn *Pickel* zu Wesel.)

Auf der Staatsstrafse von Cölln nach Arnheim war die Strecke von der Lippebrücke bis zur Festung Wesel bisher den Ueberschwemmungen der Hochgewässer des Rheins und der Lippe unterworfen, und es wurde dadurch die Communication, so wie der Postenlauf, häufig und auf längere Zeit gehemmt. Zur Wegschaffung dieses Uebelstandes ist im Laufe des Sommers 1836 ein 300 Ruthen langer, 10 bis 12 Fufs hoher Chausséedamm durch das, durchschnittlich an 16 Fufs Rheinpegel liegende Lippethal unter meiner Aufsicht geschüttet worden. Im November v. J., kurz nach Vollendung der Dammschüttung, trat ein Hochwasserstand des Rheins ein, und blieb etwa 14 Tage lang an 20 bis 23 Fufs Rheinpegel stehen. Nach dem Falle des Wassers fand sich, dafs die 3füfsigen Rasenböschungen des Dammes eine leichte Concavität angenommen hatten. Um aus dieser Einbiegung einen Schlufs auf das Setzen der Erdarten, woraus der Damm aufgeführt worden, wenn sie vom Wasser durchdrungen werden, zu machen, sind verschiedene Profile nach Ablauf des Wassers gemessen worden.

In Taf. I. Fig.* sei:

$AC = b$ die Ausladung,

$EC = a$ die Höhe des Damms, wie sie angeschüttet worden,

$GB = y$ die Höhe des Wasserstandes,

$AB = x$ die dazu gehörige Länge,

$HG = \phi$ die durch den Wasserstand verursachte Einbiegung.

Es war

1) bei einer, vor einem Monate mit Pferdekarren aufgefahrenen und gestampften Schüttung von reinem Sande, mit einer 1 Fufs dicken Bekleidung von guter schwarzen Dammerde und Rasen:

$b = 28{,}16$ Fuſs;
a war genau $= 9{,}89$ Fuſs ausgeführt worden,
y war $= 5{,}21$ Fuſs,
x - $= 15{,}75$ Fuſs,
Φ - $= 0{,}125$ Fuſs.

2) Bei einer andern Profilschüttung von derselben Erdart war
$b = 27{,}58$ Fuſs,
a war $= 9{,}69$ Fuſs ausgeführt worden,
y - $= 4{,}125$ Fuſs,
x - $= 12$ Fuſs,
Φ - $= 0{,}125$ Fuſs.

3) Bei einer Profilschüttung, nahe an der neuerbauten Fluthbrücke von 128 Fuſs Oeffnung, kurz vor dem Eintritt des Hochwassers vollendet, im Innern des Dammes aus Sand bestehend, an den Böschungen jedoch 4 bis 5 Fuſs dick von zäher Klaierde in festen Stücken angeschüttet und gestampft, war
$b = 28$ Fuſs,
a war $= 9{,}83$ Fuſs geschüttet worden,
y - $= 4{,}92$ Fuſs,
x - $= 15$ Fuſs,
Φ - $= 0{,}21$ Fuſs.

Zur Ermittelung des Senkungs-Verhältnisses aus diesen Daten sei n ein ächter Bruch. Das Senkungs-Verhältniſs nach Maaſsgabe der Wasserhöhen im Damme ist dann

$$FG = ny, \text{ und da } b : a = x : FB, \text{ so ist } FB = \frac{a}{b}x;$$

woraus

$$1. \quad \frac{a}{b}x - y = ny, \text{ oder } y = \frac{a}{(n+1)b} \cdot x \text{ folgt.}$$

Es ist ferner die Ursache der Einbiegung das in dem Damme stehende Wasser gewesen; daher sind die Senkungen im Verhältniſs der Wasserhöhen im Damme erfolgt, und also ist $FG = ED$. Daher verhält sich:

$$b : x = ny : FA, \text{ woraus } FH = \frac{nyx}{b} \text{ folgt.}$$

Es ist aber

$$\varphi = FG - HF,$$

oder

$$2. \quad \varphi = ny - \frac{x}{b} ny, \quad \text{mithin} \quad y = \frac{\varphi}{\left(1 - \frac{x}{b}\right) n}.$$

Aus diesen beiden Gleichungen folgt

$$\frac{a}{(n+1)\,b} . x = \frac{\varphi}{\left(1 - \frac{x}{b}\right) n},$$

und daraus für die Abhängigkeit der Einbiegung φ von den übrigen Gröfsen:

$$\varphi = \frac{an\left(1 - \frac{x}{b}\right) x}{b(n+1)}.$$

Betrachtet man φ als Function von x und differenziirt vorstehende Gleichung, so ergiebt sich

$$\frac{d\varphi}{dx} = \frac{an}{b(n+1)} - \frac{2an}{b^2(n+1)} x.$$

Das zweite Differential ist negativ; daher ist φ ein Maximum für

$$x = \frac{b^2 . an(n+1)}{2b . an(n+1)} = \tfrac{1}{2} b;$$

oder die Einbiegung ist am gröfsten, wenn das Wasser in dem Damme bis zur halben Höhe gestanden hat.

Sucht man das Sinkungs-Verhältnifs n, so war oben

$$\varphi(n+1)b = an\left(1 - \frac{x}{b}\right) x,$$

woraus

$$n = \frac{\varphi b}{ax - \left(\frac{ax^2}{b} + b\varphi\right)} \text{ folgt.}$$

Für die gefundenen Dimensionen in dem gemessenen Profil

I. ergiebt sich

$$n = \frac{3,52}{64,78} = \frac{1}{18,4}.$$

a hätte nach erfolgter Senkung durch das Hochwasser $9,89 - 5,21 . \frac{1}{18,4} = 9,61$ Fufs betragen müssen. Die Messung ergab 9,59 Fufs.

II. Es ergiebt sich

$$n = \frac{3,45}{62,243} = \frac{1}{18}.$$

a hätte nach erfolgter Senkung betragen müssen $9{,}69 - 4.125 \cdot \frac{1}{18} =$ 9,46 Fufs. Die Messung ergab 9,50 Fufs.

III. Es ergiebt sich

$$n = \frac{5{,}88}{84{,}87} = \frac{1}{14{,}4}.$$

a fand sich durch Messung = 9,83 Fufs, ist also durch das Hochwasser nicht gesunken. Das Wasser scheint durch den sehr dicken Mantel von zäher, bindender Klaierde verhindert worden zu sein, in das Innere des Dammes zu dringen.

4) In der Nähe der Lippebrücke, wo die Dammschüttung bereits seit 3 Monaten fertig und durch den Transport von etwa 4000 Schachtruthen Erde über letztere sehr zusammengedrückt war, fand sich die Senkung $\varphi = 0$. Das Hochwasser hat den Damm also hier nicht weiter comprimirt. *a* blieb hier unverändert, jedoch nachdem die untern Schichten durch vieles Fuhrwerk schon ziemlich zusammengedrückt waren, war es statt

10 F. 2 Z. jetzt 9 F. $9\frac{3}{4}$ Z., also $n = \frac{1}{23}$.

Es ergiebt sich hieraus, dafs

a) Sandboden, mit Pferdekarren in Lagen aufgefahren und gestampft, noch um $\frac{1}{18}$ der Höhe zusammensinkt, wenn die ganze Erdmasse vollständig durchnäfst wird.

b) Dafs diese Senkung bis $\frac{1}{14}$ der Höhe beträgt, wenn die Schüttung aus Erdklumpen besteht, deren Zwischenräume sich durch Stampfen nicht vollständig wegschaffen lassen, jedoch durch die, im Wasser auflösliche Erdart zugeschlemmt werden. Endlich

c) dafs unter den günstigsten Umständen zur Comprimirung der Erdmasse bei Sandboden mindestens $\frac{1}{23}$ überhöht werden mufs.

Wesel, den 7ten Januar 1837.

5.

Ueber verschiedene Arten von Eisenbahnschienen und deren Fundamentirung.

(Vom Herausgeber.)

Es ereignet sich in der Technik im allgemeinen und in der Baukunst insbesondere nicht selten, dafs Constructionen und Verfahren, die *offenbar* besser sein sollten und *leicht* besser sein könnten als sie es gewöhnlich sind, gleichwohl eine geraume Zeit hindurch immerfort beibehalten und nachgeahmt werden, ohne dafs es Jemanden einfiele, oder dafs es Jemand wagte, den alten Mifsbrauch anzurühren, bis endlich, vielleicht öfters erst in Folge zufällig zusammentreffender, der Verbesserung günstiger Fälle und Ereignisse, eine Verbesserung sich geltend zu machen vermag. Jeder Architekt wird sich solcher Fälle in seiner Kunst erinnern. Man denke, um nur einiges wenige und ganz einfache von Demjenigen, was am allgemeinsten bekannt ist und am gewöhnlichsten vorkommt, zu nennen, z. B. im Häuserbau, nur an so manche wunderliche Constructionen der Dächer, hölzernen Wände, Gebälke u. s. w., die Jahrhunderte lang fast dieselben blieben; an das Nicht-Uebereinandertreffen der Wände; an die ältere Bauart der Schornsteinröhren und Feuerungen; an die hölzernen Treppen in steinernen Häusern, u. s. w.: im Wasserbau an so manche wunderliche Constructionen von Brücken; an den übelen Gebrauch der Bollwerke statt Böschungen oder Faschinen; an die unzeitigen Durchschnitte von Flufskrümmen, u. s. w.: im Wegebau an die Chausséen über Berg und Thal, öfters längsaus neben beinahe horizontalen Gewässern hin an die alte Art, mit runden Steinen zu pflastern, die man für Gewölbsteine hält; und dergl. mehr. Sogar selbst grade das Aller-Einfachste, dessen Mangelhaftigkeit offen in die Augen springt, erhält sich öfters am längsten mangelhaft: vielleicht deshalb, weil Die, welche über dergleichen Dinge nachdenken mögen, ihr Nachsinnen mitunter lieber auf das Künstliche als auf das Einfache richten.

Die Hauptursache von dem öfters langen Fortbestehen von Misgriffen in technischen Dingen ist wohl die, dafs man den ohne Zweifel über allen Widerspruch erhabenen Satz: *Erfahrung* allein sei in dergleichen Dingen die beste und rechte Lehrmeisterin, nicht immer richtig auslegt und anwendet. Niemand mehr als der Verfasser des gegenwärtigen Aufsatzes kann fester nnd stärker von der Richtigkeit jenes Satzes überzeugt sein. Niemand kann ein eifrigerer Gegner eitler Theorien und, namentlich in der Baukunst, des Verfahrens nach algebraischen und Integralformeln sein. Er hält dies für eine wahre Mifshandlung beider, der Mathematik und der Baukunst zugleich. Er hat sich darüber oft genug, auch in dem gegenwärtigen Journale, mitunter vielleicht nur zu stark, geäufsert (z. B. auch so eben wieder in diesem Augenblicke). Gleichwohl hat er die Ueberzeugung, dafs es gegenseits nicht minder gefehlt ist, wenn man glaubt, der Satz, Erfahrung sei allein die rechte Lehrmeisterin, gebiete, das was die Erfahrung blofs erst als *ausführbar* gezeigt hat, blindlings beizubehalten, und ihm geradezu nachzuahmen, ohne weiter zu überlegen, ob es denn doch nicht etwa noch besser gemacht werden könnte. Die Erfahrung ist nur dann eine gute Lehrmeisterin, wenn man ihre Ergebnisse erst näher erwägt, sie einem, auf unwandelbare Naturgesetze, auf die Gesetze namentlich der *Mathematik*, der Physik etc. gestütztem Nachdenken unterwirft, und dann erst dem Vorhandenen nachahmt. Eine Technik, ein Bauen ohne Erfahrung, *blofs* nach Theorien, ist selten ersprieslich, in der Regel mifslich, und kann grofse Opfer kosten: ein blofs blindes Nachahmen der Ergebnisse der Erfahrung und des Gewohnten dagegen ist eben so wenig, und öfters sogar noch weniger das Rechte. Nichts in der Welt kann ja anders als eben aus *Nachdenken* hervorgehen. Auch Der, welcher die wunderlichste Construction zuerst versuchte, hatte ja unstreitig, ehe er Hand an's Werk legte, *nachgedacht* über das, was er machen wollte. Er hatte nur in seinen Urtheilen gefehlt. Warum sollte es nun nothwendig bei diesem ersten, *unrichtigen* Nachdenken für immer verbleiben müssen? Auf dem Papier allein, im Zimmer, und nach algebraischen Formeln, läfst sich nicht bauen: aber auch die Erfahrung kann nicht durch blofses Wiederholen des Vorhandenen, sondern nur durch umsichtiges Nachdenken darüber das Bessere ergeben.

Dem Uebel der blinden Nachahmung scheint nun auch die Construction der *Eisenbahnen*, dieser neuen, so viel verheifsenden Bauwerke, mehr oder weniger anheim fallen zu wollen, oder zum Theil schon anheim gefallen zu sein. In der That ist die Idee, eiserne Schienen auf *einzelne Steine* zu legen, sie als *Balken* tragen zu lassen, und zu verlangen, dafs schlechterdings jene einzelnen Steine den gewaltigen Lasten und Stöfsen der colossalen, mit ungeheurer Vehemenz sich darauf hin bewegenden Fuhrwerke widerstehen sollen, während man daneben, und schon seit Jahrhunderten und Jahrtausenden, die *gewöhnlichen* Strafsen, für verhältnifsmäfsig leichte und langsam fahrende Fuhrwerke, mit *continuirlichen* Unterstützungen mit Recht gar nicht fest genug bauen zu können glaubt, so sehr *wunderlich* und *seltsam*, dafs das Beharren bei jener Bauart der Eisenbahnen wohl nicht ganz mit Unrecht schon eine Art von *blindem* Nachahmen zu nennen sein dürfte.

Zu dem Besseren zu gelangen ist aber hier, in diesem Falle, allerdings doppelt schwer; noch aus dem besonderen Grunde, weil die Eisenbahnen fast überall nicht in den Händen der Techniker, das heifst, derjenigen Leute sich befinden, welche, nachdem sie die zur Technik nöthigen Vorkenntnisse sich erworben haben, ihr Nachdenken und ihre ganze Thätigkeit diesem Theile des menschlichen Wissens ausschliefslich widmen, sondern in den Händen Derer, die das *Geld* zu den Eisenbahnen hergeben, und die, wenn auch noch so verständige, unterrichtete, und vielleicht zum Theil selbst gelehrte Personen, doch selten grade *Techniker* sind, und die also über den Gegenstand eben so wenig richtig zu urtheilen *vermögen,* wie es Jemand, der nicht Arzt, Jurist, Chemiker etc. ist, über Arzneiwissenschaft, Jurisprudenz und Chemie zu thun im Stande sein wird. Nur zu sehr ist man zwar zu der Meinung geneigt, als verstehe sich Der, welcher Geld hat, *immer und in allen Dingen* auch auf seinen *wahren Vortheil:* aber dafs dies ein ungeheurer Irrthum ist, beweiset die Erfahrung jeden Tag und jede Stunde, in allen nur möglichen Lebensverhältnissen. Aus Deutschland insbesondere wird auch die practische Vervollkommnung der Construction der Eisenbahnen schwerlich hervorgehen; besonders deshalb nicht, weil hier derjenige Ueberflufs an Geldmitteln nicht vorhanden ist, der in England den Anlafs mit ausmacht, immer Neues, wenn es auch grofse Kosten erfordert, zu versuchen und zu wagen. Die Vervollkommnung der Eisenbahnen wird wahrscheinlich, so wie die Idee der Eisenbahnen selbst, nur aus *England* kommen.

Aber warum sollte es in Deutschland nicht gestattet sein, den Gegenstand wenigstens zu überlegen, und sogar zu sagen und mitzutheilen, was ein solches Nachdenken ergab? Der Herausgeber dieses Journals hat über die Construction der Eisenbahnen, nachdem er ziemlich alles, was darüber geschrieben worden, aufmerksam erwogen, und auch eine neuere gröfsere Eisenbahn auf dem Continent und ihre Wirkung gesehen und sorgfältig untersucht hat, lange und viel und eifrig nachgedacht: veranlafst dazu durch seinen Eifer für Nützliches, und noch besonders durch die thätige Mitwirkung an der projectirten Eisenbahn zwischen Berlin und Potsdam, in welche er hineingezogen worden ist. Erwägend nun, dafs ja so vieles Unnütze und selbst Schädliche gedruckt wird, glaubt er, dafs man es wenigstens entschuldigen werde, wenn er das, was ihm sein Nachdenken über diesen Gegenstand ergab, hier gedruckt mittheilt; es ist ja etwas Harmloses und kann durchaus Niemanden schaden, aber im Gegentheil doch vielleicht, wenigstens *möglicherweise*, irgend etwas nutzen. Er erwartet, im Falle es irgend einen Nutzen bringen sollte, für sich keine Vortheile irgend einer Art davon, sondern nur höchstens das Anerkenntnifs des guten Willens und der guten Meinung. Er bittet aber Jeden, der den Aufsatz zu lesen sich entschliefsen sollte, sei er Techniker oder Nicht-Techniker, um der Sache selbst und um seines, des Lesenden, eigenen Vortheils willen, den Ausspruch: das gefällt mir, oder das gefällt mir nicht, nicht etwa nach blofs flüchtigem Anblick der Figuren ergehen zu lassen, sondern genauer die aufgestellten *Gründe* Für und Wider ruhig zu lesen und ohne Vorurtheil zu erwägen.

Wir wollen hier, wie es die Ueberschrift des Aufsatzes ausspricht, lediglich über verschiedene Arten von *Eisenbahnschienen und deren Fundamentirung* sprechen, keinesweges von den Eisenbahnen und deren Entwurf und Anordnung überhaupt; wozu der Raum dieser Blätter nicht zureichen würde. Um jenen Vorsatz in möglichster Kürze und übersichtlich auszuführen, werden wir, nach vorheriger Erwägung des Gegenstandes überhaupt, verschiedene Constructions-Arten beschreiben und durchgehen, und die Vortheile und Nachtheile derselben bemerklich zu machen suchen; auch überall den *Kostenpunct* berücksichtigen. Wegen dieses Kostenpuncts, bei welchem wir, da es nur auf eine *Vergleichung* der Kosten der verschiedenen Constructions-Arten ankommt, (nicht auf den absoluten Kostenbetrag), *willkürliche*, namentlich ungefähr die Preise der Gegend von Berlin annehmen werden, ist im Voraus und im Allgemeinen zu bemerken, dafs die ersten *Anlagekosten allein* keinesweges zum Maafsstabe der Vergleichung dienen können, sondern dafs auch die *Erhaltungskosten*, wie immer bei Bau-Constructionen, in Betracht kommen. Eine in der ersten Anlage wohlfeile Construction kann, zumal wenn es z. B. einen Strafsenbau gilt, der *für immer* bleiben soll, in dem Falle, wenn sie viele Erhaltungskosten erfordert, dennoch im Grunde theurer sein, als eine andere festere, die viel höhere Anlagekosten verlangt. Um nun die Erhaltungskosten, nemlich die der fortwährenden Reparaturen, der Hauptreparaturen und der theilweisen und gänzlichen Erneuerungen in Rechnung zu bringen, müfsten freilich eigentlich, nächst den jährlichen Erhaltungskosten, die Annuitäten angesetzt werden, die zur Aufsammlung der Kosten der Hauptreparaturen und der Erneuerungen nothwendig sind. Da indessen die Zeiträume zwischen den Hauptreparaturen und Erneuerungen immer nur *geschätzt* werden können, und bei Eisenbahnen noch mit um so geringerer Sicherheit, da es bei diesem neuen Gegenstande grade über diesen Punct noch sehr an Erfahrungen fehlt; auch der Zuschlag von Zins zum Zinse nicht immer ausführbar ist: so werden wir, der Kürze wegen, die Kosten der theilweisen Erneuerungen auf die Zahl von Jahren, welche nach einer *Schätzung* zwischen den Erneuerungen verfliefsen dürften, blofs *gleich vertheilen*, und die Theile zu den *jährlichen* Erhaltungskosten schlagen. Hierauf sind die *gesammten* Erhaltungskosten als Zinsen eines Capitals zu betrachten, welches zu den ersten Anlagekosten hinzukommt. Die Summe beider giebt die *eigentlichen* Kosten der verschiedenen Constructionen; und nur diese können rücksichtlich des Kostenpuncts einer Vergleichung zur Grundlage dienen.

Jedoch ist auch noch ferner über diesen Punct im Voraus und im Allgemeinen zu erinnern, dafs auch die *gesammten Kosten*, nemlich die der ersten Anlage und das zu den Erhaltungskosten nöthige Capital zusammen, noch keinesweges über die Vorzüge oder Nachtheile einer Construction *allein* entscheiden. Eine Eisenbahn-Construction, welche, selbst auf solche Weise gerechnet, weniger kostet als eine andere, kann gleichwohl bei weitem noch nicht so gut sein, als eine theurere; denn sie kann wegen der häufigen Reparaturen mehreren und gefährlichen *Unterbrechungen der Fahrt*, deren stete Sicherheit und Bequemlichkeit der eigentliche Zweck der Construction sind, unterworfen sein: sie kann eine *weniger glatte* Bahn geben, und also mehr *Zugkraft* erfordern, wodurch die Ersparung an Baukosten vielfältig wieder aufgeht: sie kann eine *weniger schnelle und bequeme Fahrt* geben, u. s. w. Es kann nicht blofs kommen, dafs es, wie an sich selbst klar, *gleichviel* ist, ob man 1000 Rthlr. jährlich mehr an Zinsen höherer Anlagekosten, oder 1000 Rthlr. mehr für Ausbesserungen ausgiebt; sondern es kann kommen, dafs es *besser* und *vortheilhafter* ist, jährlich, statt 1000 Rthlr. für Ausbesserungen, selbst 2000 und 3000 Rthlr. für Zinsen höherer Anlage-Ausgaben es sich kosten zu lassen: denn die Ausgabe der Zinsen stört die Fahrt auf der Eisenbahn nicht, und setzt keine Passanten in Gefahr: wohl aber thun es immerwährende Reparaturen und eine zu leichte Bauart des Werks, und die Unterbrechungen der Fahrt; und was an *Zugkraft* auf der gebrechlichen Bahn mehr nöthig ist, kann *direct* bei weitem mehr kosten, als die Erhöhung der Zinsen des Anlage-Capitals für eine festere Construction. Dieses Alles mufs erwogen werden, und man darf ja nicht unbedingt die *wohlfeilste* Eisenbahn, *blofs* deshalb weil sie die wohlfeilste ist, (selbst, wie gehörig mit Rücksicht auf die Erhaltung gerechnet), für die beste erkennen. Dies wird am augenfälligsten sein, wenn man den Gegenstand einen Augenblick auf die Spitze stellen und sich erinnern will, dafs der *aller*wohlfeilste Strafsenbau der der natürlichen, höchstens mit Gräben eingefafsten und sonst nothdürftig fahrbar gemachten und fahrbar erhaltenen Wege ist, die gleichwohl keineswegen die besten sind, weil die Erhöhung der *Kosten des Transports* auf solchen Strafsen die Kosten des kunstmäfsigen Strafsenbaues vielleicht hundertfältig überwiegen. Man baut *Chausséen*, die vielleicht 30 und 40 mal so viel kosten als natürliche Wege, und findet Vortheil dabei. Man baut Eisenbahnen, die 4 bis 5 mal so viel kosten als Chausséen, und erlangt dadurch gleichwohl noch Vortheile. Also die *wohlfeilste* Eisenbahn ist noch keineswegen die beste, sondern vielmehr nur diejenige, welche, ohne *unverhältnifsmäfsige* Erhöhung der Kosten, *ihre Bestimmung und ihren Zweck am besten erfüllt.* Es ist also bei der Entscheidung über das Bessere und Beste auch hier nicht blofs *ein* Punct, sondern es ist möglichst *alles,* was in Betracht kommen kann, zu berücksichtigen.

1.

Wenn Fuhrwerke über einen unbefestigten, lockeren, etwa sandigen, Boden hinfahren, oder auch über eine Chaussée, die nicht sorgfältig erhalten wird, wo nemlich die Spuren nicht immerfort gleich beim Entstehen wieder geebnet werden: so bleiben sie mit ihren Rädern bekanntlich gern *in den nemlichen Spuren*, und das deshalb, weil der Boden in den Spuren durch die Räder der Fuhrwerke fester gedrückt und glatter gemacht wird, als er es aufserhalb der Spuren ist. Diese Erfahrung leitet gleichsam schon den Instinct darauf, diejenigen langen, schmalen Stellen einer Strafse, auf welchen die Räder laufen, *insbesondere* stark zu befestigen, und sie recht glatt zu machen. Stellt man sich vor, solches geschehe durch *Eisen*, einen der härtesten, und dabei leicht glatt und eben zu machenden Körper: so hat man eine *Eisenbahn.* Bei Chausséen ist der Boden *in der ganzen Breite der Strafse* ungefähr gleich stark befestigt. Dieses ist eigentlich ein sehr grofser Luxus, der zwar allerdings den Nutzen hat, dafs die Fuhrwerke überall und nach Belieben einander *ausweichen* können; aber auch *keinen anderen.* Läfst man auf Chausséen Spuren entstehen, welche dann die Fuhrwerke nicht mehr freiwillig verlassen, so ist die Verschwendung bei der breiten Chaussée ungeheuer. Es ist hier, im Vorbeigehen bemerkt, ebenfalls einer der im Eingange gedachten Fälle, wo das blinde Festhalten am Gewohnten von dem Erfassen des Besseren schon weit sich entfernt. Dem Verfasser dieses Aufsatzes sind in seiner Praxis mehrere Fälle vorgekommen, wo man das Dulden tiefer Spuren auf Chausséen, was nur Folge von Versäumnifs und Unthätigkeit ist, zum *Princip* erhoben hatte, und wo nun alle möglichen Vernunftgründe kaum hinreichten, die Unrichtigkeit des *Princips* einleuchtend zu machen und zur Entsagung desselben zu bewegen, obgleich es in der That *mehr* als seltsam ist, eine Chaussée 16 *Fufs* breit zu bauen, und sie nur auf etwa 8 *Zoll* breit befahren zu lassen! Dahin führt das blinde Nachahmen des Gewohnten, scheinbar durch die Erfahrung Gegebenen!

2.

Was sich, um eine Eisenbahn zu machen, am nächsten darbietet, ist: eiserne Streifen von hinlänglicher Stärke in die Spuren einer Strafse zu legen, darin zu befestigen und dann auf diese Streifen die Räder der Fuhrwerke laufen zu lassen, indem man, etwa durch vorstehende Ränder

der eisernen Bahn-Streifen, die Räder in den Spuren hält, und sie am Ausgleiten hindert. Dieses giebt in der That die älteste Art von Eisenbahnen, die sogenannten Trame-roads. Da indessen in den, vermöge der Ränder an den Seiten, gleichsam Rinnen bildenden Eisenspuren sich leicht Sand, Steinchen und Schlamm anhäufen, deren fortwährende Wegschaffung zu erzwingen, wie die Erfahrung lehrt, alle Aufsicht nicht zureicht, so hat man die Trame-roads oder *Rinnen-Eisenbahnen* fast überall aufgegeben. Man hat fast überall, wo man Eisenbahnen baut, die Spuren für die Räder, statt aus Rinnenschienen, aus *Stabschienen* (Edge-rails) gebildet, die nach oben etwas convex sind und etwas über dem Boden emporstehen.

Diese Veränderung hat allerdings den grofsen und wesentlichen Vorzug, dafs auf den Schienen kein Sand und Schlamm sich sammeln kann, und dafs also die Schienen, wie sie es sein sollen, immer möglichst rein und glatt bleiben; sie hat aber dagegen auch den nicht ganz unbedeutenden Nachtheil, dafs nun die Räder der Fuhrwerke, damit sie nicht von den Schienen hinuntergleiten, rundum vorstehende Spurkränze bekommen müssen, so dafs ein Eisenbahnwagen, ohne ihm erst andere, gewöhnliche Räder mit cylindrischen Felgen zu geben, nicht mehr auf einer *gewöhnlichen* Strafse fahren kann, während zugleich umgekehrt die Eisenbahn für gewöhnliche Fuhrwerke ebenfalls nicht fahrbar ist; was beides bei den Trame-roads nicht der Fall ist, die vielmehr für gewöhnliche Fuhrwerke ebenfalls fahrbar sind und keine besonders gestalteten Wagenräder erfordern.

Dafs der oben bezeichnete *Vorzug* der Stabschienen vor den Rinnenschienen ihren *Nachtheil* überwiege, und dafs es also nicht etwa rathsam sei, zu den Rinnenschienen zurückzukehren, ist wohl ziemlich unzweifelhaft. Aber es bleibt hier doch noch die Frage, ob nicht die Vorzüge der *beiden* Arten von Schienen sich vereinigen lassen, und ob sich nicht Schienen so einrichten lassen, dafs sie, gleich den Stabschienen, möglichst rein und glatt bleiben, und gleichwohl, gleich den Rinnenschienen, auch für jedes gewöhnliche Fuhrwerk, ohne Spurkränze an den Rädern, fahrbar sind. Wir werden weiter unten sehen, dafs dies wohl möglich sein dürfte, obgleich es vielleicht noch nicht versucht wurde. Es mag indessen die Frage einstweilen dahin gestellt bleiben und vorläufig nur von den Eisenbahnen mit *Stabschienen*, für Räder mit Spurkränzen eingerichtet, die Rede sein.

3.

Anfangs machte man auch selbst die *Stabschienen* der Eisenbahnen aus *gegossenem* Eisen. Aber, nicht bloſs, daſs das gegossene Eisen spröder ist als geschmiedetes oder gewalztes Eisen, und daſs folglich die Gefahr des *Zerbrechens* der Schienen unter den Fuhrwerken, welches dann groſse Unglücksfälle verursachen kann, gröſser ist: so reibt sich auch die Oberfläche gegossener Schienen, wenigstens von weichem Gusse, unter den eisernen Rädern der Bahnfuhrwerke leichter ab, und die Schienen sind also weniger dauerhaft und müssen öfter erneuert werden; was denn mehr Unterbrechungen der Fahrt nach sich zieht. Der weiche Guſs hat gleichsam nur eine dünne harte Rinde, und wenn diese abgerieben ist, so hat der Rest wenig Bestand mehr. Der harte Guſs aber ist theurer, und auch wiederum spröder. Desgleichen lassen sich die Schienen nur in kurzen Stücken gieſsen, so daſs mehr Fugen und Stöſse entstehen.

Man hat daher die Schienen von *gegossenem* Eisen längst fast überall aufgegeben, und *walzt* dagegen die Schienen aus öfter geschmolzenem oder gefrischtem Eisen. Diese Schienen sind den gegossenen aus vielen Gründen vorzuziehen. Sie sind weniger spröde, reiben sich weniger bald ab, sind glatter und gerader, und es können längere Stücke, von 15 Fuſs lang und darüber, gemacht werden, so daſs die Bahn weniger *Stöſse* der Schienen, also weniger *schwache Stellen* bekommt. Das gewalzte Eisen kommt zwar theurer zu stehen als das gegossene; aber da die Schienen, weil sie weniger spröde sind, *leichter* sein können, als die gegossenen, und länger vorhalten, so sind sie im Grunde sogar noch wohlfeiler als die gegossenen.

4.

Die *Räder* der Bahnfuhrwerke können nicht, wie die Räder gewöhnlicher Wagen, um ihre Achsen sich drehen, sondern die Achsen müssen jede mit ihren zwei Rädern eine und dieselbe feste Masse ausmachen. Es müssen sich also die Achsen mit den Rädern zugleich und mit der Winkelgeschwindigkeit derselben umdrehen. Denn wenn die Räder um die Achsen liefen, wie bei den gewöhnlichen Fuhrwerken, so müſste für jedes Rad ein Spielraum nach der Seite gelassen werden; und diese beiden Spielräume, mit denen zusammen, welche auſserdem noch die Schienen der Bahn den Rädern lassen müssen, würden zu bedeutend sein, als daſs nicht die Räder, mit groſser Vermehrung der Reibung, schlottern und selbst in Gefahr gerathen würden, von den Schienen hinunterzugleiten. Auch müſsten die Achsen und Buchsen gar zu stark sein, was wiederum die Reibung vergröſsern würde; und dann würden sich die Räder gar nicht fest genug bauen lassen. Die Triebräder der *Dampfwagen* müssen sogar *unbedingt* mit der Achse aus einem Stück bestehen, weil darauf die *Möglichkeit* beruht, den Wagen vermittelst der Kurbeln an der Achse in Bewegung zu setzen. Häufig macht man die Räder der Bahnfuhrwerke ganz aus gegossenem Eisen, jedenfalls aber die Felgen und Spurkränze derselben, letztere, mit besonderen Reifen aus einem Stücke, von geschmiedetem Eisen. Denn wenn auch die *Speichen* von Holz sein können, und sogar noch besser als von Eisen: so würden doch *Felgen* von Holz nicht Festigkeit genug haben. Die *Achsen* müssen natürlich unbedingt immer von Eisen sein.

Anfangs lieſs man die Bäume der Gestelle oder der Kasten der Bahnwagen, welche die Ladung aufnehmen, wie bei den gewöhnlichen Fuhrwerken, *innerhalb* der Räder, nahe an denselben, auf den Achsen ruhen, und es drehten sich also die mit den Rädern verbundenen Achsen *innerhalb* der Räder, nahe an denselben, in Achsenlagern um, die an den Gestellbäumen, etwa noch durch Vermittelung von Druckfedern, befestigt waren. Lange Zeit sind die Bahnwagen auf diese Weise gebaut worden, bis endlich Herr *Stephenson* in *New-Castle upon Tyne* auf den Gedanken fiel, die Gestellbäume der Wagenkasten statt *innerhalb*, *auſserhalb* der Räder aufruhen und die Achsen *dort* in den vorhin gedachten Lagern sich drehen zu lassen. Dieser so einfache Gedanke gewährte eine ungemein groſse Vervollkommnung der Transporte auf Eisenbahnen; denn es verminderte sich jetzt der zur Ueberwindung der Reibung der Achsen nöthige Theil der Zugkraft fast bis auf die *Hälfte*. *Zwischen* den Rädern nemlich muſs die Achse überall, von einem Rade bis zum andern, ihre volle, ansehnliche Dicke behalten, wenn sie nicht in Gefahr sein soll, zu zerbrechen. Also auch an den beiden Stellen, wo sich die Achse nach der alten Art in den Achsenlagern dreht, darf sie nicht dünner sein. Ruhen dagegen die Wagenbäume nach der neuen *Stephenson*schen Art *auſserhalb* der Räder auf, und befinden sich also die Lager, in welchen die Achse sich dreht, *dort*, so kann *an diesen Stellen* die Achse bei weitem *dünner* sein. Sie ist dort nur etwa halb so dick nöthig als *zwischen* den Rädern, weil der nach Auſsen über die Räder herausreichende Knopf der Achse nur *ganz kurz* ist, und also bei weitem nicht so leicht brechen kann, als die von einem Rade bis zum andern 4 bis 5 Fufs lange Achse *zwischen* den Rädern. Und da nun die Reibung einer und derselben Last sich wie der Durchmesser der sich reibenden Achse verhält, so ist die Reibung bei der *Stephenson*schen Art von Wagen etwa nur *halb* so grofs als bei den älteren.

Auch hier ist wieder einer der im Eingange gedachten Fälle, an welchen zu sehen, dafs die Erfahrung nur dann die rechte Lehrmeisterin ist, wenn man ihre Ergebnisse nicht blofs nachahmend sondern mit Nachdenken benutzt. Der Gedanke des Herrn *Stephenson*, die Wagenbäume aufserhalb statt innerhalb der Räder auf den Achsen aufruhen zu lassen, ist so einfach, wie der beim Ei des Columbus. Gleichwohl hat man lange Zeit die Wagenbäume immerfort innerhalb aufruhen lassen, indem man *blofs* die Erfahrung, *dafs es so gehe*, benutzte, und weil es Niemanden einfiel, darüber *nachzudenken*, ob es nicht auch noch anders und besser sein könnte. Herr *Stephenson* dachte darüber nach, und alsbald war die Verbesserung da. Also wollen wir denn auch ferner dreist die Eisenbahnen dem Nachdenken unterwerfen: vielleicht ergiebt sich hie und da etwas Gutes. Zu wünschen bleibt, wie sich bald zeigen wird, noch Vieles übrig.

5.

Es fragt sich zunächst, wie sich zum Beispiel *gewalzte Stabschienen*, die als zu den besseren gehörig anzuerkennen sind, so legen und so stark auf und an den Erdboden befestigen lassen werden, dafs sie von dem Gewichte und von der Bewegung der Fuhrwerke weder hinein, noch zur Seite und auseinander gedrückt werden können, sondern dafs daraus eine gute und dauerhafte Eisenbahn entstehe. Dieses ist auch der Punct, welcher den Hauptgegenstand der gegenwärtigen Auseinandersetzung ausmachen soll.

Die Grund-Idee für die Fundamentirung der Eisenbahnen, welcher man im wesentlichen gewöhnlich überall, wo man Bahnen mit Stabschienen gemacht hat, zu folgen pflegte, ist die: die Schienen auf irgend eine Weise, sei es durch Steine, oder durch Querhölzer, oder durch Pfähle u. s. w., etwa alle 3 Fufs zu unterstützen, und sie so, je auf 3 Fufs lang von einem Unterstützungspuncte bis zum andern, *als Balken* tragen zu lassen. Diese Idee ist offenbar — man kann nicht umhin, es gradezu zu sagen — eine wahrhaft *unglückliche* und *unnatürliche* Idee. Denn die Wirkung und der Druck der Wagen auf die Schienen ist ja *ihrer ganzen Länge nach überall genau gleich stark*: die Unterstützung dagegen, welche jener Wirkung widerstehen soll, ist es *nicht*. Man läfst die Schienen als *Balken* tragen: aber warum und wozu? Wunderlich ist es warlich, eine fortlaufende *Brücke* zu bauen, wo kein Wasser ist. Auch ist die Brücke, die man auf diese Weise baut, eine wahre Fallbrücke. Warlich, es hat Noth, selbst dann noch, wenn die Unterstützung durchweg, in allen Puncten der Schienen sich befände, sie *stark genug* zu machen; denn die Wirkung von zwei bis dritthalb hundert Centner schweren Wagen, die mit 30 bis 40 Fufs Geschwindigkeit in der Secunde dahin stürmen, ist gewaltig: und doch verlangt man, dafs einzelne Steine oder Querhölzer, alle 3 Fufs unter die Schienen gelegt, dieser ungeheuren Wirkung widerstehen sollen! Das Fundamentirungs-Princip wäre allenfalls noch erträglich, wenn die Schienen durch die ganze Länge des Weges sich *mit einander verbinden* liefsen, so dafs jede Reihe nur *eine Masse* ausmachte und keine *Fugen* in den Stöfsen hätte. Die Schienen lassen sich zwar auch allerdings zusammenschweifsen; jedoch geht dies *fortlaufend* nicht an; auch nicht einmal auf eine bedeutende Länge, weil das Eisen, gleich jedem andern Körper, in der Kälte sich zusammenzieht und in der Hitze sich ausdehnt, von 30 Grad Reaum. Kälte bis 30 Grad Wärme um etwa den 1200ten Theil der Länge, so also, dafs wenn man die Schienen z. B. auch nur auf 100 Fufs lang zusammenschweifsen wollte, schon unvermeidlich *zollbreite* Fugen entstehen würden. Die Schienen müssen also *einzeln* bleiben; höchstens können 2 bis 3 mit einander verbunden werden. Für *einzelne* Schienen aber ist dann das Princip der Fundamentirung vollends unerspriefslich. Auch zeigt die Erfahrung nur zu sehr, wie sehr übel die Folgen davon sind. Da, wo die Enden zweier Schienen zusammenstofsen, haben sie *gar keine Tragkraft als Balken* mehr. Man legt zwar natürlich eine der Unterstützungen gerade unter die Fuge: aber über dieser ist nunmehr die Last und der Stofs gar nicht mehr *vertheilt*, sondern wirkt blofs auf das *Ende* der Schiene, und folglich auf noch nicht den *halben* Stein, oder das *halbe* Querholz unter der Fuge. Leicht drückt sich nun der Stein oder das Querholz *schief* in die Erde; das Ende der einen Schiene sinkt tiefer als das Ende der andern anstofsenden Schiene, welches eher durch die schiefe Lage des Steines *gehoben* wird. Man findet diese Art von Beschädigung der Bahn auf Taf. V. Bd. 9. Hft. 2. Fig. 9. bildlich vorgestellt. Es entsteht also nun eine Unterbrechung der oberen Ebenheit der Schienenbahn, und diese Unebenheit *vergröſsert* sich fortwährend, und schnell und unaufhaltsam. Denn wenn z. B. das Ende der einen Schiene auch nur um $\frac{1}{2}$ Linie tief unter das Ende der andern anstoſsenden Schiene gedrückt worden ist, so *stürzt* sich nunmehr schon die Last der Wagen, *fallend,* von der höheren auf die niedrigere Schiene herab, und dieser *Stoſs* oder *Schlag* wirkt noch viel gewaltsamer, als der bloſse *Druck.* Die Ungleichheit der Höhe der Schienen-Enden muſs also immerfort *zunehmen;* und so kann es denn kommen, daſs die Eisenbahn, wenn sie nicht etwa immerfort reparirt wird, d. h. wenn die Steine oder Querhölzer nicht immer gleich wieder in ihre rechte Lage gebracht werden, und wenn nicht etwa bis dahin schon Schienen durch die gewaltigen Stöſse *zerbrochen* worden sind, daſs dann die Schienenstraſse in den Zustand eines wahren Knüppeldammes geräth, und daſs die Wagen darüber hin rumpeln und rasseln, gerade wie über einen solchen Damm, oder wie über ein ausgefahrenes Pflaster. Welcher Nachtheil daraus für die Fuhrwerke, für die Schienen selbst und für ihre Fundamentirung, und welcher Verlust an *Zugkraft* daraus entstehen müsse, läſst sich leicht ermessen.

Das nächste Mittel, eine Schienenbahn, bloſs in einzelnen Puncten unterstützt, selbst auch nur ausführbar zu machen, besteht, falls der natürliche Boden selbst nicht etwa schon Felsen oder felsenartig ist, darin, die Steine oder tragenden Querhölzer auf einen *Steinschlag,* dem einer Chaussée gleich, zu legen. Indessen sieht man leicht, daſs das, was sich durch den Steinschlag für einzelne Unterstützungspuncte erreichen läſst, jedenfalls weit vollkommener durch denselben erreicht wird, wenn man die Schienen *fortlaufend* in *allen* ihren Puncten unterstützt, und daſs jedenfalls die Unterstützung in einzelnen Puncten immer etwas *unnatürliches* und *zweckwidriges* ist.

Aber wenn auch wirklich die Unterstützung der Schienen in allen einzelnen, je 3 Fuſs von einander entfernten Puncten, und auch unter den Fugen, *vollkommen* fest gemacht wäre, und durchaus nirgend weichen könnte, z. B. wenn man die Schienen auf fest eingerammte Pfähle oder auf Mauerwerk legte; so bleibt doch immer noch ein zweites, aus der *Balken-Function* der Schienen entstehendes Uebel übrig. Sie werden sich nemlich immer, so stark sie auch sein mögen, um *irgend etwas* zwischen den Unterstützungspuncten *einbiegen*, und die Fuhrwerke werden sich daher immer, gleichsam wie ein Schiff auf den Wellen hinauf und hinab, auf den Schienen hinbewegen; was weder den Schienen selbst noch der Zugkraft vortheilhaft sein kann. Zwar hat man mitunter behauptet, die wellenförmige Bewegung sei gerade der Schienenbahn *vortheilhaft*, und es sei *gut*, dafs die Bahn nicht ganz starr den Fuhrwerken widerstehe, sondern ihnen mit einer gewissen Elasticität nachgebe. Man beruft sich bei dieser Behauptung auf die bekannte Erfahrung, dafs *Chausséen* länger vorhalten, wenn sie auf elastischem Boden, als wenn sie auf festem Felsen liegen. Aber diese Berufung gehört doch wohl nur in die Fälle, wo man sich über ein Uebel, wenn es unvermeidlich zu sein *scheint*, dadurch gleichsam zu trösten sucht, dafs man statt der Gründe irgend eine *Analogie* herbeizieht, um sich zu überreden, das Uebel sei eigentlich nicht vorhanden. Dafs *Chausséen* auf elastischem Boden länger *vorhalten* als auf Felsen, hat seinen Grund offenbar darin, dafs ein Stein leichter *zermalmt* wird, wenn er fest aufliegt, als wenn seine Unterlage nachgeben kann. Bei der Eisenbahn wird ja aber das Eisen nicht *zermalmt*, sondern nur *abgerieben:* eine Schiene kann wohl *zerbrochen*, aber nicht *zerquetscht* werden. Also *pafst* schon das Gleichnifs nicht; und directe Erfahrungen an Eisenbahnen selbst haben noch nirgend bewiesen, dafs *elastische* Bahnen länger vorhielten, als nicht nachgebende. Doch, auch zugegeben einstweilen, bis die *Gründe* von directen *Erfahrungen* werden bestätigt worden sein, dafs es anders sei: so ist doch *so viel* gewifs und unbestreitbar, dafs die wellenförmige Auf- und Ab-Bewegung der Fuhrwerke mehr *Transportkraft* erfordert, als die Bewegung in gerader Linie; desgleichen, dafs die Eisenbahn durch die Auf- und Ab-Bewegung holperig und schlecht wird; dafs sie ihren Hauptvorzug, den einer vollkommen glatten und sanften Fahrt, verliert, und dafs sie nunmehr in die Categorie der *unebenen* Wege, der unebenen Pflaster und dergleichen übergeht. Das Einbiegen und Nachgeben der Schienen unter den Fuhrwerken ist zuverlässig eben so wenig vortheilhaft und dem Zwecke der Bahn entsprechend, als das Einsinken der Steine oder Querhölzer.

Man sucht bei den neuern Eisenbahnen der Entstehung der Unebenheiten derselben durch *Verstärkung* der Tragkraft der Schienen, nemlich durch Vergröfserung des Gewichtes derselben vorzubeugen. Von 8 bis 9 Pfd. Gewicht der Schienen auf den laufenden Fufs, ist man bei den neueren englischen Bahnen schon bis auf 25, ja 30 Pfd. auf den laufenden Fuſs gestiegen. Dies kann die Einbiegung *vermindern*, aber nicht *heben*, und der Nutzen der *Verminderung* steht schwerlich mit der *ungeheuren* Erhöhung der *Kosten* in Verhältniſs; auch geräth man durch die Verstärkung der Schienen mit der vorigen Ansicht gewissermaſsen in *Widerspruch*. Denn wenn *elastische* und *nachgebende* Bahnen *wirklich* besser sind, als ganz starre: so müſste man ja gerade die Schienen *nicht* übermäſsig stark und starr machen, sondern eben nur so stark als nöthig ist, daſs sie nicht zerbrechen. Und 9, 12, höchstens 14 Pfd. schwere Schienen sind dazu, wie die Erfahrung lehrt, stark genug. Also ist das Mittel, die Schienen *sehr* schwer zu machen, eben nicht sehr zweckmäſsig. Mag es aber auch wegen Verminderung des Einbiegens Nutzen haben: so bleibt doch immer noch das Uebel der Unfestigkeit der vereinzelten Unterstützung der Schienen.

Nie wird eine gute Eisenbahn anders zu Stande kommen, als wenn man die Schienen *fortlaufend und in allen ihren Puncten, ihrer ganzen Länge nach, gleich stark* unterstützt. Denn jede Gegenwirkung muſs der Wirkung *gleich* sein, wenn ein Werk Bestand haben soll; und die Wirkung der Fuhrwerke auf eine Eisenbahn ist überall gleich: folglich muſs es auch die Gegenwirkung, die Unterstützung der Bahn, sein.

6.

Herr *Reynolds* in London scheint der erste zu sein, der diese *Grundregel* ernstlich in Erwägung gezogen und practisch zu befolgen versucht hat. Seine neue Art Eisenschienen, von welchen wir die Beschreibung und den Bericht über ihr Verhalten in der Ausführung, beides so, wie es der Herr Erfinder im Londoner Railway-Magazine giebt, im 2ten Hefte des 10ten Bandes dieses Journals mitgetheilt haben, sind ihrer ganzen Länge nach *durchweg gleich stark* unterstützt, und scheinen uns in *diesem* Betrachte vor allen anderen bis jetzt üblichen Schienenarten einen entschiedenen Vorzug zu haben. Es möchte nur noch einiges andere dagegen einzuwenden sein, was weiter unten, wo wir, verschiedene Arten von Schienen näher durchgehend, auch auf die Reynoldschen Schienen kommen werden, bemerklich gemacht werden soll. Jedenfalls hat Herr *Reynolds* nach unserer Meinung zu jener so wichtigen Vervollkommnung der Eisenstraſsen die Bahn gebrochen, ohne welche Verbesserung dieselben immer nur sehr mangelhaft bleiben werden, und er hat sich dadurch um die Eisenbahnen ein wesentliches und grofses Verdienst erworben.

7.

Die Schienenbahnen mit platten und nur dünnen, der Länge nach von *hölzernen* Balken getragenen und auf dieselben befestigten eisernen Schienen, welche man die *Amerikanischen* nennen könnte, und auch wirklich meistens so zu nennen pflegt, und mit Recht, weil bis jetzt die meisten Eisenbahnen in den vereinigten Staaten von Nord-Amerika so gebaut sind, haben, wiewohl nur in bedingterem und beschränkterem Maafse, mit den Reynoldschen Schienen den Vorzug gemein, dafs die Tragkraft der Schienen in allen Puncten *mehr* gleich stark ist, wenigstens mehr gleich stark *gemacht* werden kann, als es bei den englischen Bahnen, mit massiven, auf *einzelne Steine* oder *Querhölzer* gelegten Schienen der Fall und möglich ist. Denn die hölzernen Balken, welche die dünnen Schienen tragen, auf welchen die Wagenräder laufen, können ohne Schwierigkeit so stark gemacht werden, dafs die Einbiegung derselben unter der Last der Fuhrwerke fast unmerklich wird; auch lassen sich die Balken an den Enden und Stöfsen so fest mit einander verbinden, dafs auch diese Stellen beinahe gar nicht mehr schwächer sind, als die übrigen. Indessen wird der Vorzug der fortlaufenden Unterstützung der Schienen durch eisenplattirte Holzbahnen nur bedingt und beschränkt erlangt: *bedingt* nemlich, weil er, selbst so lange das Bauwerk noch *neu* ist, nur dann erreicht wird, wenn die Schienenbalken nicht etwa blofs durch Querhölzer unterstützt werden, was im Grunde doch immer nur wieder eine *Unterstützung in einzelnen Puncten* ist, sondern wenn die Querhölzer selbst, weiter, wieder noch auf Schwellen ruhen, die *nach der Länge* der Bahn fortlaufen, und die, wenn der Boden weich ist, noch etwa auf einen Steinschlag gelegt werden müssen, wie es auch wirklich bei mehreren ausgeführten amerikanischen Bahnen geschehen ist: — *beschränkt* deshalb, weil die fortlaufende Unterstützung in der Wahrheit immer nur so lange Statt findet, als der Holzbau noch *neu* und das Holz frisch und fest ist. Sobald es anfängt mürbe zu werden, oder zu faulen, was bei den, horizontal, unbedeckt und nahe am Boden liegenden Hölzern sehr bald geschieht, findet die fortlaufende Unterstützung nur noch dem Scheine nach Statt, und die eisernen Schienen sind dann schwächer und weniger tragkräftig als selbst die massiven, auf einzelnen Steinen liegenden, weil sie viel zu dünn sind, um selbst auch nur einen Theil der Last zu tragen. Auch ergiebt die Erfahrung, dafs auf eisenplattirten Holzbahnen immer eine stärkere *Zugkraft* zur Fortbewegung der Fuhrwerke nothwendig ist, als auf massiven Bahnen, in so fern sich letztere in gutem Stande befinden, welches schon die bald sich einstellende Mangelhaftigkeit der Ebenheit der Bahn beweiset. Desgleichen stehen die eisenplattirten Holzbahnen den massiven Bahnen aus anderen Gründen nach, die weiter unten werden berührt werden.

8.

Nachdem wir eine der vorzüglichsten Bedingungen bei der Construction der Eisenbahnen, nemlich die Nothwendigkeit einer Unterstützung der Schienen *ohne schwache Stellen* näher zu erörtern und zu begründen gesucht haben, wollen wir ferner auch noch die übrigen wesentlichsten Bedingungen einer guten Eisenbahn-Construction durchgehen, um so eine Aufzählung von allgemeinen Regeln zu bekommen, nach welchen die verschiedenen Constructionen, die dann einzeln zu erwägen sein werden, zu würdigen sein dürften.

Eine *zweite* wesentliche Bedingung für eine gute Eisenbahn ist die, dafs auch der *Parallelismus* jedes Schienenpaars stets vollkommen erhalten bleiben und folglich so versichert sein mufs, dafs er durch die Wirkung der Fuhrwerke nicht füglich zerstört werden kann.

Auch diese Bedingung erfüllen die Eisenbahnen mit massiven, auf einzelne Steine gelegten Schienen sehr wenig. Die Steine widerstehen noch weniger einem Drucke *nach der Seite*, als dem Drucke *von oben;* und der Druck nach der Seite ist bei Eisenbahnen ebenfalls gar nicht geringe. Da nemlich die Räder mit Spurkränzen an jeder Schiene einen Spielraum von etwa einem Zoll breit haben müssen, weil sie sich sonst klemmen und mehr als nöthig an den Schienen reiben würden: so ist es unvermeidlich, dafs die Fuhrwerke um die Breite der Spielräume hin und her wanken. In der That gewahrt man, wenn man ihren Lauf auf einer Eisenbahn aufmerksam beobachtet, dafs der Wagenzug nie in der Richtung der Schienen *ganz gerade* fortrollt, sondern dafs er eine sehr langgestreckte *Schlangenlinie* hin und her beschreibt. Er drückt also, abwechselnd rechts und links, *seitwärts* auf die Schienen, weil ihr Widerstand immer, sobald er auf die eine Seite sich begeben hat, ihn wieder nach der andern Seite hinübertreiben muſs. Und dieser Druck ist, wegen des ungeheuren Gewichts der Wagen und wegen der groſsen Geschwindigkeit ihrer Bewegung, ungemein bedeutend. Wenn also die Schienen nicht *auch nach der Seite* sehr stark und fest widerstehen, so werden sie *auseinander* gedrängt; der Parallelismus geht verloren; und ist erst der *Anfang* dazu gemacht, so wird der Spielraum der Räder gröſser; der Schwung und anstreifende Druck der Fuhrwerke wird also immer stärker; das Uebel nimmt zu, und die Ausweichung der Schienen kann am Ende so groſs werden, daſs die Wagenräder von den Schienen hinunter gleiten und Gefahr und Schaden entsteht.

Besser als durch einzelne Steine, und sogar sehr vollkommen, wird der Parallelismus der Schienen erhalten, wenn man sie auf *quer durchreichende* Träger von Holz, Stein oder Eisen legt. Dann ist es unmöglich, daſs ihre Entfernung von einander, quer über die Bahn gemessen, sich ändern kann; mithin bleibt dann ihr *Parallelismus* unverändert. Finden die Querstücke nicht Statt, so muſs der Unterstützung auf andere Weise eine kräftige Stabilität, auch nach den Seiten hin, gegeben werden.

9.

Ein *drittes*, wesentliches Erforderniſs für Eisenbahnen ist die Entfernung des Regen- und Schneewassers von der Oberfläche des Dammes und aus den oberen Schichten desselben, wenigstens bis unter die Fundamentirung der Schienen. Denn, mag die Fundamentirung aus Steinen oder aus Holz bestehen: immer wird der Boden, worauf am Ende das Fundament sich stützt, weich und nachgebend sein, sobald sich *Wasser* darin sammeln und aufhalten kann. Selbst wenn das Fundament unten aus einem Steinschlage besteht, ist es im nassen, vom Wasser durchzogenen Boden noch nicht fest; denn es ist immer nichts anders, als eine Art von Chaussée, und eine solche ist nicht fest, wenn sie nicht auf *trockenem* Boden liegt. Am günstigsten ist der Fall, wenn sich der Damm aus Kies oder groben Sande machen läſst, in welchen das Wasser ein- und von selbst nach den Seitengräben sich hinzieht. In anderen Fällen pflegt man einzelne Rigolen von trockenen Steinen zu machen, die aber nicht wohl als zur Entwässerung hinreichend zu erachten sind. Besser ist es, wenn der Damm in der *Oberfläche* eine feste, ein Paar Zoll dicke *Decke*, aus klein geschlagenen und stark zusammengestampften Steinen, mit starkem Gefälle nach den Seiten hin, erhält, damit das Regen- und Schneewasser *schnell* abgeleitet werden und möglichst gar nicht dazu gelangen möge, in den Damm erst *einzudringen*. Auch hat die feste, glatte Steindecke in der Oberfläche auch noch den Vortheil, das Umtreiben von Sand, Schlamm und Steinchen, die auf die Schienen gerathen könnten, mehr zu verhindern. Werden die Fuhrwerke nicht von Dampfwagen, sondern von Pferden gezogen, so ist aufserdem die Steindecke zwischen den Schienen, als Pfad für die Pferde, nothwendig. Aber auch bei der Dampffahrt ist sie, wie gesagt, zur Ableitung des Wassers erforderlich.

10.

Eine *vierte* Bedingung für gute Eisenbahnen ist, dafs möglichst selten Ausbesserungen daran vorkommen können, und dafs die Reparaturen, wenn sie nothwendig sind, möglichst ohne Unterbrechung oder Störung der Passage auf der Bahn, und ohne einstweilige Verlegung der Strafse mögen vollzogen werden können.

Am besten wird diese Bedingung einestheils vorzüglich durch eine recht feste und durchlaufende, in allen Puncten gleich starke *Fundamentirung* der Schienen erfüllt werden; anderentheils durch Dauerhaftigkeit der zu dem Bauwerke genommenen Stoffe. Denn bei weitem die meisten Reparaturen, welche bei den üblichen Eisenbahnen vorkommen, werden durch Beschädigungen der *Fundamentirung*, durch Einsinken und Verschieben der Schienentragsteine und dergleichen veranlafst; und dann, besonders bei den eisenplattirten Holzbahnen, durch die schnelle Abgängigkeit des Holzes, welches, dicht an, und halb über, halb in dem Boden liegend und frei der Witterung ausgesetzt, immer nur wenige Jahre vorhält. Die Schienen selbst, zumal wenn sie aus gewalztem Eisen sind, können sehr lange, und wenn sie nicht zu schwach sind, der Erfahrung nach wohl an 50 Jahre dauern. Dafs abgängig gewordene Schienen schnell und leicht durch neue müssen ersetzt werden können, ist Eines von Demjenigen, was die Bedingung erfordert.

11.

Eine *fünfte*, natürliche Bedingung ist, dafs die *Kosten* einer Eisenbahn, *und zwar auf die Dauer gerechnet*, das heifst mit Rücksicht auf die Erhaltungskosten, nicht *unverhältnifsmäfsig* hoch sein müssen. Es können zwar Fälle vorkommen, wo es gut ist, dafs insbesondere die *er-*

sten Anlagekosten möglichst gering sind, besonders dann, wenn die Bahn nur einen *vorübergehenden* Zweck hat. Aber *dieser* Fall ist eine Ausnahme, und selten. Und wenn sonst nur die Wahrscheinlichkeit vorhanden ist, dafs eine Eisenbahn, die *bleiben* soll, rentiren werde, so finden sich in der Regel Capitalien dazu in Ueberflufs. Uebrigens aber darf man, wie schon bemerkt, dieser oder jener Constructionsart, da, wo es nicht an bereiten Capitalien fehlt, gerade noch nicht *deshalb* den Vorzug geben, weil die *ersten Anlagekosten* derselben gering sind.

12.

Es läfst sich zwar, *sechstens*, nicht als *Bedingung* aufstellen, dafs Eisenbahnen auch von gewöhnlichen Fuhrwerken, deren Räder keine Spurkränze haben, sollen befahren werden können, oder auch nur, dafs Fuhrwerke, welche die Eisenbahn befahren, der Spurkränze müssen entbehren können, weil man auf diesen Vortheil schon gleichsam verzichtet und angenommen zu haben scheint, dafs die Spurkränze den Bahnfuhrwerkrädern unentbehrlich sind. Gut würde es indessen offenbar sein, wenn die Spurkränze wegbleiben könnten, und wenn auch gewöhnliche, selbst leichte Fuhrwerke, wie Kutschen und dergleichen, wenn sie sonst nur die Spur*weite* der Bahn haben (welches letztere immer leicht zu erreichen ist), ohne weitere Vorbereitung die Bahn befahren könnten, weil man dann die Bahnkarren, auf welche sonst die Fuhrwerke erst gesetzt werden müssen, und vielen Aufenthalt ersparen würde. Dafs sich Eisenbahnen dazu einrichten lassen, ohne sonst etwas von ihren eigenthümlichen Vortheilen zu verlieren, werden wir weiter unten sehen. Wir können also das *Desiderat* der Ersparung der Spurkränze den *Bedingungen* für eine gute Anordnung und Construction der Eisenbahnen anreihen.

13.

Zusammengenommen würde also nun, übersichtlich ausgedrückt, das, was zu einer guten Constructionsart von Eisenbahnen gehört, Folgendes sein:

Erstlich müssen die Schienen, damit die Bahn nicht in Gefahr sei, bald holperig und unbequem, und dann um so leichter beschädigt und zerstört zu werden, eine in allen Puncten gleich starke und hinreichend feste Unterstützung bekommen.

Zweitens mufs die Bahn so construirt werden, dafs der Parallelismus der Schienen nicht leicht durch die Wirkung der Fuhrwerke zerstört werden kann.

Drittens mufs das Wasser so vollständig von und aus dem Damme abgeleitet werden, dafs es nicht unter die Fundamentirung der Schienen dringen, den Boden daselbst erweichen und die Stabilität des Fundaments dadurch schwächen kann.

Viertens mufs die Eisenbahn so construirt sein, dafs Ausbesserungen nur möglichst selten vorkommen können, und dafs die, welche vorkommen, so gemacht werden können, dafs die Fahrt so wenig als möglich dadurch unterbrochen wird.

Fünftens müssen die Kosten der Construction, und zwar mit Rücksicht auf die dauernde Erhaltung des Werks gerechnet, nicht unverhältnifsmäfsig hoch sein.

Sechstens ist zu *wünschen*, dafs die Construction und Anordnung von der Art sei, dafs die Räder der Bahnfuhrwerke keiner Spurkränze bedürfen, und dafs auch gewöhnliche Fuhrwerke, von der Spurweite der Bahn, ohne weitere Vorbereitung auf der Bahn fahren können.

Nach diesen Bedingungen und Desideraten werden sich die Vortheile und Nachtheile der verschiedenen Constructionen von Eisenbahnen, die wir jetzt einzeln durchgehen wollen, ermessen und gegen einander abwägen lassen.

(Die Fortsetzung folgt im nächsten Hefte.)

6.

Versuche über die Widerstandsfähigkeit der bekanntesten und nützlichsten Bausteine, welche das Rheinische Schiefergebirge und das daran grenzende Flötzgebirge an der Mosel und in den Ardennen liefern, desgleichen des Bauholzes: angestellt im Festungs-Bauhofe zu Coblenz.

(Von dem Königl. Preufs. Ingenieur-Premier-Lieutenant Herrn *Beise* zu Coblenz.)

(Fortsetzung der Abhandlung No. 6. Heft 1., No. 12. Heft 3., No. 14. Heft 4. des 9ten, und No. 2. Heft 1. und No. 12. Heft 3. des vorigen Bandes.)

---

§. 22.

Tab. XXII. Versuche mit armirten Balken oder Trägern von Rothtannenholz (*pinus picea*).

Lauf. No.	Dimensionen in Preufs. Maafs.			Gewicht in Preufs. Pfunden, Handelsgewicht.	Biegung in Preufs. Linien.	Art der Verzahnung und Armirung der Balken, nebst andern Bemerkungen.
	Länge. Fufs.	Breite. Zoll.	Höhe. Zoll.			
1.	15	6	9	200	2	Der Balken bestand aus zwei Stücken desselben Balkens, welcher in der Mitte getrennt worden war. Nachdem man ihn mit 2 Zoll tiefen Verzahnungen versehen hatte, wurde er wieder zusammengelegt, mit 6 Schraubenbolzen *b*, Taf. 3. Fig. I., und mit Keilen *a* von 2 Zoll Höhe 1 Zoll Breite versehen, die fest angetrieben wurden. Die Bolzen *b* waren 6 Linien stark.
				400	3	Nachdem die letzte Biegung beobachtet worden war, fanden sich die Keile an dem einem Ende des Balkens ganz fest, an dem andern Ende aber so locker, dafs man sie herausstofsen konnte, und der obere Theil hatte sich an diesem Ende 4 Linien über den untern weggeschoben. Aufser den Bolzen waren an beiden Enden, von den Endbolzen 5 Zoll entfernt, auch zwei eichene Dollen *c*, *c* eingelassen, welche dem Gleiten der zusammengetriebenen Flächen widerstehen sollten. Diese Dollen waren stark beschädigt, jedoch nicht zerbrochen. Die Schraubenbolzen hatten sich etwas nach der Seite gebogen und in das Holz eingefressen. Das specifische Gewicht des Balkens betrug 30 Pfd.
				800	4	Man hatte die Vorsicht gebraucht, die beiden Hälften des Balken so auf einander zu schrauben, dafs an jedem Ende Zopf- und Stammholz vereinigt wurde.
				1200	$6\frac{1}{2}$	
				1600	9	
				2000	12	
				2400	16	
				2800	$20\frac{1}{4}$	
				3000	23	
				3350	$27\frac{1}{2}$	

Lauf. No.	Dimensionen in Preufs. Maafs.			Gewicht in Preufs. Pfunden, Handelsgewicht.	Biegung in Preufs. Linien.	Art der Verzahnung und Armirung der Balken, nebst andern Bemerkungen.
	Länge. Fufs.	Breite. Zoll.	Höhe. Zoll.			
2.	15	6	9	600 1200 1600 2200 3400 4000 4325	$1\frac{1}{2}$ 3 5 $8\frac{1}{2}$ 11 16 23	Der Balken war so armirt, wie es Fig. 2. angiebt. Specifisches Gewicht 34 Pfd. Die Bolzen waren eben so stark als bei der vorigen Armirung. Als man die Keile *a a* angetrieben und alles gehörig verbolzt hatte, erhielt der Balken 1 Zoll Sprengung. Um ihn aber noch stärker nach oben zu sprengen, wurde er erst in der nebenstehenden Art gebogen, mit 4325 Pfd., und dann wurden die Keile noch fester angezogen. Das Armiren geschah auf folgende Weise; zuerst die beiden Endbolzen *b b*, dann die Keile *a a*, hierauf die Bolzen *c c* und die Keile *a' a'*. Zuletzt die Bolzen *d d*, gehörig angezogen, und die Sprengung oben. Die letzte Biegung mit 4325 Pfd. war also nur wirklich 11 Linien. Nach 6 Stunden hatte er sich noch um 6 Linien gebogen und in 24 Stunden im Ganzen 30 Linien.
3.	15	6	9	600 1200 2400 3000 3600	6 18 24 30 38	Dieser Balken war nicht gesprengt, sondern ganz gerade. Als 3000 Pfd. 16 Stunden lang daran gehangen hatten, war die Biegung 33 Linien.
4.	15	6	6	1000 2000 3000 4000 5000 5700	6 15 $26\frac{1}{3}$ 36 40 60 zerbrach	Da das Eisen eine grofse Widerstandsfähigkeit nach der Länge besitzt, so belastete man einen 15 Fufs langen, 6 Zoll breiten, 6 Zoll hohen Balken in seiner Mitte mit 3500 Pfd., wodurch er 39 Linien gebogen wurde, Fig. 3. Taf. 3. Hierauf wurde eine eiserne Schiene auf denselben geschraubt und der Balken umgekehrt, so dafs die Krümmung nach oben zu gekehrt war, wie Fig. 4. zeigt. Die Schraubenbolzen *c c* waren nur 6 Linien dick und hatten sich in das Holz nach der Seite zu eingedrückt, wodurch nicht aller mögliche Widerstand geleistet wurde. Eine bessere Armirung ist die Fig. 5. angegebene, wo die Schiene über das Hirnende weggreift und doppelt angeschraubt wird; denn hier kann der Balken nicht gut eher zerbrechen, bis die Schiene mit zerreifst. Die angewendete Eisenschiene war 12 Linien breit, 2 Linien stark; man wird aber besser thun, die Schiene 2 Zoll breit 3 Linien stark und die Schraubenbolzen 1 Zoll im Durchmesser fertigen zu lassen. Das specifische Gewicht war 36 Pfd. pro Cubikfufs.
5.	15	6	6	1000 2000 3000 4000 5000 6000	5 11 20 28 38 zerbrach	Specifisches Gewicht 30 Pfd. pro Cubikfufs. Aus dem vorigen Stamme auf dieselbe Weise verstärkt. Vergleicht man diese beiden so armirten Balken mit den Nro. 46. und 49. der Tabelle XXI., wo dieselben Holzstücke waren, so findet man, dafs sie etwa $\frac{1}{4}$ weniger gebogen werden als letztere.
6.	15	6	in der Mitte 11 auf den Enden 7		3 7 12 17 21 29 zerbrach	Specifisches Gewicht $32\frac{5}{6}$ Pfd. pro Cubikfufs. Dieser Balken war so armirt, wie es *Rondelet* vorgeschlagen hat, nemlich an beiden Enden eingeschnitten (Fig. 6.), und in der Mitte stehen gelassen, darauf zwei Staben in die Einschnitte gesetzt und oben ein Stück Holz fest mit seinen Hirnenden gegen die beiden Staben eingekeilt, und in der Mitte ein eisernes Schraubenband *a* und an den Enden zwei solche Bänder *b b* fest angezogen, endlich die Schraubenbolzen *b b* eingeschraubt. Dieser Balken zerbrach in der Verzahnung am Ende bei dem Bande *b*. Das Holz war sehr gesund. Hatte 9 Linien Sprengung nach oben zu.

Lauf. No.	Dimensionen in Preufs. Maafs.			Gewicht in Preufs. Pfunden, Handelsgewicht.	Biegung in Preufs. Linien.	Art der Verzahnung und Armirung der Balken, nebst andern Bemerkungen.
	Länge. Fufs.	Breite. Zoll.	Höhe. Zoll.			
7.	20	6	in der Mitte 10 am Ende 7	1000 2000 3000 4000 5000 5380	6 13 $21\frac{1}{2}$ 28 34 zerbrach	Ein eben solcher Balken wie der vorige. $32\frac{5}{8}$ Pfd. specifisches Gewicht pro Cubikfufs. Zerbrach in einem Aste, zwischen den Bändern *a* und *b*. Dieser Balken war 7 Linien nach oben zu gesprengt. Fig. 6.
8.	15	6	11 in der Mitte 7 an den Enden.	1000 2000 3000 4000 5000 6000 7000	$2\frac{1}{2}$ 5 9 13 17 23 27	Eben solcher Balken. $32\frac{5}{8}$ Pfd. specifisches Gewicht. Die Sprengung war 3 Linien nach oben zu. Man sieht hieraus, dafs die mit Eisenschienen armirten Balken fast eben so stark sind, als diese in der Mitte 11 Zoll hohe Balken, und da die erste Armirung weniger kostspielig ist, so wird sie der *Rondelet*schen vorzuziehen sein.

Es würde nun leicht sein, noch eine Menge Folgerungen aus den vorigen Versuchen zu entwickeln und wohl selbst besondere Verhältnisse der Widerstände jeder Steinart insbesondere oder aller geprüften Steinarten unter sich aufzufinden. Da aber jeder Leser solche selbst machen kann, so hält man sie für überflüssig und läfst es bei den Thatsachen bewenden. Vielleicht ist diese mühselige Arbeit nicht ohne Nutzen gewesen.

Luxemburg, den 20ten März 1834.

Inhaltsverzeichnifs des ersten Hefts elften Bandes.

Berlin, gedruckt bei G. Reimer.

Journal

für

die Baukunst.

In zwanglosen Heften.

Herausgegeben

von

Dr. A. L. Crelle,

Königlich-Preufsischem Geheimen-Ober-Baurathe, Mitgliede der Königlichen Akademie der Wissenschaften zu Berlin, Correspondenten der Kaiserlichen Akademie der Wissenschaften zu St. Petersburg und der Königlichen Akademieen der Wissenschaften zu Neapel und Brüssel, Ehrenmitgliede der Hamburger Gesellschaft zur Verbreitung der mathematischen Wissenschaften.

Elfter Band.

Zweites Heft.

Mit sechs Figurentafeln.

Berlin.

Bei G. Reimer.

1837.

7.

Practische Abhandlung über Dampfwagen auf Eisenbahnen.

(Vom Herrn Chev. *F. M. G. de Pambour.*)

(Fortsetzung von No. 2. Heft 1., No. 9. Heft 2., No. 11. Heft 3., No. 14. Heft 4. des vorigen und No. 2. Heft 1. dieses Bandes.)

Achtes Capitel.

Von der Reibung der Räder auf den Bahnschienen.

---

§. 82.

Maafs derselben.

Die oben beschriebenen Versuche über die Geschwindigkeit und Ladung der Dampfwagen geben zugleich Auskunft über einen andern Gegenstand bei der Bewegung dieser Maschinen, von welchem wir noch nicht gehandelt haben, nemlich über das Eingreifen der Räder auf die Schienen.

Wir haben bei der Beschreibung eines Dampfwagens bemerkt, dafs die Kraft des Dampfes eben so wirkt, wie wenn man die Fuhrwerke durch Eingreifen in die Speichen der Räder forttriebe. Da nun bei dieser Wirkungsart der einzige Gegenstützpunct der Kraft das Eingreifen der Räder auf die Schienen ist, so würde der Dampf, wenn die Gegenwirkung zu schwach wäre, die Räder zwar drehen, aber sie würden auf den Schienen schleifen, statt einzugreifen; sie würden sich drehen, aber der Dampfwagen würde an derselben Stelle stehen bleiben.

Je schwerer die Ladung ist, welche die Maschine fortziehen soll: je gröfser ist die dazu nöthige Zugkraft, und je mehr Widerstand müssen also die Stützpuncte leisten, auf welchen die Räder aufstehen. Wenn daher die Ladung zu stark ist, so ist zu fürchten, dafs, wenn es gleich der Maschine sonst noch nicht an Kraft fehlt, doch die Stützpuncte auf den Schienen nicht Widerstand genug leisten werden.

Die obigen Versuche geben das Maafs des Widerstandes der Schienen in trockener Jahreszeit. Bei keinem dieser Versuche wurde die Bewegung aus Mangel an Widerstand unterbrochen, oder auch nur zweifelhaft, obgleich Ladungen von mehr als 4000 Ctr. darunter vorkamen. Bei dem ersten Versuche mit der *Fury* z. B., am 24. Juli, zog dieser Dampfwagen einen Theil des Tages hindurch 4809 Ctr. Es mufs also das Eingreifen seiner Räder auf die Schienen für diese starke Ladung hinreichend gewesen sein. Nun wiegt die *Fury* 161,6 Ctr., und dieses Gewicht des Wagens ist so vertheilt, dafs nur 108,4 Ctr. von den Hinterrädern getragen werden, welche allein die wirkenden Räder sind, indem die andern Räder die Maschine nicht vorwärts treiben, sondern nur führen. Es schaffte also ein Gewicht des Wagens von 108,4 Ctr. 4809 Ctr. Ladung fort, folglich beinahe das $44\frac{1}{2}$ fache. Daraus folgt, dafs ein Dampfwagen, dessen Räder gekuppelt sind, gewifs $44\frac{1}{2}$ mal sein eigenes Gewicht fortzuziehen vermag.

Wir sagten, dafs die *Fury* blofs mit zweien ihrer Räder auf die Schienen eingriff. Auf der Liverpooler Strafse ist dies bei allen Reisemaschinen der Fall, weil bei ihnen das Eingreifen blofs zweier Räder für die Ladung, welche sie zu ziehen haben, hinreichend ist. Die Hülfsmaschinen dagegen greifen mit allen vier Rädern ein, wie schon oben bemerkt ist. Der *Atlas* ist die einzige Reisemaschine, welche hievon eine Ausnahme macht. Dieser Dampfwagen hat sechs Räder, von welchen vier gleiche Durchmesser haben und alle vier von den Kolben in Bewegung gesetzt werden. Die beiden übrigen, welche kleiner sind und keine Spurkränze haben, können, vermittelst der Wirkung des Dampfes auf einen beweglichen Kolben, von den Schienen abgehoben werden. Diese sinnreiche Anordnung, welche mehr als einen Nutzen hat, indem sich auch z. B. mittelst derselben das Gewicht des Wagens auf 6 Räder vertheilen läfst, ohne die Maschine künstlicher zu machen, als wenn sie nur 4 Räder hätte, rührt von Herrn *J. Melling* zu Liverpool her, welcher damit insbesondere beabsichtigte, der Maschine eine gröfsere Feuerkammer und folglich eine stärkere Dampf-Erzeugungskraft zu verschaffen.

Wir haben das Maafs der Wirkung des Eingreifens der Dampfwagenräder auf die Schienen angedeutet. Aber es läfst sich auch die Stärke des Eingreifens selbst schätzen. Die Ladung von 4809 Ctr. z. B. erforderte 1889 Pfd. Zugkraft. Das Eingreifen betrug also mindestens 1889 Pfd.; denn sonst würden sich die Räder herumgedreht haben, ohne sich fortzubewegen. Nun war die von den Schienen getragene Last des Dampfwagens 108,4 Ctr. oder 11925 Pfd. Also betrug das Eingreifen der Räder auf die Schienen etwa den 6ten Theil der aufdrückenden Last. Da für jede Tonne 8 Pfd. (engl.) Zugkraft auf horizontaler Bahn nöthig sind [der 280ste Theil der Last], so ist jener Ausdruck genau dem vorigen gleich. [Nemlich von 4809 Ctr. ist der 280ste Theil 1889 Pfd.]

Im Winter, wenn die Schienen, in Folge der feuchten Witterung, schlüpfrig und schmutzig sind, ist das Eingreifen der Räder auf dieselben viel weniger stark. Indessen sind die Dampfwagen, einige aufserordentliche Fälle ausgenommen, immer noch im Stande, eine Ladung von 15 Wagen, mit den Munitionswagen 1478 Ctr. schwer, fortzuschaffen; das heifst, das 14fache ihres eingreifenden Gewichts. Oder mit anderen Worten: da die 1478 Ctr. Ladung 581 Pfd. Zugkraft erfordern, so beträgt die Kraft des Eingreifens der Räder immer noch den 20sten Theil des eingreifenden Gewichtes [nemlich etwa der 20ste Theil von 108,4 Ctr. eingreifendes Gewicht ist 581 Pfd.].

Da auch das Eingreifen der Räder ein unerläfsliches Erfordernifs für die Wirkung eines Dampfwagens zum Fortziehen einer Last ist, so sind für das Fortziehen überhaupt zwei Bedingungen nothwendig. Erstlich müssen die Maafse und Verhältnisse der Theile der Maschine und ihres Kessels von der Art sein, dafs die Wirkung des Dampfes auf die Kolben in den Cylindern eine hinreichende Zugkraft hervorbringt, oder dafs die Maschine eine eigentlich so zu nennende hinreichende Kraft habe, und zweitens mufs ihr Gewicht so grofs sein, dafs die Räder hinreichend stark auf die Schienen eingreifen können. Diese beiden Bedingungen, der Kraft der Maschine und ihres Eingreifens, müssen mit einander in richtigem Verhältnisse stehen. Denn wenn die Maschine mehr Kraft hat, als dem Eingreifen der Räder angemessen ist, so kann Dampf verloren gehen, weil das Eingreifen der Räder die Wirkung der Maschine beschränkt; und wenn die Maschine für ihre Kraft zu schwer ist, so ist ihr Gewicht zum Theil eine unnütze Bürde, weil die Wirkung wieder durch die Kraft der Maschine begrenzt ist.

§. 83.

Von Dampfwagen auf gewöhnlichen Strafsen.

Die Beträchtlichkeit der Ladungen, welche Dampfwagen bei den oben beschriebenen Versuchen fortgezogen haben, werden die Befürchtung

Derjenigen heben, welche glauben, dafs die Räder der Dampfwagen stets geneigt seien, auf den Schienen fortzuschleifen, und welche sich, wenn sie die Absicht haben, sich der Dampfwagen auf gewöhnlichen Strafsen zu bedienen, bemühen, jenen eingebildeten Uebelstand auf diese oder jene Weise zu heben, ohne erst zu untersuchen, ob das Eingreifen der Räder dort nicht etwa noch stärker sei.

Wir sahen, dafs ein Dampfwagen auf einer Eisenbahn, durch die Kraft des Dampfes und durch das Eingreifen auf die Schienen, bis 4809 Ctr. und mindestens 1478 Ctr. fortzieht. Die Ladungen sind also gleichsam zwischen diesen beiden Grenzen eingeschlossen.

Auf gewöhnlichen Strafsen, deren Widerstand gegen die Zugkraft viel beträchtlicher ist, würde natürlich keiner der oben gedachten Dampfwagen im Stande sein, durch die Kraft des Dampfes 1478 Ctr., und noch viel weniger 4809 Ctr. fortzuschaffen. Die Ladungen auf gewöhnlichen Strafsen werden immer bei weitem geringer sein müssen als auf Eisenbahnen. So wäre es denn auch ohne Nutzen, wenn man den Widerstand des Eingreifens, der eine blofs todte Kraft ist, verstärken wollte und könnte, da die Wirkung der Kraft des Dampfes beschränkt ist.

Man kann annehmen, dafs der geringsten Ladung von 1478 Ctr. auf einer Eisenbahn noch nicht die stärkste Ladung auf einer gewöhnlichen Strafse beikommt.

Wir wollen den gleichen Dampfwagen, mit dem gleichen eigenen Gewicht und der gleichen Dampfspannung, in den beiden Fällen betrachten.

Die von Herrn *Telford* angestellten Versuche über die auf verschiedenen Arten von Strafsen nöthige Zugkraft ergeben, dafs die Zugkraft auf der Strafse von Liverpool nach Holyhead, der besten in England, folgende ist. (Man sehe den Bericht der Commission der Holyhead Strafse.)

1)	Auf einem guten Pflaster	1 auf 67,9.
2)	Auf einer Oberfläche von zerschlagenem Hornstein .	1 auf 34,5.
3)	Auf einer Kies-Chaussée	1 auf 15,2.
4)	Auf einer auf rauhes Pflaster gelegten Decke von zerschlagenen Steinen	1 auf 48,7.
5)	Auf einer Decke von zerschlagenen Steinen, die auf einer Fundamentirung von Parker-Cement und Kies liegt,	1 auf 48,7.
	Im Durchschnitt .	1 auf 33,4.

Auf einer Eisenbahn ist die Zugkraft 1 auf 280. Also ist der Widerstand auf der Holyhead Strafse mehr denn 8 mal so stark als auf einer Eisenbahn.

Daraus folgt, dafs z. B. die *Fury*, welche mit 66,7 Pfd. wirksamer Dampfspannung auf den Quadratzoll 4809 Ctr. auf horizontaler Eisenbahn fortzuziehen vermochte, auf der Holyhead Strafse, mit der nemlichen Dampfspannung, unter keinen Umständen mehr als den 8ten Theil davon, oder höchstens 600 Ctr. fortzuziehen im Stande sein würde. Die stärkste Ladung auf gewöhnlichen Strafsen würde also nur etwa zwei Fünftheil der geringsten Ladung auf der Eisenbahn betragen.

Sodann mufs man erwägen, dafs der Widerstand des Dampfwagens selbst, gleich dem der Lastwagen, auf der gewöhnlichen Strafse viel stärker ist. Es geht also von den 600 Ctr., welche die *Fury* sonst möchte fortschaffen können, noch eine verhältnifsmäfsige Verminderung der Wirkung ab.

Der Widerstand auf gewöhnlichen Strafsen setzt der nutzbaren Wirkung des Dampfes viel engere Schranken, als das Gleiten der Räder auf Eisenbahnen. Unter allen Umständen sind, rücksichtlich der Ladungen, die Dampfwagen auf Eisenbahnen im Vortheil.

Es scheint indessen ein anderer Umstand zu Gunsten des Dampf-Fuhrwerkes auf gewöhnlichen Strafsen zu sprechen; nemlich die viel geringere Höhe der Anlagekosten der gewöhnlichen Strafsen. Die Kosten des Baues und der Erhaltung von Eisenbahnen sind in der That hoch. Ein Theil derselben wird erspart: aber es geht dagegen auch der Hauptnutzen der Unternehmung verloren. Warum sollte man nun das Ausgeben einer gröfsern Summe scheuen, wenn auch ein gröfserer Vortheil zu erzielen ist? Warum höhere erste Anlage-Kosten vermeiden, wenn sich dadurch mehr an jährlichen Ausgaben sparen läfst, als die Zinsen des Capitals betragen? Und dieser Fall findet wirklich bei Eisenbahnen Statt. Man wendet Kosten an, den Weg zu bahnen und die Schwierigkeit des Transports zu vermindern, um dann an den Kosten desselben zu gewinnen. Was würde man von Jemanden sagen, der quer über das Feld führe, um die Strafse zu vermeiden? Er würde zuverlässig mehr verlieren als gewinnen.

So verhält es sich mit den Eisenbahnen. Eine 60jährige Erfahrung hat bewiesen, dafs es vortheilhaft ist, dergleichen Bahnen für Pferdekraft zu bauen. Warum sollte der Vortheil nicht auch für Dampfkraft, oder für irgend eine andere bewegende Kraft vorhanden sein? Welchen Gewinn immer Dampfwagen auf gewöhnlichen Strafsen bringen mögen: unfehlbar mufs der Gewinn auf Eisenbahnen gröfser sein.

Man verwundert sich, wenn man einen Dampfwagen auf einer gewöhnlichen Strafse drei Personenwagen, jeden mit 12 bis 15 Passagieren besetzt, fortziehen sieht. Aber auf der Liverpooler Strafse hat ein Dampfwagen zur Zeit der Pferderennen schon 800 Personen, mit $3\frac{1}{4}$ Meilen Geschwindigkeit auf die Stunde, fortgeschafft.

Man wird vielleicht sagen, dafs ein Dampfwagen auf einer gewöhnlichen Strafse auch wohl mehr als 3 Wagen, mit Passagieren besetzt, fortzuziehen vermögen dürfte. Bis jetzt ist es noch nicht geschehen; die meisten Dampfwagen bringen auf gewöhnlichen Strafsen sogar nur 18 bis 20 Personen auf einmal fort. Der Grund davon ist leicht einzusehen. Die meisten Strafsen nemlich sind nicht ohne beträchtliche Gefälle. Da dieselben überstiegen werden müssen, so darf man dem Dampfwagen nur diejenige Ladung geben, welche er über die steilste der Anhöhen zu bringen vermag. Gesetzt nun das steilste Gefälle wäre 1 auf 12: so kommt zu dem Gewichte dreier Personenwagen, von etwa 177 Ctr., wegen der Wirkung der Schwere, noch so viel hinzu, dafs es ist, als habe der Dampfwagen auf horizontaler Strafse 887 Ctr. oder 15 Personenwagen fortzubringen. Ein Dampfwagen, welcher auf eine beträchtliche Strecke Weges 3 Personenwagen fortziehen soll, mufs also im Stande sein, 15 solcher Wagen auf horizontaler Strafse fortzuschaffen. Dieses ist aber das Aeufserste, was man, selbst wohl von weiteren Vervollkommnungen erwarten darf; denn 15 Wagen auf gewöhnlicher Strafse sind so viel als 120 Wagen auf einer Eisenbahn. Zwei bis drei Personenwagen sind daher auf einer gewöhnlichen Strafse für einen Dampfwagen schon die äufserste Ladung.

Durch die möglichste Wegschaffung der Gefälle, was eben besonders die hohen Anlagekosten verursacht, werden nun aber Eisenbahnen dahin gebracht, dafs die nemliche Maschine 40 beladene Personen- oder Frachtwagen fortbringen kann; und dieses ist 12 bis 20 mal mehr. Um auf einer gewöhnlichen Strafse das Nemliche zu leisten, sind 12 mal so viel Dampfwagen, Wagenführer und Feuerschürer nothwendig. Ferner sind rücksichtlich der Feuerung leichte Ladungen für Dampfwagen unvortheilhaft, und man kann annehmen, dafs deshalb die Kosten verdoppelt werden. Es folgt also immer mehr, wie sehr unvortheilhaft gewöhnliche, den Dampfwagen so viel Unebenheiten entgegensetzende Strafsen sind.

Schon auf Eisenbahnen sind die Ausbesserungen der Dampfwagen kostbar. Auf der Liverpooler Strafse sind von den 30, der Gesellschaft gehörenden Dampfwagen blofs 10 regelmäfsig im Dienste, zum Transport von Personen und Gütern. Sie fahren 8 bis 10 Stunden täglich, und die Kosten, um sie im Gange zu erhalten, betragen für die 10 Dampfwagen jährlich an 120 000 Thlr., also für jeden jährlich an 12 000 Thlr. Diese Kosten werden bezahlt, und bringen noch Vortheil, weil die Wagen auf der Eisenbahn sehr grofse Lasten fortschaffen; aber anders würde es sich verhalten, wenn die Ladungen geringer wären, oder, was dasselbe ist, wenn mehr Dampfwagen nöthig wären, um das Nemliche zu leisten. Aufserdem würden die Kosten noch weit gröfser sein, wenn die Dampfwagen, statt auf der viel ebeneren Eisenbahn hinzurollen, auf der im Vergleich rauhen und holperigen Oberfläche einer gewöhnlichen Strafse ihren Weg machen sollten. Und dieses für 12 mal so viele Dampfwagen! Anlage-Capital und Zinsen, Kosten der Wagenführer und Feuerschürer, des Brennstoffes und der Ausbesserungen, würden bald alle gehoffte Ersparung verschlingen.

Aber der Hauptvortheil solcher Unternehmungen liegt in der Schnelligkeit der Fahrt. Als noch die 12 606 Ruthen lange Strafse von Liverpool nach Manchester 4 Stunden Zeit erforderte, fuhren täglich etwa 450 Personen von einer Stadt zur andern. Jetzt, wo die Dampfwagen auf der Eisenbahn nur 1 bis $1\frac{1}{2}$ Stunden Zeit brauchen, fahren täglich 1200 Personen. Die Schnelligkeit ist die Hauptursache des Gewinns. Sie fällt weg, wenn die Dampfwagen blofs $1\frac{3}{4}$ bis $2\frac{1}{4}$ Meilen in der Stunde zurücklegen.

Dürfen die Dampfwagen, wie es auf Eisenbahnen der Fall ist, 160 bis 180 Ctr. wiegen, so kann der Kessel grofs genug gemacht werden, um eine hinreichende Menge Dampf für eine grofse Geschwindigkeit zu entwickeln. Wird man dagegen durch die Natur der Strafse gezwungen, das Gewicht des Wagens auf etwa 60 Ctr. zu beschränken, während alle Theile desselben stärker sein müssen, um den Stöfsen auf einer rauhen Bahn zu widerstehen, so läfst sich natürlich nur weniger Heitzfläche im Kessel, und folglich nur eine geringere Geschwindigkeit erlangen. Und in der That legt das Dampffuhrwerk auf gewöhnlichen Strafsen nur $1\frac{3}{4}$ bis $2\frac{1}{4}$ Meilen in der Stunde zurück.

Im Allgemeinen ist zu bemerken, dafs bis jetzt das Gedeihen des Dampffuhrwerkes auf gewöhnlichen Strafsen noch immer eine unsichere

Speculation war, während die Eisenbahnen, welche auch die bewegende Kraft sein mag, immer weiter sich ausdehnen. Das Dampffuhrwerk mag auf gewöhnlichen Strafsen möglich sein: aber wie grofs auch der Gewinn dabei sein mag, so ist es doch unzweifelhaft, dafs der Gewinn von den nemlichen Dampfwagen auf Eisenbahnen noch bei weitem gröfser sein wird.

Neuntes Capitel.

Vom Brennstoff.

§. 84.

Verhältnifs des Brennstoffes zur Ladung.

Wir haben noch einen interessanten Gegenstand abzuhandeln, nemlich den Aufwand an Brennstoff.

Der Dampf, unter welchem Druck er auch im Kessel erzeugt werden mag, nimmt, dem gemäfs, was wir oben auseinandergesetzt haben, so wie er in den Cylinder gelangt, eine Spannung an, welche dem Widerstande des Kolbens gleich ist. Die Wirkung der Maschine beruht also auf der Verwandlung einer gewissen, aus dem Kessel gezogenen Dampfmenge, die folglich die Spannung im Kessel hat, in eine Dampfmasse von geringerer Spannung und gröfserem Volumen.

Wir wollen annehmen, eine und dieselbe Maschine solle, mit gleicher Spannung im Kessel, einen gleich langen Weg mit verschiedenen Ladungen zurücklegen. Da die Länge des Weges in den beiden Fällen gleich sein soll, so ist auch die Zahl der Umdrehungen der Räder, und folglich der Kolbenläufe und der aufgewendeten Cylinder voll Dampf, in den beiden Fällen die nemliche. Wäre auch die Ladung die nemliche, so würde der Dampf gleiche Spannung haben. Da aber die Ladung verschieden ist, so wird zwar dieselbe Zahl von Cylindern voll Dampf consumirt werden, aber die Spannung des Dampfes in den beiden Fällen wird verschieden sein.

Der Aufwand an bewegender Kraft wird also eine gewisse Dampfmasse, in dem einen Falle z. B. von der Spannung R, im anderen Falle von der Spannung R_1 sein.

Die Spannung des Dampfes im Kessel wurde in den beiden Fällen gleich angenommen; also auch die Temperatur desselben. Da die Temperatur des Dampfes bei seinem Durchgange nach den Cylindern keine Veränderung erleidet, indem die Röhren und die Cylinder selbst, in dem Kessel sich befinden, oder doch von dem Feuer umspielt werden, so wird auch die Temperatur des Dampfes in den Cylindern die nemliche sein.

Das Volumen und die Temperatur des sämmtlichen, auf der Fahrt consumirten Dampfes sind also in den beiden Fällen die nemlichen. Blofs die Spannung des Dampfes in den Cylindern ist verschieden. Die Masse oder das Gewicht des Dampfes wird sich also in den beiden Fällen wie die Spannung in den Cylindern verhalten.

Da das Gewicht des Dampfes dem Gewichte des verdampften Wassers gleich ist, so werden sich die Gewichte des in den beiden Fällen verdampften Wassers wie die Spannungen in den Cylindern, oder, mit anderen Worten, wie die Widerstände der Kolben verhalten. Da ferner das Wasser im Kessel in beiden Fällen unter gleichem Drucke verdampft wird, so wird sich der zur Verdampfung nothwendige Brennstoff wie die Spannung des Dampfes in den Cylindern oder wie die Widerstände der Kolben verhalten.

Daraus folgt denn also, dafs der Aufwand an Brennstoff nicht von der Geschwindigkeit, sondern blofs von dem Widerstande der Kolben abhängt.

Sollte vielleicht bei den beiden Fahrten die Spannung des Dampfes im Kessel nicht ganz die nemliche sein, so wird auf derjenigen Fahrt, wo sie stärker war, etwas mehr Brennstoff consumirt werden, weil die mehrere Consumtion von Brennstoff blofs bei Erhöhung der Temperatur des Dampfes Statt finden kann. Da aber schon eine geringe Erhöhung der Temperatur eine bedeutend stärkere Spannung hervorbringt, so wird der Unterschied des Verbrauches von Brennstoff nicht beträchtlich und in der Ausübung nicht merklich sein.

Nach diesen Sätzen ergiebt sich das Verhältnifs des Aufwandes von Brennstoff für eine und dieselbe Maschine, welche verschiedene Ladungen fortzieht, und man wird danach den Brennstoff für einen beliebigen Fall finden können, sobald er für einen andern bestimmten Fall bekannt ist.

Bezeichnen Q und Q_1 die Masse von Brennstoff, und R und R_1 die Widerstände des Kolbens für zwei verschiedene Ladungen, so ist

$$1. \quad \frac{Q}{Q_1} = \frac{R}{R_1}.$$

Nun ist, wenn

M das Gewicht der Ladung, den Munitionswagen einschliefslich,
F die Reibung des Dampfwagens selbst,
d den Durchmesser der Cylinder,
D den Durchmesser der Räder,
l die Länge des Kolbenlaufes,
ϱ den Druck der Atmosphäre auf die Einheit der Fläche,
nM den Widerstand der Ladung und
δM die zusätzliche Reibung des Dampfwagens

bezeichnet, gemäfs §. 46. Gl. 4.

$$2.\quad R = (F+(\delta+n)M)\frac{D}{d^2 l}+\varrho.$$

Also ist für die andere Ladung M_1

$$3.\quad R_1 = (F+(\delta+n)M_1)\frac{D}{\delta^2 l}+\varrho.$$

Mithin gemäfs (1.)

$$4.\quad \frac{Q}{Q_1} = \frac{(F+(\delta+n)M)\frac{D}{d^2 l}+\varrho}{(F+(\delta+n)M_1)\frac{D}{d^2 l}+\varrho}.$$

Diese Gleichung kann wie folgt geschrieben werden:

$$5.\quad \frac{Q}{Q_1} = \frac{M+\left(\frac{\varrho d^2 l}{(\delta+n)D}+\frac{F}{\delta+n}\right)}{M_1+\left(\frac{\varrho d^2 l}{(\delta+n)D}+\frac{F}{\delta+n}\right)}.$$

Wird also die Gröfse $\frac{\varrho d^2 l}{(\delta+n)D}+\frac{F}{\delta+n}$ für eine Maschine von gegebenen Maafsen ein für allemal berechnet, so ist nichts weiter nöthig, als die Gröfsen M und M_1 dazu zu addiren, um Q_1 aus Q zu finden.

Wir wollen als Beispiel eine der Liverpooler Maschinen nehmen. Es ist für dieselbe

die Reibung der Maschine, ohne Ladung, . $F = 106$ Pfd.,
der Durchmesser der Cylinder . . . . . $d = 10{,}68$ Zoll,
der Durchmesser der Räder . . . . $D = 4$ Fufs $10{,}27$ Zoll,
die Länge des Kolbenlaufes . . . . $l = 15{,}4$ Zoll,
der Druck der Atmosphäre auf den Quadratfufs $\varrho = 2049$ Pfd.,
der Widerstand der Ladung . . . . $n = \frac{1}{280}$,
die zusätzliche Reibung des Dampfwagens . $\delta = \frac{1}{2240}$.

Dieses giebt

$$6. \quad \frac{\varrho d^2 l}{(\delta + n) D} + \frac{F}{\delta + n} = 1281.$$

Für den *Atlas*, welcher Cylinder von 11,65 Zoll Durchmesser und 147 Pfd. Reibung hat, würde man 1577 und für die *Vesta*, mit Cylindern von 10,8 Zoll im Durchmesser und mit 181 Pfd. Reibung, 1478 finden.

Für diese verschiedenen Maschinen erhalten wir also für die zwei verschiedenen Ladungen M und M_1:

$$7. \quad \frac{Q}{Q_1} = \frac{M + 1281}{M_1 + 1281}, = \frac{M + 1577}{M_1 + 1577}, = \frac{M + 1478}{M_1 + 1478}.$$

In diesen Ausdrücken bezeichnet M die Ladung in Centnern, mit Einschlufs des Gewichtes des Munitionswagens.

Man sieht leicht, dafs die Gröfse $\frac{F}{\delta + n} + \frac{\varrho d^2 l}{(\delta + n) D}$ nichts anderes ist, als die Reibung der Maschine und der Druck der Atmosphäre, reducirt auf die Geschwindigkeit der Bewegung, und bezeichnend die Zahl von Centnern Ladung, welche einen gleichen Widerstand leisten würden. So bezeichnet die Summe von M und jene Gröfse den gesammten von der Maschine zu überwindenden Widerstand. Der obige Satz kommt also darauf hinaus, dafs die aufzuwendende Kraft sich wie der gesammte zu überwindende Widerstand verhält; was auch zu erwarten war.

Die zu der Ladung zu addirende unveränderliche Gröfse drückt, wie schon gesagt, den Widerstand der Maschine, oder, wenn der Ausdruck erlaubt ist, ihr unveränderliches Beharrungsvermögen (*constant vis inertiae*) aus. Da die Gröfse für jede Maschine eine andere ist, und also für jede besonders berechnet werden mufs, so fügen wir hier eine, auf die am gewöhnlichsten vorkommenden Maschinen sich erstreckende Tafel bei, um den Lesern die besondere Berechnung zu ersparen.

Tafel des Betrages des unveränderlichen Beharrungsvermögens der gewöhnlichsten Dampfwagen, nothwendig zur Ermittelung der für verschiedene Ladungen erforderlichen Brennstoffmassen.

No.	Durchmesser der Cylinder.	Länge des Kolbenlaufs.	Durchmesser der Räder.	Reibung des Dampfwagens.	Unveränderliches Beharrungsvermögen der Maschine.
	Zoll.	Zoll.	Zoll.	Pfd.	Ctr.
I.	10,68	15,54	58,27	116	1301
II.	11,65	15,54	58,27	145	1577
III.	12,62	15,54	58,27	160	1813
IV.	13,59	15,54	58,27	174	2070
V.	11,65	17,48	58,27	160	2109

§. 85.

Versuche über den Verbrauch von Brennstoff in Dampfwagen.

Die obige einfache Formel giebt direct die einem Dampfwagen in beliebigen Fällen nöthige Brennstoffmasse, sobald der Bedarf des Wagens in einem bestimmten Falle bekannt ist.

Es ist also nur nöthig, durch einen Versuch den Bedarf einer bestimmten Maschine an Brennstoff für eine bestimmte Ladung auszumitteln.

Offenbar wird das Resultat für zwei verschiedene Maschinen nach der Construction derselben verschieden sein, besonders rücksichtlich der Gröfse der Heitzfläche im Kessel. Wir haben deshalb auf der Liverpooler Eisenbahn die folgenden Versuche angestellt, und zwar, theils um die Data für die obige Formel zu erhalten, theils um die Theorie selbst durch die Erfahrung zu prüfen.

Es wurde bei den Versuchen zuerst der Munitionswagen sorgfältig geleert; darauf wurden die Cokes genau gewogen und in den Munitionswagen gethan. Aufserdem wurde die Esse der Maschine mit Brennstoff von dem untern Theil der Heitzfläche angefüllt. Beim Schlusse des Versuches wurde die Esse abermals bis zu der nemlichen Höhe gefüllt, und darauf wurde der Rest der Cokes im Munitionswagen eben so sorgfältig gewogen wie beim Anfange.

Da eine Maschine, wenn sie allein einen Wagenzug einen Abhang hinan zieht, natürlich eine stärkere Anstrengung machen mufs, als wenn sie von einer Hülfsmaschine unterstützt wird, so haben wir angemerkt, ob die Unterstützung einer Hülfsmaschine Statt fand oder nicht. Auch haben wir die Beschaffenheit der Witterung und die Temperatur des Wassers im Munitionswagen notirt, damit auch diese Umstände in Betracht gezogen werden können.

Es war bei den Versuchen öfters die Mitwirkung der Beamten der Eisenbahn nothwendig. Wir müssen hier insbesondere der Gefälligkeit des Ober-Ingenieurs der Bahn, Herrn *J. Dixon*, erwähnen, welchem wir auch für die Mittheilung des genaueren Nivellements der Bahn und anderer Notizen verpflichtet sind.

Versuche über den Brennstoffbedarf von Dampfwagen für bestimmte Ladungen.

Anm. L. M. bedeutet von Liverpool nach Manchester, und M. L. von Manchester nach Liverpool.

Name des Dampfwagens.	Richtung der Fahrt.	Datum des Versuchs.	Zahl der Wagen in dem Wagenzuge. Beladene Wagen.	Leere Wagen.	Wagen erster Classe.	Gewicht des Wagenzuges mit dem Munitionswagen.	Dauer der Fahrt von 12 606 Ruthen Länge. Der Fahrt selbst.	Aufenthalt außerdem.	Wirksamer Druck des Dampfes auf den Quadratzoll.	Verbrauch von Cokes bester Güte während der Fahrt.	Thut für den Centner auf die Meile horizontal, nach Abzug der Hülfe.	Uebrige Umstände. Mit oder ohne Hülfe.	Transport des Wassers im Munitionswagen.	Witterung.	Anmerkungen.
						Ctr.	Min.	Min.	Pfd.	Pfd.	Pfd.				
		1834.													
tlas.	L. M.	23. Jul.	40	—	—	3745	182	15	55,11	1545	0,064	Mit.	Kalt.	Ruhig.	
- -	L. M.	9. Jul.	25	—	—	2424	108	12	54,39	1067	0,069	Mit.	Lauwarm.	—	
- -	L. M.	4. Aug.	25	—	—	2424	118	0	54,39	1185	0,078	Mit.	Kalt.	Heiter und ruhig.	Die Kuppelstangen waren zu dicht.
- -	L. M.	14. Jul.	25	—	—	2346	91	19	63,11	1082	0,074	Mit.	Kalt.	Desgl.	
- -	L. M.	11. Jul.	25	—	—	2326	101	5	54,39	1100	0,076	Mit.	Lauwarm.	—	Ein Kolben zu lose.
- -	L. M.	28. Jun.	25	—	—	2247	110	5	54,39	1069	0,076	Mit.	Mehr heiſs.	—	
- -	L. M.	16. Jul.	20	—	—	1872	85	23	54,91	1046	0,090	Mit.	Etwas lau.	Ruhig.	
- -	L. M.	17. Jul.	15	—	—	1281	87	3	55,42	980	0,120	Mit.	Sehr heiſs.	Heiter und ruhig.	Die Achsenbuchsen eines Wagens zu dicht.
-	M. L.	31. Jul.	8	4	—	690	114	0	30,79	853	0,168	Ohne.	—	—	
-	M. L.	17. Jul.	3	8	—	493	86	3	55,93	697	0,189	Ohne.	Sehr heiſs.	Heiter und ruhig.	2 Wagen machten nur einen Theil des Weges.
esta.	L. M.	5. Jul.	20	—	—	1833	102	5	54,39	887	0,076	Mit.	Heiſs.	Ruhig.	
- -	M. L.	1. Aug.	5	5	—	552	65½	0	52,34	749	0,184	Ohne.	Sehr heiſs.	Heiter.	Etwas Wind zu Gunsten der Fahrt.
												Die Maschine, kürzlich reparirt, war noch etwas steif.			
ulcan.	L. M.	1. Jul.	20	—	—	1932	97	3	55,93	1037	0,085	Mit.	Lauwarm.	Ruhig.	
- -	M. L.	22. Jul.	—	—	9	670	77	3	55,93	643	0,129	Ohne.	Kalt.	Heiter.	Ein wenig Gegenwind.
eeds.	L. M.	15. Aug.	20	—	—	1636	95	0	55,42	868	0,083	Mit.	Mehr lauwarm.	Heiter u. ruhig.	
- -	M. L.	15. Aug.	8	—	—	631	77½	3	50,29	668	0,143	Ohne.	Sehr heiſs.	Desgl.	Einer der Wagen machte nur den halben Weg.
ury.	L. M.	24. Jul.	10	—	—	1005	90	0	61,58	780	0,106	Ohne.	Kalt.	Desgl.	
- -	M. L.	24. Jul.	10	—	—	867	95	0	60,55	722	0,113	Ohne.	Kalt.	Heiter.	Theilweise ziemlich starker Seitenwind.
upiter.	L. M.	16. Jul.	—	—	8	650	72	3	54,39	718	0,175	Mit.	Fast kalt.	Ruhig u. heiter.	
- -	M. L.	16. Jul.	—	—	7	591	72	4	54,39	809	0,216	Mit.	—	Heiter.	Mäſsiger Gegenwind.
irefly.	L. M.	26. Jul.	—	—	8	710	95	5	45,16	851	0,189	Mit.	Fast kalt.	Heiter.	Die Maschine war nicht in gutem Stande.
- -	M. L.	26. Jul.	—	—	8	710	78	5	50,29	842	0,186	Mit.	—	Regen und etwas Gegenwind.	Desgl.
						Zusammen 31635.				Zusammen 20199.					

Wenn wir nun diese Resultate betrachten, so finden wir, daſs weder die Spannung des Dampfes im Kessel, noch die Geschwindigkeit der Bewegung einen merklichen Einfluſs auf den Verbrauch haben; was auch die Theorie ergab.

Wir finden ferner, daſs es für den Verbrauch von Brennstoff vortheilhaft ist, der Maschine, wenn es irgend möglich, ihre volle Ladung zu geben. Als z. B. der *Atlas* 493 Ctr. zog, verbrauchte er 697 Pfd. Cokes, und als er 3745 Ctr. oder fast 8 mal so viel zog, nur das Doppelte. Dieser Unterschied ist, wie oben auseinandergesetzt, bloſs dem in den beiden Fällen zur Ueberwindung des Widerstandes der Luft und desjenigen des Dampf- und Munitionswagens nothwendigen Kraft-Aufwande zuzuschreiben.

Es ist zu erinnern, daſs die bei den Versuchen gebrauchten Cokes von der besten Qualität, nemlich für die Eisengieſsereien zubereitete, sogenannter Worsley-Cokes waren. Gas-Cokes sind an 12 Procent mehr nöthig, ohne den Verlust durch die groſse Zerreiblichkeit derselben zu rechnen. Auch hat man bemerkt, daſs die Schwefeltheile in den Gas-Cokes das Metall sehr zerstören. Aus diesen Gründen hat man auf der Liverpooler Bahn die Benutzung der Gaswerk-Cokes, ungeachtet ihres niedrigen Preises, ganz aufgegeben.

Gute Kohlen sind fast nicht mehr nöthig als gute Cokes; aber sie sind dem Metall, und folglich der Maschine eben so schädlich wie die Gas-Cokes.

Die Länge der Fahrt ist bei den Versuchen im allgemeinen zu 30 Meilen Engl. gerechnet und die Bahn als horizontal betrachtet worden. Da aber eine gröſsere Genauigkeit nöthig ist, um aus den Resultaten das richtige Verhältniſs des Brennstoffbedarfs auf einer horizontalen Eisenbahn zu finden, so muſs man wie folgt rechnen.

Der von der Maschine durchlaufene Theil der Bahn ist 12 606 Ruthen lang. Theilen wir diese Länge in drei Theile, so finden wir, daſs es sich mit dem Widerstande, welchen z. B. ein von dem einen bis zu dem andern Ende der Bahn gezogener Centner Last findet, wie folgt verhält.

Auf etwa 11 323 Ruthen ist die Bahn als horizontal zu betrachten (Siehe §. 67.); also findet 1 Ctr. auf diese Länge nur den Widerstand von . . . . 11 323 R. Länge.

Auf 641 Ruthen muſs die Last Abhänge von 1 auf 89 bis 1 auf 96 ersteigen, was so viel ausmacht als das Vierfache auf dieselbe Länge, oder das Einfache auf 2 564 R. Länge.

Auf 641 Ruthen wird die Last bloſs von der Schwere bergab getrieben.

Es ist also soviel, als wenn die Last, in so fern **sie** ohne Hülfe fortgezogen wird, statt 12 606 Ruthen **horizontale** Bahn zu durchlaufen hätte. 13 887 Ruthen

Ersteigt die Maschine Abhänge **mit** Hülfe, so ist ihre Wirkung nur etwa der dritte Theil ihrer vollen Kraft. Dann ist es, als wenn der horizontale Weg statt 12 606 R. nur 12393 R. lang wäre.

Hierbei ist nicht der Ueberschuſs des Widerstandes angeschlagen, welchen der Dampfwagen selbst, mit seinem Munitionswagen, beim Ersteigen der Abhänge findet. Da beide zusammen 256 bis 276 Ctr. wiegen, und also der Widerstand so groſs ist, als der von etwa 788 Ctr. auf horizontaler Bahn: so folgt, daſs noch ein Zuschuſs an Kraft nöthig ist, so groſs, als um 788 Ctr. die Abhänge, mithin 642 R. entlang, horizontal fortzuziehen. Wiegt daher der Wagenzug ohne Munitionswagen 591 Ctr., wie es der Fall ist, wenn die Maschinen ohne Hülfe die Abhänge hinan fahren, so ist der Fall so, als wenn der Zug 855 R. mehr horizontale Bahn zu durchlaufen hätte. Wiegt dagegen der Wagenzug 1182 bis 1577 Ctr., was der Fall bei Hülfsmaschinen an den Abhängen ist, so beträgt der Zuschuſs für 788 Ctr., auf 642 R. lang, so viel als der für den gesammten Zug auf 427 R. lang.

Für Wagenzüge, welche an den Abhängen keine Hülfe erhalten, müssen wir also 14 741 R., und wenn sie Hülfe erhalten, 12 606 R. horizontale Bahn rechnen. Der Unterschied beträgt etwa Ein Sechstel. Dieses ist die Wirkung der Hülfsmaschinen und des Widerstandes der Abhänge.

Den Längen von 14 741 und 12 606 R. gemäſs ist in der obigen Tafel der Brennstoffbedarf für den Ctr. auf die Meile horizontaler Bahn berechnet worden.

Vergleicht man nun die Resultate der Versuche mit denen der Theorie, so wird sich finden, daſs sie gut übereinstimmen.

Der *Atlas* z. B. verbrauchte durchschnittlich, zufolge der verschiedenen, mit 25 Wagen angestellten Versuche, für 2345 Ctr. Ladung 1100 Pfd.

Cokes. Rechnen wir hiernach und setzen den 6ten Theil für die Fälle hinzu, wo die Maschinen keine Hülfe erhielten, so findet sich Folgendes.

Name des Dampfwagens.	Gewicht des Wagenzuges und des Munitionswagens.	Verbrauch an Brennstoff. Nach der Theorie.	Verbrauch an Brennstoff. Nach der Erfahrung.
	Ctr.	Pfd.	Pfd.
Atlas	2345	—	1100
- -	3745	1482	1545
- -	1872	970	1046
- -	1281	808	980
- -	690	754	853
- -	493	696	697
Vesta	1833	—	887
- -	670	647	749
Vulcan	1932	—	1037
- -	670	748	643
Leeds	1636	—	868
- -	631	675	668
Fury	1005	—	780
-	867	735	722

Erwägt man nun noch die verschiedenen Neben-Umstände, so wird man sehen, dafs die Theorie mit der Erfahrung so genau stimmt, als es nach der Natur des Gegenstandes nur immer möglich ist. Denn auch z. B. die Verschiedenheit bei der Schmierung der Wagen, bei der Beschaffenheit der Cokes, und vorzüglich bei der Art, wie die Esse nach vollendetem Versuche gefüllt wurde, mufste, der gröfsten Aufmerksamkeit ungeachtet, nothwendig immer beträchtliche Abweichungen zur Folge haben.

Die beschriebenen Versuche geben den Brennstoffbedarf während der Fahrt. Es ist indessen nicht zu übersehen, dafs die Maschinen auch in der Zeit zwischen den Fahrten, obgleich im Stillstand, eine gewisse Quantität Brennstoff verzehren, weil das Feuer für die nächste Fahrt unterhalten werden mufs. Einige Maschinen, der *Atlas*, die *Vesta*, und einige andere, sind zwar eigends so eingerichtet, dafs der während des Stillstandes der Maschine im Kessel erzeugte Dampf in den Munitionswagen geleitet wird, auf welche Weise er denn nicht ganz verloren geht, sondern niedergeschlagen wird und das Wasser im Munitionswagen heitzt. Aber nicht alle Maschinen haben diese Einrichtung.

Aufserdem ist jeden Morgen etwas Brennstoff nöthig, um alle Theile der Maschine und das Wasser im Kessel zu erhitzen.

Zu diesen beiden Nebenbedürfnissen mufs also ein Zuschufs an Brennstoff gerechnet werden. Dieses ist ein Gegenstand, von welchem weiter unten die Rede sein wird.

So giebt denn bis hierher unsere Schrift die Beantwortung der vorzüglichsten Fragen, welche bei der Benutzung von Dampfwagen auf Eisenbahnen vorkommen können. Sie lehrt die Mittel, die Spannung des Dampfes im Kessel zu messen; die Ladung, die Geschwindigkeit und die Verhältnisse der Maschinentheile zu bestimmen; die verschiedenen Widerstände, welche die Maschinen zu überwinden haben, zu schätzen; die Einflüsse der Neben-Umstände bei der Bewegung in Rechnung zu bringen, und endlich, den Bedarf an Brennstoff zu finden.

Es würde also hiermit die Lösung der Aufgabe, welche wir uns vorgesetzt hatten, beendigt sein. Da indessen die Kenntnifs der Maschinen, von welchen wir handeln, nur dann erst vollständig ist, wenn man auch die Kosten der Fortschaffung einer bestimmten Ladung zu berechnen vermag, so geben wir, in einem Anhange, auch noch Dasjenige, was dazu nöthig ist.

[Man mufs gestehen, dafs die Vollständigkeit, die Gründlichkeit, der practische Sinn und der mathematische Geist zugleich, womit der Herr Verfasser seinen Gegenstand abgehandelt hat, in jeder Beziehung ausgezeichnet sind; dafs sein Werk, in der wahren Bedeutung des Worts, classisch zu nennen sind, und dafs man wünschen müfste, Gegenstände dieser Art möchten immer mit solcher Gründlichkeit, gleich fern von Empirik und eitler Theorie, behandelt werden. D. H.]

Anhang.

Kosten der Zugkraft von Dampfwagen auf Eisenbahnen.

Wir haben gesagt, dafs wir, um die Abhandlung über die Dampfwagen zu vervollständigen, die Fahrten derselben auch noch als Gegenstand der Speculation zu betrachten, das heifst, noch die Kosten dieser Transportkraft auf Eisenbahnen zu untersuchen hätten. Diese Untersuchung wird der Gegenstand des gegenwärtigen Anhanges sein.

Wir werden die Data für die Untersuchung den beiden blühendsten Eisenbahn-Unternehmungen in England entlehnen: denen von Liverpool und Darlington. Diese beiden Eisenbahnen werden zugleich, was wir bedürfen, nemlich Beispiele der zwei verschiedenen Arten des Transportes geben; sehr schneller Fahrten, vorzüglich für Personen bestimmt, und langsamer Transporte von Gütern.

Die Kosten des Dampffuhrwerkes insbesondere zerfallen in die Kosten der Erhaltung der Maschinen, der Erhaltung der Strafse, und in die Kosten des Brennstoffes. Aufserdem kommen zwar noch einige andere Ausgaben vor, aber sie sind kein Gegenstand besonderer Discussionen, und es wird hinreichend sein, wenn wir sie in dem am Schlusse dieses Anhanges vorkommenden Ausgaben-Bericht aufführen.

§. 86.

Kosten der Erhaltung der Dampfwagen.

Unter Erhaltung eines Dampfwagens ist die fortwährende Erneuerung desselben zu verstehen. Wenn ein Dampfwagen nicht blofs geringere, sondern bedeutendere Ausbesserungen erfordert, so wird er auseinander genommen, und es wird ein neuer Wagen daraus erbaut, welcher wieder den Namen des vorigen bekommt. Zu diesem neuen Wagen werden alle noch brauchbaren Theile des alten benutzt. Dann ist der Wagen wesentlich eine neue Maschine zu nennen. Die Erhaltungskosten sind auf diese Weise bedeutend; aber sie schliefsen auch zugleich diejenigen neuer Maschinen in sich.

Aus dem Kostenverzeichnisse am Ende dieses Anhanges ist zu ersehen, dafs die Erhaltungskosten der Dampfwagen auf der Liverpooler Bahn in dem Jahre vom 30sten Juni 1833 bis zum 30sten Juni 1834 folgende waren.

In dem Halbjahr vom 30. Juni bis 31. December 1833.				
Für Materialien zu den Ausbesserungen .	25 034 Rthlr.	16 Sgr.		
Arbeitslohn	20 341 -	18 -		
Ausbesserungskosten aufserhalb der Bahnhöfe	4 087 -	27 -		
			58 464 Rthlr.	1 Sgr.
In dem Halbjahre vom 31. Dezember 1833 bis 30. Juni 1834.				
Für Materialien	27 606 Rthlr.	15 Sgr.		
Arbeitslohn	36 216 -	7 -		
			63 822 -	22 -
Zusammen . . .			122 286 Rthlr.	23 Sgr.

Es frägt sich nun, was die Dampfwagen für diese Erhaltungskosten geleistet haben. Zufolge der weiter unten beigefügten Ausgabe- und Einnahme-Rechnungen sind auf der Strafse in den oben genannten Jahren transportirt worden.

Zwischen Liverpool und Manchester, 12 819 Ruthen weit, ...	2 746 206 Ctr.
Auf durchschnittlich die halbe Länge der Bahn, nemlich auf die Länge, auf welche die Compagnie den Wigan- und Warrington-Verkehr befördert, und auf die ganze Länge reducirt	245 729 -
Zusammen . . .	2 991 935 Ctr.

Es finden sich in den Betriebs-Rechnungen noch einige andere Transporte aufgeführt, z. B. diejenigen für Bolton und Kohlen-Transporte. Dieselben wurden aber nicht durch die Maschinen der Bahn-Eigenthümer befördert und kommen also hier nicht in Anschlag.

Zu dem obigen Frachtgewichte mufs das Gewicht der Wagen selbst gerechnet werden. Auf der dortigen Eisenbahn ladet ein Wagen, der $29\frac{1}{2}$ Ctr. ($1\frac{1}{2}$ Tonne) wiegt, 69 Ctr. ($3\frac{1}{2}$ Tonne). Es mufs also zunächst zu dem obigen Gewichte dasselbe $\frac{1\frac{1}{2}}{3\frac{1}{2}} = \frac{3}{7}$ mal hinzugethan werden. Sodann ist in der Regel die Hälfte der Zahl der Wagen in einer oder der andern Richtung leer zurück zu bringen, weil nicht immer gerade die Rückfracht der Hinfracht gleich ist. Dieses thut noch den vierten Theil des Gewichtes der Wagen, und folglich ist das gesammte Gewicht folgendes:

Die obige Fracht selbst	2 991 935 Ctr.
Das Gewicht der Wagen dazu, $\frac{3}{7}$ davon, ...	1 282 258 -
Von diesem $\frac{1}{4}$ an Gewicht der leeren Wagen	320 565 -
Thut zusammen . . .	4 594 758 Ctr.

Dieses ist das Gewicht des gesammten Frachtverkehres, zu welchem noch dasjenige des Personenverkehres kommt. Im Laufe des obigen Rechnungsjahres sind 415 747 Personen durch 6570 Fahrten von einem Ende der Bahn bis zum andern transportirt worden. Diese Personenzahl ist nemlich die, welche sich in den Rechnungsbüchern verzeichnet findet. Es ist damit weder die Zahl der unterwegs abgesetzten, noch die Zahl der unterwegs aufgenommenen Reisenden mitbegriffen, welche Zahlen ungefähr wieder gleich sind. Es kommen also im Durchschnitt 64 Personen auf jede Fahrt. Es sind für diese Reisenden, zusammen mit den für Zufälle vorbehaltenen leeren Wagen, 6 Wagen erster, oder 5 Wagen zweiter Classe bestimmt. Die Wagen erster Classe haben Glasfenster, fassen 18 Personen und wiegen 72 Ctr. Die Wagen zweiter Classe sind offen, fassen 24 Personen und wiegen 44 Ctr. Ein Postwagen (*mail-coach*) wiegt $53\frac{1}{2}$ Ctr. und fasst 10 Personen. Jeder Wagen erster Classe hat aufserdem einen Platz aufserhalb.

Das Gewicht von 6 Wagen erster Classe, mit Einschlufs des Postwagens, ist anzuschlagen auf . . . . 414 Ctr.

Das Gewicht eines Wagenzuges von 5 Wagen zweiter Classe, mit Einschlufs einer Glasfenster-Kutsche, zu . . . . 248 -

Auf 13 Wagenzüge erster Classe kommen 16 Züge zweiter Classe.
Das durchschnittlich für 64 Personen zu rechnende Gewicht beträgt also . . 323 -

Das für den Personenverkehr zu rechnende Gewicht ist daher folgendes:

415 747 Personen, im Durchschnitt zu 144½ Pfd. gerechnet, ...	546 312 Ctr.
Das Gewicht der Wagen für dieselben	2 123 753 -
An Gepäck, 27 Pfd. auf die Person gerechnet, ...	102 435 -
Zusammen . . .	2 772 500 Ctr.

Das gesammte, von den Dampfwagen der Gesellschaft in Jahresfrist transportirte Gewicht beträgt also:

An Frachtgütern	4 594 758 Ctr.
An Personen	2 772 500 -
Im Ganzen . . .	7 367 258 Ctr.

Nun ist (§. 85.) bemerkt worden, dafs es wegen des vermehrten Widerstandes gegen die Zugkraft auf den Abhängen der Bahn eben so viel ist, als wenn die Ladung statt 12 819 Ruthen auf der wirklichen Bahn, 14 741 Ruthen weit auf einer horizontalen Bahn zu transportiren wäre. Da nun 1 Ctr. 14 741 Ruthen weit transportirt, so viel ist als 7,3705 Ctr. 1 Meile weit, so ist der Transport der obigen 7 367 258 Ctr. auf der wirklichen Bahn so viel als das 7,3705fache davon, oder 54 300 375 Ctr. 1 Meile weit auf horizontaler Bahn.

Von den obigen 122 286 Rthlr. 23 Sgr. Kosten der Erhaltung der Dampfwagen kommen also

0,81 Silberpfennige auf den Centner 1 Meile weit zu transportiren.

Die Personenwagen machten bei diesem Transporte 6570 Fahrten mit 8546 Ruthen und die Frachtwagen 5086 Fahrten mit 5341 Ruthen Geschwindigkeit in der Stunde. Die mittlere Geschwindigkeit also war 6943 Ruthen in der Stunde.

Wir haben oben berichtet, dafs die Liverpooler Bahn jetzt 30 Dampfwagen besitzt. Man darf aber daraus nicht schliefsen, dafs diese Zahl zu der oben beschriebenen Transportmasse nothwendig ist. Etwa der dritte Theil der vorhandenen Maschinen wird gar nicht gebraucht. Dieser dritte Theil besteht aus den ältesten Maschinen, die in der ersten Zeit der Bahn gebaut worden, als es noch an hinreichender Erfahrung in der Dampfwagenfahrt fehlte und die nun jetzt nicht mehr den von ihnen verlangten Wirkungen angemessen befunden werden. Die Zahl der jetzt im Dienst befindlichen Dampfwagen beträgt nur 10 oder 11, und mit diesen, und noch eben so vielen dazu, zur Reserve, kann die Transportmasse vollständig befördert werden. So ist es jetzt wirklich der Fall, und die übrigen Maschinen sind aufgegeben.

Wir fügen hier noch eine Angabe hinzu, welche zeigen wird, was die Liverpooler Maschinen täglich zu leisten vermögen, so wie die Verbesserungen, welche ihnen in den letzten Jahren rücksichtlich ihrer Haltbarkeit zu Theil geworden sind.

Tafel der Leistungen der zehn besten Dampfwagen auf der Liverpooler Eisenbahn in den Jahren 1831, 1832 und 1833 und in den ersten 12 Wochen des Jahres 1834.

Jahr.	Name des Dampfwagens.	Länge des ganzen von dem Wagen durchlaufenen Weges. Meilen.	Der Wagen hat theils gefahren, theils in der Ausbesserung zugebracht Wochen.
1831.	*Mercury*	4959	52
	Jupiter	4813	44
	Planet	4359	52
	Saturn	4168	38
	Mars	3984	50
	Majestic	3900	52
	North-Star	3349	52
	Northumberland	3335	52
	Phoenix	3291	52
	Sun	2870	37
	Zusammen	39028	481
	Wöchentlich im Durchschnitt	81	
1832.	*Vulcan*	5566	52
	Liver	4839	43
	Venus	4372	52
	Etna	4358	52
	Saturn	4340	52
	Vesta	3790	52
	Victory	3650	52
	Planet	3607	52
	Sun	3533	52
	Fury	3334	52
	Zusammen	41389	511
	Wöchentlich im Durchschnitt	81	
1833.	*Jupiter*	6748	52
	Ajax	5590	52
	Firefly	5315	52
	Liver	4943	52
	Pluto	4339	52
	Vesta	4238	52
	Leeds	4137	48
	Saturn	4003	52
	Venus	3920	52
	Etna	3795	52
	Zusammen	47028	503
	Wöchentlich im Durchschnitt	94	
1834.	*Firefly*	1825	12
	Vulcan	1821	12
	Saturn	1557	12
	Liver	1513	12
	Sun	1513	12
	Etna	1401	12
	Leeds	1220	12
	Ajax	1045	12
	Venus	990	12
	Pluto	907	12
	Zusammen	13792	120
	Wöchentlich im Durchschnitt	114	

Unter diesen Maschinen hat der *Liver* 107 Wochen gedient und 11295 Meilen zurückgelegt; im Durchschnitt auf diese ganze Zeit also wöchentlich 105 Meilen. Die *Firefly* hat 57 Wochen gedient, im Ganzen 7140 Meilen und wöchentlich 125 Meilen zurückgelegt, und beide haben in der ganzen Zeit keiner Hauptreparatur bedurft.

Der gröfste Theil der vortrefflichen Liverpooler Dampfwagen ist von Herrn *R. Stephenson*, dem Sohne des wegen seiner vielfachen und wichtigen Verbesserungen in diesem Zweige der Industrie bekannten Herrn *R. Stephenson* erbaut. Der *Liver*, welcher ebenfalls so gut sich bewährt hat, ist ein Werk der Herren *Edw. Bury* und *Kennedie* zu Liverpool.

Die obigen Angaben werden zeigen, auf welche Leistungen von Dampfwagen man rechnen darf, wenn sie sorgfältig und aus guten Materialien erbaut sind. Auch ist kein Zweifel, dafs mit der Zeit nicht noch fernere Verbesserungen daran gefunden werden.

Um auch ein Beispiel der Erhaltungskosten von Dampfwagen unter andern Umständen und von anderer Construction zu geben, wollen wir auch Nachricht von den Leistungen und den Erhaltungskosten der Dampfwagen auf der Darlingtoner Bahn während des nemlichen Jahres, vom 30. Juni 1833 bis 30. Juni 1834, mittheilen.

Auf dieser Eisenbahn wurden während des genannten Jahres $5318\frac{1}{4}$ Fahrten von 8546 R. lang bergab gemacht. Bei jeder Fahrt zog der Dampfwagen 1254 Ctr. Kohlen, welches reducirt eine Transportmasse von

28 487 209 Ctr. auf 1 Meile weit giebt.

Da aber hierin nicht das Gewicht der Wagen mitbegriffen ist, auch nicht die zur Zurückschaffung der leeren Wagen bergauf nöthige Kraft, so müssen wir, um die wirkliche Leistung der Dampfwagen zu ermessen, den Gegenstand erst näher erörtern.

Wenn eine Last auf einer horizontalen Bahn fortzuziehen ist, so ist dazu, wie wir oben gesehen haben, der 280ste Theil derselben an Zugkraft nöthig. Geht die Fahrt bergauf, so mufs die nach Verhältnifs zum Hinaufheben der Last nöthige Zugkraft zu der obigen, zur Ueberwindung der Reibung der Fuhrwerke nöthigen Zugkraft addirt werden; geht die Fahrt bergab, so mufs die gleiche Zugkraft subtrahirt werden.

Ist die nemliche Last, welche eine Anhöhe hinaufgezogen wurde, hernach von derselben Höhe wieder hinab zu bringen, so hebt sich, was zu addiren und subtrahiren ist, und es ist im Ganzen nicht mehr Kraft nöthig, als auf horizontaler Bahn. [Hiergegen möchte manches zu erinnern sein. D. H.]

Auch wenn ein Abhang bald steiler, bald flacher ist, kommt es nur auf das durchschnittliche Gefälle an.

Aber dieser Satz, der darauf beruht, dafs der Gang der Maschine hier eben so viel erschwert, als dort erleichtert wird, hört auf, sobald der Abhang stärker ist, als nöthig, um die Reibung zu überwinden, das heifst, stärker als 1 auf 280. Auf stärkeren Abhängen nimmt die Kraft zur Bergfahrt immerfort und schnell zu, während die Kraft zur Thalfahrt, über Null hinaus, nicht mehr abnehmen kann. Also findet die Compensation nicht weiter Statt.

Die Berücksichtigung durchschnittlicher Abhänge findet also blofs Statt, insofern die Abhänge für die Thalfahrt nirgend stärker als 1 auf 280 sind. Alle übrigen müssen besonders in Rechnung gebracht werden.

Auf der Darlingtoner Bahn giebt es 8 Stellen, wo der Abhang stärker als 1 auf 280 ist. Der von den Dampfwagen befahrene Theil dieser Bahn fängt am Fufse der Brusseltoner Rampe an und liegt 382 F. hoch über dem Quai von Stockton, wo er endigt. Die Gefälle sind im Einzelnen folgende.

Länge. Ruthen.		Abhang. Fallend 1 auf
196,56	. . .	311
25,64	. . .	325
393,12	. . .	144
619,59	. . .	121
961,43	. . .	528
534,13	. . .	135
431,57	. . .	352
752,05	. . .	135
85,46	. . .	396
747,78	. . .	1584
687,95	. . .	1408
700,77	. . .	204
98,28	. . .	713
893,06	. . .	2192
534,13	. . .	253
12,82	. . .	0
346,11	. . .	226
21,37	. . .	487
341,84	. . .	1584
495,67	. . .	104

Im Ganzen 8879,29 Ruthen.

Thut im Durchschnitt auf die ganze Länge 1 auf 286 Abhang.

Neben der Hauptlinie giebt es noch Seitenarme, die ebenfalls von Dampfwagen befahren werden, aber nicht nivellirt sind. Die ganze befahrene Länge beträgt 10255 Ruthen. Auf den übrigen Theil der Bahn, 6128 Ruthen lang, werden die Lasten durch Pferde und stehende Dampfmaschinen fortgeschafft.

Die Länge der 8 Stellen, wo der Abhang stärker ist als 1 auf 280, beträgt im Ganzen 4371 Ruthen, also beinahe die Hälfte der ganzen Länge. Auf etwa die Hälfte des Weges haben daher die Dampfwagen auf der Darlingtoner Bahn gar keine Zugkraft nöthig. Auf der andern Hälfte, die, auf 4508 Ruthen lang nur etwa 22 F. Gefälle hat, und folglich als horizontal angesehn werden kann, haben sie eine Zugkraft von 1 auf 280 nöthig. Die überhaupt nöthige Zugkraft beträgt also bei der Thalfahrt 1 auf 560, auf die ganze Länge, oder sie ist, mit andern Worten, so groſs als sie auf die halbe Länge sein würde, wenn dieselbe horizontal wäre. Daraus folgt, wie groſs der Irrthum gewesen sein würde, wenn wir auf den durchschnittlichen Abhang für die ganze Länge, der 1 auf 286 ist, gerechnet und daraus geschlossen hätten, daſs die Zugkraft für die ganze Länge Null sei.

Wir kehren nun zu der obigen Berechnung zurück.

Die Transportmasse bergab war, auf eine Meile Länge reducirt, 28 487 209 Ctr. Hierin war das Gewicht der Wagen nicht begriffen. Ein Wagen wiegt 25,6 Ctr., seine Ladung beträgt 52,2 Ctr. Es kommt also für die Wagen das $\frac{25,6}{52,2}$fache der Transportmasse hinzu, und es beträgt demnach dieselbe, auf eine Meile reducirt, 42 462 069 Ctr.

Nun haben wir gesehen, daſs es sich auf dieser Bahn für die Thalfahrt eben so verhält, als wäre sie nur halb so lang, und horizontal. Also ist die Transportmasse, auf 1 Meile reducirt, die Hälfte des Vorigen und mithin

21 231 035 Ctr.

Für die Bergfahrt ist es nicht nöthig, die Verschiedenheit der Gefälle zu berücksichtigen. Auch kann man, weil das Resultat das nemliche ist, geradezu das durchschnittliche Gefälle von 1 auf 286 in Rechnung bringen; denn es kommt kein Fallen bergauf vor.

Die Wagenzüge bestehen aus 24 leeren Wagen, zusammen 615 Ctr. an Gewicht. Wegen des Bergansteigens kommt zu der Reibung der Wagen ein dem Abhange verhältniſsmäſsiger Widerstand hinzu. Der Dampfwagen wiegt 197 bis 216 Ctr., die beiden halbleeren Munitionswagen wiegen 89 Ctr. Im Ganzen also sind 911 Ctr. bergauf zu ziehen. Diese gesammte Masse setzt der Dampfkraft folgenden Widerstand entgegen.

Reibung der Wagen von 615 Ctr. der 280ste Theil, thut	242 Pfd.
Widerstand der Schwere von 941 Ctr. der 286ste Theil, thut	350 Pfd.
Zusammen	592 Pfd.

Dieses giebt, auf das Gewicht des Wagenzuges von 615 Ctr. vertheilt, in runder Zahl 1 auf 112. Zur Ueberwindung der Reibung auf horizontaler Bahn ist 1 auf 280 nöthig: also ist hier bergauf $2\frac{1}{2}$ mal so viel Zugkraft nöthig, als auf horizontaler Bahn.

Die Transportmasse bergauf betrug, auf eine Meile reducirt, das $\frac{25,6}{52,2}$fache von 28 487 209 Ctr., und hiervon das $2\frac{1}{2}$fache genommen, giebt für die Bergfahrt, auf 1 Meile reducirt, eine Transportmasse von

34 937 151 Ctr.

Ueberhaupt also beträgt die Transportmasse

bergab	21 231 035 Ctr.
bergauf	34 937 151 Ctr.
zusammen	56 168 186 Ctr. auf 1 Meile.

Es werden dadurch, auf die Meile reducirt, 28 487 209 Ctr. Kohlen transportirt. Es mufs also, um die Wirkung der Dampfwagen, welche sie auf horizontaler Bahn haben würden, aus der Masse, welche sie hier fortschafften, zu finden, die letztere mit $\frac{56168186}{28487209} = 1{,}9718$ multiplicirt werden.

Hiernach kann man den Betrag der Erhaltungskosten der Maschinen schätzen.

Nachdem die Directoren der Darlingtoner Eisenbahn-Unternehmung ihre Maschinen lange auf eigene Rechnung hatten erhalten und ausbessern lassen, beschlossen sie, diese Erhaltung zu verdingen. Im Jahre 1830 übergaben sie die Maschinen drei Unternehmern. Nach dem damals geschlossenen und noch jetzt bestehenden Contracte bezahlt die Compagnie 0,95 Silberpf. für den Preufs. Centner Güter, eine Preufs. Meile weit transportirt. Dafür erhalten die Unternehmer die Maschinen in gutem Stande, liefern die Arbeiter und Materialien dazu, und bezahlen die Maschinenführer, den Brennstoff, das Oel, den Schmier etc. Aufserdem verzinsen sie zu 5 Procent die Kosten der Anschaffung der Maschinen und der ihnen zum Gebrauch übergebenen Werkstätten.

Die den Unternehmern von der Compagnie während des am 30. Juni 1834 endigenden Jahres bezahlte Summe hat 75 647 Rthlr. $7\frac{1}{2}$ Sgr. betragen. Zieht man davon die Zinsen etc. ab, so findet sich, nach der Rechnung der Directoren, dafs sich die eigentlichen Kosten der Erhaltung der Maschinen und der Roste der Feuer-Essen, den Gewinn der Unternehmer eingeschlossen, auf 38 219 Rthlr. 14 Sgr. belaufen.

Diese Summe ist für die obigen 56 168 186 Ctr. auf eine Meile horizontaler Bahn reducirte Transportmasse bezahlt worden. Also kostet der Centner auf die Meile, mit Einschlufs des Gewinns der Unternehmer,

0,2446 Silberpfennige.

Zur Vervollständigung dessen, was wir hier über diesen Gegenstand gesagt haben, und zur Uebersicht der Leistungen der Dampfwagen auf der Darlingtoner, so wie auf der Liverpooler Bahn, fügen wir noch folgende Tafel der Transportmassen und der Erhaltungskosten der Maschinen innerhalb der 5 letzten Monate des Jahres 1833 bei.

No. des Dampfwagens.	Name des Dampfwagens.	Zahl der von der Maschine zurückgelegten Meilen.	Die Maschine hat an Kohlen, auf 1 Meile reducirt, bergab transportirt Centner.	Thut, mit Einschluſs der Wagen, auf die Meile horizontaler Bahn reducirt, Centner.	Die Maschinen waren in Thätigkeit Tage.	in der Reparatur Tage.	Reparaturkosten in der ganzen Zeit. Rthlr.	Sgr.	Thut für den Centner auf die Meile horizontaler Bahn, Silberpf.	Anmerkungen.
1.	*Locomotion.*	1132	614870	1212364	80	52	279	26	0,083	Der Kessel hat einen Rauchfang und zwei zurückkehrende Röhren.
2.	*Hope.*	662	346596	683385	63	69	381	24	0,202	Der Kessel hat bloſs einen Rauchfang.
3.	*Black Diamond.*	214	113363	223518	27	105	93	14	0,150	Desgl.
4.	*Diligence.*	17	8026	15825	2	130	92	22½	2,111	Die Maschine ist auseinander genommen.
5.	*Royal George.*	150	99818	197055	11	121	1075	26½	1,966	Der Kessel hat einen Rauchfang und eine Röhre.
6.	*Experiment.*	940	515622	1016648	70	62	353	22	0,126	Desgl.
7.	*Rocket.*	842	461168	909286	64	68	380	8	0,150	Desgl.
8.	*Victory.*	2265	1470313	2899011	107	25	387	28½	0,047	Desgl.
9.	*Globe.*	667	297655	586883	60	72	241	15	0,148	Der Kessel hat 120 Röhren.
10.	*Planet.*	256	87128	169624	27	105	355	24	0,755	- - - - 88 - -
11.	*North Star.*	513	200222	394776	55	77	215	8½	0,197	- - - - 88 - -
12.	*Majestic.*	615	380778	750767	47	85	874	2½	0,420	- - - - 104 - -
13.	*Locomotion.*	628	411372	811100	52	80	312	1½	0,138	- - - - 104 - -
14.	*William IV.*	867	566143	1116258	55	77	526	16½	0,171	- - - - 104 - -
15.	*Northumbrian.*	957	605917	1194686	59	73	451	19	0,135	- - - - 104 - -
16.	*Director.*	1252	852718	1681304	91	41	716	29	0,154	Der Kessel hat Röhren nach *Napiers* Art.
17.	*Lord Brougham.*	1021	655794	1293029	62	70	414	8½	0,116	Der Kessel hat 104 Röhren.
18.	*Shildon.*	1008	671253	1323509	63	22	332	2½	0,090	Der Kessel hat einen Rauchfang und zwei Röhren.
19.	*Darlington.*	1320	842687	1661535	88	44	300	5	0,064	Desgl.
20.	*Adelaide.*	791	532244	1049419	71	61	603	26	0,207	Der Kessel hat 104 Röhren.
21.	*Earl Grey.*	1701	1164215	2295473	110	22	99	25	0,017	Wie No. 18. und 19.
22.	*Lord Durham.*	1385	900072	1774667	84	48	451	6½	0,092	Der Kessel hat 104 Röhren.
23.	*Wilberforce.*	897	596017	1175163	55	9	345	29	0,107	Desgl.
	Zusammen	20100	12392991	24435285	1403	1518	9290	—	Durchschnitt 0,138	

Die meisten dieser Maschinen sind von Herrn *Thim. Hackworth* zu Shildon bei Darlington gebaut und geben Zeugniſs von dessen Geschicklichkeit. Zwölf von den Maschinen waren zur Zeit dieser Aufnahme fast neu.

§. 87.

Kosten der Erhaltung von Eisenbahnen.

Die Kosten der Erhaltung der Liverpooler Bahn, während des weiter oben benannten Jahres, finden sich in der unten folgenden Rechnungs-Uebersicht angegeben. Es müssen aber davon die Kosten für Auffüllung und für neue Schienen abgezogen werden. Die ersten sind durch das Setzen der Dämme, was nur erst allmälig erfolgen konnte, und die anderen durch Wider-legen der Schienen auf einen Theil der Linie verursacht worden.

Nach diesen Abzügen belaufen sich die Erhaltungskosten der Bahn während des Jahres vom 1. Juni 1833 bis 1. Juni 1834 auf

73687 Rthlr. 15 Sgr.

Während dieses Jahres sind theils durch die Dampfwagen der Compagnie, theils durch fremde Dampfwagen folgende Lasten auf der Eisenbahn transportirt worden:

Längs der ganzen Bahn an Frachten	2 746 206 Ctr.	
Auf die halbe Länge 491458 Ctr.; thut auf die ganze Länge	245 729 -	
Zwischen Bolton und Manchester oder Liverpool 755 716 Ctr.; thut auf die ganze Länge	377 848 -	
Kohlen auf die halbe Länge 1 698 502 Ctr.; thut auf die ganze Länge	849 241 -	
Zusammen		4 219 024 Ctr.
Dazu $\frac{3}{5}$ des Gewichts der Frachten für die Wagen		2 531 423 -
Ferner $\frac{1}{4}$ hievon für leere Wagen		633 861 -
Kutschen und Passagier-Gepäck		2 772 500 -
Zusammen		10 155 808 Ctr.

Da nun die Kosten für die 12 819 Ruthen oder 6,4095 Meilen Länge der Bahn 73 687 Rthlr. 15 Sgr. betragen haben, so hat der Centner auf die Meile gekostet:

0,406 Silberpf.

Hierbei ist nur die eigentliche Hauptlinie der Bahn in Anschlag gebracht. Die Seiten-Arme, als bloſse Ergänzungen der Bahn, sind ausgeschlossen.

Auf der Darlingtoner Bahn waren die Erhaltungskosten in dem nemlichen Jahre für die von den Dampfwagen befahrene 10 285 Ruthen lange Strecke folgende:

Für Arbeitslohn	28 353 Rthlr.	10 Sgr.
Für Materialien	13 733 -	10 -
Zusammen	42 086 Rthlr.	20 Sgr.

Die gesammten Erhaltungskosten betrugen:

Für Arbeitslohn:		
auf der 10285 Ruthen langen, von den Dampfwagen befahrenen Strecke	28 353 Rthlr.	10 Sgr.
auf der 6837 Ruthen langen, durch Pferde und stehende Maschinen befahrenen Strecke	7 115 -	— -
Für Materialien:		
auf der mit Dampfwagen befahrenen Strecke	13 733 -	10 -
auf der durch Pferde und stehende Maschinen befahrenen Strecke .	3 454 -	16½ -
Für Ausbesserung der Brücken	465 -	26 -
Für Ausbesserungen der Dämme und Befriedigungen	1 869 -	9 -
Nebenkosten	3 114 -	16 -
Zusammen	58 105 Rthlr.	27½ Sgr.

Die Kosten für die beiden durch Dampfwagen und durch Pferde und stehende Maschinen befahrenen Strecken lassen sich nur näherungsweise von einander absondern, weil die Compagnie nicht über die beiden einzelnen Strecken Rechnung führt.

Die Transportmasse auf der von Dampfwagen befahrenen Strecke ist in dem nemlichen Jahre folgende gewesen:

Kohlen, auf die ganze Länge der Bahn gerechnet, ...	5 555 821 Ctr.
Dazu der $\frac{1{,}30}{2{,}65}$te Theil davon für das Gewicht der Wagen	2 725 491 Ctr.
und das Gewicht der bergaufgehenden Wagen	2 725 491 Ctr.
Zusammen	11 006 803 Ctr.

Es passiren zwar noch einige Postkutschen die Bahn, welche in den letzten Monaten durch die Dampfwagen fortgezogen worden sind. Da aber dieser Gegenstand unbedeutend ist, so haben wir ihn nicht in Rechnung gebracht.

Da nun die 11 006 802 Ctr. 10 285 Ruthen weit zu transportiren 42 086 Rthlr. 20 Sgr. gekostet haben, so kommt auf den Centner für die Meile

0,286 Silberpf.

Hiebei sind, wie oben, die Kreuzungen, Seiten-Arme etc. ausgeschlossen.

Die Erhaltungskosten der Darlingtoner Bahn würden übrigens unfehlbar geringer sein, wenn die Lastwagen auf Druckfedern ruhten, wie bei Liverpool.

Die Erhaltungskosten zu Darlington belaufen sich, wie wir sahen, gleichwohl nur auf zwei Drittheil derer zu Liverpool. Die Ursache davon ist die gröfsere Schnelligkeit der Fahrten auf der Liverpooler Bahn. Doch ist die daraus entstehende Vermehrung der Erhaltungskosten insbesondere mehr für die Dampfwagen selbst beträchtlich. Man mufs indefs nicht glauben, dafs der bedeutende Unterschied der Erhaltungskosten der Dampfwagen auf den beiden Eisenbahnen blofs von der Verschiedenheit der Geschwindigkeit der Fahrten herrührt. Dieselbe hat zwar allerdings einen bedeutenden Einflufs darauf, aber die Verschiedenheit rührt auch zugleich von derjenigen der Transportgegenstände selbst her. Zur Sicherheit der Personen, deren Verkehr den gröfsten Theil der Transportmasse bei Liverpool ausmacht, mufs weit mehr Sorgfalt auf die Dampfwagen gewendet werden als bei Darlington, wo fast nur Kohlen transportirt werden. In der That werden die Liverpooler Maschinen mit einer Aufmerksamkeit erhalten, die an Luxus grenzt; was bei Darlington unnöthig ist. Die Darlingtoner Bahn ist eine Frachtstrafse, die Liverpooler eine Passagierstrafse.

Die obigen Resultate müssen also nach der Eigenthümlichkeit des Gegenstandes beurtheilt werden. Auf der Darlingtoner Bahn wird langsam und mit Maschinen, welche für den Transport von Frachten eingerichtet sind, gefahren: auf der Liverpooler Bahn schnell und mit Maschinen zum Transport von Personen geeignet.

Noch ist zu bemerken, dafs die Erhaltungskosten der Bahn besonders durch das Ordnen der Steine, Schienenstühle, Keile und Pflöcke entstehen. Das Zerbrechen gewalzter Schienen kommt selten vor, und die Abnutzung derselben durch die Reibung ist unbedeutend. [Also sieht man, dafs die Kostbarkeit der Erhaltung der Bahn fast ganz von der Unfestigkeit der Fundamentirung der Schienen herrührt. D. H.]

Am 10. Mai 1831 wog auf der Liverpooler Bahn eine 14,56 Fuſs lange gewalzte Schiene, sorgfältig gereinigt, 171,97 Pfd. [Also der laufende Fuſs 11,8 Pfd. D. H.] Am 10. Februar 1833 lieſs der Ober-Ingenieur der Bahn, Herr *J. Loke*, die Schiene aufnehmen, wieder sorgfältig reinigen und wägen. Sie wog jetzt 170,84 Pfd., und hatte daher in 21 Monaten nur 1,13 Pfd. an Gewicht verloren. Gleichwohl waren in dieser Zeit an $1\frac{1}{2}$ Millionen Centner Lasten über diese Schiene hinweggerollt. Der Verlust an Gewicht betrug also, ungeachtet dieser ungeheuren Frequenz, und ungeachtet der groſsen Schnelligkeit der Fahrten, jährlich nur etwa den 268sten Theil des ursprünglichen Gewichtes, so daſs die Schiene erst in mehr als 100 Jahren bis auf die Hälfte abgerieben werden würde. [Daraus sieht man, daſs die sehr groſse Dicke und Höhe der Schienen, oder gar ein Fuſs der Schienen, der dem Kopfe gleich ist, so daſs sich die Schienen, wenn sie oben abgerieben sind, umkehren lassen, für die Bahn keinen wesentlichen Nutzen hat. D. H.]

§. 88.

Kosten der Feuerung.

Wir haben schon im 9ten Capitel dieser Schrift die Resultate der Versuche mitgetheilt, nach welchen sich der Brennstoff, der zur Fortschaffung einer bestimmten Transportmasse nöthig ist, berechnen läſst.

Da indessen das Feuer während der verschiedenen Unterbrechungen der Fahrten erhalten werden muſs, auch sonst hie und da Verluste unvermeidlich sind, so wird in der Praxis allerdings immer etwas mehr Brennstoff erforderlich sein, als die Rechnung angiebt. Der Betrag dieser Zulage wird sich aus folgenden Erfahrungen abnehmen lassen.

Nach den Rechnungen der Liverpooler Bahn kostet der Brennstoff während der ersten Hälfte des Jahres 1834, 40 531 Rthlr. 27 Sgr.; die Zahl der Fahrten war 11 656. Es kamen also 3 Rthlr. 14,32 Sgr. Kosten auf jede Fahrt. Der mittlere Preis der Kohlen war 7 Rthlr. 25 Sgr. [Doch wohl für die Tonne. D. H.] Es waren also zu jeder Fahrt, nach Gewicht gerechnet, 962,47 Pfd. Kohlen nöthig.

In §. 86. haben wir gesehen, daſs die Transportmasse, welche durch die Dampfwagen der Gesellschaft mit jener Zahl von Fahrten von einem Ende der Bahn bis zum andern fortgeschafft worden ist, 7 367 258 Ctr. betragen hat. Die durchschnittliche Ladung für einen Dampfwagen war also 632 Ctr.

Eine Ladung von 632 Ctr., ohne den Munitionswagen, hat daher 962,47 Pfd. Kohlen erfordert. Dieses, auf die Länge der Bahn von 14 741 Ruthen gerechnet, giebt 0,207 Pfd. Kohlen für den Centner auf die Meile horizontaler Bahn. Nach unsern Versuchen (§. 85.) würden für eine Ladung von 632 Ctr. nur 758,84 Pfd. Cokes nöthig gewesen sein. Es folgt also, daſs hier in der Praxis, wegen der aus der Eigenthümlichkeit des Transportes entstehenden mancherlei Verluste an Brennstoff, etwa d e r v i e r t e T h e i l m e h r aufgegangen ist.

Diese Zulage rührt nicht allein davon her, daſs das Feuer jeden Morgen erst angezündet werden muſs, sondern auch von dem Bedürfniſs der Hülfsmaschinen an den Rampen, deren Feuer den ganzen Tag bereit sein muſs, obgleich die Maschinen nur in den ziemlich von einander entfernten Zeitpuncten von einer Fahrt bis zu der andern in Dienst kommen. Diese

Umstände, die Hülfsmaschinen etwa ausgenommen, sind auf einer Bahn von der Art der Liverpooler unvermeidlich.

Auf der Darlingtoner Bahn finden diese Ursachen des Verlustes an Brennstoff nicht Statt; wenigstens nicht in gleichem Maafse.

Nach den Notizen, welche von den Directoren zur Begründung der Contracte sehr sorgfältig geführt werden, kosten die Kohlen, welche zu einer Fahrt eines Dampfwagens nöthig sind, also zum Transport von 24 Wagen, 8646 Ruthen weit bergab, und eben so weit der leeren Wagen bergauf, den Wagenführern 1 Rthlr. 18 Sgr. $1\frac{1}{2}$ Pf., wenn der Preis der Kohlen 1 Rthlr. 20 Sgr. für die Tonne ist. Also werden 2088 Pfd. Kohlen verbraucht.

Die von den Dampfwagen gezogene Nutzlast beträgt für eine Ladung 1254 Ctr. Kohlen bergab. Berganf giebt es keine Nutzlast. Es werden also 627 Ctr. im Ganzen 17 092 Ruthen weit transportirt.

Dieses Gewicht entspricht, wie wir in §. 86. gesehen haben, einem Brutto-Gewicht auf horizontaler Bahn von $627 . 1,9717 = 1236$ Ctr. auf dieselbe Länge. Der Bedarf an Kohlen beträgt also auf die Meile horizontaler Bahn 0,204 Pfd. für den Centner Brutto-Fracht. Dieses ist beinahe eben so viel wie bei Liverpool, besonders wenn man berücksichtigt, dafs gute Kohlen etwas wirksamer sind als ein gleiches Gewicht guter Cokes. An Cokes nemlich, aus Newcastler Kohlen in verschlossenen Gefäfsen bereitet, sind, um eine gleiche Masse Wasser in Dampf zu verwandeln, etwa $\frac{14}{13}$ des Bedarfs an Kohlen nöthig.

Dieses Resultat scheint auffallend, da die Kessel der Darlingtoner Maschinen im Allgemeinen weniger Feuer-sparend eingerichtet sind als die Liverpooler. Aber die Schwierigkeit erklärt sich leicht aus der Eigenthümlichkeit der Transporte auf den beiden Strafsen. Auf der Darlingtoner Bahn nemlich fahren die Dampfwagen nie ohne ihre volle Ladung von 1236 Ctr., was, wie wir gesehen haben, für den Bedarf an Brennstoff vortheilhaft ist. Müfsten die Dampfwagen, wie die Liverpooler, mit 632 Ctr. Ladung fahren, so würde der Verbrauch an Brennstoff vergleichsweise gewifs viel gröfser sein. Sodann findet bei Darlington kein Zwischenraum zwischen den Fahrten Statt, und da die Geschwindigkeit und die Ladung unveränderlich sind, so darf auch dem Dampfe nie mehr Spannung gegeben werden, als die Bewegung erfordert. Die Folge davon ist, dafs man zu Darlington niemals das viele Blasen der Ventile bemerkt, welches bei den Liverpoolern Dampfwagen den vierten Theil des erzeugten Dampfes verschwendet.

Dadurch erklärt sich der scheinbare Widerspruch in der Praxis.

§. 89.

Gesammte Transportkosten.

Die übrigen Kosten des Transportes erfordern keine besondere Auseinandersetzung. Die dieselben betreffenden Einzelheiten wird man in den unten folgenden Daten der Liverpooler Eisenbahn finden. Aber die Gesammtheit der Kosten des Dampffuhrwerkes erfordert noch einige Erwägungen.

Gemäfs der Rechnungen der Liverpooler Eisenbahn-Unternehmer, aus den obengenannten Jahren, waren die gesammten Ausgaben folgende:

Im ersten Halbjahre . . . . 375 667 Rthlr. 7½ Sgr.
Im zweiten Halbjahre . . . . 460 618 - 19 -

Zusammen 776 285 Rthlr. 26½ Sgr.

Da es nun aber nur auf diejenigen Kosten ankommt, welche sich insbesondere auf die Dampfwagen beziehen, um dieselben gegen die Leistungen der Wagen vergleichen zu können, so müssen wir von den obigen Summen Folgendes abziehen:

	Im ersten Halbjahre.		Im zweiten Halbjahre.	
1. Zinsen für Anleihen	34 268 Rthlr.	23½ Sgr.	36 974 Rthlr.	20 Sgr.
2. Kosten der stehenden Dampfmaschinen und Tunnels	8 718 -	25 -	6 576 -	21½ -
3. Für neue Schienen, als eine ungewöhnliche Ausgabe, ...	1 005 -	12½ -	21 024 -	24 -
4. Von den Erhaltungskosten der Strafse, nach Ausschlufs derer der neuen Schienen, mufs der zehnte Theil für die Tunnels abgezogen werden, welche nicht von den Dampfwagen befahren werden und deren Länge 641 Ruthen auf die ganze Länge von 13 246 Ruthen beträgt, .	4 183 -	10 -	4 131 -	10 -
5. Von dem Reste der Kosten der Erhaltung der Strafse müssen ferner zwei Fünftheile für die Dampfwagen mit ihren Wagenzügen, welche nicht den Eigenthümern der Eisenbahn gehören, abgezogen werden. Der auf die Dampfwagen der Eigenthümer kommende Verkehr beläuft sich nemlich nach §. 86. auf 7 367 258 Centner für die ganze Linie; der gesammte Verkehr dagegen, gemäfs §. 87., auf 10 155 808 Ctr. Also kommt auf die den Bahn-Eigenthümern nicht zugehörigen Dampfwagen $\frac{2}{5}$ des gesammten Verkehres. Dieses macht	15 059 -	10 -	14 873 -	10 -
Zusammen . .	63 235 Rthlr.	21 Sgr.	83 580 Rthlr.	25½ Sgr.

146 816 Rthlr. 16½ Sgr.
Dieses abgezogen von den obigen . . . . 776 285 - 27 -

läfst für den auf die Dampfwagen der Eisenbahnbesitzer kommenden Verkehr . . . . . . 629 469 Rthlr. 10 Sgr.

Nun beträgt dieser Verkehr, auf die Meile reducirt, ... 54 301 990 Ctr.

Also kostet auf der Liverpooler Bahn 1 Ctr. auf die Meile horizontaler Bahn durch Dampfwagen im Durchschnitt 7149 Ruthen weit in der Stunde zu transportiren, und zwar an sämmtlichen dazu nöthigen Ausgaben für Fuhrwerke, Zinsen, Verwaltung etc.

4,16 Silberpfennige.

Auf der Darlingtoner Bahn sind die Frachtkosten bedeutend geringer. Die Eigenthümer schätzen dieselben für den Centner Kohlen bergab zu transportiren auf 2,37 Silberpf. für die Meile, was nach unserer Auseinandersetzung in §. 86. 1,21 Silberpf. auf die Meile horizontaler Bahn ausmacht.

Die Ursache dieses Unterschiedes der Frachtkosten auf den beiden Bahnen liegt, wie schon bemerkt, in der Verschiedenheit der Geschwindigkeiten und der Art der Frachten; wozu auch noch der Unterschied des Preises der Kohlen kommt, der bei Darlington nur 1 Rthlr. 20 Sgr. für die Tonne ist, während die Tonne von den auf der Liverpooler Bahn üblichen Cokes 7 Rthlr. 22½ Sgr. kostet. Der verschiedenartige Transport auf der Darlingtoner Bahn durch Pferde und Dampf gestattet indessen keine so genaue Vergleichung der Kosten mit den Leistungen, wie auf der Liverpooler Bahn. Deshalb gehen wir darauf auch nicht weiter ein.

§. 90.

Ertrag.

Nachdem wir von den Ausgaben gesprochen haben, ist es nöthig, auch einen Blick auf die Einnahmen zu werfen. Ehe wir zu der speciellen Ausgaben-Rechnung der Liverpooler Eisenbahn übergehen, wollen wir einige Angaben, den Ertrag und Gewinn betreffend, ausziehen, den die Unternehmung seit Eröffnung der Bahn gehabt hat. Diese Angaben werden zeigen, dafs, wenn gleich das Dampffuhrwerk grofse Kosten der ersten Einrichtung verursacht hat, doch auch die Actionnairs für ihre Auslagen reichlich und schnell entschädigt worden sind.

Die Liverpooler Eisenbahn wurde dem Verkehr am 16. September 1830 eröffnet. Die Actien sind auf 100 Pfd. Sterling ausgestellt. Seit Eröffnung der Bahn sind folgende Dividenden bezahlt worden. [Doch wohl Zinsen im Ganzen, oder Ertrag des Capitals überhaupt. Zuweilen nennt man auch Dividende den Ertrag über die landesüblichen Zinsen hinaus. D. H.]

Am 31. December 1830	2,000	Procent.
Am 30. Juni 1831	4,500	-
Am 31. December 1831	4,883	-
Am 30. Juni 1832	4,233	-
Am 31. December 1832	4,400	-
Am 30. Juni 1833	4,375	-
Am 31. December 1833, aufser einem Reserve-Fonds von 4,530 Procent,	4.763	-
Am 30. Juni 1834	4,758	-
Zusammen in den 45½ Monaten vom 16. September 1830 bis 30. Juni 1834	33,912	Procent.

Dies macht 9 Procent jährlich, aufser dem bei Seite gelegten Reserve-Fonds, und ungeachtet natürlich bei dem Beginn der Unternehmung aufserordentliche Ausgaben vorgekommen sind, weil die Unternehmung die erste ihrer Art war, und Versuche und Proben theuer bezahlt werden mufsten, von welchen erst fernere Unternehmungen den Vortheil ziehen werden.

Bei diesen hohen Zinsen sind die Actien der Liverpooler Bahn innerhalb der vier Jahre bis auf 210 Pfd. gestiegen. Die Actien der Darlingtoner Bahn, welche seit 9 Jahren bestehet, tragen 8 Procent Zinsen und haben sich bis auf 300 Procent des jetzigen Verkaufpreises gehoben.

Diese einfachen Thatsachen sagen mehr als ganze Bände, und überheben uns aller weiteren Bemerkungen.

Es wird uns sehr angenehm sein, wenn die bisher gegebenen und die noch beizufügenden Erläuterungen Denen nützlich sein sollten, welche geneigt sein möchten, Speculationen in Eisenbahnen zu unternehmen, die nicht verfehlen können dem Privat-Vermögen sowohl, als dem National-Vermögen ersprieſslich zu sein. [Wenn nemlich die Frequenz einer Eisenbahn beträchtlich genug ist; wenn das Terrain nicht unverhältniſsmäſsige Schwierigkeiten macht, und wenn die Unternehmung verständig ausgeführt wird; wozu vorzüglich gehört, daſs man nicht etwa den technischen Theil der Unternehmung als Nebensache, sondern als das was er ist, als eine der ersten **Hauptsachen** betrachtet, und also auch kein Techniker sich dazu hergiebt, seine Einsicht und Ueberzeugung in technischen Dingen dem Willen von Nicht-Technikern zu unterwerfen. D. H.]

Wir beschlieſsen diesen Anhang mit einem Auszuge aus den ausführlichen Einnahme- und Ausgabe-Rechnungen der Liverpooler Eisenbahn-Unternehmung, von dem Anfange derselben an bis jetzt, den 30. Juni 1834.

§. 91.

Auszug aus den Berichten der Directoren der Eisenbahn zwischen Liverpool und Manchester, von der Eröffnung der Bahn an, am 16. September 1830, bis zum 30. Juni 1834.

Anlage-Kosten vom Anfange des Werkes an bis zum 31. December 1833
7 265 459 Rthlr. 6 Sgr

[Es hat also die Meile Bahn 1 Million und 133 545 Rthlr. gekostet! D. H.]

Betriebs-Rechnung.

I. Vom 16. September bis 31. December 1830.

Reiner Gewinn der Unternehmer	96 219 Rthlr. 24 Sgr.
Dividende	2 Procent.

II. Erste Hälfte des Jahres 1831.

Reiner Gewinn der Unternehmer	202 096 Rthlr. 18½ Sgr.
Dividende	4½ Procent.

III. Zweite Hälfte des Jahres 1831.

Waaren-Verkehr zwischen Liverpool und Manchester	1 029 354 Ctr.
Verkehr auf der Straſse aus der Umgegend	46 260 Ctr.
Verkehr zwischen Liverpool und dem Anschlusse nach Bolton	205 178 Ctr.

Kohlen aus den Gruben von Huyton, Eltonhead und Haydock, durch die Dampfwagen der Unternehmer transportirt, ...	141 876 Ctr.
Kohlen von Huyton, durch die Boltoner Maschinen transportirt, . . .	23 633 Ctr.
In die Bücher der Unternehmer eingetragene Passagiere	256 321.
Zahl der der Personenwagenfahrten, von 12 819 Ruthen lang, ...	2 944.
Desgleichen der Fahrten mit Frachten	2 298.
Desgleichen mit Kohlen	150.

Einnahmen.

1.	Vom Personen-Fuhrwerk	388 990 Rthlr.	— Sgr.	
2.	Von Frachten überhaupt	205 099 -	6½ -	
3.	Vom Kohlen-Fuhrwerk	4 638 -	3½ -	
	Zusammen			598 727 Rthlr. 10 Sgr.

Ausgaben.

1.	Bureauxkosten	6 014 Rthlr.	18½ Sgr.	
2.	Für Kohlen	405 -	4 -	
3.	Kleine Ausgaben	733 -	14 -	
4.	Für Karren	405 -	26½ -	
5.	Für Erhaltung der Strafse	43 997 -	15 -	
6.	Kosten der Direction	1 986 -	10 -	
7.	Personenfuhrwerk-Bureaux	3 928 -	17½ -	
8.	Kosten der Transportkraft durch Dampf	81 355 -	5 -	
9.	Für öffentliche Anzeigen	394 -	13½ -	
10.	An Zinsen von Anleihen	18 249 -	2½ -	
11.	Miethen	6 001 -	22½ -	
12.	Vergütigung verlorener oder beschädigter Effecten von Reisenden	1 042 -	14 -	
13.	Kosten des Ingenieurwesens	4 166 -	20 -	
14.	Kosten des Fracht-Transportes . .	69 670 -	22½ -	
15.	Taxen und Steuern	18 421 -	21 -	
16.	Kosten der stehenden Dampfmaschinen .	1 794 -	26 -	
17.	Kosten der Personen-Fahrzeuge . .	44 729 -	9 -	
18.	Für Waggons	6 533 -	6½ -	
19.	Vergütigung für beschädigte oder verlorene Waaren	5 242 -	21½ -	
20.	Kosten der Wege-Polizei	9 938 -	1 -	
21.	An Streitigem	656 -	18½ -	
22.	Schlechte Schulden	1 171 -	5 -	
	Zusammen			326 839 Rthlr. 14 Sgr.

Bleibt an reinem Gewinn vom 1. Juli bis 31. December 1831 .	271 887 Rthlr. 26 Sgr.
Dividende	4½ Procent.
Reiner Gewinn von Fuhrwerk an den Sonntagen	0,383 Procent.

IV. Erste Hälfte des Jahres 1832.

Fracht-Verkehr zwischen Liverpool und Manchester	1 067 790 Ctr.
Verkehr zwischen einzelnen Puncten der Strafse	73 066 Ctr.
Verkehr zwischen Liverpool und dem Anschlusse von Bolton . . .	290 137 Ctr.
Durch die Dampfwagen der Gesellschaft transportirte Kohlen . . .	434 515 Ctr.
Durch die Boltoner Dampfwagen transportirte Kohlen	146 073 Ctr.
In die Bücher der Unternehmer eingetragene Passagiere	174 122.
Zahl der Fahrten der Personenwagen	2 636.
Desgleichen der Fahrten mit Frachten	2 248.
Desgleichen mit Kohlen	234.

Einnahmen.

1. Vom Personenfuhrwerk	266 964 Rthlr. 26 Sgr.	
2. Von Frachten überhaupt	216 518 - - -	
3. Vom Kohlentransport	14 562 - 15 Sgr.	
Zusammen		498 045 Rthlr. 11 Sgr.

Ausgaben.

1. An schlechten Schulden		2 628 Rthlr. 16 Sgr.	
2. An Kosten des Personen-Fuhrwerkes:			
Löhne der Auf- und Ablader und Wagenmeister . . .	7 361 Rthl. 15 Sgr.		
Packwagen und Lohn der Führer derselben	1 696 - 24 -		
Omnibus und Abgaben	7 213 - 16 -		
Ausbesserungen und Materialien . .	11 849 - 23 -		
Für Gas, Oel, Talg etc.	1 524 - 25 -		
Bureaux-Bedürfnisse u. verschiedene Ausgaben	2 940 - 16 -	32 586 Rthlr. 29 Sgr.	
3. An Kosten des Frachtfuhrwerkes:			
Gehalte . . .	11 661 Rthl. 28½ Sgr.		
Lohn der Wagenmeister . . .	25 746 - 26½ -		
Lohn der Leute beim Hemmen . . .	3 075 - 7½ -		
Für Oel, Talg, Seile etc.	3 077 - 15 -		
Bis hierher	43 561 Rthl. 17½ Sgr.	35 215 Rthlr. 15 Sgr.	498 045 Rthlr. 11 Sgr.

	Bis hierher	43 561 Rthl.	17½ Sgr.	35 215 Rthlr.	15 Sgr.	498 045 Rthlr.	11 Sgr.
	Für Blockwagenfuhrwerk	5 392 -	4 -				
	Reparaturen an Winden, Blockwagen etc.	1 091 -	19½ -				
	Bureaux-Bedürfnisse u. verschiedene Ausgaben . . .	3 356 -	26½ -				
				53 402 -	7½ -		
4.	Für Kohlenfuhrwerk			176 -	8½ -		
5.	Für Fuhrwerk in Manchester (*cartage* (Manchester))			9 468 -	7½ -		
6.	Directions-Kosten			2 058 -	— -		
7.	Entschädigungen beim Personenfuhrwerk			676 -	27½ -		
8.	Desgleichen beim Frachtfuhrwerk . .			1 923 -	12½ -		
9.	Gehalte bei der Personenfuhrwerks-Verwaltung . . .	3 824 Rthl.	11 Sgr.				
	Miethen und Steuern bei derselben . .	710 -	— -				
				4 534 -	11 -		
10.	Kosten des Ingenieurwesens . . .			3 469 -	20 -		
11.	Zinsen von Anleihen			39 778 -	9 -		
12.	Kosten der Dampfkraft:						
	Für Brennstoff und Wasser . . .	19 716 Rthl.	— Sgr.				
	Für Oel, Talg, Hanf etc.	3 381 -	1 -				
	Für Reparaturen, Arbeitslohn und Materialien . . .	39 648 -	24 -				
	Lohn der Machinisten	7 806 -	6½ -				
				70 552 -	1½ -		
13.	Erhaltung der Strafse:						
	An Löhnen . .	26 196 -	— -				
	Für Schienentragesteine, Unterlagen, Schienenstühle etc.	17 790 -	22½ -				
	Für Auffüllung .	4 886 -	52½ -				
				48 873 -	15 -		
	Bis hierher			270 148 Rthlr.	15 Sgr.	498 045 Rthlr.	11 Sgr.

Bis hierher 270 148 Rthlr. 15 Sgr. 498 045 Rthlr. 11 Sgr.

14. Bureaux:

An Gehalten	4 349 Rthl. 12 Sgr.			
Miethen und Steuern	516 - 11½ -			
Bureaux-Bedürfnisse	543 - 15 -			
		5 409 - 11½ -		
15. Kosten der Wege-Polizei und der Barrieren		9 043 - 9 -		
16. Kleine Ausgaben		500 - 10 -		
17. Verschiedene Miethszinsen		12 267 - 8½ -		
17. Stehende Dampfmaschinen:				
Neue Seile in den Tunnels	2 203 Rthl. 16½ Sgr.			
Für Kohlen	1 769 - — -			
Löhne	1 936 - 17½ -			
Reparaturen, Oel, Talg, Hanf etc.	1 102 - 27½ -			
		7 012 - 1½ -		
19. Taxen und Steuern		7 398 - 7½ -		
20. Kosten der Waggons, Schmiede- und Stellmacher-Arbeiten	3 908 Rthl. 26 Sgr.			
Für Eisen, Holz etc.	1 766 - 27½ -			
Für Wachstuch, Anstrich, Packtuch etc.	1 036 - 28½ -			
		6 712 - 21 -		
		318 471 Rthlr. 24 Sgr.		
Abgezogen an Crediten		7 414 - 21 -		
Bleibt Summe der Ausgaben			311 057 - 3 -	
und reiner Gewinn in 6 Monaten			186 988 Rthlr. 8 Sgr.	
Thut an Dividende			4 Procent.	
Reiner Gewinn von dem Fuhrwerke an Sonntagen			0,233 Procent.	

V. Zweite Hälfte des Jahres 1832.

Fracht-Verkehr zwischen Liverpool und Manchester . . . . . . 1 221 944 Ctr.

Desgleichen zwischen verschiedenen Puncten der Strafse, einschliefslich den Verkehr mit Warrington und Wigan . . . . 118 479 Ctr.

Verkehr zwischen Liverpool und Bolton . . . . 371 265 Ctr.

Kohlen-Transport von verschiedenen Puncten der Strafse von Liverpool und Manchester . . . . 787 232 Ctr.

In die Bücher der Unternehmer eingetragene Personen . . . . 182 823.

Zahl der Fahrten der Personenwagen, 12 819 Ruthen lang, ... 3 363.

Desgleichen der Fahrten mit Frachten . . . . 1 679.

Und mit Kohlen . . . . 211.

Einnahmen.

1. Vom Personen-Fuhrwerk	287 468 Rthlr. 29 Sgr.		
2. Vom Fracht-Fuhrwerk	233 184 - 6 -		
3. Vom Kohlen-Fuhrwerk	18 694 - 13½ -		
Zusammen			539 347 Rthlr. 18½ Sgr.

Ausgaben.

1. Schlechte Schulden		542 Rthlr. — Sgr.	
2. Kosten des Personen-Fuhrwerks:			
Lohn der Lader und Wagenmeister .	7 826 Rthl. 15 Sgr.		
Packwagen und Lohn ihrer Führer . .	2 504 - 23 -		
Materialien zu Reparaturen . . .	3 093 - 27 -		
Arbeitslohn . .	4 092 - 21 -		
Für Gas, Oel, Talg etc.	1 550 - 16 -		
Steuern auf die Passagiere (*duty on passengers*) . .	6 573 - 1 -		
Bureaux-Bedürfnisse und kleine Ausgaben	2 766 - 16 -		
		28 407 - 29 -	
3. Kosten des Fracht-Fuhrwerkes:			
Gehalte	12 151 Rthl. 1½ Sgr.		
Lohn der Führer und Lader etc. . . .	26 169 - 3½ -		
Für Gas, Oel, Talg, Seile etc. . .	1 977 - 6 -		
Reparaturen an Winden, Blockwagen etc.	2 654 - 19 -		
Bureaux-Bedürfnisse und kleine Ausgaben	3 604 - 14 -		
		46 556 - 14 -	
4. Für Kohlen		180 - 28½ -	
5. Für Fuhrwerk in Manchester . . .		18 299 - 16 -	
6. Directions-Kosten		1 967 - — -	
7. Entschädigungen beim Personen-Fuhrwerk		1 398 - 19½ -	
8. Desgleichen beim Fracht-Fuhrwerk .		1 006 - 19 -	
Bis hierher		69 951 Rthlr. 7 Sgr.	539 347 Rthlr. 18½ Sgr.

Nr.	Posten	Rthl.	Sgr.	Rthlr.	Sgr.	Rthlr.	Sgr.
	Bis hierher			69 951	7	539 347	18½
9.	Personenfuhrwerks-Bureaux:						
	An Gehalten . .	3 707	28½				
	Miethen und Taxen	505	1½				
				4 213	—		
10.	Kosten des Ingenieurwesens			3 000	—		
11.	Zinsen für Anleihen			30 371	26		
12.	Kosten der Dampfkraft:						
	Für Brennstoff und Wasser . . .	25 656	26½				
	Für Oel, Talg, Hanf etc.	4 407	7½				
	Zu Reparaturen, für Materialien . .	24 823	6				
	An Arbeitslohn .	22 352	1½				
	Lohn der Machinisten und Feuer-Schürer	7 070	15				
				84 309	26½		
13.	Streitiges			787	26½		
14.	Erhaltung der Strafse:						
	Löhne	24 505	14				
	Schienensteine, Unterlagen, Stühle etc.	15 705	21				
	Für Auffüllung .	5 643	17½				
				45 854	22½		
15.	Kleine Ausgaben			449	20		
16.	Verschiedene Miethen			8 308	10		
17.	Kosten der stehenden Dampfmaschinen und Tunnels:						
	Für Kohlen . .	1 398	12½				
	Lohn der Maschinisten und der Leute beim Hemmen . . .	2 109	4				
	Für Reparaturen; für Gas, Oel, Talg etc.	2 178	6				
				5 685	12½		
18.	Taxen und Steuern			23 226	1½		
19.	Ausgaben für Waggons:						
	Schmiede- und Stellmacher-Arbeiten	6 428	2½				
	Bis hierher	6 428	2½	276 149	2½	539 347	18½

Bis hierher	6 428 Rthl.	$2\frac{1}{2}$ Sgr.	276 149 Rthlr.	$2\frac{1}{2}$ Sgr.	539 347 Rthlr.	$18\frac{1}{2}$ Sgr.
Für Eisen, Holz etc.	2 337 -	$18\frac{1}{2}$ -				
Für Wachs beim Anstrich, Packtuch etc.	206 -	20 -				
			6 431 -	$2\frac{1}{2}$ -		
20. Bureaux-Kosten:						
Gehalte . . .	4 159 Rthl.	10 Sgr.				
Miethe	566 -	20 -				
Bureaux-Bedürfnisse	123 -	— -				
			4 849 -	— -		
20. Kosten der Wege-Polizei			6 018 -	$24\frac{1}{2}$ -		
Zusammen					321 856 Rthlr.	$8\frac{1}{2}$ Sgr.

Bleibt an reinen Gewinn für 6 Monate	217 491 Rthlr.	10 Sgr.
Dividende		4,2 Procent.
Reiner Gewinn von dem Fuhrwerk an Sonntagen		0,2 Procent.

VI. Erste Hälfte des Jahres 1833.

Frachtverkehr zwischen Liverpool und Manchester	1 345 903 Ctr.
Verkehr zwischen verschiedenen Puncten der Strafse, einschliefslich den von Warrington und Wigan	171 717 Ctr.
Verkehr zwischen Liverpool, Manchester und Bolton	383 583 Ctr.
Kohlen von verschiedenen Puncten nach Liverpool und Manchester .	815 517 Ctr.
In die Bücher der Unternehmer eingetragene Personen	171 421.
Zahl der Fahrten der Personenwagen, 12 819 R. lang, ...	3 262.
Desgleichen der Fahrten mit Frachten	2 244.

Einnahmen.

1. Vom Personenfuhrwerk			294 205 Rthlr.	$21\frac{1}{2}$ Sgr.		
2. Vom Frachtfuhrwerk			262 012 -	$12\frac{1}{2}$ -		
3. Vom Kohlenfuhrwerk			17 591 -	$27\frac{1}{2}$ -		
					573 810 Rthlr.	$1\frac{1}{2}$ Sgr.

Ausgaben.

1. Für öffentliche Anzeigen			336 Rthlr.	6 Sgr.		
2. An schlechten Schulden			1 179 -	15 -		
3. Kosten des Personenfuhrwerks:						
Lohn der Lader und Wagenführer .	7 668 Rthl.	— Sgr.				
Packwagen, Pferde und Lohn der Führer	2 679 -	15 -				
Bis hierher	10 347 Rthl.	15 Sgr.	1 515 Rthlr.	21 Sgr.	573 810 Rthlr.	$1\frac{1}{2}$ Sgr.

	Rthl.	Sgr.	Rthlr.	Sgr.	Rthlr.	Sgr.
Bis hierher	12 906	4	1 515	21	573 810	1½
Zu Reparaturen, für Materialien . .	2 558	19				
Arbeitslohn . :	5 056	25				
Für Gas, Oel, Talg, Seile . . .	2 161	10				
Steuer auf die Passagiere . . .	16 445	3½				
Bureaux - Bedürfnisse und kleine Ausgaben . .	1 578	15				
Taxen auf Bureaux, Stationen etc. .	752	23½	38 900	21		
4. Kosten des Frachtfuhrwerks:						
Gehalte der Agenten und Diener	11 359	5				
Lohn der Führer, der Leute beim Hemmen, so wie für Pferde . .	31 249	26				
Für Gas, Oel, Talg, Seile etc. . .	4 321	19				
Reparaturen an Winden, Blockwagen etc. : . : .	2 704	11				
Bureaux-Bedürfnisse u. kleine Ausgaben	2 243	—				
Taxen, Assecuranzen für die Bureaux und Stationen .	5 320	16½	57 198	17½		
5. Für Kohlen . . . . :			805	11		
6. Fuhrwerk in Manchester			16 405	11		
7. Kosten der Direction . . . . . . :			1 680	—		
8. Entschädigungen beim Personenfuhrwerk			253	21½		
9. Desgleichen beim Frachtfuhrwerk . .			6 892	22½		
10. Bureauxkosten beim Personenfuhrwerk:						
Gehalte der Agenten und Diener .	3 852	5				
Miethe und Steuern	685	21	4 535	16		
Bis hierher			128 185	21	573 810	1½

Bis hierher			128 185 Rthlr.	21 Sgr.	573 810 Rthlr.	1½ Sgr.
11. Kosten des Ingenieurwesens			2 945	23		
12. Zinsen für Anleihen			35 783	27		
13. Kosten der Dampfkraft:						
Für Cokes, mit Anfuhr, . . .	10 004 Rthl.	24½ Sgr.				
Löhne für das Laden der Cokes und des Wassers .	2 258	28½				
Für Gas, Oel, Talg, Hanf etc. . .	5 071	21½				
Für kupferne und messingene Röhren, für Eisen, Holz etc. zu den Reparaturen . .	21 936	6½				
Arbeitslohn bei den Reparaturen .	27 433	16½				
Löhne der Maschinisten und Feuerschürer . . .	5 948	3½				
Reparaturen an den Dampfwagen ausserhalb der Werkstätten . . .	6 288	26½				
Für 2 neue Dampfwagen, den *Leeds* und den *Firefly*,	10 533	10				
			98 105	17½		
14. Erhaltung der Bahn.						
Für Arbeitslohn .	24 326 Rthl.	4½ Sgr.				
Für Steine, Unterlagen, Schienenstühle etc. . . .	13 681	29				
Für Auffüllung und Austrocknung .	6 754	29				
			44 763	2½		
15. Bureauxkosten.						
Gehalte . . .	4 166 Rthl.	10 Sgr.				
Miethe und Steuern	419	15				
Bureaux-Bedürfnisse	389	24				
			4 965	19		
Bis hierher			314 751 Rthlr.	22½ Sgr.	573 810 Rthlr.	1½ Sgr.

	Bis hierher	314 751 Rthlr.	22½ Sgr.		573 810 Rthlr.	1½ Sgr.
16.	Kosten der Wege-Polizei	6 334 -	26 -			
17.	Kleine Ausgaben	466 -	20 -			
18.	Verschiedene Miethen	5 011 -	26½ -			
19.	Ausbesserung der Barrieren u. Befriedigungen	1 974 -	20 -			
20.	Kosten der stehenden Dampfmaschinen und der Tunnels:					
	Für Kohlen . . 1 036 Rthl. 1 Sgr.					
	Für die Leute bei den Maschinen und dem Hemmen . . . 2 422 - 28½ -					
	Für Reparaturen, Gas, Oel, Talg etc. . 2 271 - 29 -					
		5 730 -	28½ -			
21.	An Taxen und Steuern	12 606 -	26 -			
22.	Kosten der Waggons:					
	Für Schmiede- und Stellmacher-Arbeit 3 987 Rthl. 21 Sgr.					
	Für Eisen, Holz etc. 2 133 - 23 -					
	Für Seile, Anstrich, Packtuch etc. . 549 - 2½ -					
		6 670 -	16½ -			
23.	Fuhrwerk in Liverpool	121 -	15 -			
	Zusammen				352 669 -	19 -
	Bleibt an reinem Gewinn in 6 Monaten				221 140 Rthlr.	12½ Sgr.
	Dividende				4,2 Procent.	
	Reiner Gewinn von dem Fuhrwerk an den Sonntagen				0,175 Procent.	

VII. Zweite Hälfte des Jahres 1833.

Frachtverkehr zwischen Liverpool und Manchester	1 375 902 Ctr.
Desgleichen zwischen verschiedenen Puncten der Linie, einschliefslich denjenigen von Warrington und Wigan	191 841 Ctr.
Desgleichen zwischen Liverpool, Manchester und Bolton	368 742 Ctr.
Kohlen von verschiedenen Puncten nach Liverpool und Manchester .	791 056 Ctr.
Zahl der in die Bücher der Unternehmer eingetragenen Passagiere . . .	215 071.
Zahl der Fahrten der Personenwagen von 12 819 R. lang	3 253.
Zahl der Fahrten mit Frachten	2 587.

Einnahmen.

1.	Vom Personenfuhrwerk	364 568 Rthlr.	29½ Sgr.		
2.	Vom Frachtfuhrwerk	266 385 -	16½ -		
3.	Vom Kohlenfuhrwerk	17 275 -	15 -		
	Zusammen			648 230 Rthlr.	1 Sgr.

					Bis hierher 648 230 Rthlr.	1 Sgr.
Ausgaben.						
1. Für öffentliche Anzeigen			43 Rthlr.	10 Sgr.		
2. Schlechte Schulden			2 496 -	21 -		
3. Kosten des Personenfuhrwerks:						
Lohn der Lader und Wagenführer	7 778 Rthl.	5 Sgr.				
Für Packwagen, Pferde und Lohn der Führer	2 407 -	6 -				
Zu Reparaturen, für Materialien . . .	4 594 -	15 -				
Arbeitslohn . . .	6 940 -	$12\frac{1}{2}$ -				
Für Gas, Oel, Talg, Seile etc. . . .	1 308 -	9 -				
Steuer auf die Passagiere	21 497 -	9 -				
Bureaux-Bedürfnisse u. kleine Ausgaben . .	1 848 -	4 -				
Steuern auf die Bureaux, Werkstätten etc. .	773 -	$16\frac{1}{2}$ -				
Livree der Wagenmeister	431 -	20 -				
			47 592 -	$7\frac{1}{2}$ -		
4. Kosten des Frachtfuhrwerks:						
Gehalte der Agenten und Diener	11 525 Rthl	$17\frac{1}{2}$ Sgr.				
Lohn der Führer und Leute beim Hemmen, so wie für Pferde .	33 375 -	$18\frac{1}{2}$ -				
Für Gas, Oel, Talg, Seile etc. . . .	3 532 -	10 -				
Reparatur der Werkstätten, der Winden, Blockwagen etc. .	2 443 -	9 -				
Bureaux-Bedürfnisse u. kleine Ausgaben .	2 861 -	21 -				
Taxen und Assecuranzen der Bureaux und Stationen . . .	3 045 -	26 -				
Für Kornsäcke . .	734 -	$18\frac{1}{2}$ -				
			57 519 -	— -		
5. Für Kohlen			546 -	$27\frac{1}{2}$ -		
		Bis hierher	108 198 Rthlr.	6 Sgr.	648 230 Rthlr.	1 Sgr.

Nr.	Posten	Einzelbeträge	Betrag	
		Bis hierher	108 198 Rthlr. 6 Sgr.	648 230 Rthlr. 1 Sgr.
6.	Fuhrwerk in Manchester		21 159 - 10 -	
7.	Directionskosten		2 086 - — -	
8.	Entschädigungen beim Personenfuhrwerk .		948 - 6½ -	
9.	Desgleichen beim Frachtfuhrwerk . . .		1 490 - 9 -	
10.	Bureauxkosten beim Personenfuhrwerk:			
	Gehalte der Agenten und Diener	4 015 Rthl. 16½ Sgr.		
	Miethe	200 - — -		
			4 215 - 16½ -	
11.	Kosten des Ingenieurwesens		2 127 - 23½ -	
12.	Zinsen für Anleihen		34 268 - 23½ -	
13.	Kosten der Dampfkraft:			
	Für Cokes mit Anfuhre	21 314 Rthl. 23½ Sgr.		
	Löhne für das Laden der Cokes und des Wassers . . .	2 322 - 24 -		
	Für Gas, Oel, Talg, Hanf, Seile etc. .	5 771 - 17½ -		
	Für Messing, Kupfer, Eisen, Holz etc. zu den Reparaturen .	25 034 - 16 -		
	Arbeitslohn bei den Reparaturen . . .	29 341 - 18½ -		
	Lohn der Maschinisten und Feuerschürer .	5 229 - 14 -		
	Reparaturen an den Dampfwagen aufserhalb der Werkstätten	4 087 - 27½ -		
			93 102 - 21 -	
14.	Erhaltungskosten der Bahn:			
	Löhne der Dammsetzer, Zimmerleute etc. .	19 586 Rthl. 11½ Sgr.		
	Für Steine, Träger, Unterlagen, Keile, Schienenstühle etc. . .	16 074 - 3½ -		
	Für Auffüllung und Abtrocknung . . .	6 172 - 9 -		
	Für neue Schienen .	1 005 - 12½ -		
			42 838 - 6½ -	
		Bis hierher	310 435 Rthlr. 22½ Sgr.	648 230 Rthlr. 1 Sgr.

	Einzeln Rthl.	Sgr.	Rthl.	Sgr.	Rthl.	Sgr.
Bis hierher			310 435 Rthlr.	22½ Sgr.	648 230 Rthlr	1 Sgr.
15. Bureauxkosten:						
Gehalte	4047 Rthl.	10 Sgr.				
Miethen und Steuern	504 -	22½ -				
Bureaux-Bedürfnisse und Druckkosten .	149 -	6½ -				
Stempelsteuern . .	114 -	2½ -				
			4 815 -	11½ -		
16. Kosten der Wege-Polizei			6 815 -	25 -		
17. Kleine Ausgaben			413 -	5 -		
18. Verschiedene Miethen			4 023 -	16½ -		
19. Reparatur an den Dämmen und Befriedigungen			4 434 -	13½ -		
20. Kosten der stehenden Dampfmaschinen und Tunnels:						
Für Kohlen . . .	2015 Rthl.	14 Sgr.				
Lohn der Maschinisten und Leute beim Hemmen	2130 -	11½ -				
Für Reparaturen, Gas, Oel, Talg etc. .	2798 -	14½ -				
Neue Seile in den Tunnels	1774 -	15 -				
			8 718 -	25 -		
21. Taxen und Steuern			22 730 -	10 -		
22. Kosten der Waggons:						
Schmiede- und Stellmacher-Arbeit .	4793 Rthl.	6 Sgr.				
Für Eisen, Holz, Gufswaaren etc. . .	4669 -	21 -				
Für Seile, Anstrich etc.	188 -	11½ -				
Für Wachsleinen, Packtuch etc. .	1088 -	24 -				
			10 740 -	2½ -		
23. Fuhrwerk in Liverpool			539 -	8½ -		
24. Streitiges			2 001 -	7½ -		
Zusammen					375 667 -	7½ -

Bleibt reiner Gewinn in 6 Monaten	272 562 Rthlr. 23½ Sgr.
Dividende	4½ Procent.
Reiner Gewinn von dem Fuhrwerk an Sonntagen	0,263 Procent.
Reserve-Fonds aus diesen 6 Monaten	27 256 Rthlr. 5 Sgr.

VIII. Erste Hälfte des Jahres 1834.

Frachtverkehr zwischen Liverpool und Manchester . . . . 1 370 304 Ctr.

Zwischen verschiedenen Puncten der Strafse, einschliefslich derjenigen von Warrington und Wigan, ... 299 617 Ctr.

Zwischen Liverpool, Manchester und Bolton . . . . 386 974 Ctr.

Kohlen nach Liverpool und Manchester . . . . 907 446 Ctr.

Zahl der in die Bücher der Unternehmer eingetragenen Passagiere . . . 200 676.

Zahl der Fahrten, von 12 819 Ruthen lang, mit Personen . . . . . 3 317.

Desgleichen mit Frachten . . . . 2 499.

Einnahmen.

1. Vom Personenfuhrwerk	388 472 Rthlr. $9\frac{1}{2}$ Sgr.		
2. Vom Frachtfuhrwerk	273 919 - 24 -		
3. Vom Kohlenfuhrwerk	19 505 - 9 -		
Zusammen			631 897 Rthlr. $12\frac{1}{2}$ Sgr.

Ausgaben.

1. Für öffentliche Anzeigen		111 Rthlr. 20 Sgr.	
2. An schlechten Schulden		504 - $2\frac{1}{2}$ -	
3. Kosten des Personenfuhrwerks:			
Lohn der Lader und Wagenführer .	7 783 Rthl. $28\frac{1}{2}$ Sgr.		
Für Packwagen, Pferde und Lohn der Führer	2 397 - 20 -		
Für Materialien zu Reparaturen . . .	6 716 - 16 -		
Für Arbeitslohn dazu	8 145 - $4\frac{1}{2}$ -		
Für Gas, Oel, Talg, Seile etc. . . .	2 391 - 25 -		
Steuer auf die Passagiere	20 053 - 29 -		
Bureaux - Bedürfnisse und kleine Ausgaben	1 100 - 24 -		
Taxen, Assecuranzen der Bureaux, Stationen etc. . .	436 - 9 -		
		49 026 - 6 -	
4. Kosten des Frachtfuhrwerks:			
Gehalte der Agenten und Diener . .	11 604 Rthl. $21\frac{1}{2}$ Sgr.		
Lohn der Lader und Leute beim Hemmen, so wie für Pferde etc.	35 982 - $24\frac{1}{2}$ -		
Bis hierher	47 587 Rthl. 15 Sgr.	49 641 Rthlr. $28\frac{1}{2}$ Sgr.	631 397 Rthlr. $12\frac{1}{2}$ Sgr.

Bis hierher	47 587 Rthl.	15 Sgr.	49 531 Rthlr.	28½ Sgr.	631 397 Rthlr.	12½ Sgr.
Für Gas, Oel, Talg, Seile etc. . .	4 725 -	23½ -				
Für Reparaturen an Winden, Blockwagen, Werkstätten etc.	4 774 -	6½ -				
Bureaux-Bedürfnisse u. kleine Ausgaben	1 934 -	11½ -				
An Taxen, Assecuranzen der Bureaux, Stationen etc. .	3 128 -	21½ -				
			62 150 -	19 -		
5. Für Kohlen			300 -	10 -		
6. Fuhrwerk in Manchester			19 922 -	1½ -		
7. Directionskosten			1 932 -	— -		
8. Entschädigungen beim Personenfuhrwerk			174 -	18½ -		
9. Desgleichen beim Frachtfuhrwerk . .			4 302 -	— -		
10. Bureaux-Kosten beim Personenfuhrwerk:						
Gehalte der Agenten und Diener . .	4 100 Rthlr.	19 Sgr.				
Miethe und Steuern	420 -	11 -				
			4 521 -	— -		
11. Kosten des Ingenieurwesens			2 350 -	— -		
12. Zinsen für Anleihen			36 974 -	20 -		
13. Kosten der Dampfkraft:						
Für Cokes, mit Anfuhre	19 217 Rthl.	3½ Sgr.				
Löhne für das Laden der Kohlen und des Wassers .	2 579 -	24 -				
Für Gas, Oel, Talg, Hanf etc. . .	5 879 -	13½ -				
Für kupferne und messingene Röhren, für Eisen und Holz etc. zu den Reparaturen .	27 606 -	15 -				
Arbeitslohn bei den Reparaturen .	36 216 -	6½ -				
Bis hierher	91 499 Rthl.	2½ Sgr.	182 159 Rthlr.	7½ Sgr.	631 397 Rthlr.	12½ Sgr.

Bis hierher	91 499 Rthl. 2½ Sgr.	182 159 Rthlr. 7½ Sgr.	631 897 Rthlr. 12½ Sgr.
Lohn d. Maschinisten und Feuerschürer	5 578 - 2½ -		
Ein neuer Dampfwagen . . .	4 666 - 20 -		
Für eine Drehbank, für Kessel und Fixum für Reparatur der Schuppen und Stationen .	2 535 - 13½ -		
		104 279 - 8½ Sgr.	
14. Streitiges		666 - 20 -	
15. Erhaltungskosten der Strafse:			
Für Löhne und kleine Materialien . .	28 140 Rthl. 24 Sgr.		
Für Steine, Unterlagen, Träger etc.	9 886 - 6 -		
Für neue Schienen und Schienenstühle, Pflöcke, Klammern etc. . .	21 024 - 24 -		
Für Auffüllung und Lohn . . .	3 287 - 10 -		
		62 339 - 4 -	
16. Bureaux-Kosten:			
Gehalte	5458 Rthl. 3½ Sgr.		
Miethen u. Steuern	389 - 10 -		
		5 847 - 13½ -	
17. Kosten der Wege-Polizei		6 779 - 11 -	
18. Kleine Ausgaben		400 - — -	
19. Verschiedene Miethen		2 423 - 29 -	
20. Kosten der stehenden Dampfmaschinen und Tunnels:			
Für Kohlen . .	2184 Rthl. 1 Sgr.		
Lohn der Maschinisten und Leute beim Hemmen .	2569 - — -		
Für Reparaturen, Gas, Oel, Talg etc. .	1823 - 20½ -		
		6 576 - 21½ -	
Bis hierher		371 470 Rthlr. 26 Sgr.	631 897 Rthlr. 12½ Sgr.

		Bis hierher	371 470 Rthlr.	26 Sgr.	631 897 Rthlr.	$12\frac{1}{2}$ Sgr.
21. An Taxen und Steuern			11 858 -	$28\frac{1}{2}$ -		
22. Für Schmiede- und Stellmacher-Arbeit	5154 Rthl.	$16\frac{1}{2}$ Sgr.				
Für Eisen, Holz etc.	4857 -	$13\frac{1}{2}$ -				
Für Seile, Anstrich etc.	733 -	$1\frac{1}{2}$ -				
Für Wachsleinen etc.	1600 -	— -				
			12 345 -	$1\frac{1}{2}$ -		
23. Reparatur der Barrieren und Befriedigungen			4 293 -	19 -		
24. Fuhrwerk in Liverpool			539 -	5 -		
					400 618 -	19 -
Bleibt an reinem Gewinn in den 6 Monaten					231 278 Rthlr.	$23\frac{1}{2}$ Sgr.
Dividende						$4\frac{1}{2}$ Procent.
Reiner Gewinn von dem Fuhrwerk an den Sonntagen						0,258 Procent.

8.
Instruction für junge Architekten zu Reisen in Italien.

(Vom Herrn Ober-Baumeister *Engelhard* zu Cassel in Hessen.)

(Fortsetzung der Abhandlung No. 1. im vorigen Hefte.)

5. Die Reiseroute selbst, und die wichtigsten Gegenstände.

Von der Grenze bis Venedig.

Ich nehme an, daſs der reisende Architekt Italien zuerst im Venetianichen erreiche. Von Wien führt ein grader Weg dahin. Von München aus kann man durch Tyrol oder Salzburg leicht in das Venetianische kommen und dabei noch manche schöne Gegend sehn. Ich beginne also unmittelbar hier an der italienischen Gränze zu *Pontiebba*, welches nur durch eine Brücke von dem deutschen Orte *Pontafel* getrennt ist. Da auf dieser Brücke Niemand ohne Paſs und ohne Untersuchung von Seiten der Mauthbeamten passiren durfte, so war sonst der Uebergang vom deutschen zum italienischen Lande sehr plötzlich. In *Pontafel* sprach noch Alles deutsch, in *Pontiebba* Alles italienisch. Jetzt, wo die Gränze aufgehört hat, wird wohl der Uebergang etwas weniger plötzlich sein. Die beiden Orte liegen in einem engen Felsenthale; schon sehr tief, und nicht viel höher wie die Meeresfläche. In der Mitte dieses Thales flieſst die *Fella,* und später der *Tagliamento:* überaus reiſsende und wilde Gebirgsströme, die in vielen Cascatellen mehr hinunter stürzen als flieſsen, oft ihr Bett verändern, austreten, und das Thal überschwemmen, weshalb dasselbe auch so unfruchtbar ist, daſs nicht einmal Dornen darin wachsen. Durch dieses Thal konnte also die Chaussée nicht geführt werden, und es blieb kein anderes Mittel übrig, als solche an den Seiten in die schroffen Felsen einzuschneiden; was nicht ohne Ueberwindung groſser Schwierigkeiten geschehen ist und deshalb für den Ingenieur vielfältiges Interesse hat.

Man erreicht kaum die italienische Gränze, so sieht man schon überall, sowohl auf den vornehmern als auf den geringeren Häusern flache Dächer. Es ist das Verhältniſs ihres Neigungswinkel zu dem dortigen Clima, ihre Construction und ihre Bedeckung zu bemerken.

Wenn ich nicht irre, so war es auf dem Hofe hinter dem Gasthause zu *Pontiebba*, wo ich eine sehr compendieuse kleine *Mahlmühle* sah, dergleichen dort viele Einwohner zu ihrem Hausgebrauch zu haben scheinen, und welche durch einen sehr schmalen, aber sehr schnell strömenden Canal eines Gebirgsbaches getrieben wurde. Dergleichen Mühlen dürften in wasserreichen, gebirgigen Gegenden nachahmungswerth sein.

Man bleibt auf der Weiterreise eine Zeit lang in dem Felsenthale. Es fallen dem Reisenden die fremden, von der Sonne verbrannten Gesichtszüge der Einwohner, ihre dunkeln Augen und buntfarbigen Kleider, die meistentheils citronengelb oder caffeebraun sind, auf.

Jetzt sieht man keine hölzernen Häuser mehr, sondern nur steinerne.

In der Mitte der ersten Tagereise empfand ich sehr lebhaft die Veränderung des Climas; denn es wurde, wiewohl es im *Januar* war, auf einmal ungemein warm. Bei einer jähen Wendung des Weges öffnete sich die Felsenschlucht in eine weit ausgebreitete Ebene; die Alpen zogen sich rechts und links hin, in schönen, grofsen und mannigfaltigen Gestalten, an den mit Weingärten bedeckten Hügeln; zu ihren Füfsen lagen viele kleine Städtchen, die mit ihren hohen, prismatischen Häusern, welche keine schweren Dächer drücken, kleinen Cristallgebirgen gleichen.

Das nächste Städtchen ist *Venzona*, welches eine Kirche im gemischten italienischen Style hat. Vielleicht sind hier noch mehre Gebäude der Art zu finden. Der Haupt-Eingang der Kirche ist dem vordern Eingange der Stephanskirche in Wien ähnlich.

In *Ospedaletto* ist mir die malerische Bauart der gewöhnlichen Häuser aufgefallen. Nicht selten sind Säulenhallen und andere architektonische Motive an denselben zu finden; und sie sind nicht etwa kostspielig, von Quadersteinen, mit vielen Gliederungen, sondern ganz schmucklos von Backsteinen oder Bruchsteinen gar einfach aufgemauert. Einigen Maurern, die im Januar ein neues Gebäude aufführten, sah ich ein Weilchen zu, und freute mich über ihre Gewandheit, Schnelligkeit und Behendigkeit; sie arbeiteten nach einem andern, viel schnelleren Tacte, wie die Maurer bei uns.

Von *Ospedaletto* führt der Weg, nun schon durch die Ebene, nach *San-Daniele*. Der Weg über *Udine*, *Codroipo* und *Valrassone* nach *Pordenone* soll noch viel schöner sein; ich rathe zu diesem, wenn es nicht noch besser ist, beide zu machen, indem man eine Excursion von

Pordenone nach *Udine* unternimmt. Der Rückblick nach den Alpen ist herrlich; ich zeichnete mehrere kleine Ansichten in der Nähe einer Villa, die, glaube ich, früher einem Prinzen von Sarignano gehörte, aber damals so eben durch französische Artilleristen fortificirt wurde. Ich wurde deshalb von denselben arretirt und mit einem Maler, der mit mir reiste, etwa eine Stunde weit nach einem kleinen Orte, der von der Landstraſse etwas entfernt lag, gebracht, wo man uns zu einem französischen Ingenieurofficier führte, der in einem schönen Hause, mit Arcaden, von den zierlichsten Steinhauerarbeiten im gemischten gothischen Style, wohnte. Er gab uns, nach Untersuchung unsere Pässe und Zeichnungen, unter denen sich bei dem Maler glücklicherweise einige Studien nach Kühen u. dgl. fanden, nicht ohne Bedenklichkeit, wieder frei.

San-Daniele erreichten wir am späten Abend, und verlieſsen den Ort am anderen Tage wieder so zeitig, daſs mir davon wenig Erinnerungen geblieben sind. Ich sah zwei Kirchen, von welchen die eine im Style von Palladio, die andere in italienisch-gothischer Bauart aufgeführt ist. Letztere Kirche ist, nach einer Inschrift am Portale, dem heiligen Antonius von Padua 1400 geweihet worden. Sie ist, nach Art der alten Basiliken, mit einem inwendig sichtbaren hölzernen Dachwerke bedeckt; der Altar steht in einer grossen Nische (*absida*), im Hintergrunde.

San-Daniele liegt sehr schön, auf einer Anhöhe, in einer fruchtbaren, mit Ulmen regelmäſsig bepflanzten Fläche; an den Ulmen ranken sich Weinstöcke in die Höhe, welche von einem Baume zum andern in Guirlanden geflochten sind: eine Rebencultur, die schon bei *Ospedaletto* anfängt. Bei *San-Daniele* sieht man auch schon einige Cypressen. Bald kommt man aber in die meilenlangen ganz verlassenen Kieswüsten des *Tagliamento.* Aus den Kiesgeschieben, die er mit sich führt, macht man, indem man solche nach Gröſse und Farbe ordnet, sehr feste und zierliche Einfassungen der Felder, eigentlich Futtermauern, die zum Theil gegen Ueberschwemmungen schützen sollen. Es ist sehr der Mühe werth, von einigen derselben Construction und Anordnung aufzuzeichnen. Nach meiner Erinnerung war die Zusammensetzung der Steine ohne Mörtel.

In *Spilimbergo* ist eine Kirche und ein Rathhaus in mittelalterlichem Baustyle. Das Rathhaus hat schöne Hallen. Die Kirche ist interessant durch einige Einzelheiten. Das Altargemälde einer Seitencapelle ist merkwürdig; es ist mit einem breiten Goldrande eingefaſst, worauf in runden

Medaillons kleine Bilder gemalt, die Zwischenräume aber mit grünen erhabenen Blättern und Zweigen ausgefüllt sind; welches prächtig aussieht. Auch die Chorstühle sind merkwürdig und fast neu-gothisch.

Nachmittags kam ich nach *Pordenone*. Dieses ist eines der schönsten Städtchen, und es ist nothwendig, sich daselbst einige Tage aufzuhalten. Der Ort allein verdient solches, und man wird von hieraus auch gute Excursionen machen können. Hierbei will ich bemerken, daſs man in diesen Gegenden öfters Fuhrten seichter Gebirgsströme zu passiren hat; was zu Wagen leicht geschieht, aber bei einigermaſsen hohem Wasserstande sehr gefährlich seln soll. Es ist also dabei Vorsicht und Erkundigung im voraus nöthig.

Ein Stadtthor von Pordenone besteht aus zwei Obelisken, welche sich gegen einander neigen. Durch dasselbe tritt man in eine lange Straſse mit schönen Arcaden zu beiden Seiten; im Hintergrunde ist ein sehr schönes mittelalterliches Rathhaus; daneben der schönste mittelalterliche Glockenthurm und eine Kirche mit Gemälden von *Licinio Rigilo*, genannt *Pordenone*, dessen ehemaliges Wohnhaus der Kirche gegenüber liegt und noch einige Fresco-Bilder von ihm enthält.

Es war im Februar, als ich in Pordenone war. Die Luft wehte aber schon so mild und lieblich, und der Abend war so warm, wie in Deutschland kaum im Sommer.

Sacile und *Conegliano*, die nächsten Städtchen, welche ich am folgenden Tage erreichte, glichen der Stadt Pordenone. Auf den Plätzen und in allen gröſseren Straſsen laufen bedeckte Gänge vor den Häusern her, welche aus den mannigfaltigsten Hallen, mit schönen Säulen aller Art, bestehen. Der gröſste Theil der Gebäude ist aus dem Mittelalter, und es finden sich daran vielfache Verzierungen in den artigen Säulenknäufen und Bogeneinfassungen. Alle Häuser und Gebäulichkeiten sind von Stein und wie für ewige Dauer gemacht.

Zwischen Conegliano und Treviso liegt die in der Napoleonischen Zeit erbauete lange hölzerne Brücke über die *Piave*. Als ich solche sah, war sie noch neu; jetzt ist sie alt, wenn sie anders noch existirt; und jetzt muſs man sehen können, welches ihre Schwächen sind und was an ihrer Construction gut war.

Eine Viertelstunde vor *Treviso* beginnt eine prächtige Chaussée. Sie ist zwischen den Gräben zehn Meter breit; die Gräben sind mit flieſsendem Wasser angefüllt, und so breit, daſs sie schiffbare Canäle zu sein scheinen. Neben denselben laufen geräumige, mit Ruhebänken besetzte Fuſswege her.

Treviso ist eine bunte, alte Stadt; viel gröſser als alle vorbenannten italienischen Städtchen; ihre Einwohnerzahl wird auf 15 000 angegeben. Sehenswerth ist die Domkirche, welche im italienisch-gothischen Styl erbauet, aber nicht ganz vollendet ist. Vor den Häusern sind häufig Arcaden oder Säulenhallen. Besonders interessant schien mir die groſse, über leichten Pfeilern gewölbte Halle auf dem Marktplatze.

Der Weg von *Treviso* nach *Mestre* ist unterweges mit unzähligen Landhäusern im Baustyle Palladio's geziert. Sie stehen gewöhnlich in einiger Entfernung von der Chaussée, parallel mit derselben, und sind durch groſse Gärten mit einander verbunden.

In *Mestre* steigt man zu Schiff, um nach *Venedig* überzufahren; wozu es nie an Gelegenheit fehlt.

Venedig.

Der Anblick einer gleichsam im Meere schwimmenden Stadt, mit ihren unzähligen Thürmen und Kuppeln, wird Jeden ungemein überraschen. Ueberhaupt kommt dem Reisenden Venedig vor wie ein Zaubermärchen.

Man gelangt gewöhnlich durch den groſsen Canal, der die Stadt schlangenförmig durchwindet, in dieselbe; wiewohl auch viele kleineren Canäle in unmittelbarer Verbindung mit dem Meere, oder eigentlich den Lagunen stehen. Lagunen heiſsen die Meerarme, welche Venedig umflieſsen und durch welche in der Stadt selbst mehrere Inseln und seichte morastige Stellen gebildet werden.

Am Ufer des groſsen Canales stehen viele groſse Palläste, häufig im italienisch-gothischen Style erbaut. Sie haben alle ein gewisses finsteres, wenigstens ernstes Ansehn, welches durch das trübe Licht, das die hier häufigen Nebel hervorbringen, noch vermehrt wird.

Um sich eine Vorstellung von der Anlage dieser wunderbaren Stadt zu machen, denke man sich die Häuserquartiere rings um wie gewöhnlich mit Straſsen umgeben, in das Kreuz aber noch mit Canälen durchschnitten, so daſs dadurch wieder jedes Quartier in kleinere Abtheilungen zerfällt, indem die Canäle die Straſsen durchschneiden. Um sich mit den Canälen der nächsten Quartiere zu vereinigen, sind Brücken über dieselben gebaut. Da nun die Meeresfläche nicht gar viel tiefer ist, wie die Straſsen, unter den Brücken aber die Gondeln bequem müssen durchpassiren können, so sind die Brücken erhöhet, und Treppen führen auf dieselben hinauf und wieder herunter; wodurch denn die Passage für alles Landfuhrwerk auf den Straſsen unmöglich gemacht wird. Man sieht deshalb weder Pferde noch Wagen, und der Mangel des Geräusches derselben fällt auf; dagegen durchtoset die Luft eine eigene Art von Lärm, von dem heftig articulirten Geschrei einer bunten Menschenmenge und von dem eintönigen Schlagen der Ruder und dem Rauschen der Gondeln herrührend. Fast jedes Haus hat einen Ausgang nach einer Straſse und nach einem Canale zugleich, so daſs man, da alle Canäle mit einander, und eben so alle Straſsen unter einander zusammenhängen, sowohl zu Wasser als zu Lande überall hinkommen kann. Venedig ist ganz der Ort, um planmäſsig besehen zu werden.

Ich habe schon bemerkt, daſs diese Stadt von vorzüglicher Wichtigkeit für das Studium der Baukunst des Mittelalters ist. Für die byzantinische Bauart sind die dort befindlichen, in diesem Style gebauten Monumente Hauptvorbilder des gesammten christlichen Europa gewesen. Namentlich gilt solches von der Marcuskirche, welche, selbst wieder eine Nachahmung der Sophienkirche in Constantinopel, besonders in ihren Einzelheiten Muster für viele christliche Kirchen und durch die Kirchen auch für profane Gebäude geworden ist; was übrigens nicht ausschlieſst, daſs nicht auch die unter den spätern römischen Kaisern aufgeführten Gebäude, namentlich viele Basiliken, auf die byzantinische Bauart hingewirkt und dabei als Vorbilder gedient hätten. Zu der Marcuskirche ist nach den venetianischen Geschichtsbüchern im Jahre 828 unter dem Dogen *Johann Partipazio* auf Kosten seines Bruders *Justinian*, der den Bau in seinem Testamente verordnet hatte, der Anfang gemacht worden. Nach dem Brande im Jahre 976 wurde sie in erweiterter Gestalt, wie man sie heut zu Tage sieht, von dem Dogen *Pietro Orseolo* wieder erbauet. Im Jahr 1071, unter dem Dogen *Domenico Selvo*, fing man an, die Kirche mit Musaik zu verzieren, und sie mit Marmor, mit Säulen und den feinsten Steinen, welche von Athen und anderen Gegenden des Orients herbeigebracht wurden, zu schmücken; und im Jahr 1085 wurde sie unter *Vitale Faliero* eingeweiht. Diese verschiedenen Bauperioden sind wichtig für die Enträthselung der ganzen Gestalt und Erscheinung der Kirche; denn so wie solche jetzt vor

Augen steht, ist sie keinesweges ein im reinen byzantinischen Style aufgeführtes Monument; sie ist vielmehr ein byzantinisches Gebäude, welches im italienisch-gothischen Style verziert ist. Diese Verzierung ist ohne Zweifel im eilften Jahrhundert ausgeführt, und es würde, da sie den byzantinischen Formen angepaſst ist, nicht so leicht sein, sie von der ursprünglichen Form genau zu unterscheiden, wenn sich nicht in der letzten Halbkuppel auf dem rechten Flügel der Façade eine Abbildung des ursprünglichen byzantinischen Baues, noch ohne die gothische Verzierung, befände. Wenn man diese musivische Arbeit studirt, und damit die jetzige Kirche vergleicht, so wird man mit Hülfe der Constructions-Entwickelung der verschiedenen Theile leicht dahin kommen, alle spätere Verzierung absondern und die reinen byzantinischen Formen in Gedanken herstellen zu können.

Eben so wie die Marcuskirche ein Vorbild für die byzantinische Bauart in Europa ist, hat für die italienisch-gothische Bauart der Pallast des Dogen zu Venedig als Muster gedient. Ich gebrauche absichtlich den Ausdruck italienisch-gothische Bauart, weil ich solche sehr von dem reinern Style dieser Bauart in Deutschland, Frankreich, England, Spanien und Portugal unterscheide. Die an und für sich unpassende Benennung „gothisch" muſs hier, als einmal aufgenommen, gebraucht werden, da noch keine passendere an ihre Stelle gekommen ist; denn daſs man nicht das Wort „altdeutsch" oder „deutsch" an deren Stelle setzen dürfe: darüber sind jetzt wohl alle Kunstverständigen eben so sehr einverstanden, als daſs der Spitzbogenstyl nicht von den Gothen herrühre. Die sogenannten gothischen Gebäude der erwähnten Länder sind, wenigstens in der bessern Zeit, nach einem über dieselben verbreiteten Systeme, nach bestimmten, überall durchgeführten Regeln und Grundsätzen erfunden und zusammengesetzt worden; was man von den italienisch-gothischen Gebäuden nicht erwarten darf. Die Erbauer derselben dürften nicht in jene Regeln eingeweiht gewesen sein; sie waren Nachahmer, aber phantasiereiche, geniale Nachahmer, denen es nicht so sehr um Reinheit des Styles, als vielmehr um effectvolle, mit groſser Mannigfaltigkeit der Motive, der Formen und Verzierungen begabte Schöpfungen zu thun war, die dem damals in Europa herrschenden Style verwandt sein sollten.

Aus diesem Gesichtspuncte muſs auch der Pallast des Dogen betrachtet werden.

Seine äufseren Façaden, nach der Piazetta und dem Molo hin, sind ziemlich harmonisch gehalten, und von gleichzeitiger Erbauung; nur dafs die grofsen Spitzbogenfenster des obern und Hauptstockwerkes nicht mehr alle an ihren ursprünglichen Stellen stehen und, bis auf zwei derselben an der langen Seite des Pallastes nach dem Molo hin, der durchbrochenen Arbeiten beraubt sind, welche die Spitzbogen ausfüllten. Nach jenen beiden erhaltenen Fenstern kann man die übrigen in Gedanken restauriren. Aufserdem ist an diesen Façaden zu bemerken, dafs die untern Bogenhallen durch die Erhöhung des Molo's, der früher nicht hinreichend über das Meer erhöhet war, ihr früheres schöneres Verhältnifs verloren haben, da der untere Theil der Säulen jetzt in der Erde steckt. Diese beiden Façaden machen mit einander einen rechten Winkel und stellen den älteren Theil des Pallastes dar. Sie umschliefsen mit dem dritten neueren Flügel einen viereckigen Hof, der an der vierten Seite von der Marcuskirche begrenzt wird. Der neuere Theil ist in einem wunderlich gothisirenden Style erbauet, und es sind die beiden unteren Gallerien eben so fortgesetzt, wie sie an dem alten Gebäude befindlich sind. Der Pallast des Dogen zu Venedig enthält den gröfsten Saal in der Welt; wenigstens ist er gröfser als der sogenannte Salone zu Padua, welchen man sonst als den gröfsten zu citiren pflegte. Es ist übrigens doch wohl möglich, dafs es jetzt noch gröfsere Säle giebt, und ich bin selbst geneigt, die Hauptabtheilung des Apollosaales in Wien für gröfser zu halten. Der Salone ist bei weitem nicht so lang als der Dogensaal zu Venedig, welcher 88 bis 89 Fufs tief und 176 bis 178 Fufs lang ist (Casseler Maafs, der Fufs zu 11 rheinische Zolle gerechnet). Demungeachtet sind die Mauern nur 2 Fufs 9 Zoll dick; sie bestehen aus Backsteinen und sind auswendig mit kleinen Tafeln von rothem und gelblich-weifsem Marmor incrustirt. In diesem Saale und den übrigen grofsen Zimmern und Sälen des Pallastes sind eine Menge aufserordentlicher Gemälde, welche Wände und Decken einnehmen und Abbildungen von Schlachten zu Wasser und zu Lande (manche so grofs dafs sie wohl tausend Köpfe enthalten), so wie von politischen Gegenständen zeigen; auch zwei grofse Vorstellungen des jüngsten Gerichts von *Tintoretto*. Die eine ist so breit wie die Tiefe des grofsen Saales. Unter den Meistern der übrigen Bilder ist *Bassano* zu erwähnen, nebst den Nachfolgern von *Paul Veronese*.

An der Seite, wo der Pallast an die Marcuskirche stöfst, befindet sich eine prächtige Bogenhalle, die vom kleinen Platze her zu der sogenannten Gigantentreppe führt: einer höchst prachtvollen, grofsen, unter freiem Himmel liegenden Treppe, aus weifsem Marmor, von *Sansovino* erbaut und von demselben mit zwei colossalen Statuen des Mars und des Neptuns verziert.

Neben dem Pallaste des Dogen, vor dem kleinen Platze, da, wo derselbe an den Hafen (*guidecca* genannt) stöfst, stehen zwei grofse Säulen, deren Schafte je aus einem Stücke, der eine von grünlichem, der andere von röthlichem Granit, bestehn. Es sollen dieselben von Athen hierher gebracht sein. (Wenn man an die vielen prachtvollen Architektur-Fragmente in Venedig, denen ein griechischer Ursprung zugeschrieben wird, denkt, so kann man nicht umhin, zu hoffen, dafs die Gelegenheit zu Nachforschungen und Ausgrabungen von Kunstwerken und Fragmenten, die jetzt in Griechenland sich darbietet, und die dem Vernehmen nach eifrig benutzt wird, der Welt noch manche höchst staunenswerthe Kunstarbeit enthüllen und wiedergeben werde.) Jene Säulen tragen, die eine den geflügelten Löwen, von vergoldeter Bronze; die andere die Statue des heiligen Theodorus, der auf einem Crocodille steht.

Der grofse Glockenthurm auf dem Marcusplatze vor der Marcuskirche ist mehr durch die herrliche Aussicht von demselben als durch seine Bauart merkwürdig; welche letztere etwas schwerfällig ist.

Zwei lange Gebäude an dem Marcusplatze nennt man die *Procuratien;* man unterscheidet die alten und die neuen Procuratien. Erstere sind die schöneren und nicht ohne Beziehung auf die, freilich viel ältere Anordnung der Hallen des Dogenpallastes. Letztere sind ihnen verwandt, aber von noch mehr moderner, oder, wenn man will, mehr antiker Bauart; denn sie sind der Architektur des Coliseums befreundet. In den untern Stockwerken derselben sind Säulenhallen; hinter denselben Cafeschenken: die regelmäfsigen Versammlungsorte der Venetianer. Zwischen den alten und den neuen Procuratien stand ehemals die Kirche *San-Gemignano,* welche, gerade als ich in Venedig war, abgerissen wurde, um an ihre Stelle einen Pallast für den damaligen Vicekönig zu erbauen; welcher denn auch im Style der neuen Procuratien vollendet worden ist. Man baute mit grofser Eile; nicht nur bei Tage, sondern auch des Nachts, bei Fackelschein, und es wäre nicht uninteressant, zu untersuchen, ob nicht aus dieser übergrofsen Eile Nachtheile für den Bau entstanden sind.

Zunächst will ich auf die zahlreichen Kirchen Venedigs aufmerksam machen. Darunter empfehle ich folgende besonders.

J. Servi, im italienisch-gothischen Style, mit einem Grundrisse nach der Basiliken Form, welche überhaupt für die Kirchen der Zeit dieser Bauart ziemlich häufig ist; mit einem hübschen Eingangsportale an der langen Seite der Kirche am Canale.

Dei-Catacumeni, in demselben Style.

Santa-Maria Gloriosa dei Frari, welche mir die merkwürdigste unter allen im italienisch-gothischen Style erbauten Kirchen in Venedig zu sein scheint.

Dei-Carmi, im gothisch-italienischen Style; sehr reich an Gemälden.

San-Zaccaria, in einer Bauart, die von der italienisch-neugothischen einen Uebergang zu einer neuern Kunstperiode bildet.

Dabei ein älteres Kloster im italienisch-gothischen Style.

San-Giorgio: eine ungemein prächtig und schön angeordnete griechische Kirche. Die dem Eingange gegenüber stehende Seite, wo sich Nischen mit Altären befinden, ist fast ganz vergoldet, und auf den Goldgrund ist gemalt.

San-Giovanni e Paolo, im italienisch-gothischen Style; auswendig mehr altgothisch, inwendig mehr neugothisch; im Grundrisse der Kirche von Batalha in Portugal ähnlich; hat auch ein Fenster mit Gemälden.

San-Geremia, ganz von Backsteinen, selbst Kuppel und Säulen, nur nicht die Gliederungen.

Gli-Scalzi, am grofsen Canale, sehenswerth wegen aufserordentlicher Pracht an Marmor, aber in jenem geschmacklosen Schnörkelstyl, der auf die neugothische Bauart folgte. Es sind 12 corinthische und 8 römische Säulen an der Façade vorhanden, die ganz aus polirtem weifsen Marmor besteht.

San-Stefano, mit einer ziemlich grofsen Kuppel und einem Prostylon von corinthischen Säulen.

I Tolentini ist eine bedeutende Kirche. Sie hat einen grofsen Porticus mit cannelirten corinthischen Säulen.

San-Salute, eine der gröfsten Kirchen in Venedig; mit einer grofsen und einer kleinen Kuppel; colossal, aber altfränkisch, und höchst überladen und verwirrt.

San-Giorgio-maggiore, von Palladio. Man hält die Kirchen Palladio's nicht für seine besten Werke; dennoch sind sie sehr sehenswerth; denn wenn auch darin keine besondere Reinheit altrömischen Baustyles sichtbar wird, so sind sie doch grandios erfunden, haben schöne Grundrisse und interessante Einzelheiten. In San-Giorgio-maggiore finde ich die Anordnung besonders schön, dafs das Chor, unmittelbar hinter dem Hauptaltare, durch eine doppelte Säulenreihe von der übrigen Kirche abgesondert ist. Es leuchtet hinter dem Altare hell hindurch. San-Giorgio-maggore liegt auf der Insel gleiches Namens, dem kleinen Marcusplatze gegenüber. Das Kloster dabei ist auch sehenswerth.

San-Redentore, von Palladio; ist schöner noch als San-Giorgio-maggiore, und hat noch bessere Verhältnisse. Es befinden sich darin einige gute Bilder, unter andern auch eine heilige Familie von Pordenone, und eine sehr schön mit zwei musicirenden Engeln gruppirte Madonna mit dem Jesuskinde, von Bellini.

Le-Zitelle, ist auch von Palladio, und hat interessante Frescogemälde.

Santa-Lucia, ebenwohl von Palladio. Man wird immer etwas Treffliches in den Compositionen von Palladio finden; es ist die Erscheinung harmonischer Verhältnisse.

Ich nenne ferner die sehenswerthen Gebäude, welche zu *profanen* Endzwecken dienen. Es gehören dahin folgende.

Das Kloster *della-Carita*, auch von Palladio, war ein Lieblingsgebäude Göthe's, der auch den Verfasser bei seiner Reise nach Italien besonders darauf aufmerksam machte. Es ist nicht vollendet, gleich vielen grofsen Planen Palladios. Bei meiner Anwesenheit nahm mich die Einrichtung der darin befindlichen Kunst-Akademie so sehr in Anspruch, dafs ich wenig Erinnerungen von dem Gebäude zurückbrachte; jedoch gehört zu derselben die Vorstellung sehr schöner, mit äufserster Präcision aus Backsteinen erbauter Arcaden. In diesem Kloster soll jetzt eine Sammlung vorzüglicher, vorher in den Kirchen befindlich gewesener Bilder aufgestellt sein.

Die öffentliche Bibliothek hat ein sehr schönes Local in einem, von aufsen den neuen Procuratien ganz gleichen Gebäude am kleinen Marcusplatze.

Nicht weit davon, am Hafen, steht das eben so sehenswerthe Gebäude der Münze, *Zecca* genannt.

Jetzt will ich zunächst auf die Reihe ansehnlicher Palläste in allen Bauarten, welche in Venedig das italieniche Mittelalter und die neuere Zeit aufzuweisen hat, aufmerksam machen. Ein vollständiges Verzeichnifs davon würde fast alle Häuser Venedigs umfassen. Alle Gassen und Strafsen, besonders die Ufer des grofsen Canales, sind damit verziert, und selten wird in Venedig ein Haus ganz schlecht und ohne alles Interesse gefunden werden.

Einer der wichtigsten Gegenstände für den Techniker ist das *Arsenal*. Mit der Stadt durch Strafsen und grofse Canäle, mit dem Meere in ganz offener Verbindung, erheben sich diese colossalen, unzähligen Reihen von Hallen, unter welchen Werkstätten aller möglichen Art, grofse Stückgiefsereien, Schmieden und sonstige Metall-Werkstätten, grofse Räume für Steinmetzen, besonders aber für Zimmerleute, namentlich Schiffszimmerleute, für Seiler, Schreiner, Drechsler u. s. w. Platz finden.

Bei der Anwesenheit des Verfassers waren beständig 4000 Menschen in dem Arsenale beschäftigt. Sehr merkwürdig waren eine Menge von Maschinen, die zu den Arbeiten benutzt wurden. Auch die Construction der Hallen, unter welchen gearbeitet wird, und welche oft 80 Fufs und mehr tief sind, besonders deren Dachbedeckungen, sind recht sehr interessant. Zu beiden Seiten, neben dem grofsen Eingange des Arsenales, stehen die beiden atheniensischen Löwen aus weifsem Marmor, welche ehemals den Eingang in den Piräeus zierten.

Venedig ist eine wahre Schule des Brückenbaues. Die gröfsten Brükken sind *Rialto*, über den grofsen Canal, und die Brücke über den Canal *Reggio*.

Endlich wird der Architekt auch im Hafen von Venedig und im Arsenale die verschiedenen Arten der gröfsern und kleinern Schiffe, welche im Mittelländischen Meere vorkommen, kennen lernen, die auch für den Architekten des Binnenlandes nicht ohne wesentliches Interesse sein werden, da er, wenn auch nicht die Schiffe selbst, doch manche an denselben vorkommende Construction wird nachahmen können.

Die Murazzi sind ein sehr langer und mit grofsem Aufwande im Meere errichteter Mauerdamm: aufgeführt, um Venedig und die Lagunen, in denen es liegt, gegen die Stürme des Meeres zu sichern.

Auch ist die Construction der Canäle, d. h. ihrer Ufer, die überall, so viel ich mich erinnere, aus Mauerwerk bestehen, nicht zu übersehn.

Nachdem ich die architektonischen Hauptmerkwürdigkeiten von Venedig aufgezählt habe, kommt es nun auf das planmäfsige Besehen an. Der Reisende, der solche mechanisch durchsieht, und dabei sich nur bemühet, nichts zu übersehen, oder zu vergessen, hat doch eigentlich nur die Oberfläche gesehen, nicht das innere Wesen erkannt. Die Erinnerung davon wird ihm eben so schnell entschwinden, wie er sie aufgefafst hat.

Wer durch Schauen lernen will, mufs nicht blofs *sehen*: er mufs auch *untersuchen*.

Wir wollen das oben entwickelte System auf Venedig als Probe anwenden. Was ist also erstens für architektonische *Constructionskunde* aus den angeführten Merkwürdigkeiten zu lernen?

Venedig steht in einem Sumpfe und die Gebäude werden auf Pfahlrosten aufgeführt. Es ist nicht gewifs, ob der Reisende jedesmal bei seiner Anwesenheit in Venedig Gelegenheit haben werde, eine solche Gründung, nach dortiger Art und Weise, zu sehn. Ist es der Fall, so sind interessant: die Art der Ausgrabung; die Herausschaffung des Grundwassers und des Schlammes; die Construction der Ramm-Maschinen; die Zurichtung der Pfähle; die Beschaffenheit der Roste; ihre nächste Ausfüllung und Bedeckung. Aber wenn sich auch die Gelegenheit nicht findet, so kann man Kenntnifs des Vorbenannten durch die Aussagen dortiger sachkundiger Personen erhalten und darauf mannigfaltige Beobachtungen der Folgen solcher Constructionen an älteren und neueren Gebäuden machen.

Viel ist ferner zu sehen, was die Construction von Mauerwerk von Quadern und von Backsteinen, besonders von Futtermauern und von Wassermauern, die Stärke der Mauern und die Tragbarkeit von Säulen und freistehenden Unterstützungen, z. B. bei den häufigen Arcaden vor den Häusern und im Innern der Höfe derselben betrifft. Gewölbe giebt es unzählige in Venedig: von den schwerfälligen Brücken aus Quadern an, bis zu den leichtesten und kühnsten aus Backsteinen: von den ältesten Kuppeln der Marcuskirche an, bis zu den neuesten moderner Kirchen. Dann eine grofse Menge von Constructionen steinerner Treppen: von den ökonomischen des gewöhnlichen Privathauses an, bis zur Riesentreppe im Dogenpallaste. Dann herrliche Marmor-Incrustirungen, z. B. an der Marcuskirche, und auch an andern neuern Gebäuden; die musivischen Fufsboden in der Marcuskirche und mancherlei Plattenbeläge auf Plätzen und in Gebäuden; so wie in Absicht auf Behandlung des Marmors; wobei schon viel in Venedig zu lernen ist. Unter den Holzverbänden sind die Dachconstructionen im Arsenal, wie schon erwähnt, nicht weniger auch die Zusammensetzungen der die innern steinernen Kuppeln und Gewölbe gewöhnlich bedeckenden äufsern hölzernen Kuppeln und Dachconstructionen wichtig. Diese Constructionen sind vorzüglich interessant an der Marcuskirche. Dann die vielen Maschinen, welche der Zimmermann macht: als Erdwinden, Haspel, Rammzeuge, Hebegeschirre, Krahne, Wasserschöpfmaschinen und Pumpen; von welchen das Arsenal eine reiche Ausbeute liefert.

Schreiner- und Schlosser-Arbeiten sind nicht eben dasjenige, worin die italienischen Gebäude sich auszeichnen: indessen wird man, besonders auch in den älteren Gebäuden, davon manches Bemerkenswerthe finden.

Desto mehr ist aber im Fache des Tüncher, Cementirer und Stuccateur zu sehn: vor allen jene venetianischen Estriche, die man in allen Zimmern, welche nicht bloſse Backsteinfuſsboden haben, findet, und welche eben so schön als dauerhaft und dabei nicht sehr kostspielig sind. Auch die Ansetzung von Decken-Musaiken möchte zur Arbeit des Stuccateur gehören; und da giebt es keine prachtvollere wie die an den Gewölben der Marcuskirche.

Auch die venetianischen Dachbedeckungen sind wichtig für die Constructionskunde. Da giebt es Bleibedeckungen auf der Marcuskirche, dem Dogenpallaste und andern Gebäuden; und Ziegelbedeckungen aller Art.

Zweitens ist eine reiche Ausbeute für die architektonische Verzierungskunst in Venedig zu machen. Eine groſse Schönheit architektonischer Formen findet sich besonders an den einzelnen Theilen der mittelalterlichen Gebäude von Venedig. Auch die Werke Palladio's, die ich oben nannte, geben Gelegenheit zu mannigfaltigen, dahin gehörigen Betrachtungen. Wäre die Harmonie der Formen der Marcuskirche nicht durch die späteren Veränderungen gestört worden: man würde erstaunen über die Schönheit derselben, die auch jetzt noch, besonders im Innern, wo sie gröſstentheils rein erhalten ist, bewundernswerth bleibt; ich meine die Formen der groſsen Massen, der Wölbungen, Bogenstellungen u. s. w.

Zur Verzierung mit Farben sind in Venedig sehr vielfarbige Marmorarten angewendet worden. Besonders sind die schon erwähnten Fuſsboden in der Marcuskirche, von musivischer Arbeit, bewundernswerth. Wenn man sie znm erstenmale sieht, ist man geneigt, sie für eine leicht nachzuahmende Sache zu halten; bei dem wirklichen Versuche aber sieht man bald, daſs nicht nur die darin enthaltenen Muster ein besonderes Schönheitsgeheimniſs enthalten, sondern daſs auch in der Zusammenstellung der farbigen Marmorarten ein gewisser fast unnachahmlicher Reiz liegt. Eben so ist die Marmor-Incrustirung der äufsern und innern Seiten der Marcuskirche, des Dogenpallastes und vieler Kirchen lehrreich. Die des Dogenpallastes möchte ich übrigens nicht loben; die kleinen rothen und gelben Täfelchen sehen aus wie farbige Backsteine. Dann sind die Farben der Deckenmusaiken der Marcuskirche überaus prächtig. Diese goldenen Gewölbe, (die Oberflächen derselben sind mit einem, auf kleinen schwarzen Glasparallelepipeden stark aufgetragenen Goldgrunde musivisch überzogen), mit ihren mannigfaltigen farbigen, eben so, musivisch ausgeführten Verzierungen und historischen Darstellungen, machen auf den Nordländer einen wunderbaren, nie gefühlten, märchenhaften Eindruck. Auch vielfältig schöne Marmorsäulen giebt es in Venedig; von seltenen, oft aus dem Orient herbeigeschafften Arten.

In der Verzierung mit Bildhauer-Arbeiten geht wieder die Marcuskirche voran. Es finden sich in und an derselben unzählige Verzierungen der Art. Man würde indefs irren, wenn man glaubte, dafs solche mit jener Zartheit, Characterfülle und Anmuth ausgeführt seien, die das römisch-griechische Alterthum den Sculptur-Ornamenten zu geben wufste; noch weniger sieht man darin jene sorgfältige, oft allzu ängstliche, aber doch vollendetere Ausführung moderner Arbeiten. Desto reicher ist aber die Erfindung derselben; und der Motive, welche sie enthalten, sind unzählige. Oft bedarf es nur einer kleinen Veredlung der Formen und Linien, so wie einer getreuern Nachbildung der natürlichen Gegenstände, die darin vorkommen, um sehr schöne Ornamente daraus zu bilden.

An dem Dogenpallaste finden sich auch viele schöne Ornamente; besonders eine Zahl verschiedener Säulenknäufe, deren Ausführung schon etwas vollkommner ist. Von neueren Sculpturen empfehle ich noch besonders die an Sansovino's Riesentreppe im herzoglichen Pallaste. Auch soll man die Verzierungen der verderbten Bauart des sechszehnten und siebenzehnten Jahrhunderts nicht ganz übersehen: ich meine des Schnörkelzeitalters, und verstehe unter Schnörkel jene geistlosen, weder natürlichen Gegenständen, noch irgend alterthümlichen Vorbildern nachgebildeten Verzierungen, wie sie hauptsächlich zu Ludwig des vierzehnten Zeit in Europa Mode waren. Oft sind in Italien auch noch diese Schnörkel, wenn auch nicht in der Erfindung, doch in der Ausführung, geistvoll behandelt, und man erblickt in ihnen das von der französischen Mode unterjochte italienische Genie.

Schönheiten der Beleuchtung: ich meine der durch das Tageslicht, die ich gar sehr zu der Verzierung rechne, und durch welche meiner Meinung nach vieles zu leisten ist, hat Venedig auch mannigfaltige. Das Innere der Marcuskirche war wohl in ältester Zeit allzu düster; man brachte deshalb jene grofse Fenster-Rosette in dem Transsepte an. Sie pafst nicht zu der Bauart der Kirche, denn sie ist neugothisch; allein sie macht ihre merkwürdige Wirkung. Die Zusammenstellung zierlicher Fenster, die nur durch schmale Säulchen von einander getrennt sind: eine Bauart, die vorzüglich der romantischen Zeit Venedigs eigenthümlich ist, macht auch einen gar schönen Eindruck. Dem Verfasser wird das Zimmer, welches er in Venedig bewohnte, und welches auf diese Weise beleuchtet war, unvergefslich sein. Der Eingang meiner Wohnung lag in einer Strafse, die man zwar in Venedig eine breite Strafse (*sellizata*) nannte, die aber nach unsern Begriffen doch eine recht enge und dunkle Gasse war. In dieser Gasse gelangte man zu einer ziemlich schmutzigen, mich dünkt nur rauh beworfenen, hohen Mauer, in der sich gar kein Fenster und nur eine unbedeutende, wo nicht recht schlechte Thüre befand: aber welche Überraschung beim Öffnen dieser Thür! Vor den Blicken des Betrachtenden liegt ein schöner viereckiger Hof, von einem zierlichen gothischen Gebäude an zwei Seiten eingefafst; dem Eingange gegenüber eine gothische Spitzbogenhalle, hinter welcher sich eine Küche und andere dem Haushalt nöthige Räume befinden; darüber, im zweiten Stockwerk, ein schöner Corridor, mit einer Reihe vereinigter Fenster; links vom Eingange eine Treppe, die frei an einer Mauer, welche mit Blumen besetzt war, in das obere Stockwerk, eben zu jenem Corridor führte; rechts vom Eingange die Wohnzimmer; mein eigenes Zimmer, ein hoher, schön proportionirter Raum; sehr tief, bei nicht unbeträchtlicher Breite; der Fufsboden ein dunkelrother, porphyrartiger, auf das hellste glänzender Estrich; die Decke durch die sauber bearbeiteten Träger und Balken in regelmäfsige Felder eingetheilt; die Wände, wenn ich mich recht erinnere, mit grünseidnen Tapeten in goldenen Leisten verziert; und nun dieser Raum, zu welchem ich unmittelbar durch jenen Corridor gelangte, an der schmalen Seite durch eine Gruppe von drei zierlichen gothischen Fenstern erleuchtet. Welcher reizende Eindruck, wenn die Abendsonnenstrahlen durch die Spitzbogen dieser Fenster hindurchspielten, oder wenn der Mondschein, der in Venedig einen eigenen Zauber hat (vielleicht durch den Wiederschein im

Wasser), durch die dunkeln, an hohen Pallästen liegenden und zu schönen Höfen und Plätzen führenden Strafsen hindurch, die Ornamente meiner Fenster versilberte. Solche, durch schöne Beleuchtung geförderte Architektur-Eindrücke scheinen mir zu den mächtigsten und zu denjenigen zu gehören, welche den Wirkungen der Musik am meisten zu vergleichen sind; sie haben noch den Vorzug vor diesen, dafs sie in der Erinnerung sie weithin überdauern.

Auch künstliche Beleuchtungen hat man häufig in Venedig Gelegenheit, zu beobachten. Der Verfasser sah einst bei einem grofsen öffentlichen Feste eine Reihe von Schiffen durch den grofsen Canal ziehen, deren Taue mit bunten Lampen in Obeliskenform behängt waren; die Nacht war sehr dunkel, und man sah daher von den Schiffen eigentlich nichts als diese bunten Obelisken, die sich durch den Wiederschein umgekehrt wiederholten, und so, bei ihrer geräuschlosen Bewegung, einen geisterartigen aber prachtvollen Effect machten. Auch die Palläste, welche mit gewöhnlichen Illuminationslampen erhellt waren, brachten durch den Wiederschein im Wasser eine doppelt schöne Wirkung hervor; besonders die ältern, in gothischem oder vorgothischem Style erbauten, mit ihren vielen Bogenfenstern und Säulenhallen.

Verzierungen durch Gärten kommen in Venedig bei den Gebäuden nicht vor: desto mehr aber in andern italienischen Städten. Allenfalls sind die venetianischen Höfe mit Blumen und Gesträuchen in Töpfen besetzt; auch hat gewöhnlich ein jeder solcher Hof in seiner Mitte einen einfach, aber geschmackvoll verzierten Brunnen. Meistentheils haben die Brunnen eine steinerne Einfassung, in Form eines Säulenknaufes; und das Wasser, welches sehr gut ist, wird auf eine ganz kunstlose Weise daraus in die Höhe gezogen.

Indem ich auf dies allgemeine Interesse Venedigs für architektonische Verzierungskunst hindeute, bemerke ich nun noch, dafs für specielle Verzierungskunst Venedig die eigentliche Schule, und zwar für Verzierung im vorgothischen oder sogenannten byzantinischen Style ist. Man findet hier einen wahren Schatz solcher vorgothischen Ornamente, so dafs man sich ein ganzes System derselben entwerfen und ausbilden kann.

Auch für den gemischten, italienisch-gothischen Styl ist hier eine so reiche Erndte, dafs man den Character desselben gründlich studiren und ergründen könnte.

Was die Bauökonomie betrifft, so ist eine so groſse Stadt allemal für jeden Theil derselben wichtig. Ein Preisverzeichniſs der wichtigsten Bau-Arbeiten ist deshalb interessant genug. Freilich ist es gar nicht so leicht, sich dergleichen zu verschaffen. Einheimische Architekten werden nicht gern etwas mittheilen; denn abgesehen von der Mühe und Weitläuftigkeit solcher Mittheilungen, weiſs auch der Mittheilende nicht, in wiefern seine Angaben nicht etwa miſsverstanden und übel angewendet werden. Man wird also mannigfaltige Erkundigungen machen müssen, und wohl thun, den Zweck derselben, nemlich allgemeine wissenschaftliche Vergleichung zwischen den Preisen der Bauarbeiten an verschiedenen Orten unter ähnlichen und unähnlichen Verhältnissen, deutlich anzugeben. Die Preise derjenigen Arbeiten, die in Venedig vorzugsweise vorkommen: also der Wasserbauten, der Gründung in morastigem Boden, der Brückenbauten, und der vielen besondern Arbeiten, die im Arsenal verrichtet werden, sind die interessantesten.

Der vierte Theil der Baukunst, die Gebäudekenntniſs, wird endlich in Venedig nicht nur sehr viel Eigenthümliches finden, was auf die Lage der Stadt und auf manche besondere Sitten und Lebensformen Bezug hat; sondern es wird auch gar vieles andere, allgemein Interessante in Betracht kommen.

Das venetianische Wohnhaus habe ich oben schon theilweise beschrieben. Viele sind dem beschriebenen ähnlich. Der Pallast ist aber davon ganz verschieden. Er erhält einmal schon durch seine doppelte Lage, an der Straſse und an dem Canale, eine besondere Einrichtung; und dann ist darin alles gröſser, prächtiger und weitläuftiger. Statt jener einfachen, unter freiem Himmel liegenden Treppe zum obern Stockwerke, sind, besonders bei den neuern Pallästen, aus Palladio's Zeit, prächtige doppelte Treppen im Innern, ganz regelmäſsige Höfe, so wie Prunksäle und Zimmer, manchmal mehr als Bewohner vorhanden. Dann auch Zimmer und Räumlichkeiten für die Bedürfnisse eines höhern Luxus, als der des einfachen Privatmannes. Die venetianische Etikette, welche die Vertheilung und Anordnung dieser Gemächer bestimmt, ist dabei nicht zu übersehen. Die Beobachtung des zartesten Anstandes bei der Einrichtung der Gebäude ist eine der Bestrebungen, wodurch sich der Architekt als Künstler von Demjenigen, der das Bauwesen bloſs professionsmäſsig treibt, unterscheiden soll; und wenn er darin Vornehmen und Geringen Rath zu ertheilen hat, so mufs er seine Behauptungen mit gewichtigen Beispielen zu begründen wissen.

Die Gebäude für die Verrichtungen der Staatsbeamten möchten zunächst noch zu betrachten sein. Hiebei giebt der Dogenpallast, sowohl in Absicht auf die alte als auf die neuere Zeit, nützliche Aufschlüsse. Bei der Anwesenheit des Verfassers befanden sich nicht nur Locale für Polizei und Regierungsbehörden, sondern auch für die Gerichte in diesem Pallaste, der auch Venedigs Rathhaus, und, mit seinem, mit Säulenhallen umgebenenen Hofe, die venetianische Börse ist. Nicht weniger enthält derselbe die Staatsgefängnisse unter dem Bleidache des Pallastes.

Das Münzgebäude (*zecca*), nächst dem kleinen Marcusplatze, gehört zu den besondern Merkwürdigkeiten der Stadt.

Ich werfe mir vor, dafs ich in Venedig die Einrichtung der Schulen und Unterrichtsanstalten nicht gesehen habe, die wohl gut sein mögen; doch habe ich die Säle der Kunst-Akademie besehen, die sich in dem Kloster *della carità* befinden. Das Conservatorio *di pietà*, wo über hundert Mädchen in weiblichen Arbeiten unterrichtet werden; die Schiffahrtsschule, und ein Conservatorium der Musik, werden noch als beachtenswerth gerühmt.

Die öffentliche Bibliothek hat ein sehr schönes Local, an dem kleinen Marcusplatze.

Ein Gebäude, welches Säle zu öffentlichen Vergnügungen und Lustbarkeiten enthielte, habe ich in Venedig nicht gesehen; es mufs deren doch aber dort auch geben.

In den Gasthäusern findet man die schöne Sitte, eine Anzahl kleinerer Zimmer um einen Speise- und Versammlungs-Saal zu vereinigen, beobachtet.

Theater giebt es in Venedig mehrere. Es wird von denselben besonders das Theater *Fenice* frequentirt. Ich sah schöne Theaterdecorationen in Venedig. Das Theater *S. Benedetto*, welches von dem Mechanicus Locatelli auf eine künstliche Weise mittellst parabolischer Spiegel erleuchtet sein soll, habe ich nicht gesehn; eben so wenig habe ich etwas anders als dunkle Erinnerungen von dem Theater *S. Luca* und dem Theater *S. Chrisostomo*; welches ungewöhnlich grofs ist.

Auch sind mir die Hospitäler und Armenhäuser Venedigs unbekannt geblieben. Sie liegen auf kleinen Inseln in den Lagunen, und sind gewifs sehenswerth.

Gänzlich vermifst man in Venedig militairische Gebäude; man müfste denn das Arsenal dazu rechnen. Ich wenigstens erinnere mich nicht, etwas gesehen zu haben, was einer Caserne ähnlich gesehen hätte; jedoch giebt es auf den Inseln Fortificationen.

Sehenswerth sind die Zollhäuser Venedigs. Man unterscheidet eine *Dogana di mare* und *Dogana della terra*.

Die Börse, wie erwähnt, im Hofe des Dogenpallastes und den denselben umgebenden Hallen, ist vielleicht von allen ihrer Art die prächtigste in der Welt; auch war sie einst der Mittelpunct des Welthandels.

Gröfsere Plätze sind eigentlich ziemlich selten in Venedig. In allen italienischen Städten versteht man unter Piazza den Marktplatz; jedoch dient derselbe nicht überall, und auch nicht in Venedig, zu gleichen Endzwecken wie in Deutschland: wenigstens ist der Verkauf mancher Gegenstände, z. B. der Fische, die einen besonderen Markt haben, davon ausgeschlossen. Der schon oben beschriebene Marcusplatz verdient es übrigens, mehr wie jeder andere, ein Vorbild eines schönen Platzes zu heifsen.

Am wichtigsten für die Gebäude-Kenntnifs ist und bleibt aber Venedig durch seine Kirchen aus allen Zeiten.

Doch ich habe schon zu lange bei Venedig verweilt, für welches ich, vielleicht weil es die erste bedeutende italienische Stadt war, die ich kennen lernte, partheiisch bin, so dafs ich manchmal habe glauben können, es wäre dort für den Architekten mehr zu lernen, als selbst in Rom.

(Die Fortsetzung im nächsten Hefte.)

9.

Nachrichten von der projectirten Eisenbahn zwischen Berlin und Frankfurt a. d. O.

(Vom Herausgeber.)

(Fortsetzung von No. 3. des vorigen Hefts.)

Zweiter Abschnitt.

Betrag des jetzigen Verkehrs zwischen Berlin und Frankfurt a. d. O., Kosten und Zeitdauer der Transporte.

Erstlich. Betrag des Verkehrs.

9.

A. *Personen-Verkehr.*

Derselbe findet auf der Chaussée durch Schnell- und Fahrposten, Extraposten, Lohnfuhren und eigene Gespanne Statt.

I. Regelmäfsige Posten.

a. Schnell-Posten.

An Schnellposten cursiren, dem Posthandbuche von 1836 gemäfs, über Berlin und Frankfurt a. d. O. folgende, die beigesetzte Zahl von Passagieren fassend.

1. Nach S. 7. 1sten Theils des Posthandbuchs die grofse Schnellpost nach Breslau wöchentlich 2 mal, thut jährlich 104 Fahrten, im Durchschnitt mit 1 Beiwagen, und mit Raum für 16 Passagiere, thut . . . . 1664 Personen.

2. Nach S. 8. die kleine Schnellpost nach Breslau wöchentlich 2 mal, thut jährlich 104 Fahrten, im Durchschnitt mit 1 Beiwagen, also zu 12 Personen gerechnet, ...	1248	
		2912 Pers.
3. Nach S. 12. die Schnellpost nach Bromberg wöchentlich 2 mal, thut jährlich 104 Fahrten, im Durchschnitt mit 1 Beiwagen, also, zu 16 Personen gerechnet, ...	1664 Pers.	
Bis hierher . . .	1664 Pers.	2912 Pers.

Bis hierher . . . 1664 Pers. 2912 Pers.

4. Die Schnellpost nach Königsberg in Pr. und Tilsit wöchentlich 2 mal, thut jährlich 104 Fahrten, im Durchschnitt mit 1 Beiwagen, also, zu 16 Personen gerechnet, ... 1664 =

3328 =

Zusammen mit Schnellposten . . . . 6240 Pers.

b. Journalieren.

5. Nach S. 105. die Tages-Journaliere nach Frankfurt, *täglich*, thut 365 Fahrten, und zu 6 Personen gerechnet, ... 2190 Pers.

6. Nach S. 105. die Abend-Journaliere wöchentlich 3 mal, thut jährlich 156 Fahrten, zu 6 Personen gerechnet, ... 936 =

7. Während der drei Frankfurter Messen, jedesmal 18 Tage lang, also 54 Tage im Jahre, eine Extra-Journaliere täglich 3 mal, im Durchschnitt mit einem Beiwagen, thut jährlich 162 Fahrten zu 16 Personen, ... 2592 =

Zusammen mit Journalieren . . . . . 5718 Pers.

c. Fahrposten über Frankfurt a. d. O. hinaus.

8. Nach S. 9. die Fahrpost nach Breslau wöchentlich 2 mal, thut jährlich 104 Fahrten, und zu 6 Personen gerechnet, ... 624 Pers.

9. Nach S. 134. die Fahrpost nach Hirschberg wöchentlich 2 mal, thut jährlich 104 Fahrten, und zu 6 Personen gerechnet, ... 624 =

10. Nach S. 144. die Fahrpost nach Königsberg in Pr. wöchentlich 2 mal, thut jährlich 104 Fahrten, und zu 6 Personen gerechnet, . . 624 =

Bis hierher . . . 1852 Pers. 11958 Pers.

Bis hierher	1872 Pers. . . .	11958 Pers.
11. Nach S. 148. die Fahrpost nach Königsberg in Pr. über Bromberg, 2 mal wöchentlich, thut jährlich 104 Fahrten, zu 6 Personen gerechnet, . . .	624 -	
Zusammen mit Fahrposten über Frankfurt hinaus	2496 Pers.	

d. Fahrposten in der Richtung der Eisenbahn, auf einen Theil des Weges nach Frankfurt.

12. Nach S. 136, die Fahrpost über Fürstenwalde nach Cottbus und Hoyerswerda, wöchentlich 2 mal, thut jährlich 104 Eahrten, zu 6 Personen gerechnet, ...	624 Pers.	
13. Nach S. 154. die Fahrpost nach Cöpenik, wöchentlich 2 mal, thut jährlich 104 Fahrten, zu 6 Personen gerechnet, ...	624 -	
Zusammen mit Fahrposten auf einen Theil des Weges	1248 Pers.	
Im Ganzen mit Fahrposten		3744 -
Zusammen hin		15702 Pers.
zurück		15702 -
Zusammen also fassen die regelmäfsigen Posten jährlich . .		31404 Pers.

Die Schnell- und Fahrposten No. 3., 4., 10. und 11. nach Königsberg in Pr. und Bromberg gehen zwar jetzt über Cüstrin und berühren also die Chaussée nach Frankfurt nur zwischen Berlin und Müncheberg. Allein die mit denselben fahrenden Passagiere dürften, wenn eine Eisenbahn von Berlin nach Frankfurt a. d. O. vorhanden sein wird, den Weg auf derselben von Berlin aus über Fürstenwalde und Frankfurt dem Wege über Müncheberg vorziehen; und wenn die Chaussée von Frankfurt über Drossen und Landsberg vollendet sein wird, dürfte es sogar für die Post wahrscheinlich vortheilhaft sein, den Weg nach Landsberg in der Folge statt über Cüstrin über Frankfurt, bis dahin auf der Eisenbahn, und von da weiter auf der Chaussée über Drossen zu nehmen.

Sind gleich die Postwagen nicht immer voll besetzt, so können sie dagegen auch zuweilen, z. B. in den Messen, die Passagiere nicht fassen, und müssen mehrere Beiwagen nehmen, so dafs im Durchschnitt wohl immer der oben berechnete Verkehr Statt finden dürfte.

II. Extraposten.

An *Extraposten* passiren durch das Frankfurter Thor von Berlin täglich, aufser der Zeit der Messen, 8 bis 10 hin und eben so viele zurück: thut täglich im Durchschnitt 18 und jährlich . 6570 Extraposten.

Zur Zeit der 3 Messen aufserdem noch in jeder Messe wenigstens 600, thut . . . . 1800 - -

Zusammen . 8370 Extraposten jährlich.

Gewifs die Mehrzahl dieser 2, 3 und 4spännigen Extraposten ist mit 4 Personen besetzt. Es mögen aber im Durchschnitte nur 3 gerechnet werden, thut jährlich, mit Extrapost reisend, . . 25 110 Personen.

Auch von diesen Reisenden möchten diejenigen, die jetzt die Chaussée nur zwischen Berlin und Müncheberg berühren, aus den oben bei den Posten angegebenen Gründen, von Berlin aus, wenn die Eisenbahn fertig sein wird, die Richtung über Frankfurt nach Cüstrin, und in der Folge, wenn die Chaussée von Frankfurt über Drossen nach Landsberg gebaut sein wird, diese vorziehen.

III. Lohnfuhren.

Von *Lohnfuhren* oder *Hauderern* ist die Passage zwischen Berlin und Frankfurt a. d. O., *der Messen wegen*, ungefähr eben so stark, als die zwischen Berlin und Potsdam. Auf dieser letzten Strafse beträgt die Abgabe der Lohnfuhrleute an die Post-Casse, von 1 Sgr. für das Pferd auf die Meile, jährlich für die 4 Meilen von Berlin bis Potsdam 3000 Rthlr., also auf jede Meile 750 Rthlr. Hieraus folgt also eine Frequenz von 30 mal 750, thut 22 500 Hauderer-Pferden, und da auf jedes Pferd wenigstens 3 Passagiere gerechnet werden müssen, von . . . 67 500 Passagieren.

IV. Eigene Fuhrwerke.

Über die Fuhrwerke mit eigenen Pferden fehlt es an bestimmten Angaben. Gewifs aber ist es nicht zu viel, wenn man täglich im Durchschnitt 3 dergleichen Fuhrwerke hin und eben so viele zurück annimmt: thut jährlich 2190 Fuhrwerke, und zu 2 Personen, . . 4380 Personen.

10.

B. *Frachtverkehr zu Lande.*

Es passiren über Frankfurt und Cüstrin nach Berlin auf den Chausséen überhaupt folgende Güter:

I. In der Richtung von Berlin und Frankfurt.

1)	Aus Schlesien jährlich	208 000 Ctr.
2)	Nach Schlesien	208 000 -
3)	Zu den drei Frankfurter Messen außerdem	100 000 -
4)	Von den drei Messen zurück	100 000 -

II. In der Richtung über Cüstrin.

5)	Von dorther nach Berlin .	90 000 Ctr.
6)	Nach dorthin	260 000 -
	Zusammen .	350 000 Ctr.

Von diesen 350 000 Ctr. dürften der Eisenbahn wegen die Richtung über Frankfurt mindestens noch nehmen . . . . 120 000 -

Im Ganzen also dürften sich in der Richtung der Eisenbahn bewegen . . . . 736 000 Ctr. Landfracht.

11.

C. *Frachtverkehr zu Wasser.*

Es sind durch die Schleuse von Neuhaus bei Fürstenwalde im Jahre 1835 passirt:

130	beladene Fahrzeuge, jedes mit mehr als 1200 Ctr. Ladung, thut, *nur* zu 1200 Ctr. gerechnet, .	156 000 Ctr.
1928	beladene Fahrzeuge zu 900 bis 1200 Ctr. Ladung, thut, im Durchschnitte zu 1050 Ctr. gerechnet, ...	2 024 400 -
1923	beladene Fahrzeuge zu 600 bis 900 Ctr. Ladung, thut, im Durchschnitte zu 750 Ctr. gerechnet, ...	1 442 250 -
480	beladene Fahrzeuge zu 200 bis 600 Ctr. Ladung, thut, im Durchschnitte zu 400 Ctr. gerechnet, ...	192 000 -
456	beladene Fahrzeuge mit weniger als 200 Ctr. Ladung, also nur zu 100 Ctr. gerechnet, . .	45 600 -
4917	beladene Fahrzeuge, zusammen mit . . .	3 860 250 Ctr. Ladung.

Aufserdem 1087 mit Salz beladene Kähne von verschiedener Gröfse, deren Ladung aus dem in §. 6. angegebenen Grunde für jetzt gar nicht berücksichtigt werden mag, die aber *für die Folge* gleichwohl für die Eisenbahn in Betracht kommt.

Von diesem Frachtverkehre ist im Jahre 1834 die Zahl der Kähne, welche mit Handelsgütern beladen waren, folgende gewesen:

89	Fahrzeuge, jedes mit mehr als 1200 Ctr. Ladung, thut, nur zu 1200 Ctr. gerechnet,	106 800 Ctr.
1075	Fahrzeuge zu 900 bis 1200 Ctr. Ladung, im Durchschnitte zu 1050 Ctr. gerechnet,	1 128 750 -
1044	Fahrzeuge zu 600 bis 900 Ctr. Ladung, im Durchschnitte zu 750 Ctr. gerechnet,	783 000 -
374	Fahrzeuge zu 200 bis 600 Ctr. Ladung, im Durchschnitte zu 400 Ctr. gerechnet,	149 600 -
428	Fahrzeuge mit weniger als 200 Ctr. Ladung, nur zu 100 Ctr. gerechnet, . .	42 800 -
3010	beladene Fahrzeuge, zusammen mit .	2 210 950 Ctr. Stückgütern.

beladen.

Die mit Salz beladen gewesenen Fahrzeuge sind hierunter nicht mit begriffen.

Da nun die obigen, zu resp. 3 860 250 und 2 210 950 Ctr. Fracht berechneten Fahrzeuge nicht alle ihre volle Ladung gehabt haben werden, so mag angenommen werden, dafs die wirkliche Ladung nur *zwei Drittheile* der vollen, also nur . . . . 2 573 500 Ctr.
und darunter . . . . 1 473 966 Ctr. Stückgüter
betragen habe. Diese zwei Drittheile sind aber gewifs das Geringste, weil mit weniger die Schiffer, bei den geringen Preisen des Wassertransports, nicht würden bestehen können.

12.

D. *Lebendiges Vieh.*

Es sind im Jahre 1835 aus Pommern, Schlesien, dem Oderbruche und den Marken auf den Viehmarkt von Berlin gebracht worden:

10 387 Ochsen,
3 675 Kühe,
59 742 Schweine,

76 193 Stück Schafvieh,
15 000 Kälber, nemlich $\frac{2}{3}$ von den *überhaupt* aus *allen* Gegenden zu Markte kommenden 20 bis 24 000 Kälbern.

Dieser Vieh-Transport nimmt in der Regel insgesammt seine Richtung über Frankfurt und Cüstrin nach Berlin; denn was aus Pommern kommt, wird zu Wasser jetzt bis Cüstrin gebracht, und in der Folge gewifs bis Frankfurt gebracht werden, um die Eisenbahn zu erreichen, damit das Vieh durch das Treiben nicht leide. Es wird also, zumal da das aus *Polen* kommende Vieh, welches ebenfalls die Richtung über Frankfurt a. d. O. nimmt, gar nicht besonders bemerkt ist, gewifs nicht zu viel sein, wenn man für die Richtung über Frankfurt nach Berlin in runden Zahlen ansetzt:

9 000 Ochsen,
3 000 Kühe,
52 000 Schweine,
70 000 Stück Schafvieh,
12 000 Kälber.

13.

Vergleichungen, zur Prüfung der obigen Ansätze des Verkehr-Betrags.

I.

Oben in §. 9. *A. I. b.* sind für die während der Messen fahrenden Journalieren gerechnet . .		2592 Pers.	
Für die übrigen, über *Frankfurt a. d. O.* gehenden Postwagen sind dort gerechnet:			
Unter *a.*	2912 Pers.		
Unter *b.*	3126 -		
Unter *c.*	1248 -		
Zusammen *jährlich* . .	7286 Pers.		
Nimmt man nun an, dafs diese Postwagen während der sämmtlichen 54 Mefstage *um die Hälfte* stärker als aufser der Mefszeit besetzt sind, so beträgt die Passage während der Messen so viel als auf $1\frac{1}{2}$ mal 54 Tage oder auf 81 Tage kommen würde, wenn das Jahr 27 Tage mehr, also 392 Tage hätte, mithin für die Messen		1506 -	
Zusammen hin		4098 Pers.	
Eben so viel zurück . .		4098 -	
Thut für die Mefszeit an Passagieren			8196 Pers.
Bis hierher . .			8196 Pers.

Bis hierher . .	8 196 Personen.
Ferner sind oben in §. 9. II. für die Messen 1800 Extraposten zu 3 Personen angesetzt, thut .	5 400 - -
In §. 9. III. sind 67 500 Personen überhaupt, durch das ganze Jahr, mit Lohnfuhren reisend angesetzt. Nimmt man an, dafs in den 54 Mefstagen *doppelt* so viel Personen mit Lohnfuhren reisen als aufser den Messen, so beträgt die Passage so viel als auf 2 mal 54 oder 108 Tage kommen würde, wenn das Jahr 54 Tage mehr, also 419 Tage hätte, mithin für die Messen	17 398 - -
In §. 9. IV. sind 4380 Personen mit eigenen Fuhrwerken reisend angesetzt. Rechnet man für dieselben eben so wie beim Lohnfuhrwerke, so kommen davon auf die Mefszeiten	1 129 - -
Zusammen . .	32 123 Mefsreisende.

Nun ist die Zahl der Personen, welche in den Messen Aufenthalts-Carten in Frankfurt erhalten haben, auf 3 mal 8374 oder in runder Zahl auf 25 000 anzunehmen. Dieses giebt, da doppelt so viel wegen der Hin- und Rückreise berechnet werden müssen, 50 000 Mefsreisende.

Es würden also von diesen 50 000 Mefsfieranten noch nicht *zwei Drittheile* auf die Richtung nach Berlin kommen; und dieses Verhältnifs dürfte der Wirklichkeit ganz angemessen sein.

II.

Oben in §. 9. III. sind überhaupt gerechnet	22 500 Hauderer-Pferde.
In §. 9. IV. 2190 eigene Fuhrwerke, thut, zu 2 Pferden gerechnet	4 380 eigene Pferde.
In §. 10. sind an Landfracht über Frankfurt 616 000 Ctr. angesetzt. Rechnet man auf das Pferd die gewöhnliche Ladung von 20 Ctr., so sind zur Fortschaffung dieser Fracht erforderlich	30 800 Frachtpferde.
Thut zusammen . .	57 680 Pferde.

Dieses sind die Pferde, welche am Berliner Thore zu Frankfurt den *Stadtpflasterzoll* bezahlen; denn die sämmtlichen ordinairen Posten und Extraposten, so wie die eigenen Pferde aus der Umgegend etc. sind frei. Nun wird für jedes Pferd 1 Sgr. 3 Pf. bezahlt; jedoch ist das dritte Pferd von dreien vor einem Wagen, und das vierte von vieren frei, so dafs für einen dreispännigen Wagen nur 2½ Sgr. und für einen vierspännigen nur 3¾ Sgr. bezahlt werden.

Die Hauderer und Frachtwagen sind aber, erstere meistens mit 3, letztere fast sämmtlich mit 3 und mit 4 Pferden bespannt, und zwar die meisten mit 3 Pferden. Rechnet man daher ein Drittheil der Hauderer-Wagen zweispännig und die übrigen dreispännig; von den eigenen Wagen *überhaupt* die Hälfte, (denn die andern aus Frankfurt und der Umgegend sind frei); von den Frachtwagen ein Viertheil zweispännig, die Hälfte dreispännig und die übrigen vierspännig: so ergiebt sich von der oben angesetzten Zahl von Pferden folgender Ertrag an Pflasterzoll.

2814 Handerer-Wagen, zu 2 Pferden, thut	5 628 Pferde und zu 2½ Sgr. den Wagen .	234 Rthlr.	15 Sgr.
5624 Hauderer-Wagen, zu 3 Pferden, thut	16 872 Pferde und zu 2½ Sgr. den Wagen .	468 -	20 -
2190 eigene Wagen, zu 2 Pferden, thut	4 380 Pferde und zu 2½ Sgr. den Wagen .	182 -	15 -
2567 Frachtwagen, zu 2 Pferden, thut	5 134 Pferde und zu 2½ Sgr. den Wagen .	213 -	27½ -
5134 Frachtwagen, zu 3 Pferden, thut	15 402 Pferde und zu 2½ Sgr. den Wagen .	427 -	25 -
2566 Frachtwagen, zu 4 Pferden, thut	10 264 Pferde und zu 3¾ Sgr. den Wagen .	320 -	22½ -
Zusammen	57 680 Pferde, wie oben, und . . .	1848 Rthlr.	5 Sgr.

Eingekommen sind in dem Jahre vom 1sten October 1835 bis 1sten October 1836 . . . . 1723 Rthlr. 18¾ Sgr.; welches mit der vorhin berechneten Summe ziemlich stimmt. Zwar ist unter dem Verkehr, der die 1723 Rthlr. 18 Sgr. 9 Pf. eingetragen hat, auch die Passage von Frankfurt nach Cüstrin mit begriffen; dagegen wird aber auch wohl Vieles umgangen, zumal da der Pflasterzoll weder streng controllirt wird, noch verpachtet ist. Der Vergleich ergiebt also eine Bestätigung der obigen Ansätze, und zeigt wenigstens, dafs dieselben nicht sehr von der Wahrheit abweichen können.

III.

Der *Chaussée-Zoll* für den oben angesetzten Verkehr würde *auf die Meile* betragen:

für 22 500 Hauderer-Pferde, zu 1 Sgr., ...	750 Rthl.	— Sgr.	
- 4 380 eigene Pferde, zu 1 Sgr.,	146 -	— -	
- 30 800 Frachtpferde nach (II.) zu 1 Sgr., weil mehr als 4spännige, so wie zweirädrige Frachtwagen hier fast gar nicht vorkommen, . . .	1026 -	20 -	
- 12 000 Ochsen und Kühe nach §. 12., zu 2 Spf., .	66 -	20 -	
- 122 000 Schweine, Schafe und Hammel, zu 2 Spf., .	677 -	$23\frac{1}{3}$ -	
- 600 Fuhren Kälber, zu 2 Sgr.,	40 -	— -	
Zusammen			2707 Rthl. $3\frac{1}{3}$ Sgr.

Das Chausséegeld für die Extrapostpferde wird nach Theil II. S. 226. des Posthandbuches nicht an den Hebestellen bezahlt. Eben so nicht das Chausséegeld für die Pferde vor den Postwagen.

Nun sind im Jahre 1835 an Chausséegeld eingekommen:

Zwischen Frankfurt und Müncheberg .	6 777 Rthl.
Zwischen Cüstrin und Müncheberg .	7 698 -
Zusammen also für die $4\frac{3}{4}$ Meilen Entfernung zwischen Frankfurt und Müncheberg und zwischen Frankfurt und Cüstrin . . .	14 475 Rthl.

und diese Einnahme ist zusammenzurechnen, weil die beiden Strafsen in Müncheberg sich vereinigen.

Dieses thut auf die Meile . . . . 3047 Rthl. 11 Sgr., mithin sogar noch bedeutend mehr als die obige Summe.

An der Hebestelle zu Neubodengrün, westlich von Müncheberg, also auf der *vereinigten* Strafse zwischen Müncheberg und Berlin, sind eingekommen 3380 Rthlr. Dieses thut auf die Meile, weil zu Neubodengrün für $1\frac{1}{2}$ Meile Chausséezoll erhoben wird, ... 2253 Rthlr. 10 Sgr.

Auch diese Summe kommt der obigen noch ziemlich nahe; und dafs sie um etwas geringer ist, erklärt sich daraus, dafs wohl viel lebendiges Vieh nicht auf der *Chaussée* nach Berlin getrieben wird.

Alles also bestätigt es, dafs die obigen Ansätze des Verkehrs von Personen, Landfracht und lebendem Vieh durchaus nicht etwa zu hoch sind. Der Ansatz der Wasserfracht ist direct verificirt.

Zweitens. Jetzige Kosten des Verkehrs.

14.

A. *Personen-Verkehr.*

a. Nach dem Posthandbuche von 1836 S. 106. bezahlt für die Reise von Berlin nach Frankfurt a. d. O., oder umgekehrt, eine Person auf

der Schnellpost	3 Rthlr.	13 Sgr.	6 Spf.	
auf einer Journaliere . .	2 -	26 -	3 -	3 Rthlr. 10 Sgr. im Durchschnitt,
auf den Beichaisen . .	3 -	13 -	6 -	
nach S. 107. auf der Fahrpost	2 -	11 -	6 -	

Auf den Schnellposten sind 30 Pfd., auf den Journalieren 50 Pfd. und auf den Fahrposten 10 Pfd. Gepäck frei.

b. Die Kosten der Extrapost-Fahrt sind nach S. 226. des 2ten Theils des Posthandbuchs folgende.

	Für eine Extrapost-Fahrt					
	mit 2 Pferden.		mit 3 Pferden.		mit 4 Pferden.	
	Rthlr.	Sgr.	Rthlr.	Sgr.	Rthlr.	Sgr.
Für die Pferde, auf $11\frac{1}{2}$ Meilen, zu 10 Sgr.,	7	20	11	15	15	10
Für den Wagen, 4 Stationen zu 20 Sgr.,	2	20	2	20	2	20
Wagenmeister Gebühren und Bestellgeld, in Berlin 5 Sgr., auf den 3 anderen Stationen zu $2\frac{1}{2}$ Sgr., thut	—	$12\frac{1}{2}$	—	$12\frac{1}{2}$	—	$12\frac{1}{2}$
Schmiergeld, eben so, ...	—	$12\frac{1}{2}$	—	$12\frac{1}{2}$	—	$12\frac{1}{2}$
Postillon-Trinkgeld, zu $3\frac{3}{4}$ Sgr. für die Meile	1	13	1	13	1	13
Chausséegeld, zu 1 Sgr. das Pferd für die Meile, ...	—	23	1	$4\frac{1}{2}$	1	16
Zusammen, *mit* den Kosten des Wagens,	13	11	17	$17\frac{1}{2}$	21	24
Ohne Wagen	10	21	14	$27\frac{1}{2}$	19	4

Dieses beträgt für die Person, wenn man annimmt, daſs sich die Kosten der Fahrt wie folgt vertheilen:

	Für eine Extrapost-Fahrt					
	mit 2 Pferden.		mit 3 Pferden.		mit 4 Pferden.	
	Rthlr.	Sgr.	Rthlr.	Sgr.	Rthlr.	Sgr.
Erstlich. *Für die Fahrt mit Post-Chaisen:*						
auf resp. 2, 3 und 4 Personen vertheilt,	6	20½	5	26	5	13½
- - 3, 4 - 5 - - - - -	4	14	4	12	4	11
- - 4, 5 - 6 - - - - -	3	10½	3	15½	3	19
Zweitens. *Für die Fahrt in eigenen Wagen:*						
auf resp. 2, 3 und 4 Personen vertheilt,	5	10½	4	29	4	23½
- - 3, 4 - 5 - - - - -	3	17	3	22	3	25
- - 4, 5 - 6 - - - - -	2	20	2	29½	3	6

und im Durchschnitt:

für die Person mit Post-Chaisen . . 4 Rthlr. 19 Sgr.
für die Person in eigenen Wagen . 3 - 27 -

überhaupt im Gesammt-Durchschnitte . . . . . . 4 Rthlr. 8 Sgr.

Diese Durchschnitts-Kosten sind aber gewiſs die *geringsten;* denn der nicht selten vorkommende Fall, daſs eine *einzelne* Person reiset, ist gar nicht mit in den Durchschnitt gezogen.

c. Der *geringste* Preis für die Fahrt mit *Lohnfuhrleuten* ist von Berlin nach Frankfurt a. d. O., oder umgekehrt, ohne Zehrungskosten 1 Rthlr.; die besseren Plätze kosten 1½ bis 2 Rthlr. Die geringsten Plätze sind aber sehr unbequem und werden nur von Leuten mit ganz beschränkten Mitteln benutzt.

	Mit 2 Pferden.		Mit 3 Pferden.		Mit 4 Pferden.	
	Rthlr.	Sgr.	Rthlr.	Sgr.	Rthlr.	Sgr.
Eine *ganze* Lohnfuhre kostet täglich .	5	—	7	15	10	—
Hierzu Chausséegeld	—	23	1	4½	1	16
Zusammen . .	5	23	8	19½	11	16
Diese Kosten auf resp. 2, 4, 6 und 10 Personen vertheilt, geben auf die Person	{2 1}	{26½ 13¼}	1	13¼	1	4½;

welches die obigen Sätze bestätigt.

d. Die Kosten der Fahrt mit *eigenen* Pferden werden, abgesehen von der willkührlichen Schätzung der Eigenthümer der Fuhrwerke, wenigstens denen der Lohnfuhrwerke *gleich* gesetzt werden müssen.

B. *Fracht-Verkehr zu Lande und zu Wasser.*

a. Der Centner Fracht zu Lande zwischen Berlin und Frankfurt zu transportiren kostet 9, 10, $11\frac{1}{4}$, $12\frac{1}{2}$, bis 15 Sgr., im Durchschnitt also mindestens . . . . 11 Sgr.

b. Der Centner Fracht zu Wasser kostet, incl. Lade- und Schleusengeld, $3\frac{1}{2}$ bis 5 Sgr., ersteres jedoch nur in seltenen Fällen, bei sehr günstigem Wasser und für sehr schwer wiegende Waaren, die in den Schiffen wenig Raum einnehmen: im Durchschnitt also mindestens $4\frac{1}{4}$ Sgr.

C. *Lebendiges Vieh.*

a. 20 Stück Rindvieh auf der Chaussée zu treiben, kosten:

Für 5 Ctr. Heu täglich, zu 1 Rthlr.	5 Rthlr.	— Sgr.		
1 Treiber	— -	20 -		
Thut täglich	5 Rthlr.	20 -		
und, da sie 4 Tage Zeit brauchen, ...	22 Rthlr.	20 Sgr.	— Spf.	
Hiezu Chausséegeld, zu 4 Spf. für das Stück, auf $11\frac{1}{2}$ Meilen	2 -	16 -	8 -	
Zusammen .	25 Rthlr.	6 Sgr.	8 Spf.	
Thut für das Stück				1 Rthlr. 7 Sgr. 10 Spf.

b. 50 Stück magere Schweine auf der Chaussée zu treiben, kosten:

Für $37\frac{1}{2}$ Metzen Erbsen, $\frac{3}{4}$ Metzen auf das Stück täglich, zu 1 Rthl. $22\frac{1}{2}$ Sgr. den Scheffel, . . .	4 Rthl.	2 Sgr.	$2\frac{1}{4}$ Spf.	
2 Treibern Lohn und Zehrung	1 -	10 -	— -	
Zusammen täglich .	5 Rthl.	12 Sgr.	$2\frac{1}{4}$ Spf.	
und auf 4 Tage .	21 Rthl.	18 Sgr.	9 Spf.	
Hierzu Chausséegeld	— -	28 -	6 -	
Zusammen . . .	22 Rthl.	17 Sgr.	3 Spf.	
Thut für das Stück				13 Sgr. $6\frac{1}{2}$ Spf.

c. 50 Stück fette Schweine auf der Chaussée zu treiben, kosten:

Für 50 Metzen Erbsen, täglich 1 Metze auf das Stück, zu 1 Rthr. 22½ Sgr. den Scheffel, ...	5 Rthlr.	14 Sgr.	¾ Spf.
2 Treibern Lohn und Zehrung	1 -	10 -	— -
Zusammen täglich .	6 Rthlr.	24 Sgr.	¾ Spf.
und auf 4 Tage .	27 Rthlr.	6 Sgr.	3 Spf.
Hierzu Chausséegeld	— -	28 -	4 -
Zusammen . . .	28 Rthlr.	4 Sgr.	7 Spf.
Thut für das Stück			16 Sgr. 11 Spf.

d. 100 Stück Schafe und Hammel auf der Chaussée zu treiben, kosten:

1 Treiber	— Rthlr.	20 Sgr.	
3 Centner Heu	3 -	— -	
Zusammen täglich .	3 Rthlr.	20 Sgr.	
und auf 4 Tage .	14 Rthlr.	20 Sgr.	
Hierzu Chausséegeld . . .	1 -	27 -	6 Spf.
Zusammen . . .	16 Rthlr.	17 Sgr.	6 Spf.
Thut für das Stück			4 Sgr. 11½ Spf.

e. 20 Kälber zu Wagen in 2 Tagen die 11½ Meilen zu transportiren, kosten:

Für die Fuhre, mit Chausséegeld, .	7 Rthlr.	— Sgr.	
Für 40 Quart Milch zu 2 Sgr. . . .	2 -	20 -	
Einem Wärter	— -	20 -	
Zusammen	10 Rthlr.	10 -	
Thut für das Stück			15 Sgr. 6 Spf.

Drittens. Jetzige Zeitdauer der Transporte.

15.

A. *Personen-Verkehr.*

1. Mit den Schnellposten dauert die Fahrt, nach dem Posthandbuche Th. I. S. 106., ...	9 Stunden	10 Min.
2. Mit den Journalieren, nach S. 105.	10 - -	30 -
3. Mit den Fahrposten, nach S. 107.	13 - -	30 -
4. Mit Extraposten, nach Th. II. S. 230. . . .	8 - -	37 -

5. Lohnfuhrleute fahren 12 bis 16 Stunden, im Durchschnitt . . . . 14 Stunden.
6. Eigenes Fuhrwerk fährt 10 bis 14 Stunden, im Durchschnitt . . . . 12 Stunden.

B. *Fracht-Verkehr.*

1. Frachten zu Lande bringen in der Regel auf die $11\frac{1}{2}$ Meilen zu . . . . 3 Tage; nur in seltenen Fällen 2 bis $2\frac{1}{2}$ Tage.
2. Die Frachten zu Wasser brauchen *mindestens* 8 Tage, aber auch zuweilen 14 bis 20 Tage, im Durchschnitte nur gerechnet 10 Tage.

C. *Lebendiges Vieh.*

1. Rindvieh und magere Schweine, getrieben, brauchen an Zeit . . . . 4 Tage.
2. Fette Schweine desgl. . . . . 4 bis 5 Tage.
3. Schafe und Hammel . . . . 4 Tage.
4. Kälber, gefahren, ... 2 Tage.

Zusammenstellung des jetzigen Verkehrs, der Kosten und des Zeit-Erfordernisses dazu.

16.

I. *Personen-Verkehr.*

	Betrag. Jährlich.	Kosten. Im Durchschnitte.	Zeit. Im Durchschnitte.
1. Mit Schnellposten, nach §. 9. I. *a.*, 14. *A. a.* und 15. *A.* 1.	12 480 Personen.	3 Rthlr. $13\frac{1}{2}$ Sgr. f. d. Pers.	9 St. 10 M.
2. Mit Journalieren, nach §. 9. I. *b.*, 14. *A. b.* und 15. *A.* 2.	11 436 - -	3 - 10 - - - -	10 - 30 -
3. Mit Fahrposten, nach §. 9. I. *b.* und *c.*, 14. *A. c.* und 15. *A.* 3.	7 488 - -	2 - $11\frac{1}{2}$ - - - -	13 - 30 -
4. Mit Extraposten, nach §. 9. II., 14. *A. b.* und 15. *A.* 4.	25 110 - -	4 - 8 - - - -	8 - 37 -
5. Mit Lohnfuhren, nach §. 9. III., 14. *A. e.* und 15. *A.* 5.	67 500 - -	1 - 15 - - - -	14 - — -
6. Mit eigenen Fuhrwerken, nach §. 9. IV., 14. *A. d.* und 15. *A.* 6.	4 380 - -	1 - 15 - - - -	12 - — -
Zusammen .	128 394 Personen.		

II. *Land- und Wasserfracht.*

	Betrag. Jährlich.	Kosten. Im Durchschnitte.	Zeit. Im Durchschnitte.
7. Nach §. 10., 14. *B. a.* und 15. *B.* 1. Landfracht . . .	736 000 Centner.	. . . 11 Sgr. — Spf. für d. Ctr.	3 Tage.
8. Nach §. 11., 14. *B. b.* und 15. *B.* 2. Wasserfracht, . . woyon 1 473 966 Ctr. Stückgüter.	2 573 500 - -	. . . 4 - 3 - - - -	10 Tage.
Zusammen .	3 309 500 Centner.		

III. *Lebendiges Vieh.*

		Kosten.	Zeit.
9. Ochsen und Kühe, nach §. 12., 14. *C. a.* und 15. *C.* 1. . .	12 000 Stück.	1 Rthlr. 7 Sgr. 10 Spf. f. d. Stück.	4 Tage.
10. Fette Schweine, etwa die Hälfte der Gesammtzahl gerechnet, nach §. 12., 14. *C. c.* und 15. *C.* 2.	26 000 -	. . . 16 - 11 - - - -	4 bis 5 Tage.
11. Magere Schweine, nach §. 12., 14. *C. b.* und 15. *C.* 1. . .	26 000 -	. . . 13 - $6\frac{1}{2}$ - - - -	4 Tage.
12. Schafe und Hammel, nach §. 12., 14. *C. d.* und 15. *C.* 3. . .	70 000 -	. . . 4 - $11\frac{1}{2}$ - - - -	4 Tage.
13. Kälber, nach §. 12., 14. *C. e.* und 15. *C.* 4.	12 000 -	. . . 15 - 6 - - - -	2 Tage.
Zusammen, durcheinander gezählt	146 000 Stück.		

Der Verkehr zwischen Berlin, Cöpenick und Fürstenwalde ist, um die Rechnung nicht mehr als nöthig zu compliciren, nicht besonders ausgeworfen, und wird weiter unten einzeln berücksichtigt werden.

(Die Fortsetzung im nächsten Hefte.)

10.

Ueber verschiedene Arten von Eisenbahnschienen und deren Fundamentirung.

(Vom Herausgeber.)

(Fortsetzung der Abhandlung No. 5. im vorigen Heft.)

14.

Gewöhnliche, englische Constructionsart, mit gewalzten eisernen Schienen, auf Steine gelegt.

Die Schienen werden gewöhnlich 15 Fuſs lang gewalzt. An den Enden läſst man sie jetzt meistens stumpf zusammenstoſsen. Sie werden alle 3 Fuſs, jede Schiene also wird 5 mal unterstützt. Die Tragsteine müssen wenigstens $1\frac{1}{2}$ F. lang, $1\frac{1}{2}$ F. breit und 1 F. hoch sein. In der Gegend von Berlin würden Sandsteine dazu immer noch am besten, und nicht eben theurer als Granite sein, weil letztere, in gröſseren Stücken, auch schon von weit hergeholt werden müssen, und das Behauen derselben, wenn auch nur zum Auflegen des Schienenstuhls, so wie das Bohren der Löcher zu den Bolzen, verhältniſsmäſsig theurer sein würde, die Granite aber dann auch ein noch weniger festes Lager und festen Stand bekommen, als die Sandsteine. Die Schienenstühle, von gegossenem Eisen, werden am besten jeder vermittelst zweier, durch die Tragesteine *hindurch* reichender Bolzen, unten mit einem Kopf, oben mit Schrauben-Spindel und Mutter, auf die Tragesteine befestigt. In den Schienenstühlen werden die Schienen mittelst eiserner Keile festgekeilt. Die Schienenstühle wiegen das Stück 18 Pfd.; diejenigen aber, welche unter die Stöſse der Schienen treffen, und welche etwas breiter gemacht werden, 21 Pfd. Auch möchte es wohl gut sein, die unter die Stöſse der Schienen treffenden Tragesteine wenigstens etwas stärker zu machen, als die übrigen, z. B. statt $1\frac{1}{2}$ F., 2 F. lang und breit.

Von den Schienen kann man vorzüglich zweierlei Arten unterscheiden: *leichte*, welche nur oben breit sind, auf welcher gröſseren Breite dann die Räder laufen, übrigens aber nur dünn: und *schwere*, die unten *ebenfalls* breit, und deren Fuſs dem Kopfe ganz gleich ist; was man in der Absicht macht, theils um den Schienen einen festeren Stand im Schienenstuhle zu geben, vorzüglich aber, damit sie, wenn der Kopf abgerieben ist, *umgekehrt* werden können, den Fuſs nach oben. Für den *festen Stand* würde indessen der breite Fuſs wenig helfen, wenn nicht die Schienen festgekeilt würden; und das *Umkehren* der Schienen ist auf so lange Zeit hinaus berechnet, daſs der Nutzen davon wohl ziemlich problematisch sein dürfte. Die leichten Schienen kann man zu $13\frac{3}{4}$ Pfd. den laufenden Fuſs rechnen; wenigstens sind sie, der Erfahrung nach, *so* schwer genug; die schweren Schienen zu etwa 22 Pfd. den laufenden Fuſs.

Wo das Terrain einigermaſsen fest ist, setzt man auch wohl die Steine auf den bloſsen, vorher festgestoſsenen Boden. So sind sie aber offenbar zu wenig stabil, und es sollte, wenigstens unter den Steinen, immer eine Lage von zerschlagenem Granit oder von Kalksteinen, etwa 8 Zoll dick, liegen; auch sollten die Steine zur Seite in einen Steinschlag eingefuttert werden, so daſs sie wie in einem *fortlaufenden* Steinschlage ganz versenkt stehen. Da es hier bei den Kosten nur auf *Vergleichungen* ankommt, so werden wir die Kosten des Steinschlages bei dieser Constructionsart jedenfalls in Rechnung bringen, um so mehr, da auch bei den andern Constructionsarten, wo die Steinunterlage weniger *nothwendig* ist, dennoch auf dieselbe gerechnet werden soll.

Die *Kosten einer Meile Eisenbahn* von dieser ersten Constructionsart würden nach hiesigen Preisen, mit Rücksicht auf die Erhaltung, folgende sein.

I. Mit leichten Schienen.	Anlagekosten. Rthlr.	Sgr.	Dauer. Jahre.	Thut an Erhaltungskosten. Jährlich. Rthlr.	Sgr.	An Capital. Rthlr.	Sgr.
1) Für 12 800 Tragesteine unter den Schienen, zwischen den Stöfsen derselben, von Sandstein, $1\frac{1}{2}$ F. lang, $1\frac{1}{2}$ F. breit, 1 F. hoch, mit dem Bohren zweier Löcher und dem Transporte, zu 1 Rthlr. 5 Sgr., ...	14 933	10	100	220	20	4 413	10
2) Für 3200 Tragsteine unter den Stöfsen der Schienen, 2 F. lang, 2 F. breit, 1 F. hoch, eben so, zu 1 Rthlr. $27\frac{1}{2}$ Sgr.,	6 133	10					
3) Für 1286 Sch. R. kleine Kalksteine, oder kleine Granitbrocken, zu 6 Rthlr. 20 Sgr.,	8 573	10	100	105	1	2 100	15
4) Für das Zerschlagen dieser Brocken und die Verfertigung des Steinschlages aus denselben, zu $1\frac{1}{2}$ Rthlr. die Sch. R., . .	1 929	—					
5) 2095 Ctr. gegossenes Eisen zu 12 800 Schienenstühlen von 18 Pfd. schwer, 611 Ctr. desgleichen Eisen, zu 3200 Schienenstühlen, von 21 Pfd. schwer, 2706 Ctr. gegossenes Eisen, zu 3 Rthlr. 10 Sgr., ...	9 020	—	50	180	12	3 608	—
6) 32 000 Bolzen zur Befestigung der Schienenstühle an den Tragsteinen, von 14 Zoll lang, $\frac{3}{4}$ Zoll im Durchmesser, mit den Muttern zu 2 Pfund schwer, thut 582 Ctr. Eisen, zu 12 Rthlr., ...	6 984	—	50	139	10	2 786	20
7) 6000 Ctr. gewalzte Schienen, der laufende Fufs $13\frac{3}{4}$ Pfd. schwer, zu 7 Rthl. 10 Sgr.,	44 000	—	30	1466	20	29 333	10
8) 16 000 Keile, mit Kröpfen, zur Befestigung der Schienen in den Stühlen, zu $1\frac{1}{2}$ Sgr., ...	800	—	30	26	20	533	10
9) Für das Legen der Schienen und Setzen der Steine auf 2000 laufende Ruthen Bahn, zu 2 Rthlr., ...	4 000	—	5	800	—	16 000	—
Zusammen	96 373	—	—	2938	23	58 775	5

II. Mit schweren Schienen.	Anlagekosten.		Dauer.	Thut an Erhaltungskosten.			
			Jahre.	Jährlich.		An Capital.	
Für 9600 Ctr. gewalzte Schienen, der laufende Fuſs 22 Pfund schwer, zu 7 Rthlr.	Rthlr.	Sgr.		Rthlr.	Sgr.	Rthlr.	Sgr.
10 Sgr., ...	70400	—	50	1408	—	28160	—
Das Uebrige, wie in (I.), mit . . .	52373	—	—	1472	3	29441	25
Thut zusammen	125773	—	—	2880	3	57601	25

Diese Constructions-Art erfüllt nun von den sechs Bedingungen und Desideraten §. 13. die erste, zweite, dritte und vierte, den obigen Erörterungen zufolge, nur sehr unvollkommen; allenfalls nur die fünfte, und die sechste gar nicht. Werden die Tragsteine nicht in einen Steinschlag eingefuttert, so ist die Construction sogar überhaupt kaum haltbar.

15.

Belgische Constructionsart, mit massiven, gewalzten eisernen Schienen, von Querhölzern getragen.

Man kann diese Art füglich die *belgische* nennen, weil sie bei Brüssel insbesondere zuerst in gröſserer Ausdehnung einer Bahn befolgt worden ist.

Es werden runde Stämme von Eichen, Kiehnen oder anderem Holze, und von mindestens 12 Zoll im Durchmesser, mitten durch ihre Achse hindurch zersägt, und von den so enstehenden, im Querschnitte halbkreisförmigen Hälften werden 9 F. lange Stücke, von 3 zu 3 Fuſs, mit der gesägten platten Fläche nach unten, quer über die Straſse, unter die Schienen gelegt. Die Querhölzer werden nur an den beiden Stellen etwas beschlagen, wo die Schienenstühle hintreffen. An diesen Stellen werden die Schienenstühle, am besten vermittelst durchreichender eiserner Bolzen, die unten einen Kopf, oben eine Spindel haben, vermittelst Muttern an die Hölzer festgeschraubt. In die Schienenstühle werden die Schienen, wie bei der englischen Art, festgekeilt, und man kann sowohl leichte als schwere Schienen nehmen.

Gewöhnlich, und auch bei Brüssel, hat man die Querhölzer unter den Schienen auf den bloſsen Sand gelegt, und das Wasser vom Damm durch Rigolen von trockenen Steinen abgeleitet. Besser und dauerhafter aber wird es sein, sie auf einen Steinschlag zu legen, der oben, nach der Breite des Dammes rinnenförmig, so gemacht werden kann, daſs in den Rinnen das Wasser schnell und leicht abflieſst.

Die Kosten einer Meile Eisenbahn nach dieser Constructionsart würden, mit Rücksicht auf die Erhaltung, folgende sein:

	Anlagekosten.		Dauer.	Thut an Erhaltungskosten.			
			Jahre.	Jährlich.		An Capital.	
I. Mit leichten Schienen.	Rthlr.	Sgr.		Rthlr.	Sgr.	Rthlr.	Sgr.
1) Für 36 000 laufende Fufs rundes kiehnenes Holz zu den Querstücken, zu $5\frac{1}{2}$ Sgr.,	6 600	—	5	1380	—	27 600	—
2) Diese Hölzer durch ihre Achse hindurch zu zersägen, zu 3 Sgr. den Fufs, . .	300	—					
3) 1111 Sch. R. Steine zum Steinschlag und zur Steindecke, zu 6 Rthlr. 20 Sgr., .	7 406	20	100	90	22	1 814	19
4) Für die Steine zu zerschlagen und die Fundamentirung der Decke zu machen, zu $1\frac{1}{2}$ Rthlr. die Sch. R., ...	1 666	15					
5) Für die Schienenstühle, wie §. 14. I. 5.,	9 020	—	50	180	12	3 608	—
6) 32 000 Bolzen zur Befestigung der Schienenstühle an den Querhölzern, von 7 Zoll lang, zu 5 Sgr., ...	5 333	10	50	106	20	2 133	10
7) 6000 Ctr. gewalzte Schienen, zu $13\frac{3}{4}$ Pfd. der laufende Fufs schwer, zu 7 Rthlr. 10 Sgr., ...	44 000	—	30	1466	20	29 333	10
8) 16 000 Keile zur Befestigung der Schienen, zu $1\frac{1}{2}$ Sgr., ...	800	—	30	26	20	533	10
9) Für das Strecken der Querhölzer und das Legen und Befestigen der Schienen auf 2000 R. Bahn, zu 2 Rthlr. 6 Sgr., . . .	4 400	—	5	880	—	17 600	—
Zusammen	79 526	15	—	4131	4	82 622	19
II. Mit schweren Schienen.							
Für 9600 Ctr. gewalzte Schienen, zu 22 Pfd. der laufende Fufs, zu 7 Rthlr. 10 Sgr.,	70 400	—	50	1408	—	28 160	—
Das Uebrige, wie in (I.), mit . . .	35 526	15	—	2664	14	53 289	9
Zusammen	105 926	15	—	4072	14	81 449	9

Man kann hier die, wegen des leicht vergänglichen Holzes sehr bedeutenden Erhaltungskosten ansehnlich vermindern, wenn man statt der hölzernen Quer-Unterlagen *steinerne,* von Granit, legt, die hier, unter dem Namen von *Stufensteinen,* bis 7 F. lang, 15 Zoll breit, 8 Zoll dick zu haben sind. Ein solcher Stein würde, mit dem Behauen, an den Stellen, wo die Schienenstühle hintreffen, und dem Bohren der Löcher zu den

Bolzen, gegen 5 Rthlr. kosten, und die Kosten würden dann wie folgt zu stehen kommen.

	Anlagekosten.		Dauer.	Thut an Erhaltungskosten.			
			Jahre.	Jährlich.		An Capital.	
	Rthlr.	Sgr.		Rthlr.	Sgr.	Rthlr.	Sgr.
III. Mit leichten Schienen.							
Für 8000 steinerne Quer-Unterlagen, zu 5 Rthlr.,	40 000	—	100	400		8 000	
Für das Strecken der Steine und das Legen und Befestigen der Schienen, zu 2 Rthlr. 6 Sgr. die laufende Ruthe,	4 400	—	10	440	—	8 800	—
Das Uebrige, wie oben (I.), mit	68 226	15	—	1871	4	37 422	19
Zusammen	112 626	15	—	2711	4	54 222	19
IV. Mit schweren Schienen.							
Für 9600 Ctr. Schienen, zu 7 Rthl. 10 Sgr.,	70 400	—	50	1408	—	28 160	—
Das Uebrige, wie (III.), mit	68 626	15	—	1244	14	24 889	9
Zusammen	139 026	15	—	2652	14	53 049	9

Diese Constructionsart erfüllt von den sechs Bedingungen §. 13. die *erste*, und in Folge dessen auch die *vierte*, schon viel besser als die englische; denn die Querhölzer oder Quersteine liegen, zumal auf einem Steinschlage, viel fester als die einzelnen Tragsteine, weil ein Querstück 9 Quadrat-Fuſs *verbunden* tragende Grundfläche hat, 2 Tragsteine dagegen, *getrennt*, nur jeder $2\frac{1}{4}$ Q. F. tragende Fläche haben, so daſs also die Stützpuncte der Bahn viel weniger leicht eingedrückt oder verschoben werden können.

Die *zweite* Bedingung, nämlich die der Unveränderlichkeit des Parallelismus der Schienen, erfüllt diese Constructionsart sehr vollkommen; denn auf den quer durchgehenden festen Unterlagen kann sich die Entfernung der Schienenreihen von einander auf keine Weise ändern.

Auch die *dritte* Bedingung, die Entwässerung der Bahn, wird durch die rinnenförmige Steindecke sehr gut erfüllt.

Die *fünfte* Bedingung, wegen der Kosten, wird etwa in dem Maaſse erfüllt, wie bei der vorigen Constructionsart.

Das Desiderat der Fahrbarkeit der Bahn, auch für gewöhnliche Wagen, bleibt wie bei der vorigen Art übrig.

Im Ganzen dürfte diese Constructionsart vor der vorigen §. 16. schon wesentliche Vorzüge haben. Sie ist diejenige, auf welche man für die Eisenbahn zwischen Berlin und Potsdam rechnet.

16.

Amerikanische Constructionsart, mit dünnen, auf hölzerne Balken ausgestreckten Schienen.

Man macht die eisenplattirten Bahnen in Nord-Amerika, wie aus der im 3ten Hefte 10ten Bandes dieses Journals nach der Schrift des Herrn Major *Poussin* mitgetheilten Beschreibung derselben zu sehen, auf sehr verschiedene Weise. Als die bessere Art dürfte die zu betrachten sein, welche auf einen Steinschlag ausgestreckte Schwellen und über diese etwa alle 4 Fuſs gekämmte Querhölzer hat, auf welche, nach der Länge der Bahn, die Schienenbalken gestreckt werden, die dann die eisernen Schienen tragen. Da das groſse Übel der hölzernen Bahnen in der leichten Vergänglichkeit des Holzes besteht, und diese wieder sehr gefördert wird, wenn das Holz unmittelbar auf dem Erdboden, oder gar halb in, halb über der Erde liegt, so muſs man die Hölzer, wenigstens diejenigen welche zunächst die Schienen tragen sollen, möglichst *über* den Boden erhöht legen, damit sie von der Luft frei umspielt und so schneller getrocknet werden können. Die *Querhölzer* sind sehr wesentlich nöthig zur Erhaltung des Parallelismus der Schienen. Ferner sind die bloſs platten eisernen Schienen nicht gut: einestheils weil die Köpfe der Nägel, vermittelst welcher sie auf den hölzernen Balken befestigt werden, immer, auch wenn man sie versenkt, die Bahn mehr oder weniger uneben machen: anderntheils, weil dann das Holz an der Seite, wo der Spurkranz der Räder anstreift, gar nicht durch Eisen armirt ist. Besser sind die knieförmigen Schienen.

Zweckmäſsig dürfte also nach diesen Andeutungen eine eisenplattirte Bahn, so wie es Fig. 1. Taf. IV. vorstellt, anzuordnen sein. Auf den Steinschlag *A* werden die Schwellen *B*, von 6 Zoll breit und 8 Zoll hoch, gestreckt. Sie sind *deshalb* höher als breit, damit sie möglichst schon über den Boden emporragen mögen. Auf diese Schwellen werden alle 4 Fuſs die Querhölzer *C*, *C*, 1 Zoll tief eingekämmt. Diese Querhölzer können dann, wenn mit Dampfkraft gefahren wird, schon ganz frei über dem Boden liegen. Wird mit Pferden gefahren, so müssen sie freilich, wegen der Bahn für die Pferde, ganz verschüttet werden. Über die Querhölzer werden die Schienenbalken *D*, von 6 Zoll breit und 8 Zoll hoch, 3 Zoll tief eingeschnitten, und noch 1 Zoll tief eingekämmt. Die Schienen sind oben, wie es die Zeichnung andeutet, ausgepfalzt, damit die eisernen Schienen und der Druck der Wagenräder auf *die Mitte* der Balken treffe, und die Balken *so* besser tragen. Die Schienen *pqr* sind knieförmig, oben 2 Zoll breit und an der Seite 2 Zoll tief herunterreichend, welcher hinunterreichende Theil den doppelten Zweck hat, das Holz gegen das Anstreifen der Spurkränze der Räder zu schützen, und die Nägel aufzunehmen, vermittelst welcher die Schienen auf die hölzernen Balken befestigt werden, so dafs sie dann oben ganz glatt bleiben können. Alle Hölzer werden oben, nach der Breite, von der Mitte aus nach den Seiten abgeschrägt oder abgedacht, damit das Wasser weniger darauf verweilen möge. Der Damm erhält zwischen den Schienen, wie es die Figur zeigt, einen 2 Zoll dicken Steinschlag, welcher zu einer Decke dient, die das Wasser abhält in den Damm zu dringen, und auf welchem das Wasser *zwischen* den Querhölzern abfliefst. Es werden für den letzten Zweck die Schwellen *B*, je zwischen zwei Querhölzern, auf etwa 2½ F. lang, noch so tief ausgekehlt, dafs die Oberfläche nur gerade noch mit der Oberfläche des Steinschlages und der Steindecke gleich hoch und in der Profil-Linie desselben liegt. Zu den Balken werden die Hölzer so lang als möglich genommen, wenigstens 24 F. lang. In den Stöfsen werden sie, wie auf den Schwellen, 2 Fufs lang durch Hakenkämme mit einander verbunden, wie die Träger in Gebäuden. Kann man Eichen Holz haben, so ist es gut; doch wird sich im Allgemeinen wohl nur auf Kiehnen Holz rechnen lassen. Die Schienenbalken werden auf die Querhölzer noch durch eiserne Kniee befestigt.

Auf diese Art gebaut, würden die Kosten einer Meile Bahn, mit Rücksicht auf die Erhaltung, folgende sein:

	Anlagekosten.		Dauer.	Thut an Erhaltungskosten.			
				Jährlich.		An Capital.	
	Rthlr.	Sgr.	Jahr.	Rthlr.	Sgr.	Rthlr.	Sgr.
1) 52 000 laufende Fufs kerniges und ganz bescheittenes kiehnenes Holz zu den Schwellen, 6 Zoll breit, 8 Zoll hoch, zu 3½ Sgr., ...	6 066	20	5	1773	10	35 466	20
2) Die Schwellen abzudachen, zusammen zu kämmen, die Kämme zu den Querstücken einzuschneiden und die Schwellen zu lagern: 48 000 laufende Fufs, zu ½ Sgr., . . .	800	—					
Bis hierher	6 866	—	5	1773	10	35 466	20

	Anlagekosten.		Dauer.	Thut an Erhaltungskosten.			
				Jährlich.		An Capital.	
	Rthlr.	Sgr.	Jahre.	Rthlr.	Sgr.	Rthlr.	Sgr.
Bis hierher	6 866	20	5	1773	10	35 466	20
3) 48 000 lauf. F. eben solches Holz, von 6 Zoll breit und 6 Zoll hoch, zu 6000 Querstücken von 8 F. lang, zu $2\frac{1}{2}$ Sgr., .	4 000	—	10	480	—	9 600	—
4) Die 6000 Querstücke abzudachen und aufzukämmen, zu 4 Sgr., ...	800	—					
5) 52 000 laufende Fufs eben solches Holz, von 6 Zoll breit, 8 Zoll hoch, zu den Schienenbalken, zu $3\frac{1}{2}$ Sgr., ...	6 066	20	8	958	10	19 166	20
6) Die Schienenbalken auszufalzen, abzudachen, zusammen und auf die Querstücke aufzukämmen: 48 000 lauf. Fufs, zu 1 Sgr.,	1 600	—					
7) 2618 Ctr. geschmiedete oder gewalzte eiserne Schienen, zu 6 Pfd. der lauf. Fufs schwer, zu 7 Rthlr. 10 Sgr., ...	19 198	20	10	1919	26	38 397	10
8) 3200 eiserne Platten unter den Stöfsen der Schienen, 4 Pfd. schwer, zu 10 Sgr., .	1 066	20	20	53	10	1 066	20
9) 24 000 Kniee von Gufseisen zur Befestigung der Schienenbalken auf die Querhölzer, zu $1\frac{1}{2}$ Pfd. schwer, thut 327 Ctr. Gufseisen, zu 4 Rthlr., ...	1 308	—	30	43	18	872	—
10) 840 Schock Nägel, mit Broch, zur Befestigung dieser Kniee, zu 1 Rthlr. 10 Sgr.,	1 120	—	10	112	—	2 240	—
11) 900 Schock Nägel zur Befestigung der Schienen auf die Schienenbalken, zu 2 Rthl.,	1 800	—	10	180	—	3 600	—
12) 2000 Schraubenbolzen zur Verbindung der Schienenbalken mit einander an den Stöfsen, zu $7\frac{1}{2}$ Sgr., ...	500	—	20	25	—	500	—
13) 1000 Sch. R. Steine zum Steinschlag, zu 6 Rthlr. 20 Sgr., ...	6 666	20	100	66	20	1 333	10
14) Für das Zerschlagen dieser Steine und Verfertigung des Steinschlages, zu $1\frac{1}{2}$ Rthlr. die Sch. R., ...	1 500	—	100	15	—	300	—
15) Für das Legen der Holzbahn und das Befestigen der Hölzer und der Schienen, zu 2 Rthlr. die laufende Ruthe, ...	4 000	—	5	800	—	16 000	—
Zusammen	56 493	10	—	6427	4	128 542	20

Von den 6 Bedingungen §. 13, erfüllt diese Bauart die *erste*, der stetig fortlaufenden, festen Unterstützung, ziemlich vollkommen; denn, wenn gleich die Schienenbalken von 4 zu 4 F. frei liegen, so werden doch einestheils die Puncte selbst, in welchen sie unterstützt sind, sehr fest getragen, anderntheils können sich die hölzernen Balken auf 4 Fuſs lang nur noch unmerklich einbiegen. Die *zweite* Bedingung, die Erhaltung des Parallelismus der Schienen, wird durch die Querhölzer sehr gut erfüllt. Für den Abzug des Wassers, also für die Erfüllung der *dritten* Bedingung, ist ebenfalls gut gesorgt. Desto weniger erfüllt diese Bauart die *vierte* Bedingung, daſs Reparaturen nur selten vorkommen und leicht zu machen sein sollen. Da das Holz so schnell vergänglich ist, so werden im Gegentheile Reparaturen sehr häufig vorkommen; auch lassen sie sich, weil die Holzverbindung aufgenommen, die Schienen gelöset und wieder aufgenagelt werden müssen, eben nicht schnell und leicht ausführen, Man könnte zwar sagen, das Holz lasse sich durch Überzüge von Theer, oder durch andere Anstriche, durch Brennen, und auf andere Weise dauerhafter machen. Aber, entweder ist die Wirkung solcher Zubereitungen zweifelhaft, oder sie sind theuer, wie z. B. das neue, gepriesene Verfahren des Herrn *Kyan* in London; 50 Cubikfuſs Holz nach diesem Verfahren zuzubereiten kosten dort 1 Pfd. St., also der Cubikfuſs über 4 Sgr., welches etwa halb so viel ist, als hier *neues* Holz kostet. Es ist also zweifelhaft, ob die Kosten der Verwahrung des Holzes gegen die Vergänglichkeit mit dem Erfolge im Verhältniſs stehen. Was den Kostenpunct, die *fünfte* Bedingung betrifft, so sind zwar die ersten Anlage-Kosten geringer als bei dauerhafteren Constructionen; aber mit Rücksicht auf die Erhaltung ist eine eisenplattirte Bahn, wie man sieht, sogar *theurer* als eine Bahn mit massiven Schienen. Wo es darauf ankommt, erst nur mit möglichst geringen Kosten eine Bahn herzustellen; oder etwa da, wo es an Capital fehlt; oder aber, wo auf kein langes Bestehen der Bahn gerechnet wird, desgleichen da, wo noch Bauholz in Überfluſs vorhanden ist, mögen Bahnen mit dünnen Schienen auf hölzernem Unterbau vortheilhaft und folglich rathsam sein; in allen andern Fällen aber empfehlen sie sich keinesweges durch Wohlfeilheit, sobald man, wie es, wenn man richtig rechnen und sich nicht selbst täuschen will, geschehen muſs, nicht bloſs die ersten Anlagekosten, sondern auch die Erhaltungskosten berücksichtigt.

Aufserdem haben aber die plattirten Bahnen noch manches Andere gegen sich. Es erfordert nämlich die Meile Bahn, wie aus der obigen Kostenberechnung zu sehen, wie bei der ersten Anlage 152 000 laufende Fufs Holz, und zur Erhaltung, die Dauer der Hölzer, wie in der Berechnung, zu resp. 5, 10 und 8 Jahren angeschlagen, *jedes Jahr* 21 700 laufende Fufs oder etwa 720 Stämme Holz, welche um beschnitten 6 Zoll breite, 8 Zoll hohe Hölzer zu geben, im Gipfel 10 Zoll im Durchmesser haben müssen. Ein Wald mufs schon sehr gut bestanden sein, wenn der Morgen 180 Stämme solchen Holzes liefern soll. Also gehören zu den 720 Stämmen 4 Morgen Wald, und da das Holz wenigstens 60 Jahre alt sein mufs, *240 Morgen guten Waldes* zur Erhaltung *einer Meile* plattirter Bahn. Dieses Land, welches, als Acker und Garten, 150 bis 200 Menschen ernähren könnte, wird der besseren Cultur entzogen, und folglich *schadet* diese Art von Bahnen sogar der Cultur des Landes, statt dafs Eisenbahnen dieselbe zu fördern bestimmt sind. Also, beinahe allein schon deshalb, sollte in *stark bewohnten* Gegenden von plattirten Bahnen nicht die Rede sein.

Sodann sind auch die unaufhörlichen Reparaturen ein Umstand, der geradezu dem wesentlichen Zwecke einer Eisenbahn, den Transport zu erleichtern und zu beschleunigen, entgegen ist.

Nicht minder ist die Construction in einer gewissen Rücksicht *gar nicht gefahrlos.* Es wird nemlich nicht ausbleiben, dafs, um zu sparen, oder wegen nicht guter Aufsicht, oder aus Mangel an Vorräthen von Holz und dergleichen, Ausbesserungen länger unterbleiben, als es sein sollte, und dafs man einem Schienenbalken, wenn er schon faul und unhaltbar ist, zutraut, er werde doch wohl noch tragen. Dann kann er den Dienst versagen, und der Schaden für die Fuhrwerke ist da. Freilich kann eine eiserne Schiene, wenn sie als Balken tragen soll, ebenfalls brechen, aber weniger leicht; und dann sind auch, wie wiederholt bemerkt, die *als Balken tragenden* massiven Schienen ebenfalls nicht gut.

Endlich steht der plattirten Bahn sehr wesentlich der Umstand entgegen, dafs auf derselben *mehr Zugkraft* nöthig ist, als auf festen Bahnen. Dieses ist eine vielfältig bestätigte Erfahrung, und die Erhöhung des Bedarfs an Zugkraft kann sehr bedeutend werden, wenn die Bahn nicht stets durch neue starke Hölzer in dem besten Stande *erhalten* wird.

Dieses ist wieder ein Umstand, welcher dem wesentlichen Zwecke von Eisenbahnen geradezu entgegenläuft.

Die sechste Bedingung §. 13. erfüllen die Holzbahnen eben so wenig als die andern.

Die plattirten Bahnen sind daher für *Deutschland* wenig zu empfehlen, aufser etwa, wo es am ersten Anlage-Capital fehlt, oder wo auf kein langes Bestehen der Bahn gerechnet wird, oder wo Holz im Überflufs vorhanden ist.

(Die Fortsetzung im nächsten Hefte.)

Inhaltsverzeichniſs des zweiten Hefts elften Bandes.

Berlin, gedruckt bei G. Reimer.

11.
Instruction für junge Architekten zu Reisen in Italien.

(Vom Herrn Ober-Baumeister *Engelhard* zu Cassel in Hessen.)

(Fortsetzung der Abhandlung No. 1. im ersten und No. 8. im zweiten Hefte dieses Bandes.)

Von Venedig bis Padua.

Ich liefs mich bereden, von Venedig nach *Fusine,* über welches der Weg nach Padua führt, in einer kleinen Fischerbarke oder Gondel überzusetzen; was ich aber nicht empfehlen kann. Ich hatte mir zwar einen tüchtigen Barkenführer ausgesucht; unterweges gefiel es demselben aber, mit ein Paar Fischerknaben, welche ihren Fang nach Venedig führten, zu tauschen. Der eine Knabe bestieg mit den Fischen meine Barke und die andere bestieg ich, nach einiger Protestation, der ich mitten im Meere keinen sonderlichen Nachdruck geben konnte. Der Wind erhob sich etwas, und warf das elende Schiffchen mit dem ohnmächtigen Führer in die Moräste, aus denen ich kaum nach Stunden langer Anstrengung erlöset wurde. Ich glaube, ich habe auf diese Weise fünf Stunden zur Überfahrt gebraucht. Viel besser ist es, in dem grofsen Postschiffe, welches, so viel ich weifs, täglich nach *Padua* geht, zu reisen, aber nicht *bis* Padua, sondern nur bis an das feste Land, und von da den etwa acht Stunden langen Weg nach Padua zu Fufs; denn da findet sich jede Hundert Schritte etwas für den Architekten Interessantes, indem der ganze Weg mit schönen und zum Theil prächtigen Landhäusern, gröfstentheils von Palladio und seiner Schule, besäet ist. Eins der merkwürdigsten schien mir ein grofses Landhaus, welches damals der Vicekönig von Italien (der nachmalige Herzog von Leuchtenberg) zu *Stra* an der Brenta für sich einrichten liefs. Solche Gelegenheiten, gröfsere practische Bau-Ausführungen zu sehen, müssen allemal dem reisenden Architekten sehr erwünscht sein; denn dabei bekommt er manchen sehr nützlichen Handwerksvortheil zu sehen. Besonders prächtig ist bei dieser Villa der dem Hauptgebäude gegenüber, auf der andern Seite des Gartens liegende Marstall.

Zwischen *Stra* und *Padua* sind noch einige sehenswerthe Landhäuser und interessante Wasserbauten, an denen überhaupt Ober-Italien keinen Mangel hat. Was jedoch die eigentlichen Uferbauten betrifft, so kann ich solche nicht sehr rühmen; der Faschinenbau ist, wenigstens auf dem hier berührten Reisezuge, selten. Die Ufer sind mit Pfahlwerken und grofsen Steinen befestigt, und zwar auf eine verwirrte und unregelmäfsige Art, so dafs Uferbrüche nicht selten sind. Merkwürdiger sind Schleusen und Brücken. In *Mira* ist eine grofse, sogenannte Bassin-Schleuse und sehr solide construirt. Man hat viel Mühe auf künstliche Formen von Brückenbogen verwendet. In *Stra* sah ich eine Brücke mit zwei Bogen, jeden von ungefähr 60 Fufs weit, welche nach Kettenlinien gebauet waren. Dergleichen Constructionen haben den Nachtheil, dafs sie gewöhnlich, bei dem doch nie ganz zu vermeidenden Zusammensetzen, unreine Linien bilden; wie es auch hier der Fall war; was dann, da kleine Fehler bei der Verschiedenheit der Form jedes einzelnen Steines nur zu leicht einschleichen, üble Folgen hat. Auch ist jenseits *Stra* eine kleinere, sehr flache Brücke, die, wie mir scheint, nach einem aus vielen Puncten construirten Bogen erbauet ist.

Padua.

Die ersten Strafsen von *Padua*, in die man gewöhnlich von Stra her kommt, um zu den frequenten Gasthäusern zu gelangen, sind leer und wenig interessant.

Die Domkirche ist eine ziemlich moderne Kirche, von gewöhnlicher Art; in der Sakristei derselben sind einige schöne Bilder, worunter eine sehr vorzügliche Madonna von Titian. An derselben steht eine Taufcapelle von byzantinischer Bauart, mit einer Kuppel über einem quadratischen Grundrisse, die also auf Hängebogen ruhet. Diese Gewölbe sind mit alten Frescogemälden ganz bedeckt, welche besonders architektonisch geordnet sind und einen Eindruck, den man fast eine freudige Bestürzung nennen könnte, machen. Diese architektonische Anordnung der Malereien dürfte sehr instructiv für den Baukünstler sein. Da Maler und Architekt im Mittelalter, wenigstens in Italien, oft eine und dieselbe Person waren, so sieht man nicht selten Productionen, wo Architektur und Malerei in der schönsten Harmonie stehen, und das eine wie für das andere geschaffen ist.

Die Kirche von *S. Giustina* ist ein modernes, grofses, mit vielem Aufwande von Wölbungen, übrigens aber nach dem gewöhnlichen Plane des Kreuzes aufgeführtes Gebäude, welches aber nach meiner Meinung etwas sehr kahles und leeres hat. Die Façade war bei meiner Anwesenheit noch unvollendet.

Der *Salone*, oder grofse Saal, auf dem Hauptplatze, ist ein gar merkwürdiges, recht eigentlich curioses Gebäude, im gemischten Style, in welchem der gothische vorherrscht. Der Saal ist auswendig mit zwei Säulenbogen-Reihen über einander umgeben, und hat ein hohes, nach einem Spitzbogen gewölbtes Dach. Im untern Stockwerke sind auf jeder Seite, hinter den Säulengängen, noch andere weite Hallen, und zwischen diesen zwei Reihen Kaufhallen. Durch grofse, steinerne unter den Säulengängen liegende Treppen kommt man in das zweite Stockwerk und zu dem eigentlichen Saale, der 264 Fufs lang und 91 F. breit ist. Über demselben wölbt sich jenes hölzerne, nach Form eines durchlaufenden Spitzbogens construirte Dach, welches dem Ganzen ein höchst ungewöhnliches und seltsames Ansehen giebt. Dazu kommt die ungewöhnliche Beleuchtung durch kleine, niedrige, an die langen Wände gereihete Bogenfenster, die paarweise gruppirt sind. Die Räume zwischen den Fenstern und dem Gewölbe nehmen zahllose Frescogemälde ein, die, auf schwarzem Grunde, arabeskenartig in Reihen geordnet sind und die mannigfaltigsten Gegenstände vorstellen, sowohl ernste als komische.

Die Kirche des *S. Antonius* ist die gröfste und merkwürdigste in Padua, und ebenfalls in dem gemischten Style des italienischen Mittelalters erbaut, in welchem auch hier der gothische vorherrscht. Die Capelle von St. Antonius ist in dem zierlichen Style des *Sansovino* erbaut und besonders auch durch die, das Leben des Heiligen vorstellenden Basreliefs, die von Sansovino und Lombardo gar schön in Marmor gebildet sind, bedeutend.

Dieser Capelle symmetrisch gegenüber, ist aber eine noch weit schönere, die, ungeachtet sie nicht ganz rein neugothisch ist, durch die Schönheit ihrer Verhältnisse und durch die ausnehmende Zierlichkeit, so wie besonders auch durch die vortrefflichen Frescomalereien von *Giotto,* mit welchen sie ganz bedeckt ist, überaus reizend und vortrefflich sich darstellt. In gleichem Style ist eine kleine Capelle, nahe bei der des S. Antonius, gemalt und verziert; zwar einfacher, aber fast von noch schöneren Proportionen. Sie ist dem *Luca Beludi*, Gefährten des S. Antonius, gewidmet.

Auf demselben Platze wo die Kirche des S. Antonius steht, befindet sich auch die sogenannte *Scuoletta,* in welcher eine Gallerie von Frescogemälden zu sehen ist, welche meistens von Titian, Campagnuola und Contarini sein sollen.

Die Universitätsgebäude, oder der *Bo*, sind von aufsen imposant, von Innen zierlich; es ist ein gewisses Ganzes und ein grofsartiges Wesen darin.

In Padua finden sich auch viele recht hübsche und zierliche Privatgebäude, sowohl moderne als ältere, letztere immer im Style der venetianischen, oder denselben nahe verwandt; der Pallast *Mandruzzato* ist eins der ausgezeichnetsten dieser Gebäude; er hat durch Veränderungen etwas gelitten; ich bedauere, ihn nicht im Innern gesehen zu haben; man wird oft durch die Äufserung eines Führers, das Innere eines Gebäudes sei nicht merkwürdig, vom Sehen abgehalten; auch ist es nicht immer ohne Indiscretion möglich; wo es aber thunlich ist, sollte man keinen Gegenstand halb sehen.

Die Lebensweise in Padua ist heiter; besonders findet sich viel Liebe zur Musik.

Hier wird man auch schon nach und nach mit der südlichen Vegetation bekannt; in einem öffentlichen Garten findet man eine schöne, grofse Pinie, die erste von dieser Gröfse, welche der Nordländer auf dem von mir beschriebenen Wege antrifft.

Ich rathe dem reisenden Architekten, sich in Padua recht sehr vertraut mit der im italienischen Mittelalter herrschenden inneren Verzierung der Gebäude mit Malereien, sowohl mit historischen Bildern als eigentlichen Ornamenten, mit der damaligen Art der Anwendung polirter Marmorarten und der Vergoldung zu machen; er findet noch viel dergleichen auf seinem weiteren Wege; auch sehr schönes und treffliches, aber nirgends, wenigstens an keinem mir bekannten Orte, so vieles und vollständiges, wie es die oben angeführten Gebäude enthalten. Die Farbenzusammenstellungen sind von einem ganz besonderen, man möchte sagen unnachahmlichen Reiz, und manche Farbenstoffe dürften gar nicht mehr bekannt sein, andere aber, wie z. B. das Ultramarin, wegen ihrer Kostbarkeit nicht häufig mehr angewendet werden. *Giotto* ist damit, und mit Vergoldungen, verschwenderisch umgegangen; und eben mit dem Gebrauch des prächtigsten vereinigt sich bei ihm zugleich die gröfste Zartheit der Farbentöne.

Padua, wie Venedig und die anderen vorgenannten Städte, enthalten aufser ihren architektonischen Merkwürdigkeiten noch gar manche andere; allein wir haben hier nicht die Absicht, andere als architektonische, oder doch mit der Architektur in Beziehung stehende Gegenstände zu berühren. Ich will indessen daran erinnern, dafs nicht zu vergessen sei, wegen anderer Sehenswürdigkeiten das Itinerarium zu consultiren, und sich zugleich überall bei unterrichteten Männern nach den Merkwürdigkeiten der Orte zu erkundigen. Selbst auch in architektonischer Hinsicht dürfen die Angaben, welche hier gemacht werden, nicht als so ganz vollständig betrachtet werden, dafs weiter nichts zu sehen und aufzusuchen wäre; denn es ist unmöglich, Italien ganz zu sehen: dazu würde ein Menschenleben nicht hinreichen. Auch verweile ich nicht gerade bei dem Merkwürdigsten am längsten, sondern ich suche vorzugsweise nur solche Dinge herauszuheben, die nicht jeder, der einen Fremden herumführt, zeigt, und welche von bedeutendem practischen Interesse scheinen.

Noch will ich bemerken, dafs man schon in Venedig durch die grofse Menge neuer Eindrücke und ungewöhnlicher Erscheinungen geistig so ergriffen werden wird, dafs selbst einige Pflege und Ruhe, wenigstens eine gewisse Mäfsigung nöthig ist, um nicht auch körperlich erschüttert zu werden. *Weinbrenner* meinte einmal, ein deutscher Architekt, der, ohne das übrige Italien vorher zu sehen, plötzlich nach Rom käme, würde durch die Menge von Erscheinungen, die nun auf einmal auf ihn einstürmten, eine geistige Indigestion bekommen, die ihn zu Grunde richten könnte.

Am meisten trägt zu der Unbehaglichkeit bei, wenn man sich selbst in gewisse Zeitperioden zwischen Ankunft und Abreise einklemmt und nun darin gleichsam abhetzt, als hinge ein Übel daran, den Termin nicht inne zu halten. Besser sieht man immer alles mit ruhiger Besonnenheit, und reiset ab, wenn man fertig ist, ohne gerade die Zeit so genau vorher abzumessen.

Doch ich komme zu der eigentlichen Reiseroute zurück.

Vor dem Abgange von Padua wird es gut sein, sich schon nach einigen Gebäuden von Palladio umzusehen, da man jetzt recht eigentlich in dessen Architekturgebiet ist, und jetzt im Begriff steht, in die Hauptstadt dieses Gebiets, *Vicenza,* einzutreten.

Vicenza.

Palladio giebt in seinen Quattro libri dell' Architettura mehr als zwanzig Abbildungen von Landhäusern, die vorzüglich in der Gegend von Vicenza, Verona, Padua und Treviso zerstreut sind. Ich habe solche bei weitem nicht alle gesehen, was mir hinsichtlich derer des Herrn Badoero zu Polesina bei Salinguera, der Grafen Trissini zu Maledo im Vicentinischen, der Grafen Sarego zu Santa Sophia bei Verona und der Grafen Mocenigo an der Brenta besonders leid thut. Villa Trissini hat nemlich eine wunderschöne, sich amphitheatralisch zurückziehende Façade und in der Villa Sarego hätte ich gern den mit hohen, gewundenen jonischen Säulen eingefafsten rechteckigen Hof sehen mögen.

Übrigens wird es dem Reisenden vielleicht damit eben so gehen, wie es mir mit den Pallästen Palladio's in *Vicenza* ging, wo ich oft, wenn ich eine grofse prächtige Erscheinung erwartete, mit einem kleinen Theile des nur angefangenen und nicht vollendeten Pallastes zufrieden sein mufste. Von den merkwürdigsten Gebäuden Palladio's zu *Vicenza* führe ich folgende an.

Das sogenannte Teatro olympico, eine Nachahmung der antiken Theater, jedoch mit einer Dachbedeckung, die auch constructiv sehr interessant ist. Dieses Theater war mir besonders akustisch merkwürdig; ich habe darin viele Versuche mit dem Schalle angestellt, und gefunden, dafs, obgleich die Stimme stark resonnirt, doch alle Worte, die auf der Bühne gesprochen werden, im Amphitheater sehr undeutlich zu verstehen sind. Es müfste sehr angenehm sein, das Theater mit Zuschauern gefüllt und benutzt zu sehen.

Ragione, oder das Stadthaus, ebenwohl von Palladio erbaut und in seinem Werke beschrieben, ist dem Salone in Padua sehr ähnlich; nur ist in Padua blofs das Äufsere mit modernen Arcaden von Palladio decorirt; das Innere, oder der eigentliche Saal, ist alt. In einem grofsen Zimmer des Stadthauses zu Vicenza befindet sich ein gar schönes Gemälde von Bassano, die Anbetung der drei Könige vorstellend.

Unter den Pallästen, die von Palladio erbaut sind, wird gewöhnlich zunächst der Pallast *Chiericati* genannt. Es sind darin das Vestibüle, die Halle nach dem Hofe zu und die wohl angebrachten Treppen sehr schön.

Den in Palladio's Buch unter dem Namen *de Porti* aufgeführten Pallast habe ich mit aller Mühe nicht auffinden können. Der unter dem Namen Montano Barbarano erwähnte Pallast wird jetzt *de Porti* genannt; er ist mit einigen Veränderungen ausgeführt, hat zwei schöne frei übereinanderstehende Säulenordnungen und heifst *Porti Montano*.

Der Pallast *Thiene* ist kaum zur Hälfte ausgeführt und es ist in dem Innern desselben wenig zu sehen.

Der Pallast *Valmarano*, noch jetzt so genannt, ist nur bis zum Anfange des Hofs, mit der ersten Säulenreihe ausgeführt, und die Ausführung dieses Grundrisses, die wunderschön sein müfste, ist so gleichsam für die Welt verloren gegangen.

Von manchen andern Pallästen steht nur ein Stück da, wie eine Ruine.

Ich erinnere mich eines sehr schönen jonischen Säulenganges in dem Hofe eines Pallastes von Palladio, links beim Eingange, vor welchem eben einige Diener mit einer Gruppe schöner Pferde beschäftigt waren, weifs ihn aber nicht genauer zu bezeichnen.

Aufser den Pallästen von Palladio giebt es auch in Vicenza noch mehrere von bekannten andern Baumeistern, wie von *Scamozzi*, z. B. den Pallast *Trissino*, oder von *Sansovino*, von welchem ein Pallast auf dem grofsen Platze, wie man gewöhnlich den Marktplatz in den italienischen Städten nennt, sich befindet. Der Architekt mufs auch nicht vergessen das Haus zu sehen, welches Palladio für sich selbst gebaut hat, und welches an der Strafse nur zwei Fenster in der Fronte hat; es könnte deren drei haben, allein die Mitte nimmt eine grofse mit corinthischen Pilastern verzierte Wandfläche ein, an der sich, wenn ich nicht irre, ein sehr beschädigtes, kaum noch sichtbares Frescobild befindet. Hinten hat das Haus mehr Breite und Gelafs, und erinnert an die Armuth des Erbauers, der, wie einer seiner Biographen sagt, für einen Rifs zu einem Gebäude nicht mehr als einen Scudo bekam, was immer noch sehr wenig ist, wenn es auch ein Scudo d'oro war und man den damaligen höheren Werth des Geldes in Anschlag bringt. Mit einiger Sorgfalt wird man noch die ganze innere ursprüngliche Einrichtung des Hauses ersehen und einen Grundrifs, wenn auch nur einen Handrifs, davon verfertigen können. Es wäre immer interessant z. B. das Zeichenzimmer dieses grofsen Architekten, an dem vielleicht noch wenig verändert ist, wieder aufzufinden und manches, was auf sein häusliches Leben Bezug hatte, zu erkennen.

Vicenza ist auch an Pallästen älterer Art, wie die venetianischen, nicht arm; es giebt deren mehrere und recht artige, besonders in der Strafse de Porti, wo überhaupt die meisten grofsen Gebäude stehen.

Auch viele Kirchen sind in dem älteren Styl erbaut, den ich den gemischten byzantinisch-gothischen genannt habe. Besonders ist mir die Kirche *San Lorenzo* aufgefallen, welche ein schönes Portal hat; Löwen tragen zwei Hauptsäulen, und die innere Thür ist mit einer schneckenartigen Arabeske, ganz in der Art der an der Marcuskirche befindlichen, verziert. Das Innere dieser Kirche zeichnet sich ebenfalls aus, und ist zierlicher als gewöhnlich.

Der Weg zu der an und für sich wenig bedeutenden Kirche der *Madonna del Monte* ist interessant: einmal durch die außerordentlich langen Arcaden, unter welchen man den Berg hinaufsteigt, und dann durch die schönen Aussichten, die man über die Stadt, eine weite, ganz wie ein Garten bebauete Fläche, und die schönen Hügel hat.

Unter den nicht architektonischen Merkwürdigkeiten von Vicenza waren ehemals die Seidenmanufacturen sehenswerth. Sie waren zur Zeit meiner Anwesenheit sehr gesunken; jetzt können sie sich wieder gehoben haben.

Ich beschließe was Vicenza angeht mit der Erinnerung an eine Villa von Palladio, welche zwar nicht zu den größten, aber doch zu den schönsten gehört, die Palladio erbaut hat: ich meine die Villa *Capra*, oder die *Rotunde*, wie sie gewöhnlich genannt wird, welche sich in Palladio's Werke unter dem Namen *Almerico* findet. Ihre Lage, ihre Verhältnisse und ihre ganze Anordnung ist in der That bewundernswerth. Der reisende Architekt wird gar oft bemerken, welcher große Unterschied ist zwischen der geometrischen Ansicht eines Gebäudes auf einem weißen Blatt Papier und seiner wirklichen Anschauung von allen Seiten, in der Umgebung, für die es geschaffen ist. Diese Villa ist ein besonders auffallendes Beispiel davon. Nach dem Risse möchte man dieses Gebäude eben nicht für etwas sehr vorzügliches halten. Die vier ganz gleichen Façaden scheinen selbst jenen architektonischen Fehler zu haben, den ich anderswo Spiegelei genannt habe und der besonders dann widerwärtig ist, wenn er sich auf nicht wesentlich auffallende und großen Aufwand erfordernde Gegenstände erstreckt. Allein hier, wo der Pallast, auf einer etwas erhabenen Stelle, von allen Seiten vollkommen freistehend gesehen wird, sind diese vier Vorhallen, mit ihren großen Freitreppen, durchaus nicht zu verwerfen; sie bilden vielmehr gleichsam 4 schöne Säle, deren man so wenig zu viel haben kann, als anderer Säle und Zimmer. Jeder Vorhalle gegenüber liegt eine herrliche Aussicht, und einer derselben, welche nach dem Hauptzugang liegt, steht eine kleine Kirche gerade und regelmäßig gegenüber; was vortrefflich aussieht. In der That könnten statt dieser vier Hallen, vier Säle mit gewöhnlichen Thüren und Fenstern da sein: aber dann hätte man nicht jenen entzückenden Blick zwischen die schönen Säulen in die reizende Gegend hinaus. Es ist ein solcher Säulensaal eine höhere Stufe der Architektur, die man erst in Italien recht kennen lernt, wie man denn von den italienischen Architekten überhaupt erst lernt, Säulen zu gebrauchen, die, besonders in etwas früheren Perioden als die letzten Jahrzehende, in der nordischen Architektur in dem Maafse gemifsbraucht worden sind, dafs man die nordische Volksmeinung, welche die Säule gewöhnlich als ein für eigentliche Wohnzwecke unwesentliches Ornament betrachtet, erklärlich findet. Gleichwohl ist die Säulenhalle passender für den Norden wie für den Süden, wo eine freie Terrasse manchmal denselben Zweck erfüllen würde.

Besonders die Verhältnisse der Gebäudetheile zu der Gröfse des Menschen, mehr noch als die Verhältnisse der Theile zu einander sind an dieser Villa schön. Sie sind es besonders in den Maafsen der Zimmer; und es ist in der That bemerkenswerth, wie ein wenig mehr Höhe, Breite und Tiefe das Gebäude allzu grofs, etwas weniger zwar nicht klein aber doch nicht mehr vornehm aussehen macht; es scheint mir überhaupt, als wenn in der Vollkommenheit solcher Verhältnisse ein grofses Verdienst Palladio's bestehe, und es ist wesentlich nöthig, darauf genau aufmerksam zu sein. Die kleinen Treppen in den Ecken an der Rotunde sind nicht, wie im Plane, unregelmäfsig, sondern oval, und die Stufen schön geschnitten, so dafs sie alle von gleicher Breite sind, was ganz einfach dadurch erreicht worden ist, dafs die Richtung der Stufen nicht nach drei Puncten gezogen worden ist, sondern dafs das Äufsere und das Innere in gleiche Theile getheilt und die Linien der Stufen nach den Theilungspuncten gezogen sind. Göthe hatte, wie an der Architektur Palladio's überhaupt, besondere Freude an diesen ovalen Treppen. Er hatte eine solche Treppe in dem oberen Stockwerke seines Hauses zu Weimar nachgeahmt, und, wie er mir einst erzählte, dazu persönlich den Zimmerleuten die Anleitung gegeben.

Die Gegend zwischen *Verona* und *Vicenza* ist sehr angebaut und allerdings interessant; aber man vermifst an diesen schönen Hügeln unsere deutschen Wälder. In der Nähe von Verona sind interessante Wasserbaue, deren Zweck Beschützung der Ufer gegen reifsende Gebirgsströme ist.

Verona.

Verona ist bekanntlich eine sehr alte Stadt, hat aber jetzt ein modernes Ansehn, indem alte Palläste ziemlich selten, die Strafsen dagegen breit, hell und gerade sind.

Unter den antiken Gebäuden steht das Amphitheater oben an. Es ist das erste bedeutende antike römische Gebäude, welches man antrifft, und welches um so mehr Aufmerksamkeit verdient, als meines Wissens kein anderes römisches Amphitheater noch so weit erhalten ist, wie dieses, so dafs die Einrichtung der Amphitheater daraus am besten ersehen werden kann; auch ist manches darin constructiv merkwürdig.

Unter den übrigen altrömischen Gebäuden ist das alte Stadtthor und die sogenannte *Arco di Leone* (ein Stück eines Thores, welches in der Strada leone liegt) zu erwähnen.

In der Nähe des alten Castells (Castell' vecchio) stand noch ein interessanter Triumphbogen, der aber in der Napoleonischen Zeit hat zerstört werden müssen, weil er den Fortificationen des Castells im Wege war.

Die *Boccara di San Giorgio* ist ein ringförmiges Gebäude, welches mit einem gleichfalls ringförmigen, nach einem Kreissegment gebildeten Gewölbe überdeckt ist. Man ist in Verona der Meinung, dafs dieses Gebäude von den Scaligern herrühre und zu einem der bei Verona gelegenen, jetzt zerstörten Castellen gehört habe. Später ist mir in Rom dessen grofse Ähnlichkeit mit dem ringförmigen Gebäude in den Equirien (dem Marstalle) des Kaisers Caracalla aufgefallen, welches ich geneigt bin für ein antikes überwölbtes Reithaus zu halten. Die ringförmige Wölbung, die in der Mitte der Rotunde auf einem Pfeiler ruht, ist merkwürdig.

Die Kirchen in Verona sind fast alle in dem gemischten byzantinisch-gothischen Style erbauet.

Die Domkirche, welche gleichfalls in diesem Style erbauet ist, hat ein an kleinen seltsamen Verzierungen (in denen man jedoch gröfstentheils Vorbilder aus der Marcuskirche erkennt) sehr reiches Portal. An die innere Fläche der breiten Überwölbung der Decke sind eine Menge kleiner Verzierungen angesetzt, die von einem älteren Gebäude herrühren müssen. Die äufseren Säulen dieses Portals stehen auf zwei grofsen und schönen Greifen von braunem und rothem Marmor, die nebst den, aus einem Stück gearbeiteten Füfsen der Säulen antik zu sein scheinen. Die beiden gröfsten Statuen stellen Roland und Olivier gerüstet vor. Roland hat sein bekanntes Schwert Durindel (oder wie hier an demselben steht Du Rin Dar) in der Faust; die Spitze desselben hat sieben Zacken.

In einer zur Domkirche gehörigen Capelle, wenn ich nicht irre, *San Giacomo in Fondo* genannt, ist ein schöner Taufstein. Derselbe ist achteckig, mifst von den Mitten der Seiten gegen einander $9\frac{1}{2}$ Fufs im Durchmesser und ist $3\frac{1}{4}$ Fufs hoch aus einem Stein. An seinen acht Seiten sind halb erhabene Arbeiten: die Verkündigung Josephs, der Jungfrau Maria, der Hirten, die Geburt Christi, die Anbetung der drei Könige, den Befehl zum Kindermord, die Ausführung desselben und die Flucht nach Egypten vorstellend.

In der Kirche *San Giovanni in Valle* ist ein merkwürdiger Sarcophag aus der ersten christlichen Zeit, in welchem man ein wahrhaftes Vorbild der neugothischen Sarcophage erblickt.

Bei der Kirche *Santa Maria antica* ist das schöne gothische Grabmal der Scaliger.

Man könnte dieses Grabmal beinahe rein gothisch nennen, und insofern wäre es eine grofse Seltenheit in Italien. Dabei ist merkwürdig, dafs der Bildhauer, welcher dieses Grabmal machte, der Inschrift, worin er sich als Verfertiger bekennt, ein gleichseitiges sphärisches Dreieck, mit einem dreiblätterigen Kleeblatte darin, was man wohl den geheimen Schlüssel der gothischen Bauformen nennen könnte, vorgesetzt hat.

Unter den vielen merkwürdigen modernen Gebäuden zu Verona steht oben an:

Der Vorhof und die Säulenvorhalle des Theaters, von Palladio. Die Halle wird von sechs jonischen Säulen gebildet, und so, dafs dieselben nicht vorstehen, sondern dafs die Halle schon im Gebäude liegt. Der grofse viereckige Vorhof ist ebenfalls von Säulengängen eingefafst, so dafs die Säulen nach innen stehen, nach aufsen aber die Rückwände der Säulengänge sich befinden. Diese Rückwände sind ganz bedeckt mit der von Maffei gemachten Sammlung von antiken Basreliefs, Inschriften und andern Fragmenten, die zwar alle klein, aber häufig sehr interessant sind. Unter andern ist nur der sehr schöne Triumph der Ariadne und des Bachus, so wie der Fall des Phaëton, und die sterbende Cleopatra zu nennen. Dieser Vorhof ist so reizend, dafs man sich kaum von ihm trennen kann, sondern immer wieder von etwas Merkwürdigem angezogen wird. Schade nur, dafs die Säulen desselben in Verhältnifs zu denen der Vorhalle gar zu klein sind; wären sie etwas gröfser, so würde das Ganze sehr gewinnen.

Das innere des Theaters ist nicht von Palladio, jedoch nicht ohne Interesse. Es sind darin fünf Reihen Logen über einander und in jeder Reihe dreifsig neben einander.

Das Theater liegt nahe an dem *Bra*, dem gröfsten öffentlichen Platze, auf welchem auch die Arena und mehrere andere öffentliche Gebäude stehen, z. B. ein grofses Hospital mit Colonnaden, welches ganz neu ist.

Bei der Bernhardinerkirche liegt die wunderschöne Capelle *dei Pellegrini* (von einer Familie Pellegrini, welche sie stiftete, also genannt). Sie ist in der Mitte des 16ten Jahrhunderts von San-Michele erbaut und fällt wegen der Reinheit des Styls und der Annehmlichkeit der nicht schnörkelhaften Verzierungen auf, da man beides in diesem Jahrhunderte nicht leicht antrifft.

Von dem Architekten San-Michele findet man auch einen Pallast auf dem Corso (*Corso* wird gewöhnlich in jeder italienischen Stadt eine der gröfsten oder die gröfste Strafse genannt, worin die Wettrennen der Pferde gehalten werden), welcher einen schönen Hof hat, der dem Eingange gegenüber offen ist und gleichsam eine Terrasse an der *Etsch* bildet, von der man eine herrliche Aussicht auf den Flufs, die Brücke des Castellvecchio, die alten Castelle und die Vorberge der Alpen hat. Bei dieser und vielen anderen Gelegenheiten wird man die Bemerkung machen, dafs die italienischen Architekten eben so sehr bedacht sind die Örtlichkeit zu benutzen, als viele deutsche Architekten gleichsam darauf auszugehen scheinen, das schönste Local nicht zu benutzen.

Alle Chausséen, über welche bis hierher nach Verona unsere Reiseroute in Italien führte, sind Kies-Chausséen, und es waren solche zu meiner Zeit überall gut erhalten.

In Verona giebt es viele und bedeutende steinerne Brücken, an denen ich besonders die Combinationen von Bruchsteinen und Backsteinen (an den ersteren scheint es in der Nähe zu fehlen) merkwürdig fand. Überall ist man bemühet gewesen, die Bruchsteine zu sparen und die Nachtheile der Backsteine beim Brückenbau durch manche merkwürdige Construction abzuwenden.

Die sehenswertheste Brücke unter allen ist die Brücke von *Castellvecchio*, die aus drei Bogen von verschiedener Weite besteht; der gröfste derselben möchte zugleich der gröfste steinerne Brückenbogen in Italien, Deutschland und Frankreich sein, denn er hält 142 veronesische Fufs Weite im Lichten (der veronesische Fufs verhält sich zum Pariser Fufs wie 21 zu 20). Die Kanten der Wölbung, so wie der untere Theil der Pfeiler und der untere Theil der innern Wölbung selbst, sind von Quadern; sonst ist alles von Backsteinen, die aber in dem oberen Theile der innern Wölbung mit Streifen von Quadern durchzogen sind. Die Bogenlinie dürfte ein reines Kreissegment sein, dessen Höhe 35½ veronesische Fufs beträgt. Der Grundrifs dieses Bogens bildet gleichfalls eine flache Bogenlinie gegen den Strom. Ich glaube, dafs dieses nicht absichtlich so gemacht wurde, sondern dafs es eine bei Abnahme der Lehrbogen entstandene Ausweichung ist, die mit etwas gröfserer Krümmung wohl dem ganzen Bogen, der überhaupt verhältnifsmäfsig sehr schmal ist, den Einsturz hätte bringen können.

In Verona habe ich Mühe gehabt, mit den Gastwirthen auf billige Weise fertig zu werden.

Zwischen *Verona* und *Mantua* ist die Gegend ziemlich einförmig. In *Villafranca,* einem Flecken zwischen beiden Orten, liegt ein altes Castell und eine Kirche, die für die geringe Gröfse des Ortes ansehnlich genug ist.

Mantua.

In *Mantua* ist von älteren Gebäuden der ehemalige herzogliche Pallast, *Corte* genannt, merkwürdig. Er ist eine Nachahmung des Dogenpallastes zu Venedig, hat aber im Äufsern und Innern viele Veränderungen erlitten. Man sieht darin viele, zum Theil interessante Zimmer, unter denen auch ein astronomisches ist, welches Giulio Romano gemalt haben soll. Aus den Fenstern einer im zweiten Stockwerke liegenden Gallerie sieht man in einen mit Säulen eingefafsten zierlichen und modern angelegten Garten, der in demselben Stockwerke liegt. Besonders merkwürdig sind die in den Zimmern befindlichen Tapeten nach Raphaelischen Mustern.

Die Cathedralkirche verspricht von Aufsen wenig, ist aber inwendig interessant. Neben dem mittleren Schiffe, welches ziemlich schmal und nicht gewölbt ist, sondern eine gerade, mit Cassaturen geschmückte Decke hat, deren Verzierungen vergoldet sind, laufen auf jeder Seite zwei Reihen corinthische Säulen her, wodurch also vier Seitenschiffe gebildet werden, welche viel niedriger sind als das Hauptschiff. Das Querschiff, oder die Flügelhallen sind gewölbt, so wie auch das Chor; an den einen Flügel stöfst eine Capelle, die noch mehr als die übrige Kirche in dem Style von San Michele und zwar recht prächtig erbauet ist. Der Grundrifs dieser Capelle ist ein Achteck, über welchem sich ein achtkantiger Dom erhebt. In dessen Seiten stehen corinthische Säulen und zwischen denselben sind Bogenvertiefungen, die durch Thüren, Beichtstühle und Bilder ausgefüllt sind. Diejenige, welche dem Haupt-Eingange gegenüber liegt, ist tiefer, und bildet einen Raum für den Altar.

Das Gewölbe des Domes ist ein achteckiges Klostergewölbe; der Grund der Säulen ist ein, in das olivengrün übergehendes Grau; die Verzierungen sind vergoldet; über dem Altare ist noch eine goldene Verzierung auf röthlich blauem Grunde, die besonders in Lampenschein vortrefflich aussieht.

Die Kirche von *San Andrea* macht durch eine grofse, einfach prächtige, mit einer fast colossal scheinenden Lotus-Arabeske eingefafste Thüre gleichsam auf ihr prächtiges, mit Arabeskenmalereien reich verziertes Innere aufmerksam. Der Grundrifs ist ein einfaches Kreuz. Das Schiff hat keine Seitenhallen, aber grofse Vertiefungen an den Seiten, zwischen denen kleine Capellen stehen. Die Gewölbe der Decke sind Tonnengewölbe, und über dem Mittelpuncte schwebt eine Kuppel. Die Gewölbe sind mit Cassaturen verziert. An den Wänden stehen reich componirte Pilaster, deren Verzierungen aufsteigende Arabesken, grau in grau, auf einem Grunde von Sienagelb, sehr harmonisch und mannigfaltig componirt sind.

In dieser Kirche steht das sehenswerthe Grabmal eines Grafen Andreossy, welches aus der Carmeliter Kirche hierher gebracht worden ist.

An den Wänden der Kirche zwischen den Pilastern sind viele Frescogemälde, und so ist auch die Kuppel gemalt.

Der Pallast *vom T* führt diesen Namen angeblich, weil sein Grundrifs einem *T* ähnlich sein soll; diese Ähnlichkeit ist aber sehr entfernt. Der eigentliche Pallast, das heifst der zur Wohnung bestimmte Theil der Gebäude bildet ein Viereck, mit einem Hofe in der Mitte. Die Haupt-Ansicht dieses Gebäudes geht nach einem zweiten gröfseren Hof. In der Mitte derselben liegt eine schöne, reich verzierte Vorhalle, und dann sind rechts und links die von Giulio Romano gemalten Zimmer, welche durch diese Malereien zu den gröfsten Kunstmerkwürdigkeiten Italiens gehören. Unter denselben ist auf der rechten Ecke das Zimmer mit dem berühmten Sturz der Giganten. Die Wölbungen der Zimmer sind sehr schön und mannigfaltig; auch finden sich vorzügliche Stuccaturarbeiten darin, deren Anordnung überhaupt in Absicht auf Verzierung interessant ist.

Unweit der Kirche *San Barnaba* steht noch ein Haus, welches von Giulio Romano erbauet und bewohnt gewesen sein soll. Es ist in neuerer Zeit von Herrn Lorenzo Mambrini vergröfsert worden; das untere Stockwerk ist sehr niedrig, um dadurch dem oberen eine gefälligere Lage zu geben. Am besten hat mir darin das von oben erleuchtete Treppenhaus und der Saal im zweiten Stockwerke gefallen. Göthe hatte eine Vorliebe für dieses Haus.

Nahe bei dem Thore *Pusterla* liegt ein Haus von ziemlich ordinairer Beschaffenheit, welches von *Andrea Montegna* erbauet sein soll, wie aus einer, nahe an der Oberfläche der Strafse eingemauerten Inschrift hervorgeht. So einfach das Äufsere ist, so einfach erschien mir auch das Innere, das ich, da es gröfstentheils unbewohnt und offen war, wie nicht selten bei italienischen Pallästen, soweit nicht besonders interessant fand. Auf Nachfrage erfuhr ich aber, man müsse durch eine Küche des Pallastes gehn, um in einen runden Saal zu kommen, welcher merkwürdig sei, und es auch in der That ist. Ich fand eine Thüre neben einem Gitterthor, durch welches man in einen grofsen Garten sieht, welche Thüre zu bewohnten Räumen führte. Ein alter Diener wiefs mich an einen eben eintretenden alten Officier, der, nachdem er sich mein Gesuch, jenen Saal zu sehn, von mir ausführlich und in einem, meiner Meinung nach recht guten Italienisch freundlichst hatte vortragen lassen, seinem Bedienten zu meiner Bestürzung in d e u t s c h e r Sprache auftrug, mich zu bescheiden, indem er kein Italienisch verstehe. Nun wurde die Explication leichter, und ich erhielt mit vieler Freundlichkeit den Bescheid, mich an die beiden Frauenzimmer zu wenden, die immittelst in die erste Thüre getreten waren und mit grofser Theilnahme unserem schönen Deutsch zuhörten. Die jüngere war eine Marquise. Als ich mich aber nun an diese Signora Marchesina in meinem ziemlich guten toskanischen Dialecte wendete, erhielt ich ziemlich mantuanisch zur Antwort, „*Ah mica non capisco il tudesco*" (Ach ich verstehe kein Deutsch) und so stand ich denn gleichsam wie ein Lanzenknecht zwischen Himmel und

Erde und kam weder mit Deutsch noch Italienisch weiter. Meine *lingua toscana in bocca tedesca* (toskanische Sprache in deutschem Munde) sollte nun wirkliches Deutsch sein. Endlich bewegte ich einen alten Bedienten, mich zu verstehen. Er stellte mich der Mutter der Signora Marchesina vor, und die Frage lösete sich nun so, daſs zwar ein runder Hof, aber kein runder Saal vorhanden sei, in welchen mich die alte Dame durch ihre Zimmer mit jener zuvorkommenden Artigkeit, die den Italienern überhaupt und besonders denen der höheren Stände gegen Fremde so sehr wohl ansteht, führen lieſs. In dem Hofe waren vier Thüren und vier Fenster, regelmäſsig gegen einander über, die mit einem aus Karnies, Friese und Architrave bestehendem Gesimse gedeckt und auf beiden Seiten von Pilastern eingefaſst waren; diese Pilaster trugen ein und dasselbe Gesimse, und über dem Gesimse erhob sich eine sogenannte Attika mit 8 Fenstern, welche früher bemalt war. Über dieser Attika wird der Hof wieder viereckig. Es lag etwas besonders einfaches, antik griechisches im Ganzen, und die Formen und Verzierungen waren weit reiner und edler, wie sie das Zeitalter des Mantegna erwarten lieſs. Wenn ich nicht irre, hatte mich Göthe auf dieses wirklich sehr originelle Denkmal aufmerksam gemacht. Über einer Thüre steht die seltsame Inschrift A3OXMPO.

Sonst fehlt es auch hier, in Mantua, nicht an manchen interessanten Privatgebäuden älterer und neuerer Zeit. Aus jener findet man ein zierliches Haus, der Kirche San Andrea gegenüber.

Ferrara.

Ich hoffte eine angenehme Reise zu Schiffe von *Mantua* nach *Ferrara* zu machen; aber das Wetter war schlecht; für Bewirthung am Tage und Unterkommen bei Nacht war so äuſserst übel gesorgt und dabei die Gesellschaft auf dem Marktschiffe so sehr gemischt, daſs man sie kaum noch anständig nennen konnte und ich in den mir sonst in Italien sehr selten vorgekommenen Fall gerieth, in ernsthafte Händel mit einem Theile derselben zu kommen. Man konnte auf dem Schiffe nicht zu essen bekommen, durfte auch nicht einmal etwas zu seinem Unterhalte mitnehmen; vielleicht wegen der Douanen. Einmal landeten wir eine sehr kurze Zeit an einem Orte, wo aber ebenfalls nichts zu haben war. Bei Nacht muſste man sich unter Kisten und Koffern einen Ruheplatz suchen. Übrigens ist der *Po* hier ein unermeſslicher Strom, mehr einem See als einem

Flusse ähnlich; die Ufer und Inseln sind sehr flach und häufig mit Pappeln (nicht sogenannten italienischen, sondern Schwarzpappeln) besetzt; viele Wasservögel umschwärmten das Schiff. Die Nächte waren noch im Frühling empfindlich kalt. Mitten in der zweiten Nacht landeten wir an dem Ziel unserer Reise bei *Ponte lag' oscuro.* An ein Unterkommen war nicht zu denken; die Gesellschaft zerstreuete sich nach allen Richtungen, ohne Abschied. Ich ging in eine schöne Allee, die mir im Mondscheine von Silberpappeln zu sein schien; an der einen Seite war der Canal, der aus dem Po nach Ferrara führt; auf der andern waren Gärten, in denen (es war im April) die Obstbäume blüheten und dufteten und die Nachtigallen wetteifernd sangen. Ein seltsames Bild einer italienischen Frühlingsnacht. Einige Personen, mit denen ich auf dem Schiff nicht hatte harmoniren können, und welchen ich einige derbe Wahrheiten gesagt hatte, hörte ich eine, eben nicht auf meine persönliche Sicherheit bedachte Verabredung nehmen. Dann kam ich bei drei Landleuten vorüber, die in einer benachbarten Pflanzung Weiden stahlen. Nicht weit von mir gingen zwei ältere Personen von der Schiffsgesellschaft, welche sich vor mir zu fürchten schienen. Zuletzt kam ich an einen Meierhof; ein junger Bauer schlich durch die Gärten, vermuthlich zu einem Abentheuer, er beschied mich auf meinen Anruf freundlich, wiewohl leise, welchen Weg ich nehmen müsse.

Die Thore von *Ferrara* waren noch geschlossen, wurden jedoch für Geld und gute Worte geöffnet. Die Strafsen waren höchst still und öde; bei der ersten Morgenhelle kam ich an dem seltsamen Diamantenhause vorbei, so genannt, weil es aus façettirten Quadern erbauet ist. Das ehemalige Schlofs der Herzoge von Este, ein altes, mit einem Graben und mit Thürmen versehenes Castell, nahm zunächst meine Aufmerksamkeit in Anspruch. Ferrara hat eine merkwürdige Domkirche in gemischtem gothischen Style, die rücksichtlich ihrer äufseren Gestalt, das heifst ihrer Façade, noch interessanter für diese Bauart ist, wie die Kirche des heiligen Antonius zu Padua. Das Innere der Kirche ist aber ganz und gar neu und aufser aller Harmonie mit der Façade, die von dem Alten, das nach einer Inschrift aus dem Jahre 1310 herrührt, allein übrig geblieben ist. An der langen Seite steht noch ein sehr ungewöhnlicher Thurm, mit grofsen Säulen über einander, der von dem Herzoge Herkules dem zweiten erbauet und 1767 restaurirt worden ist.

Endlich befindet sich noch auf dem Platze der Kirche ein altes Rathhaus.

Im Ganzen ist Ferrara eine für den Baukünstler interessante Stadt, und ich will nicht in Abrede stellen, dafs sich daselbst in Kirchen und Pallästen noch manches Schöne und Merkwürdige finde. Auch hier mufs ich erinnern, dafs man nicht annehmen müsse, es gäbe an den von mir genannten Orten nichts anderes architektonisch Bedeutendes als das hier beschriebene.

B o l o g n a.

Zwischen *Ferrara* und *Bologna* ist die Gegend recht sehr angenehm; besonders auf der letzten Hälfte, wo man auf einen Chausséedamm kommt, der das ganze Land in zwei Theile schneidet, so dafs die Seite rechts um 18 bis 24 Fufs höher liegt, wie die zur Linken, welche mit Gartenfeldern bedeckt ist, auf welchen Weizen, Mais und besonders auch Reis zwischen weinbekränzten Ulmen, Eichen und Obstbäumen wächst.

In der Nähe von *Bologna* sah man die Apenninen, deren Gipfel noch mit Schnee bedeckt waren, während die Thäler einen südlicheren Character hatten, als die bis dahin durchreiseten Gegenden. Eben dieser Contrast von Gebirgen und Thälern giebt der italienischen Landschaft einen besondern Reiz.

Die Stadt *Bologna* ist vorzugsweise unter den italienischen Städten mit vielen und prächtigen, oft auch besonders kunstreich construirten Hallen geziert. Es scheint mir fast, als wenn diese Bauart mit Hallen vor den Häusern von dem Dogenpallaste in Venedig ihren Ursprung ableite; denn dieser Pallast ist das älteste, schönste und gröfste Gebäude, welches ich in Ober-Italien mit solchen Hallen gesehen habe; auch nehmen sie sich dort, an dem Ufer des Meeres, auf dem weiten Molo, so schön aus, und sind so bequem, dafs es sehr begreiflich ist, warum sie Nachahmung finden. Aus der Lombardei mögen sie sich dann nach Böhmen und der Schweiz verbreitet haben.

Der gröfste Platz von Bologna wird von mehreren riesenhaften Gebäuden, unter welchen auch ein altes Universitätsgebäude und der unvollendete Dom ist, umgeben. Es giebt viele Häuser hier, in gemischtem byzantinisch-gothischen Style, einer Bauart, die überhaupt sehr häufig in der Lombardei ist.

Auch findet sich häufig hier Brunelleschi's Bauart, gewöhnlich die Florentinische genannt: ich meine diejenige, in welcher die Palläste *Strozzi* und *Riccardi* zu Florenz erbauet sind, und in welcher der Pallast *Pitti* zu Florenz gleichfalls erbauet war, wenn er gleich jetzt durch Veränderungen manches von dem ursprünglichen Gepräge verloren hat. In der Strafse *Ponte di ferro,* den beiden Thürmen Asinelli und Garisendi gegenüber, bei der Kirche der Madonna di Galeria, sind hübsche Häuser in diesem florentinischen Style. Auch das Gasthaus Grande-Albergo ist so gebauet.

Noch bedeutender sind aber die modernen Gebäude, und man erstaunt, wenn man das Franciscaner Kloster, welches bei meiner Anwesenheit zum Douanengebäude benutzt wurde, sieht, wo neben einem grofsen Portale von zwei Stockwerken auf jeder Seite, eine Reihe von 34 Säulen-Arcaden steht, über welchen in der Mitte ein Stockwerk von 20 Fenstern, nebst einem Halbgeschosse von eben der Breite befindlich ist.

So ist auch das Istituto oder neue Universitätsgebäude sehr grofs und ansehnlich. Zwei Stockwerke, von 16 Fenstern breit; im unteren Stockwerke, wie überall in Bologna, Säulenhallen; inwendig ein grofser, reich verzierter Hof, mit einer Statue des Hercules in der Mitte, und viele Säle, worin einige antike Monumente, Grabmäler, Statuen, Büsten, etrurische und campanische Vasen, besonders Aschenkrüge; mehrere Mumien und egyptische Antiquitäten in dem untern Stockwerke, so wie Bibliotheken, anatomische Präparaten-, Naturalien- und Maschinencabinette im oberen Stockwerke.

Am merkwürdigsten schien mir unter allen Bauwerken in Bologna der öffentliche Begräbnifsplatz bei dem Karthäuser Kloster vor der Stadt. Derselbe liegt zwischen den vielen Gärten, welche Bologna umgeben, an einer guten Strafse. Den Eingang desselben bilden zwei Pfeiler, auf welchen schöne Statuen trauernder Frauen stehen. An diese Pfeiler schliefsen sich einfache, das Ganze umgebende Mauern an; durch das Portal tritt man in einen grofsen, viereckigen Raum, welcher der erste Begräbnifsplatz ist, und wandelt nun gerade aus, auf der Symmetrielinie, zwischen jungen Cypressen, die einst diesen Ort noch mehr verschönern werden, zu einem Halbkreis von Bogenhallen, welche in der Mitte geöffnet sind, so dafs man in den zweiten und vornehmeren Begräbnifsraum eintritt, der viereckig und von Säulenhallen umgeben ist. In der Mitte befinden sich, eben so wie in der ersten Abtheilung, die Gräber, ohne alle andere Abzeichen, als das an einem jeden Hügel ein Stein mit dem Namen der daselbst begrabenen Familie steht. Die Begräbnisse der Männer und der Frauen sind gänzlich getrennt. Unter den Säulenbogen stehen die Monumente, so dafs jedes die hintere Wand einer einzelnen Halle einnimmt.

Im Hintergrunde dieses Hofes, auf der Symmetrielinie, steht ein Peristyl, oder besser Prostylon, von sechs corinthischen Säulen, als Vorhalle zu einem dritten Platze, an welchem noch gebauet wurde, und welcher kleiner als alle anderen ist und wahrscheinlich für Prinzen und die vornehmsten Personen bestimmt ist. Die Monumente sind alle im modernen Geschmack. Mit dem zweiten Platze stehen eine Menge kleiner Höfe, ebenfalls mit Arcaden, wo die Todten unter Blumen, Orangen und Lorbeerbäumen ruhen, einzelne bedeckte Gänge, ein regelmäfsig geordnetes Beinhaus, eine Capelle und eine Kirche mit drei schönen Altarbildern in Verbindung.

Besonders schön ist der Überblick des Ganzen beim ersten Eintritt, wo man die drei Höfe, den letzteren zwar nur durch jene Säulenhalle, überblickt.

An den Hügeln, an deren Fufs dieser Begräbnifsplatz liegt, windet sich ein gewölbter Gang von nicht weniger als 635 Hallen hinauf, zu der Kirche der *Madonna di San Luca.* Die Hallen öffnen sich bald rechts, bald links, so dafs man immer die verschiedensten Aussichten hat. Ich stieg an einem Festtage hinauf, mit vielem Volke; ein herrlicher Blüthenduft durchzog die Luft, und unter mir lag ein unermefslicher Garten, den das ganze Land bildet, mit unzähligen Kirchthürmen und vielen Tausend kleinen ländlichen Häusern übersäet, und in der weiten Ferne, wo Alles, gleich dem Meere, in tiefem blauen Nebelduft gehüllt war, lagen rechts die Alpen bei Verona; links war der Anfang der Apenninen, nach Genua hin. Auf der andern Seite sah man mitten in die Apenninen hinein. Man sahe unzählige Hügel, wild und rauh, meistens ohne Bäume; und oben über diesen die hohen Schneegebirge. Letztere gaben einen landschaftlichen Hintergrund, der, nächst der in Italien nicht seltenen Aussicht auf das Meer, der italienischen Gegend den höchsten Reiz verleiht.

Für den constructiven Theil der Baukunst findet sich auch in und bei Bologna manches Interessante.

Dazu gehört der schiffbare Canal bei Bologna, welcher, außer daſs er zu einer sehr vortheilhaften Handels-Verbindung dient, auch die Felder und Wiesen des bolognesischen Gebietes wässert und Mühlen und Fabriken Wasser liefert. Drei italienische Meilen von der Stadt nimmt er seinen Anfang aus dem *Reno*, und es ist interessant, diesen Anfang zu sehn. Neben einem Wehre, von 422 bolognesische Fuſs lang, 90 Fuſs breit und 15 Fuſs hoch, mit 2 Zoll Fall auf einen Fuſs Breite, findet sich erst eine groſse Schleuse, oder vielmehr ein Schütz, welches den Canal verschlieſst und also in dem Anfalle des Wassers liegt. Das Wasser strömt sodann in das von Backsteinen gemauerte Bett; 115 Schritte weiter ist eine zweite Schleuse an der Seite des Canales, und 77 Schritt von dieser nehmen die Überfälle ihren Anfang. Endlich ist noch ein drittes Schütz, ebenfalls an der Seite des Canales, unmittelbar nach den Überfällen hin; die beiden letzteren Schütze sind 10 F. breit und stehen, unter der nöthigen Höhe des Wassers, 10 F. tief in demselben, bieten also dem Druck des Wassers eine Oberfläche von 100 Quadratfuſs dar und werden auf eine merkwürdige Weise, jedes mit zwei Schrauben auf und nieder gelassen, welche oben und unten Schraubengänge und in der Mitte eine Hebelvorrichtung zur Wendung haben. Mit dem oberen Gange ergreifen sie den Holm der Schützen, mit dem unteren den oberen Theil des Schützenbrettes, und da die Gänge im umgekehrten Sinne angebracht sind, so wirken sie doppelt.

Die Schiffe, welche diesen Canal befahren, sind merkwürdig. Sie sind an 40 F. lang, 8 F. breit und bis 5 F. hoch, und gehen, wenn sie mit 30 000 Pfunden (Bolognesisch Gewicht), welches die höchste Last ist, beladen sind, 4 F. tief im Wasser

Mitten in der Stadt stehen zwei von Backsteinen erbauete Thürme, Asinelli und Garisendi, die sehr schief sind; was dem ungleichen Zusammensetzen der Backsteinfugen zuzuschreiben sein möchte, und was Gelegenheit zu interessanten Betrachtungen giebt.

Von Bologna nach Ravenna.

Von *Bologna* führt ein Weg über *Imola*, *Faenza* und *Forli* nach *Ravenna*. Es ist dieses bis Forli die groſse Heerstraſse der Romagna; es geht aber auch ein directer Weg von Bologna nach Ravenna. Die Gegenden auf der erstgenannten Straſse sind heiter und angebaut; die

Städte Imola, Faenza und Forli sind freundlich und gröſstentheils wohlgebaut. In Forli ist eine Cathedralkirche, die nicht uninteressant ist. Wer jedoch den geraden Weg wählen wollte, würde nicht viel verlieren; es ist mir derselbe übrigens nicht bekannt, und wenn ich nicht irre, so stand er in dem Rufe weniger sicher zu sein.

Ravenna.

Ravenna wird wenig von Fremden besucht, weil es auſserhalb des gewöhnlichen Straſsenzuges liegt. Die Stadt ist aber ungemein interessant für das Studium der Baukunst des Mittelalters, und verdient sehr, daſs man deshalb einen Umweg mache. Man findet nemlich hier viele wohl erhaltene Gebäude aus der ersten christlichen Zeit, deren Kenntniſs die vorgothische Bauart in das klarste Licht setzt, indem sie deutliche Übergänge von der römischen Bauart zu der sogenannten vorgothischen zeigen.

Zu den auf diese Weise merkwürdigen Gebäuden Ravenna's gehört besonders:

Erstlich, die Kirche der Camaldulenser, 3 Miglien von Ravenna, gewöhnlich *Classe di fuori* genannt. Ihr Alter erhellt schon daraus, daſs in derselben der Leichnam des heiligen Apollinares, der im Jahr 74 nach Christi Geburt *ad muros classis* begraben worden war, im Jahr 599 unter dem mittleren Altare beigesetzt wurde. Das Äuſsere ist einfach, das Innere durchaus der Einrichtung der alten römischen Basiliken nachgebildet, überaus regelmäſsig und im Ganzen harmonisch. Man findet darin 24 Säulen von schönem grau- und weiſsgeflammten (griechischen) Marmor, die 27 bis 28 Zoll im Durchmesser haben und 16 Fuſs hoch sind und jede aus einem Stück bestehen. Ehemals sollen alle Wände unten mit Marmor, oben mit Mosaiken verziert gewesen sein; jetzt ist es nur noch das Halbrund mit seiner Kuppel im Hintergrunde der Kirche, die sogenannte Absida.

Auch finden sich in dieser Kirche viele schöne marmorne Sarkophage aus dem Mittelalter, an denen der Forscher der Kunstgeschichte dieser Zeit eine reiche Ausbeute zu machen hat.

Zweitens, die Kirche des heiligen Appollinares in Ravenna ist in gleichem Style erbaut, nur wohl etwas neuer, und hat eben solche 24 Säulen. Es ist in derselben in neueren Zeiten vieles verändert worden; dagegen hat sie noch alte Mosaiken an den Wänden über den Säulen.

Drittens, der Pallast des Gothen-Königs Theodorich ist höchst interessant, weil nicht allein Gebäude für andere als religiöse Zwecke aus diesem Zeitalter in Deutschland und Italien, und auch wohl überall, selten sind, sondern auch weil dieser Pallast zu ähnlichen deutscher Kaiser, ich meine die zu Gelnhausen und Goslar, in der auffallendsten Beziehung steht. Schade, dafs das Innere desselben so sehr verwüstet und verbauet ist. Geschichtsforscher wollen diesen Pallast, oder dieses Haus, vielmehr dem deutschen Kaiser Otto dem Grofsen zuschreiben: allein ich habe in der Bauart nichts gefunden, weshalb es nicht auch von Theodorich erbauet sein könnte.

Viertens, die Rotunde des Theodorich, ein Grabmal nahe bei Ravenna, welches sehr bekannt geworden ist. Die obere Rotunde, welche ungefähr 32 F. Weite im Lichten hat, ist mit einem einzigen Steine bedeckt, der eine flache Kuppel bildet. Ständen noch die Säulen, welche ehemals die obere Rotunde umgaben, so könnte man besser über das Alter dieses Gebäudes urtheilen. Manche halten es für älter als Theodorich; ich sehe aber dazu keinen Grund, und halte mich wenigstens überzeugt, dafs es nach Christi Geburt erbauet ist.

Fünftens, die Kirche von *San-Vitale*, in der Stadt, ist ebenwohl nicht ganz unbekannt in der Kunstwelt und darin als bedeutend für die Geschichte der vorgothischen Bauart bezeichnet. Es ist eine sehr schöne und in jeder Hinsicht interessante Kirche. Römische und vorgothische Formen, oder, sachgemäfser ausgedrückt, Formen der Baukunst, wie sie sich zur Zeit der Gothen in Italien zeigten, fliefsen hier verschmolzen in einander. Es fehlt in und an dieser Kirche nicht an einer reichen Marmor-Ausschmückung, und die in dem Chore befindlichen Säulen von *verde antico*, (eine auch von *breccia di giallo antico*), sind die schönsten Proben dieser Marmor-Art, die ich jemals sah. Der Fufsboden ist, wie in der Marcuskirche, ganz mit polirtem Marmor eingelegt. Ehemals waren wohl alle Wände mit Mosaiken geziert; jetzt sind es nur noch die Mauern und Wölbungen des kleinen Chors, wo das Hauptbild in der Halbkuppel Christus vorstellt zwischen zwei Engeln, auf der einen Seite San-Vitalis, der die Märtyrerkrone empfängt, auf der andern ein Bischof, der die Abbildung der Kirche trägt.

Sechstens, das Grabmal der Kaiserin *Gàlla Placidia*, gleichfalls, wie schon die Bestimmung anzeigt, im spät-römischen Style. Das Innere ist von sehr schönen Formen und Verhältnissen, und mit Marmor und Mosaiken reich verziert.

Siebentens; das Battisterium ist zuverlässig eins der ältesten Gebäude von Ravenna. Die Knäufe der Säulen des obern Stockwerkes sind noch ganz deutlich jonisch, so wie die des unteren vollkommen römisch sind. Die Kuppel ist mit Mosaik geziert.

Achtens; die Domkirche ist zwar ein modernes Gebäude, aber sehr merkwürdig durch einige Antiquitäten und schöne Bilder. Zu den erstern gehört der Stuhl Maximians in der Sakristei, in einem Schranke; zwei schöne Sarkophage in einer Capelle, deren Kuppel, eben so wie die Kuppel der Capelle aller Heiligen, gegenüber, von Guido-Reni gemalt ist, von dem auch noch mehrere sehr schöne Bilder hier vorhanden sind.

In Ravenna ist auch die Begräbnifscapelle des *Dante.* In Absicht auf Construction ist in Ravenna bei den mittelalterlichen Gebäuden gar vieles zu lernen. Eigenthümlich sind die Marmor-Incrustirungen, die Mosaiken und die Wölbungen, besonders die aus hohlen Krügen zusammengesetzte Wölbung von San-Vitale.

Rimini.

Der Reisende, welcher Deutschland zu Reisen in Italien im Herbste oder Nachsommer verlassen hat, wird, falls er die hier angerathene Reiseroute macht, und sich überall so lange aufhält, als nöthig, um alles recht gründlich und gut zu sehen, wenn er nach Ravenna kommt, dem Winter schon so nahe sein, dafs er sich nach den Winterquartieren in Rom sehnt. In der That soll auch, wer für seine Gesundheit besorgt ist, Italien nicht leicht vor Mitte August betreten, und dann wird er wohl in Ravenna erst gegen Mitte October fertig sein, worauf dann nicht mehr viel Zeit übrig ist, um schöne Gegenden zu sehen; er wird also wohl thun, von Ravenna zurück nach Bologna, und von da direct durch die Apenninen nach *Florenz* zu reisen. Wer aber im Frühling nach Italien kommt, oder doch, wenn er von Ravenna abreiset, noch etwa die letzte Hälfte des September oder noch den ganzen Monat October vor sich hat: der wird wohl thun, noch vorher die schöne *Romagna* und die wunderschöne *Mark Ancona* zu sehen.

Ich nehme diesen letzteren Fall an, wo ich denn unsern Reisenden zunächst durch einen grofsen Pinienwald nach *Rimini* am adriatischen Meere führe.

In diese Stadt gelangt man über die berühmte Brücke Cäsars; wie sie das Volk nennt. Sie ist ein schönes Monument des Alterthums und ungemein dauerhaft von Marmorquadern construirt; sie hat fünf Bogen, deren mittelster der weiteste und nach einer Ellipse, wenigstens nach einer sogenannten gedrückten Bogenlinie geformt ist; die anderen sind halbe Kreisbogen. Eisbrecher waren im Anfange nicht da. In späteren Zeiten sind dergleichen hinzu gebauet, aber gar bald zerstört worden. Die Bogen sind übrigens von keiner aufserordentlichen Weite; der gröfste mifst gewifs nicht über 50 Fufs. An den Stirnmauern sind Vertiefungen mit kleinen Pilastern und Gesimsen angebracht, in welchen ehemals Basreliefs gestanden haben mögen. Am frühsten sind diejenigen Theile der Bogen schadhaft geworden, welche von der Oberfläche des Wassers berührt werden, und bei dessen Steigen und Fallen abwechselnd bald nafs, bald trocken sind; sie sind vor nicht langer Zeit ergänzt worden; die Brustmauer ist ganz glatt und oben abgerundet; unter derselben läuft ein Gesims mit starken Sparrenköpfen her; über den drei mittleren Bogen sind Brustmauer und Gesims ganz horizontal; nur erst über der Mitte der äufseren Bogen fallen sie in einem sehr stumpfen Winkel ab.

An der entgegengesetzten Seite der Stadt steht der Triumphbogen des Augustus, von dem noch ein einfacher grofser Bogen, mit einer corinthischen Säule an jeder Seite, erhalten ist, welche Säulen ein corinthisches Gesims tragen und darüber die zertrümmerte Attika, mit Inschriften.

Die Kirche von *San Francesco* ist ein sehr merkwürdiges, aber im ausschweifendsten Style erbauetes Denkmal des Mittelalters, und es giebt nichts so wunderliches, das man nicht darin fände. Römische Pilaster, welche Spitzbogen tragen, unten statt auf Basen, auf Fruchtkörben oder auf Elephanten stehend und dann wieder abgetheilt, so dafs kleine Pilaster an den grofsen sich anlehnen und dazwischen mancherlei abentheuerliche Vorstellungen, Sternbilder u. dergl. Sodann eine Façade, die eher einem römischen Triumphbogen als einer Kirche anzugehören scheint; vor den Fenstern an der Seite Hallen mit Sarkophagen von antiker Form.

Von Rimini nach Ancona.

Zwischen Rimini und Ancona reiset man beständig am Ufer des Meeres, und hat solches im Auge. Die Gegenden von Rimini bis *Cattolica* sind schön, besonders in der Nähe des letzten Ortes, wo die Apenninen dem Meere sehr nahe sind. In Cattolica wurde ich auch einige Stunden angehalten, weil ich ein altes Castell, von dem ich nicht vermuthen konnte, dafs es noch zu militairischen Zwecken diente, aus den Fenstern des Gasthofes skizzirt hatte. Mein sehr in Ordnung gehaltener Reisepafs machte mich jedoch auch diesesmal bald wieder los. So gut aber, wie es Göthe bei einer ähnlichen Gelegenheit in jenem lombardischen Städtchen ging, wo er an eine Gemeinde und ihren Vorgesetzten eine schöne Rede halten und deren Neigung und Gesinnung mannichfaltig auf die Probe setzen, erforschen und gewinnen konnte, wurde es mir nicht: ich hatte es nur mit argwöhnischen und trocknen Gensd'armen zu thun, welche kaum mit etwas gutem Wein zu befeuchten waren. Indessen waren damals kriegerische Zeiten und die feindlichen englischen Schiffe kreuzten nahe an den italienischen Küsten des adriatischen Meeres; in ruhigeren Zeiten würde man Niemand am Zeichnen gehindert haben, es sei denn, dafs der Gegenstand wirklich eine militairische Wichtigkeit hätte.

Von *Cattolica* nach *Pesaro* geht der Weg durch die Apenninen. Ich machte denselben in einer milden Mondscheinnacht, freilich gegen die gewöhnliche Sicherheitsregel in Italien, nicht bei Nacht zu reisen. Unterweges begegneten mir mehrere Züge italienischer Calderari (Kesselflicker), Männer, Jünglinge und Knaben, alle gleichförmig gekleidet und von ähnlicher Gestalt; sie sangen einen sehr fremdklingenden Chor, der, da die entfernteren Züge den näheren antworteten, oder ihre Melodien canonartig aufnahmen, in dem Wiederhall der Gebirgsschluchten eine wunderbare Wirkung hervorbrachte.

Vor *Pesaro* liegt ein schöner Landsitz, die Villa *Mosca*, mit einer herrlichen Aussicht nach dem Meere, den Apenninen, dem Thale und der Stadt. Da man gern in Italien für die Landhäuser eine etwas erhöhte Lage aussucht, um eine schönere Aussicht und bessere Luft zu gewinnen, so entstehen daraus häufig grofse Freitreppen oder regelmäfsige, hohe Aufgänge (Appareillen). Die Gärten, deren Regelmäfsigkeit besonders in der Nähe des Landhauses zu billigen sein möchte, sind doch auch manchmal etwas steif. Die Haupt-Anordnung des Landhauses der Villa Mosca ist unten ein grofses Vestibule, welches zugleich als Orangerie dient; eine mit demselben vereinigte Haupttreppe, durch welche man in das zweite und Haupt-Stockwerk gelangt, in welchem viele Zimmer zu zwei Fenstern sind, und in der Mitte ein geräumiger Saal, welcher sowohl nach der vordern als nach der hintern Seite je drei Fenster und darunter Balcone hat. Dieses ist auch so ziemlich die innere Einrichtung der meisten italienischen Villen.

Von *Pesaro* führt auch eine merkwürdige Brücke von einem einzigen Bogen, der 135 Fufs weit und von Backsteinen construirt ist, über die *Foya.* Die Dicke der Wölbung beträgt 2 Fufs 3 Zoll. Da die Steine etwas von der Zeit gelitten haben, so hat man späterhin einen zweiten Bogen untergefuttert und solchen mit eisernen Ankern an den andern angehängt, derselbe hat sich aber um einige Zoll gesetzt und ist überhaupt schadhafter als der alte. Die Bogenlinie der Brücke scheint beim ersten Anblick keine regelmäfsige Linie irgend einer Art zu sein, indem sie in einiger Höhe über den Widerlagen (an der bekannten schwächsten Stelle) mehr nach Innen ausgebaucht als nach Aufsen gewölbt ist: bei genauerer Prüfung sieht man aber, dafs sich der Bogen an diesen Stellen symmetrisch gesenkt hat. Da der wilde Apenninenstrom sein altes Bett verlassen und sich an eine Seite gedrängt hat, so ist man genöthigt gewesen, in der Stirnmauer oder Widerlage eine neuere kleine Bogenöffnung zu machen und eine starke Flügelmauer zu bauen.

Von *Pesaro* nach *Fano* und von da nach *Sinigaglia*, so wie von *Sinigaglia* nach *Ancona,* reiset man zwar beständig dicht am Meere, und sieht solches auch immer: aber die Hügel, welche sich gleich an das Ufer anlehnen, sind einförmig, und auch das Meer bietet keine Abwechselung dar. Interessant ist die Gestalt der Hügel, an welchen man deutlich sieht, dafs sie von dem stürmenden Meere gebildet sind. Von den Überresten eines römischen Triumphbogens in Fano habe ich nichts gesehen; was freilich wohl meine Schuld sein wird. Dafs aber in Pesaro, Fano und Sinigaglia sehenswerthe Kirchen mit guten Bildern zu finden sind, brauche ich nicht zu erwähnen; denn es giebt nicht leicht ein einziges italienisches Städtchen, welches nicht wenigstens eine merkwürdige, mit Kunstwerken wohlversehene Kirche hätte.

In der Nähe von Ancona wird die Gegend sehr schön. Die Gebäude, welche den Hafen einfassen, bilden einen Halbkreis, hinter welchem sich die Stadt am Berge in die Höhe zieht.

Ancona.

In Ancona findet man viel Leben und Thätigkeit; wie in allen Seestädten; aber wenig Kunstgegenstände. Die Cathedralkirche ist in dem Style, den ich den gemischten genannt habe, erbauet. Besonders merkwürdig und fast wunderbar zu nennen ist die Façade der kleinen Marienkirche, in demselben Style; sie ist ganz bedeckt mit Säulenböglein. Sehr schön ist der Börsensaal. An einer ziemlich dunkeln Strafse steht die im gemischten Style erbaute Façade desselben: so wie man aber hineintritt, wird man durch die heiterste Erscheinung überrascht. Man übersieht den Saal seiner Länge nach. Dem Eingange gegenüber, also, wie dieser, an der schmalen Seite, sind die Fenster, welche dem Saale die lebhafteste Beleuchtung geben. Der Saal selbst ist schön gewölbt, und die beiden langen Seiten sind mit abgetheilten Gemälden (angeblich von Pellegrino Tibaldi) reich verziert. Nähert man sich aber den Fenstern, deren mittelstes, wenn mich mein Gedächtnifs nicht täuscht, zu einem Balcon führt, so erlangt man eine reizende Übersicht des Hafens, in dessen Mitte man sich befindet.

In dem Hafen ist manches technisch Merkwürdige zu finden. Ich sahe mehrere Arten Maschinen zur Vertiefung desselben in Thätigkeit; unter andern auch die bekannte Belidorische mit dem Rad und den beiden Löffeln. Die einfachste bestand in einem grofsen Löffel, welcher an einer grofsen Stange befestigt war, mittelst welcher er von den auf einem kleinen Flofs stehenden Arbeitern in den Boden gestofsen und sodann von anderen Arbeitern, die auf der zum Ausladen des Schlammes bestimmten Barke standen, vermittelst eines an der Spitze des Löffels befindlichen Seiles, das über eine Flaschenscheibe geht und durch eine Winde mit horizontaler Welle aufgewickelt wurde, herausgezogen und durch Umdrehen ausgeladen wurde. Diese Einrichtung schien mir wirksamer und practischer als die andere.

Bemerkenswerth schien mir auch mancher practische Vortheil bei den Arbeiten der Schiffzimmerleute.

Von Ancona nach Florenz.

Von *Ancona* aus habe ich die Reise bis *Macerata* in der herrlichsten Jahreszeit (Anfangs Mai) in einem kleinen offenen Wagen, den die Italiener S e d i o l a nennen, gemacht. Diese Art fortzukommen ist sehr angenehm, und dabei wohlfeil, besonders wenn der Führer des Wagens ein so freundlicher und gefälliger Mensch ist, wie es der kleine Römer war, der meinen Wagen lenkte. Hinter Ancona mufste ich finden, dafs die Gegend ein sehr deutsches Ansehen hatte; und da ich auch bis dahin in Italien so etwas ganz aufserordentliches in der Landschaft nicht gefunden hatte, wenn ich allenfalls die venetianische Lombardei wegen der schönen Gebirge ausnehme, so dachte ich im Herzen: es ist doch wunderlich, dafs wir Deutsche mehrere hundert Meilen weit reisen, um Gegenden zu sehen, die so sehr den unsrigen gleichen; indessen wurden die Aussichten immer schöner, und wie ich den Hügel bei *Ossino* hinauffuhr, habe ich der italienischen Natur alle früher gemachten Vorwürfe wieder abgebeten. Herrliche, grandios geformte Hügel, oben mit unzähligen Burgen und Städten besetzt; alterthümliche Bauart; von den Hügeln bis in das Thal alles bedeckt mit der schönsten italienischen Cultur; in der üppigsten Vegetation Oliven und Feigenbäume in grofser Menge, Ulmen mit Weinreben und schönes Getraidefeld; darunter, weiter in der Ferne, das groteske Gebirge von Ancona, und zuletzt, als herrlicher Schlufs des Ganzen, das grofse weite Meer, über den Hügeln; dann die herrlichsten Vorgründe; besonders prächtige und grofse Eichbäume. Wendet man den Blick auf die dem Meere entgegengesetzte Seite, so erblickt man die grotesken Gestalten der Gipfel der Apenninen, die mit Schnee bedeckt sind; in den Thälern war es so warm, wie es selten oder nie in Deutschland ist, und doch blickten immer diese Berge wie weifse Kristalle über das saftige Grün des Unterlandes hervor; überall sieht man Landschaften, die vollständige Bilder machen, und ich bin überzeugt, dafs Claude Lorrain besonders in solchen Gegenden die Vorbilder seiner Landschaftsgemälde fand. Auch der Menschenschlag ist schön und ihre Kleidung fein und sehr malerisch.

In *Loretto* ist die berühmte Kirche der heiligen Jungfrau mit dem Hause derselben, welches auswendig prachtvoll verziert ist, inwendig aber rohe Backsteinmauern hat. Die Kirche enthält herrliche Bilder, meistens aus der älteren Zeit von Giotto bis auf Raphael; besonders haben auch die Bilder Lazzarini's, aus Tasso's befreitem Jerusalem, einen grofsen Eindruck auf mich gemacht.

Auf dem hohen Thurme dieser Kirche sah ich die Sonne mitten über dem Meere aufgehn. Einen schöneren Standpunct wie diesen zur

Bewunderung dieses Naturschauspieles möchte man schwerlich finden. In einem besonderen Saale wurde ehedem der Schatz des Heiligthumes von Loretto gezeigt; er war aber damals zur Zeit des Krieges nicht zu sehen. In der Offizin sollen mehrere Hundert Gefäße, mit Gemälden nach Zeichnungen von Raphael und Giulio Romano, befindlich sein.

Macerata ist eine freundliche, auf einem Hügel, in einer äußerst cultivirten Gegend reizend gelegene Stadt. Der Weg von *Macerata* nach *Tolentino* ist besonders schön. Die Bewohner der Mark Ancona scheinen mir ein wohlgebildetes, wohlhabendes und glückliches Volk zu sein.

In *Tolentino*, einer kleinen, alten, halbverfallenen Stadt, die einsam am Fuße der Apenninen liegt, befindet sich, was hier wohl Niemand erwartet, eines der zierlichsten modernen Theater, welches von Grund auf, innen und auswendig neu gebauet ist. Die Form der Schaubühne ist etwas mehr als die Hälfte eines Kreises. Die Decke ist flach gewölbt, nach der Form einer umgekehrten Seemuschel. Es sind vier Logenreihen über einander vorhanden.

Die Gegend hinter Tolentino ist noch ungemein schön. So wie man aber zwischen die Gebirge tritt, wird sie gar öde und leer: ohne Cultur, nur hier und da ein kleines fruchtbares Thal. So geht es fort zwischen ungeheuren, mit Büschen bewachsenen Felsen, immer an einem kleinen Fluße hin, dessen Quelle man endlich bei *Seravalle* erreicht. Dort steigt man den Felsen hinauf und kommt nun in ein Thal, das einsam auf der Höhe liegt und den Namen von einem Dorfe *Colfiorito* hat: ein sehr uneigentlicher Name. Im Anfange hat die Gegend etwas schweizerisches; wenn man aber weiter kommt und diese noch im Mai unbelaubten Bäume und entweder dürren oder sumpfigen Boden sieht, so erschrickt man über die Häßlichkeit, und wünscht sich weit weg. Zum Glück dauert es nicht lange; denn man erreicht bald einen Bergrand, von dem man in das Thal von *Case nove* hinabschaut, welches so tief ist, daß damals die Bäume oben noch nicht grün, unten aber schon in Blüthe waren. Gelegentlich will ich jeden Reisenden vor dem gekochten Wein, den man in dieser Gegend, z. B. in Case nove bekommt, warnen; mir wenigstens, dem sonst in Italien kein Wein geschadet hat, bekam er, bei sehr mäßigem Genusse, wie Gift, und betäubte mich noch auf mehrere Tage.

Man reiset nun zwischen den Gebirgen immer bergab, bis man das große und schöne Thal von *Foligno* und *Spoleto* erreicht, welches die Apenninen noch immer, jedoch in weiter Entfernung, aber mit mannichfaltigen Kuppen und Gestaltungen umschliefsen. Man steigt bei dem Dorfe *Palo* hinab und überblickt die schönen Thäler, in denen sich zahlreiche Olivenwälder befinden. Ein kleiner Flufs stürzt sich neben der Landstrafse in vielen, theilweise ziemlich grofsen Cascatellen, in eine grofse Tiefe hinab. Auch soll hier eine schöne grofse Höhle mit Stalactiten sein.

In diesem Thale fühlt man sich nun schon um vieles südlicher als im oberen Italien; es war Anfangs Mai, als ich es durchreisete, und die Sommerwärme fing schon an, nicht wenig beschwerlich zu werden.

Foligno hat einige schöne mittelalterliche Gebäude, im gemischten Style; namentlich erinnere ich mich einer Kirche. Hier wird sich jetzt wieder jenes berühmte Bild von Raphael befinden, welches unter dem Namen der Madonna von Foligno bekannt ist; es war nach Paris entführt und vielleicht die erste Zierde von Napoleons Museum; auf die meisten Personen, glaube ich, wird es einen gröfseren Eindruck machen als die Transfiguration Raphaels, der man gewöhnlich unter seinen Oelgemälden den ersten Rang einräumt.

Von Foligno führt nun der gerade Weg über *Spoleto, Terni* und *Narni* nach *Rom*, dem man näher ist, als dem schon weit im Rücken liegenden *Florenz*. Ich glaube daher, dafs sich Wenige entschliefsen werden, meinem Rathe zu folgen, und einen Rückweg von mehr als vierzig Stunden weit zu machen, um *Florenz* eher wie Rom zu sehen: wer indessen diesen Rath befolgt, wird es nicht bereuen, und ich führe den Reisenden also jetzt rückwärts über *Assisi, Perugia, Passignano, Cortona* und *Arezzo*. Da sich aber meine ganze Reiseleitung auf eine durch gehörige Vorbereitung gestützte Selbst-Ansicht gründet, so mufs ich, da ich den Weg von Foligno nach Florenz nicht selbst machte, hier den Reisenden in Person verlassen, will jedoch, um ihn nicht ohne Führer zu lassen, die wesentlichsten architectonischen Merkwürdigkeiten, wie sie in anderen Reisebüchern angegeben sind, hier aufzählen:

In *Assisi* ist eine sehenswerthe mittelalterliche Cathedralkirche, mit schönen Glasmalereien und Bildern von *Cimabue, Giotto, Gaddi* und *Luini*; ferner sind auf dem Markte die Reste eines antiken Minerven-Tempels corinthischer Bauart, jetzt zu einer Kirche eingerichtet, welche Santa Maria della Minerva heifst; und endlich nahe bei dem Posthause, an welchem die Heerstrafse vorbeiführt, liegt eine grofse und prächtige Kirche der Madonna degli Angeli. Wer zu Wagen reiset, mufs sich einrichten, dafs er an diesem Posthause anhalten und von da aus die Stadt *Assisi*, welche eine halbe Stunde von der Strafse entfernt liegt, besuchen kann.

Perugia ist eine alte und grofse Stadt; es müssen sich hier viele mittelalterliche Gebäude befinden. Als sehenswerthe Kirchen werden genannt: *St. Maria nuova*, *S. Pietro fuori di muri*, *S. Domenico*, *S. Francesco del Gesu*, *S. Agostino*, *St. Anna*, *S. Girolamo*. Besonders merkwürdig soll das Gebäude des *Collegio del Cambio* in mittelalterlicher Bauart sein. Es diente zum Versammlungsorte der Kaufleute und enthält einen grofsen Saal und eine daran stofsende Capelle, die beide von dem Lehrer Raphaels, Pietro Vanucci, genannt *Perugino*, *al fresco* gemalt sind. Das Rathhaus, der Regierungspallast und die Palläste *Piazza*, *Domini* und *Oddi* werden als merkwürdig wegen ihrer Gemälde erwähnt. Sodann befinden sich in Perugia mehrere römische Alterthümer; darunter ein alter Bogen, der Triumphbogen des Augustus genannt, und die Reste eines Tempels in der Kirche *S. Angiolo*. Die Universität befindet sich in einem schönen ehemaligen Klostergebäude, und die Akademie der Künste hat eine Sammlung alter Bronzen, und etrurischer Gefäfse, so wie Gemälde von Pietro Perugino, Pinturicchio und älteren Meistern. Die Stadtmauer von *Cortona* ist von der ältesten Bauart, die man den Etruriern zuschreibt. In der Cathedralkirche, so wie in einigen anderen Kirchen und Privathäusern, findet man gute Gemälde, besonders aus der älteren florentinischen Schule.

Arezzo hát eine grofse Domkirche aus dem 13ten Iahrhundert, mit vielen Seitencapellen. Es befinden sich darin gute Gemälde von Perugino, Caravaggio, Sassoferrato und Anderen; auch merkwürdige Grabmäler.

Bei der Kirche *S. Pieve* sind die Überreste eines altrömischen Amphitheaters; an der Kirche der Olivetaner sind Reste eines alten Tempels. In dem Augustinerkloster und der Abtei *dei Caffinensi* sind Gemälde von Vasari. Auf dem Marktplatze liegt ein Gebäude, welches *Le Loggia* genannt wird und welches das Theater, so wie schöne Bogengänge enthält.

In der Architecture toscane von *Grandjean* ist eine mit Arcaden umgebene, in der Nähe von Arezzo liegende interessante Kirche abgebildet, so wie sich darin auch die Plane eines Hospitals, der Kirche della Pieve und della Nunziata finden.

Florenz.

Die toscanische Architektur ist in jeder Periode interessant und schön. *Florenz* ist ein Ort, welcher die Cultur aus den frühesten Zeiten der Geschichte bis auf unser Zeitalter in fast ununterbrochener Folge erhalten und gepflegt hat. Vom römischen Alterthume ist jedoch, das was sich in Kunstsammlungen findet ausgenommen, wenig oder gar nichts erhalten. Aber sehr viel findet sich noch von Gebäuden des Mittelalters, z. B.

1. Die Domkirche, *Santa Maria del fiore* genannt, in einem höchst gemischten Style, in welchem zwar die neugothische Bauart dominirt, sich aber doch auch Verzierungen finden, die fast antik römisch sind; dazu die moderne Kuppel Brunelleschis: alles so bunt durcheinander, dafs die grofse Buntheit-fast wieder Harmonie wird. Die bunte Marmorverzierung, in horizontalen und verticalen, weifsen, schwarzen und rothen Streifen, die in Toscana häufig ist, kann ich nicht schön finden. Der Thurm ist einer der schönsten, die in italienisch-gothischem Style vorhanden sind: sehr zierlich und mannigfaltig; besonders schön ist die ihn krönende, weit vorstehende Gallerie. Der Thurm steht isolirt. In der Kirche scheinen mir die fast überall erhaltenen Glasmalereien das beste.

2. Das *Battisterium,* der Kirche gegenüber, hat die schönen, von *Ghiberti* verfertigten Bronzethüren und eine achteckige Kuppel, mit alten Mosaiken auf Goldgrund.

3. Das *San Michele*, ein mittelalterliches Gebäude, reiner wie gewöhnlich in Italien in gothischem Style erbauet, hat inwendig schöne Hallen, in welchen ehemals Getraide verkauft worden sein soll; was nicht recht zur Pracht des Gebäudes pafst. Es hat sehr reich verzierte Fenster und soll im 13ten Iahrhundert von *Orgagna* erbauet sein.

4. Die sogenannten *Lanzenhallen*, auf der Piazza vecchia, dem Palazzo vecchio gegenüber, sind gleichfalls von Orgagna gebauet. Sie finden sich in Grandjeans Architecture toscane. Ich will sehr darauf aufmerksam machen, die Eisenconstructionen derselben recht genau zu untersuchen, auch deren Stärke und Verbindung auszumessen und aufzuzeichnen. Auch die Untersuchung der Gewölbe, ihrer Zusammensetzung und ihres Mörtels ist wichtig.

5. Den *Pallazzo vecchio* habe ich im Innern nicht gesehen, weil derselbe von aufsen nicht das versprach, was Grandjeans schöne Abbil-

dungen davon, z. B. die des Hofes und grofsen Saales, darstellen. Ich rathe deshalb Grandjeans Werk, welches gewifs auf einer der dortigen grofsen Bibliotheken, oder auch in den Händen eines dortigen Architekten sich befinden wird, nachzusehen und danach die dortigen Gebäude zu studiren. Ich gestehe, dafs ich, da ich erst nach Florenz kam, als ich unmittelbar vorher in Rom gewesen war, nicht so gar eifrig bei der Aufsuchung der florentinichen Kunstschätze war. So erinnere ich mich denn auch nichts mehr von einem Palazzo del Podesta. Auch die Kirche Santa Maria Novella, welche eine der schönsten (1297 gegründeten) mittelalterlichen Kirchen Italiens sein soll, habe ich nicht gesehen.

Von den mittelalterlichen Gebäuden finde ich noch in meinen Notizen, dafs in der Kirche *Santa Croce* vier Capellen, von Giotto gemalt, waren. Da gäbe es also etwas zum Zeichnen.

Von San Lorenzo erinnere ich mich noch der interessanten Verhältnisse und der schönen Säulengänge, wenn ich nicht irre, von blauem Marmor.

Als ich nach Italien reisete, empfahl mir Göthe ganz besonders, der Gegend von Florenz recht viel Aufmerksamkeit zu widmen, weil sie es so sehr verdiene und es selten hinreichend geschehe. Ich glaube, sie wird auch im Winter reizend sein. Die in Grandjeans Werk vorgestellte Kirche von *San Miniato* liegt aufserhalb der Stadt.

Ein sehr schöner, regelmäfsig mit Hallen umgebener Platz in Florenz ist die *Piazza della Annunziata.*

Nach der mittelalterlichen Baukunst in Florenz ist nun auch die dortige moderne Architektur ungemein interessant: ich möchte fast sagen, mehr als in einer andern italienischen Stadt. Zu ihrer ersten Periode rechne ich die Werke von Brunelleschi und seiner Architektenschule; wozu vor allem der Pallast *Pitti* gehört; dann *Strozzi* und *Riccardi.* Bei dem Pallast Strozzi mache ich auf das schöne Dachgesimse, beim Pallast Riccardi auf den schönen Hof aufmerksam. Dann sind noch die vornehmsten: der im Grandjeanschen Werk aufgeführte Pallast *Ruccellai* (schöne Pilasterstellungen über einander); *Guadagni* (ungemein reiche und geniale Façade, ungewöhnlich weit ausgeladenes Dachgesimse); der Pallast des *Podesta* (malerischer Hof), welcher Pallast jedoch noch zu den mittelalterlichen Gebäuden gehört; P. *Pandolfini,* der von Raphael erfunden sein soll und in der Strafse St. Gallo liegt. Ferner der Pallast *Gondi* (schöne malerische Treppe im Hofe); P. *Bartolini* und *Nicolini* (schöne Gallerien nach dem Garten). Dann ist in Florenz auch ein Krankenhospital, welches vielleicht das prächtigste in der Welt ist. Unter den Kirchen empfehle ich nochmals besonders *Santa Croce*, wegen der schönen Monumente, auch wegen des Klosters und der darin befindlichen Capelle *dei Pazzi*.

In dem Pallast *dei Ufficii* endlich findet sich die berühmte florentinische Kunstsammlung: ausgesuchte herrliche Bilder aus allen Zeiten und Schulen. Dieser Sammlung mufs man ein vorzügliches Studium widmen.

Ueberhaupt hat man in Florenz sich Zeit zu nehmen. Es ist abermals ein Ort, um nach dem vorgeschlagenen architektonischen System besehn zu werden.

Von Florenz nach Rom.

Von Florenz hätte nun der Reisende den gewöhnlichen Weg über *Siena* nach *Rom* zu machen, den ich auf der Rückreise beschreiben werde; vielleicht kann derselbe aber auch in einer andern Richtung als der früheren, *Foligno* wieder erreichen, und von da durch das reizende Thal zwischen *Foligno* und *Spoleto* gehn.

Spoleto hat interessante mittelalterliche Baulichkeiten; besonders ganz nahe bei Spoleto den riesenmäfsigen Aquaduct. Von *Terni* macht man in einem halben Tage eine Excursion nach dem Wasserfalle des *Velino*, den ich für die gröfste Naturschönheit Italiens halte. In *Narni* sind noch die sehr interessanten Ruinen der Brücke des Augustus, und der Weg von *Terni* nach *Narni* ist wunderschön, so wie besonders die Gegend von Narni. Von Narni fängt aber die unsichere Umgegend von Rom an, und es wäre nicht gerathen, von hier aus weiter zu Fufs zu gehen. Besser reiset man mit einem Vetturin.

Bei *Otricoli* fängt die Gegend an, einen eigenen öden oder wüsten Charakter anzunehmen; auch ein gewisses unangenehmes Gefühl von Dürre und Athembeengung schien mir dem Orte anzugehören; vielleicht war es die erste Empfindung des Sirocco, die mich ergriff: aber meine Erwartung von der Schönheit der römischen Umgegend wurde sehr herabgestimmt. Auch *Civita-Castellana Nepi*, und *Monterossi* haben, wenigstens für den schnell Durchreisenden, nicht viel Reizendes; in dem kleinen Thale von *Baccano* aber glaubt man in eine wahre Einöde zu kommen:

so beschränkt, einförmig und gehaltlos ist die ganze Gegend. So kommt man bis zur *Storta*, einem einsam gelegenen Wirthshause, eben wie Baccano.

Es war ein schwüler Frühlingsabend, als ich dort, so sehr ermüdet und verstimmt durch manche ausgestandene Strapaze anlangte, daſs ich, obgleich nahe am Ziele, noch überlegte, ob ich nicht, so wenig einladend der Ort war, daselbst übernachten sollte. Man rieth mir dazu, und erwähnte die Unsicherheit des weitern Weges bei Nacht, welche mich zu ereilen schien; allein die Äuſserung des Wirthes, daſs man Rom schon in einer geringen Entfernung sehen könne, bewog mich, meine Kräfte zusammenzunehmen und vorwärts zu schreiten. Meine Bahn war ein Hohlweg, in welchem ich einsam, aber von Tausend Gefühlen bewegt, fortging. Ich kann zwar nicht glauben, daſs die gröſste menschliche Glückseligkeit die Freude über besiegte Schwierigkeiten sei; denn es wäre dann alles Glück nur negativ: aber eine groſse Freude und ein süſses Gefühl ist es gewiſs, an dem Ziel eines groſsen, mit Tausend Schwierigkeiten verbundenen Unternehmens, nach mancher Gefahr und mancher Strapaze, glücklich anzulangen. Ich war schon eine Zeit lang fortgegangen, ohne daſs sich die Aussicht öffnete, als ich überlegte, daſs ich wohl eine weitere Aussicht gewinnen würde, wenn ich an den steilen Erdrainen des Hohlweges in die Höhe kletterte; was ich alsbald that: und nun sahe ich auf einmal die groſse römische Ebene, mit der Siebenhügelstadt in der Mitte und weit hin von den herrlichsten Gebirgen umgeben, vor mir ausgebreitet! Die Sonne war dem Untergange nahe und vergoldete die blinkenden Gebäude. Welch' ein Anblick! welches unermeſsliche Bild, in dem unzählige Erinnerungen der Geschichte eines groſsen Volkes auftauchten! Noch jetzt, nach so manchem Jahre, steht jener Augenblick hell in meiner Seele. Was für mich noch einen besonderen Reiz hatte, war eine, zwar sehr vergröſserte, aber doch nicht ganz entfernte Ähnlichkeit der Lage von Rom mit derjenigen meiner Vaterstadt *Cassel*, wenn man diese von der Südostseite in der Ferne erblickt. Ich kam nun durch eine etwas mehr angebauete Stelle; bald auch zur *Tiber*, und über *Ponte molle* zur Stadt: eben noch früh genug, um den herrlichen Blick von der *Porta del Popolo*, dem nordischen Haupteingange von Rom, in die Stadt, zu genieſsen.

(Die Fortsetzung folgt im nächsten Hefte.)

12.

Ueber verschiedene Arten von Eisenbahnschienen und deren Fundamentirung.

(Vom Herausgeber.)

(Fortsetzung der Abhandlung No. 5. im ersten und No. 10. im zweiten Hefte dieses Bandes.)

17.

Wir wenden uns nun zunächst zu den Constructions-Arten mit fortlaufender fester Unterstützung der Schienen, und zwar zuerst zu der

Reynoldschen Constructions-Art.

Die Beschreibung und Abbildung derselben ist, wie schon bemerkt, im 2. Hefte 10. Bandes dieses Journals, so, wie der Herr Erfinder sie giebt, mitgetheilt worden. Er rechnet das Gewicht seiner Schienen, mit runden Röhren, auf 50 Pfd. den laufenden Fuſs. Der die Schienen tragende Steinschlag soll, den Figuren zufolge, etwa 2 F. breit und 1 F. tief sein. Die Schienen sollen im Durchschnitt 9 F. lang gegossen und an den Stöſsen auf 8 Zoll lang in einander gesteckt werden. Wie es mit der Verbindung der Schienen durch einen Ring (*band*) und durch Ausfüllung oder Loth (*packing*, *solder*) gemeint sei, ist nicht recht deutlich. Der obere Theil dieser gegossenen Schienen, auf welchem die Räder laufen, wird immer nicht lange, höchstens 10 Jahre, vorhalten. Dagegen bleibt die übrige Masse des Eisens desto länger; und folglich dürfte man im Durchschnitt wohl eine 25jährige Dauer annehmen können. Die Kosten einer Meile Bahn nach dieser Constructions-Art dürften folgende sein.

	Anlagekosten.		Dauer.	Thut an Erhaltungskosten.			
			Jahre.	Jährlich.		An Capital.	
	Rthlr.	Sgr.		Rthlr.	Sgr.	Rthlr.	Sgr.
1) Für 825 Sch. R. Steine zum Steinschlage, zu 6 Rthlr. 20 Sgr., ...	5 500	—	50	110	—	2 200	—
2) Für das Zerschlagen der Steine und Verfertigen des Steinschlages, zu $1\frac{1}{2}$ Rthlr. die Sch. R, ...	1 237	15	50	24	$22\frac{1}{2}$	495	—
3) Für 21 818 Ctr. gegossene eiserne Schienen, den Ctr. zu 4 Rthlr. gerechnet, .	87 272	—	25	3490	$26\frac{1}{2}$	69 817	20
4) Für 21 336 starke Schraubenbolzen zur Verbindung der Schienen mit einander an den Stöfsen, zu 6 Sgr., ...	4 267	6	15	284	14	5 689	10
5) Für Ausfüllung (*packing*) an den Stöfsen	2 000	—	10	200	—	4 000	—
6) Für das Legen der Schienen, zu 2 Rthlr. 20 Sgr., ...	5 333	10	10	533	10	10 666	20
Zusammen	105 610	1	—	4643	13	92 868	20

Diese Constructionsart erfüllt nur die *erste* von den 6 Bedingungen §. 13. auf das vollkommenste. Die Schienen sind in allen Puncten ungemein fest und sicher unterstützt, und es ist beinahe unmöglich, dafs sie eingedrückt oder zur Seite geschoben werden können; auch ist ein Bruch, wenigstens quer durch, schwer möglich. Die Bahn wird also immer völlig eben bleiben, und sie kann nie holperig werden; was eine so wesentliche Hauptsache ist. Zwar könnte es beim ersten Anblick scheinen, dafs die Schienen, da sie unten die Gestalt eines *Keils* haben, und folglich auch wie ein Keil wirken, den Steinschlag, sobald die schweren Fuhrwerke darauf fahren, auseinander treiben werden. Allein dies ist nicht zu befürchten. *Erstens* nemlich ist der Keil, den die Schienen bilden, viel zu *stumpf*, als dafs ein starker Druck nach der Seite entstände. Der Druck, welchen ein Keil nach der Seite, also hier *horizontal*, ausübt, verhält sich im Allgemeinen zu dem Drucke *senkrecht* auf den Keil, wie der *horizontale Auslauf* des Keils, zu seiner *Höhe;* denn, wenn z. B. der Keil um seine ganze Höhe *hinunter* getrieben würde, so würde der Punct, welcher Anfangs *neben* seiner Spitze lag, um den horizontalen Auslauf des Keils *seitwärts* getrieben worden sein: mithin verhalten sich die *Wege,* welche der Keil und der Widerstand gegen denselben gleichzeitig durchlaufen haben würden, wie seine Höhe zu seinem Auslauf; und wie die *Wege* verhalten sich, nach einem allgemeinen Naturgesetze, auch die *Kräfte;* und folglich verhält sich der senkrechte Druck auf den Keil zu der Wirkung, die er horizontal, seitwärts ausübt, wie die Höhe zu seinem Auslauf, also zu seiner halben oberen Breite. Die *Reynold*schen Schienen bilden nun unten einen *rechten* Winkel, und folglich ist hier die Höhe des Keils seinem Auslauf oder seiner halben oberen Breite *gleich.* Mithin ist der Druck des Keils *nach der Seite* im Allgemeinen nicht stärker, als der Druck auf denselben von oben: gegentheils vielmehr, aus anderen Gründen, insbesondere wegen der Reibung der Seiten des Keils auf den Steinen, viel schwächer. Es widerstehen aber die Steine hier nach den Seiten im Allgemeinen eben so stark, als von unten nach oben, weil sie auch seitwärts gegen die Erde sich stemmen: mithin ist schon aus diesem Grunde von der Wirkung der Schienen *als Keil* nichts zu fürchten. Es würde nur dann so sein, wenn der Keil, statt stumpf zu sein, spitz, scharf oder flach wäre. Aber die Befürchtung verschwindet noch vollends, wenn man, *zweitens,* erwägt, dafs, wegen der *fortlaufenden* Unterstützung der Schienen, der Druck der Wagenräder auf die Schienen sich sehr *vertheilt.* Die keilförmige Gestalt der Schienen würde allerdings, obgleich der Keil nur flach und stumpf ist, immer noch bedenklich sein, wenn nur in einzelnen Puncten keilförmige Stützen die Schienen trügen; denn alsdann würde die Grundfläche, auf welche die Last und der Stofs wirkt, nur klein sein. So aber, da die Schienen, *fortlaufend,* überall unten gleich breit sind, vertheilt sich die Last und der Stofs auf eine verhältnifsmäfsig sehr grofse Fläche, und folglich ist der Widerstand der Steine gegen den Angriff auf sie so grofs, dafs von der keilförmigen Gestalt der Schienen in der That nichts befürchtet werden darf; was auch die Erfahrung bei Liverpool schon bestätigt hat.

Die bedeutende Fläche, mit welcher die Schienen auf dem Steinschlage, und vermittelst desselben auf dem Boden ruhen, ist die Ursache der grofsen Festigkeit der Unterstützung, welche sie gewähren. Wenn bei der gewöhnlichen englischen Constructionsart gewalzte, 15 F. lange Schienen alle 3 F. von einzelnen Steinen, die $1\frac{1}{2}$ F. lang und $1\frac{1}{2}$ F. breit sind, also $2\frac{1}{4}$ Quadratfufs Grundfläche haben, getragen und die Tragsteine auf einen Steinschlag gesetzt werden, so wird zwar allerdings noch der Druck eines Rades der Fuhrwerke, wenn es sich gerade *mitten* auf einem Stein befindet, von $2\frac{1}{4}$ Quadratfufs Fläche des Steinschlages getragen. Befindet sich das Rad auf der Schiene gerade mitten zwischen 2 Steinen, und die Schiene ist sonst stark genug, so kann man sogar annehmen, daſs die Last des Rades von 2 Steinen zugleich, also von $4\frac{1}{2}$ Quadratfuſs Steinschlag getragen wird. Auch tragen wenigstens $2\frac{1}{4}$ Quadratfuſs Steinschlag das Rad noch dann, wenn es sich mitten über einem Steine befindet, auf welchen der *Stoſs* zweier Schienen trifft. Aber anders verhält es sich, wenn das Rad eben erst bei der *Kante* eines *solchen* Steines angelangt ist. Da *hier* die Tragkraft der Schienen selbst, völlig unterbrochen ist, und die *Enden* der Schienen fast gar nichts tragen, so wirkt das Rad jetzt bloſs auf die *Kante* oder den *Rand* des Steins, und es läſst sich höchstens rechnen, daſs nur noch der vierte Theil der Grundfläche des Steins, und folglich nur $\frac{9}{16}$ Quadratfuſs Steinschlag trägt. Eine solche Stelle ist eine *schwache Stelle* der Bahn, und es geschieht hier, daſs die Steine leicht *schief* eingedrückt werden; was denn, auf die weiter oben beschriebene Weise, die baldige Zerstörung der Bahn nach sich zieht. Der Steinschlag wird bei der Unterstützungsart der Schienen durch einzelne Steine immerfort *verschieden* gedrückt: bald widerstehen $4\frac{1}{2}$ Quadratfuſs Steinschlag, bald nur $2\frac{1}{4}$, und bald sogar nur höchstens $\frac{9}{16}$ Quadratfuſs. Anders verhält es sich bei den *Reynold*schen Schienen. An sich selbst schon besitzen diese Schienen augenscheinlich eine *bei weitem* gröſsere Tragkraft als die stärksten gewalzten Schienen, und würden weit stärker und auf gröſsere Entfernungen tragen als diese, wenn man sie selbst auf *einzelne Puncte* legen und, wie die gewalzten Schienen, *balkenartig* tragen lassen wollte. Sie sind 7 Zoll hoch und 10 Zoll oben breit, während die stärksten gewalzten Schienen nur etwa 4 Zoll hoch, oben und unten 2 Zoll und in der Mitte nur $\frac{1}{2}$ bis $\frac{3}{4}$ Zoll breit sind. Die *Reynold*schen Schienen haben also, obgleich hohl gegossen, offenbar an sich eine viel gröſsere und wohl 10 mal so starke Tragkraft, als die stärksten gewalzten. Sie würden zuverlässig, wenn gewalzte Schienen auf 3 Fuſs lang zu tragen vermögen, wenigstens auf 6 Fuſs lang widerstehen. Die Kraft also, welche in irgend einem Puncte der *Reynold*schen Schienen auf dieselben drückt, vertheilt sich auf wenigstens 6 F. Länge, und folglich, da die Schienen, horizontal gemessen, 10 Zoll oder $\frac{5}{6}$ Fuſs breit sind, auf 5 Quadratfuſs Steinschlag. Mithin tragen hier 5 Quadratfuſs Steinschlag, statt daſs bei der Unterstützungsart durch einzelne Steine nur abwechselnd $4\frac{1}{2}$, $2\frac{1}{4}$ und $\frac{9}{16}$ Quadratfuſs widerstehen; und zwar ist der

Steinschlag in allen Puncten *unverändert* und ohne alle Abwechselung völlig derselbe; was allein schon, betrüge der Widerstand auch nur halb so viel, und noch weniger, eine sehr grofse Festigkeit giebt, und mehr werth ist, als der stärkste Widerstand, wenn er mit schwachen Stellen *abwechselt*. Die *Reynold*schen Schienen tragen also bei weitem stärker als gewalzte, in einzelnen Puncten unterstützte Schienen.

Man erwäge auch noch, um die grofse Stärke der Tragkraft der *Reynold*schen Schienen zu ermessen, Folgendes. Der Erfahrung nach, ist nemlich der Steinschlag einer *Chaussée* vermögend, in Bewegung befindlichen Fuhrwerken zu widerstehen, die auf 4 Rädern an 100 Ctr. geladen haben. Die Felgen der Räder sind nicht leicht über 4 Zoll breit; es mögen indessen 6 Zoll breite Felgen angenommen werden. Der Eindruck, welchen die Räder in die Oberfläche der Chaussée machen, ist, wenn dieselbe in gutem Stande sich befindet, sehr gering; und nicht leicht wird ein Rad auf mehr als 3 Zoll lang aufruhen. Die 4 Räder des mit 100 Ctr. beladenen Wagens drücken also auf nicht mehr als 4 mal 18 Quadratzoll, oder zusammen auf 72 Quadratzoll Steinschlag, und diese 72 Quadratzoll oder $\frac{1}{2}$ Quadratfufs Steinschlag sind der Erfahrung gemäfs vermögend, einer in Bewegung befindlichen Last von wenigstens 100 Ctr. zu widerstehen. Die *Reynold*schen Schienen werden nun unter *jedem* der 4 Räder, wie oben bemerkt, von 5 Quadratfufs, also zusammen von 20 Quadratfufs Steinschlag, mithin *40 mal* so kräftig getragen, als ein Fuhrwerk von einer Chaussée. Wären also auch die auf den Schienen fahrenden Bahnfuhrwerke und Dampfwagen nicht blofs, wie sie es sind, 2mal so schwer als ein mit 100 Ctr. beladenes gewöhnliches Fuhrwerk auf der Chaussée, sondern 4 mal so schwer: wären ferner die *Stöfse* der Räder auf die *glatten* Schienen eben so stark, wie auf die verhältnifsmäfsig *unebene* Chaussée, was so wenig der Fall ist, dafs vielmehr die Wirkung der vollkommenen *Glätte* reichlich die der gröfsern *Geschwindigkeit* der Bahnfuhrwerke aufwiegt; und wäre endlich die Steinschlagfläche, welche die Schienen trägt, auch nur halb so grofs, als angenommen: so würde immer noch der Steinschlag unter den Schienen *5 mal* so stark widerstehen, als derjenige einer Chaussée. Es verschwindet also offenbar jeder Zweifel an der Festigkeit der Unterstützung und an der vollkommenen Tragfähigkeit der *Reynold*schen Schienen, und es folgt daher, dafs durch dieselben die *erste* der 6 Bedingungen §. 13. in sehr vollkommenem Maafse erfüllt wird.

Ob die *zweite* Bedingung §. 13., nemlich die Erhaltung des Parallelismus, von den *Reynold*schen Schienen erfüllt werde, könnte zweifelhaft scheinen, und es liefse sich wohl beim ersten Anblick fürchten, es möchten, da die Schienen nicht *in* dem Boden befestigt sind, sondern nur blofs auf dem Steinschlage auf*ruhen*, die Fuhrwerke durch Schwanken und Schleudern nach der Seite vermögend sein, die Schienen um und aus ihrer keilförmigen Grube seitwärts hinaus zu werfen. Diese Befürchtung möchte auch wohl, im Fall die Schienen nur in *vereinzelten* Stücken die Bahn unterstützten, vollkommen begründet sein. So aber, da sie mit einander zu fortlaufenden Reihen, oder Strängen, fest *verbunden* sind, und jede Schiene, so lang sie sich auch erstrecken mag, gleichsam *nur eine* Masse ausmacht, ist die Befürchtung völlig unbegründet; denn es ist nicht möglich, dafs eine *so lange* Schiene, die ein ungeheures Gewicht hat, nach der Seite hin in Bewegung gesetzt werden könne, so schwer auch die Fuhrwerke, und so stark auch ihr Druck nach der Seite hin sein mögen. Uebrigens wäre es leicht, jene Befürchtung dadurch noch vollends zu heben, dafs man den Schienen eine Verlängerung nach unten gäbe, und sie so, gleichsam wie durch eine *Wurzel*, auch noch *in* dem Boden befestigte. Herr *Reynold* selbst schlägt dies vor, und hat es in Fig. 8. und 9. der zu seiner Abhandlung gehörigen Zeichnungen (S. Bd. 10. Heft 2. dieses Journals, Taf. XII.) vorstellig gemacht. Also auch die zweite der 6 Bedingungen §. 13. sind die *Reynold*schen Schienen jedenfalls sehr vollkommen zu erfüllen vermögend.

Rücksichtlich der *dritten* Bedingung, der Ableitung des Wassers, lassen sie meines Erachtens nach das Bessere zu wünschen übrig. Das Wasser läfst sich hier füglich nur *unter* die Schienen und *unter* den Steinschlag hindurch, mittelst Rigolen ableiten; und eine solche Entwässerung ist augenscheinlich nur sehr unvollkommen. Eine Steindecke zwischen den Schienen, um zu verhindern, dafs das Wasser in den Damm eindringe, darf nicht gemacht werden, da die Schienen zwei kleine Dämme an den Seiten bilden, die wegen ihrer Continuität dem Wasser keinen Abzug nach der Seite gestatten. Auch sind die oben offenen Ecken zwischen den runden Ringen und den Flügeln der Schienen (S. Bd. 10. Hft. 2. Taf. XII. Fig. 2., 6. u. 7.), nachtheilig, weil sich darin Wasser, Sand, Schlamm und Steinchen sammeln werden, deren Anhäufung, falls etwa die Ausräumung der Ecken vernachläfsigt würde, was doch leicht geschehen kann, der Bewegung der

Fuhrwerke hinderlich und gefährlich werden könnte. Rücksichtlich der dritten Bedingung scheint also diese Constructionsart noch mangelhaft zu sein.

Die *vierte* Bedingung einer guten Eisenbahn, §. 13., dafs Ausbesserungen nur möglichst selten vorkommen müssen, und dafs sie, wenn sie vorkommen, leicht und ohne viele Unterbrechungen der Passage zu bewerkstelligen sein müssen, erfüllen die *Reynold*schen Schienen wieder sehr gut; denn es ist fast unmöglich, dafs, wenn sonst für die feste Lage des Steinschlages auf irgend eine Weise gesorgt ist, Ausbesserungen anders vorkommen können, als wenn die Schienen abgerieben sind und neue eingezogen werden müssen, oder, wenn etwa die Zusammenfügung der Schienen in den Stöfsen nachgiebt; welche Ausbesserungen dann aber auch ohne viele Schwierigkeiten und Aufenthalt ausführbar sind.

Rücksichtlich der *fünften* Bedingung, nemlich des Kostenpuncts, ist das Resultat, wie sich oben zeigte, eben nicht günstig. Die *Anlage*kosten sind hoch; und wenn gleich dies noch nicht entscheidend sein würde, so dürften doch auch die *Erhaltungs*kosten hoch sein, so dafs die gröfsere Festigkeit und Ebenheit der Bahn mit nicht unbedeutenden Geldopfern zu erkaufen sein würde; was freilich auch noch immer nicht unräthlich, aber doch übel ist. Die Höhe der Erhaltungskosten rührt, wie die obige Berechnung pos. 3. zeigt, vorzüglich daher, dafs zu befürchten ist, die gegossenen Schienen werden bald abgerieben werden, was, zumal hier, kostbar ist, da die Schienen nur aus einem Stück bestehen, und also, wenn der obere Theil abgerieben ist, die ganze Masse umgegossen werden mufs. Es wäre also wohl zu wünschen, dafs der obere Theil der Schienen, auf welchem die Räder laufen, vom Übrigen abgesondert, für sich bestehe, damit er ohne das Uebrige, dessen Dauer sehr grofs sein kann, allein und abgesondert sich erneuern lasse, auch, wenn man will, gewalztes Eisen statt gegossenen dazu genommen werden könne. Herr *Reynold* schlägt auch solche, nicht aus einem Stück bestehende, sondern zusammengesetzte Schienen, den obern Theil von gewalztem Eisen, vor (S. Bd. 10. Hft. 2. Taf. XII. Fig. 7. u. 8.); allein er bringt den oberen Theil mit dem unteren durch Holz in Verbindung, und dieses möchte wieder alle die Uebelstände zur Folge haben, die im Geleite der Vergänglichkeit und Unfestigkeit des Holzes sind. Hier also bleibt ebenfalls noch das Bessere zu wünschen übrig.

Für gewöhnliche Fuhrwerke, mit Rädern ohne Spurkränze (§. 13. Sechstens) sind die *Reynold*schen Schienen eben so wenig fahrbar, wie alle vorigen.

Die großen Vorzüge der *Reynold*schen Schienen einerseits, und das, was sie noch zu wünschen übrig lassen andrerseits, haben nun den Herausgeber dieses Journals bewogen, weiter über diesen Gegenstand nachzudenken, und zu versuchen, ob sich nicht Mittel finden lassen, ohne etwas von den Vorzügen fortlaufend unterstützter Schienen aufzugeben, auch das, was noch dagegen einzuwenden sein möchte, zu heben, und sie so der Vollkommenheit näher zu bringen. Er glaubt, daſs dies auf verschiedene Weise möglich sei, z. B. zunächst auf folgende Art.

18.

Zusammengesetzte keilförmige Schienen. (S. Taf. IV. etc. zum vorigen Hefte.)

Fig. 2. stellt dieselben im Querschnitte, Fig. 4. im Grundrisse, von oben herab angesehen, und Fig. 5. der Länge nach, von der Seite angesehen, vor. Die Körper der Schienen sind $8\frac{1}{2}$ Fuſs lang von gegossenem Eisen angenommen, und werden 1 Fuſs lang in einander gesteckt, so daſs jeder Körper $7\frac{1}{2}$ Fuſs Fahrbahn giebt. Der Körper der Schiene besteht aus den beiden Flügeln *f*, *f* (die nemlichen Buchstaben bezeichnen in den Figuren immer das Nemliche) der senkrechten Mittelwand *m*, der Wurzel *w*, und dem Deckel *d*; und alles dieses ist, sammt der unterbrochenen Unterschiene *u*, *u* .... und den Schienenstühlen *c*, *c*, *c* ...., *aus einem Stücke* gegossen. Da wo die Schienenkörper in einander gesteckt werden, erweitern sich die Flügel, und die Mittelwand nebst dem mittleren Theile des Deckels fällt weg, um das Ende des andern Schienenkörpers aufzunehmen, wie es in Fig. 4. bei *x* zu sehen. Die in einandergesteckten Enden der Schienenkörper werden jedesmal durch 6 Schraubenbolzen *s*, *s*, *s* .... zusammengezogen, von welchen 4 kurze Bolzen durch die Seiten des Deckels und 2 lange durch die Mittelwand gehen. Dieser letzten Bolzen wegen fällt die Wurzel auf die Länge des Zusammenstoſsens weg (Fig. 4.) und die Unterschiene ist, der Bolzen wegen, unterbrochen. Die Unterbrechungen *v*, *v* .... der Unterschiene (Fig. 4. und 5.) haben, nächst dem vorhin erwähnten (den Bolzen in der Mitte Raum zu geben) den Zweck, den *Abfluſs des Wassers* auf der Steindecke des Dammes, quer über die Schienen nach den Gräben hin zu gestatten. In die Schienenstühle *c, c* .... wird auf die gewöhnliche Weise eine abgesonderte Schiene *e, e* .... (Fig. 2., 4. und 5.), die aus Eisen 15 F. lang *gewalzt* ist, festgekeilt. Diese Schiene braucht aber nur ganz leicht zu sein, etwa 6 bis 7 Pfd. auf den laufenden Fuſs schwer, weil sie nicht als Balken zu tragen hat, sondern *durchweg*, bloſs die nur 3 Zoll langen Unterbrechungen *v, v* .... ausgenommen, auf der Unterschiene, in einer Rinne derselben aufruht und von ihr und dem gegossenen Schienenkörper getragen wird. Die Stöſse *p* (Fig. 4. und 5.) der *gewalzten* Schienen treffen jedesmal *auf die Mitte* des dritten Schienenkörpers; deshalb sind die gewalzten Schienen 15 F. lang, und jeder Schienenkörper giebt $7\frac{1}{2}$ F. Bahn. Fig. 4. ist so gezeichnet, als wäre die gewalzte Schiene links abgenommen, rechts aber aufgelegt. Fig. 5. stellt durchweg die gewalzte Schiene mit vor; auch ist dieselbe in Fig. 2. aufgesetzt vorgestellt. Den Steinschlag *S* unter den Schienenkörpern zeigen Fig. 2. und 4. und die Steindecke *D* auf dem Damme Fig. 2. Wollte man die besondere gewalzte Schiene nicht machen, so müſste die Bahnschiene *b* nach Fig. 3. sogleich an den Schienenkörper mit angegossen werden; allein dann wird, wie bei den *Reynold*schen Schienen, der Wasser-Abzug nicht über die Schienen hinweg, sondern nur unter den Steinschlag hindurch Statt finden können.

Ein Schienenkörper, von $8\frac{1}{2}$ F. lang, hat folgenden körperlichen Inhalt und folgendes Gewicht.

2 Flügel von $8\frac{1}{2}$ F. lang, zusammen 11 Zoll breit, $\frac{3}{8}$ Zoll dick, enthalten	421 Cubikzoll.
Die Decke von $7\frac{1}{2}$ F. lang, 12 Zoll breit, $\frac{1}{4}$ Zoll dick,	270 - -
Der Anschlag an den Flügeln am Stoſs 12 Zoll lang, zusammen 4 Zoll breit, $\frac{3}{8}$ Zoll dick, ...	18 - -
Die Mittelwand, $7\frac{1}{2}$ F. lang, $3\frac{1}{3}$ Zoll hoch, $\frac{1}{2}$ Zoll dick,	150 - -
2 Verstärkungen derselben bei den mittleren Schraubenbolzen	20 - -
Die Wurzel, $7\frac{1}{2}$ F. lang, 4 Zoll hoch, $\frac{3}{8}$ Zoll dick, .	135 - -
Die Unterschiene, nach Abzug von 6 Unterbrechungen von 3 Zoll, 6 F. lang, mit 3 Quadratzoll Querschnitt, .	216 - -
4 angegossene Schienenstühle, zu 36 Cubikzoll, . .	144 - -
Zusammen	1374 Cubikzoll

Thut, zu 9 Loth den Cubikzoll gegossenes Eisen gerechnet, ... 386½ Pfd.

Also auf den laufenden Fuſs, zu jeder Schienenreihe, beinahe . . . . 51½ Pfd.

Und auf die Meile Bahn . . . . 22 487 Ctr. Guſseisen.

Die Kosten einer Meile Eisenbahn nach dieser Constructionsart würden, mit Rücksicht auf die Erhaltung, folgende sein.

	Anlagekosten.		Dauer.	Thut an Erhaltungskosten.			
			Jahre.	Jährlich.		An Capital.	
	Rthlr.	Sgr.		Rthlr.	Sgr.	Rthlr.	Sgr.
1) Für 722 Sch. R. Steine zum Steinschlag, zu 6 Rthlr. 20 Sgr., ...	4 813	10	50	96	8	1 925	10
2) Den Steinschlag zu machen, zu 1 Rthlr. 15 Sgr. die Sch. R., ...	1 083	—	50	21	20	433	6
3) Für 22 487 Ctr. Guſseisen zu den Schienenkörpern, zu 4 Rthlr., ...	89 948	—	50	1798	29	35 979	6
4) 25 600 kurze Schraubenbolzen durch die Decke der Schienenkörper, zu 2½ Sgr.,	2133	7½	50	85	10	1 706	18
5) 12 800 längere Bolzen durch die Mitte derselben, zu 5 Sgr., ...	2 133	7½					
6) 3000 Ctr. gewalzte Schienen, zu 7 Rthl. 10 Sgr., ...	22 000	—	30	733	10	14 666	20
7) 25 600 Keile zur Befestigung derselben, zu 1 Sgr., ...	833	10	30	27	23	555	16
8) Für das Legen der Schienenkörper, 2000 R. zu 2 Rthlr., ...	4 000	—	50	80	—	1 600	—
9) Für das Legen der gewalzten Schienen, die R. zu 1 Rthlr., ...	2 000	—	30	66	20	1 333	10
Zusammen	128 944	5	—	2910	—	58 199	26

Diese Constructionsart erfüllt nun die *erste* und *zweite* Bedingung guter Eisenbahnen §. 13., nemlich der festen Unterstützung der Fahrbahn und der Erhaltung des Parallelismus der Schienen, eben so vollkommen wie die *Reynold*sche Art. Aber sie gestattet auch, der *dritten* Bedingung gemäſs, den Abfluſs des Wassers sehr gut; was bei der *Reynold*schen Art noch zu wünschen übrig blieb. Die *vierte* Bedingung, der Seltenheit und leichten Ausführbarkeit der Ausbesserungen, erfüllt sie ebenfalls, und vollständiger als die *Reynold*sche Art, weil die Schienenkörper eine geraume Zeit ohne alle Herstellung fest liegen bleiben können, und die *gewalzten* Schienen, wenn sie abgerieben sind, leicht und schnell sich durch neue ersetzen lassen. Im *fünften* Puncte, der Kosten endlich, ist diese Art in der ersten Anlage zwar noch theurer als die *Reynold*sche, aber wohlfeiler mit Rücksicht auf die Erhaltung. Die ersten Anlagekosten würden sich bis auf diejenigen der *Reynold*schen Art vermindern, wenn man die *gewalzten* Schienen wegließe, und die Bahnschienen, nach Fig. 3., gleich an die Schienenkörper angösse: aber dieses würde die oben bemerkten Nachtheile haben, und die Construction würde dann das, was an der *Reynold*schen Art noch zu wünschen übrig bleibt, wenig oder gar nicht verbessern.

19.

Zusammengesetzte, nicht keilförmige Schienen. (S. Taf. V. zum vorigen Hefte.)

Eine andere Art fortlaufender und sehr fest unterstützter Bahnen stellen Fig. 6., 7. und 8. vor; und zwar sind hier, wie man sieht, die die Bahnschienen tragenden Schienenkörper *nicht* keilförmig, so daſs also hier auch noch das etwa wegen der Wirkung der *Keilform* noch übrig bleibende Bedenken wegfällt.

Die Schienenkörper werden wieder $7\frac{1}{2}$ F. lang gegossen, damit die Stöſse der 15 Fuſs lang gewalzten Bahnschienen gerade auf die Mitte jedes dritten Schienenkörpers treffen. *ABCD* Fig. 7. und 8. stellt einen vollständigen Schienenkörper und zwar Fig. 7. im Grundriſs von oben, und Fig. 8., der Länge nach von der Seite angesehen, vor. Fig. 6. *A* ist der Querdurchschnitt des Körpers zwischen zwei Schienenstühlen, und Fig. 6. *B* die Ansicht einer der Endflächen der Schienenkörper, in welchen sie mit einander verbunden werden. Sie werden nemlich nicht *in einander* gesteckt, wie bei der vorigen Art, sondern stoſsen mit den Endflächen bloſs *an einander*. Die eine Endfläche hat eine rinnenartige, $\frac{1}{2}$ bis $\frac{3}{4}$ Zoll tiefe Aushöhlung *r*, *r*, *r*, ... Fig. 6. *B*, und die andere Endfläche, also die anstoſsende des zweiten Schienenkörpers, eine angegossene, in jene Rinne passende, vortretende Verstärkung. So werden sie, gleichsam wie mit Zapfen und Nuthe, an einander gesetzt und darauf durch 6 kurze Schraubenbolzen zusammen geschraubt; was ebenfalls eine sehr feste Verbindung giebt, da die zusammenstoſsenden Endflächen eine bedeutende Gröſse haben. Man könnte einwenden, daſs, *so* zusammengefügt, das Eisen der Schienenkörper keinen Spielraum behalte, um nach Verschiedenheit der Temperatur sich auszudehnen und zusammenzuziehen: allein die Ausdehnung und Zusammenziehung, die an sich nur ungemein gering ist, ist es hier um so mehr, da die Schienenkörper ganz in den Boden versenkt sind, und also, noch mehr wie die *Reynold*schen Schienen, die Temperatur des Bodens beibehalten, die nur wenig wechselt. Die Ausdehnung eines 7½ F. langen Schienenkörpers wird etwa nur ¼ Linie betragen, so daſs, wenn die Schienenkörper in der heiſsen Jahreszeit gelegt werden, die Schrauben nur etwas weniger scharf angezogen werden dürfen, oder auch nur unter die Muttern der Köpfe etwas Preſsbares gelegt werden darf. Sollte indessen befürchtet werden, daſs hieraus Unfestigkeit entspringe, so läſst sich auch die Gestalt der Schienenkörper an den Stöſsen leicht so verändern, daſs die Verbindungsschrauben, statt nach der Richtung der *Länge* der Bahn, senkrecht auf die Achse stehen; wo dann der Spielraum, wie bei den *Reynold*schen Schienen, durch die Erweiterung der Bolzenlöcher hergestellt werden kann. Man darf z. B. nur das eine Endblatt des einen Schienenkörpers das andere Endblatt des nächsten im Boden und an den Seiten *umfassen* lassen, und dann die Schraubenbolzen von der Seite einziehen.

Die Schienenstühle *s, s*.... sind wieder an den Schienenkörper angegossen. Sie sind unter den Stöſsen der Bahnschiene 3 Zoll, und übrigens 1 Zoll breit. Auch die Unterschiene *u, u* ist an den Schienenkörper angegossen. Sie hat eine Rinne, in welcher die Bahnschiene *e* auf ihr aufruht. Die Bahnschiene wird auf die gewöhnliche Weise in den Schienenstühlen festgekeilt.

Fig. 7. zeigt, von oben angesehen, rechts den Schienenkörper *ohne* die Unterschiene, weiter links *mit* der Unterschiene und den Schienenstühlen, aber *ohne* die Bahnschiene, und links die Bahn vollständig, *mit* der Bahnschiene. Da, wo die Mittelwand *m, m*.... Fig. 6., 7. und 8. die Strebewände *t, t* .... kreuzt, sind Verstärkungen *v, v* .... angegossen. Der Boden *b, b* .... ist in der Mitte dicker als an den Seiten, und die Mittelwand hat, unmittelbar unter der Unterschiene, halbkreisförmige Durchbrechungen, *w, w* (Fig. 8.) von 4 Zoll im Durchmesser, deren Boden gerade so hoch liegt als der Steinschlag, und die zum Abfluſs des Wassers dienen.

Den Steinschlag *S* sieht man in Fig. 6. und 8. Wo grober Kies zu haben ist, kann auch füglich dieser statt zerschlagener Steine genommen werden.

Man sieht leicht, dafs diese Schienen eine grofse Festigkeit besitzen werden. Die hohe Mittelwand hat, obgleich nur dünn, eine sehr grofse Tragkraft; vermittelst der Strebewände *t*, *t* .... stemmt sie sich auf den Boden *b*, *b*...., und nach der Seite wird sie kräftig durch den Stein- oder Kiesschlag gehalten. Wenn man einzelnen Steinen Tragkraft und Stabilität genug nach der Seite zutraut, so mufs man diesen Schienen beides in weit stärkerem Maafse zugestehen.

Ein Schienenkörper von $7\frac{1}{2}$ F. lang hat folgenden Cubik-Inhalt:

Der Boden, von $7\frac{1}{2}$ F. lang, 10 Zoll breit und $\frac{3}{8}$ Zoll im Durchschnitt dick, nemlich an der Seite $\frac{1}{4}$ und in der Mitte $\frac{1}{2}$ Zoll, enthält	338 Cubikzoll.
Die Mittelwand, 6 F. 9 Zoll nach Abzug der Strebewände und Verstärkungen lang, 12 Zoll hoch, $\frac{3}{8}$ Zoll dick, enthält nach Abrechnung der Oeffnungen zum Durchflufs des Wassers	346 - -
Die 3 Strebewände in der Mitte, zusammen 2 Zoll dick, 12 Zoll hoch und 6 Zoll nach Abzug der Verstärkungen im Durchschnitt breit, ...	120 - -
Die beiden Stirnwände, zusammen 2 Zoll dick, 12 Zoll hoch und im Durchschnitt 8 Zoll breit, ...	192 - -
Die 3 Verstärkungen, in der Mitte $1\frac{1}{2}$ Zoll lang und breit und 12 Zoll hoch, ...	81 - -
Die Unterschiene, $7\frac{1}{2}$ F. lang, mit 2 Zoll Querschnitt,	180 - -
Die Schienenstühle zusammen	120 - -
Zusammen	1377 Cubikzoll.

Thut, zu 9 Loth den Cubikzoll, ...	$387\frac{1}{2}$ Pfd.
Also auf den laufenden Fufs	$51\frac{2}{3}$ Pfd.
Und auf die Meile Bahn	22 533 Ctr. Gufseisen

Die Kosten einer Meile Eisenbahn nach dieser Constructionsart würden, mit Rücksicht auf die Erhaltung, folgende sein:

	Anlagekosten.		Dauer.	Thut an Erhaltungskosten.			
			Jahre.	Jährlich.		An Capital.	
	Rthlr.	Sgr.		Rthlr.	Sgr.	Rthlr.	Sgr.
1) Für 1200 Sch. R. Steine zum Steinschlag, zu 6 Rthlr. 20 Sgr., ...	8 000	—	50	160	—	3 200	—
2) Den Steinschlag zu machen, zu 1½ Rthlr. die Sch. R., ...	1 800	—	50	36	—	720	—
3) Für 22 533 Ctr. Gufseisen zu den Schienenkörpern, zu 4 Rthlr., ...	90 132	—	50	1802	19	36 052	24
4) Für 38 400 Schraubenbolzen zur Verbindung der Schienenkörper mit einander, zu 2½ Sgr., ...	3 200	—	50	64	—	1 280	—
5) Für 3000 Ctr. gewalzte Schienen, zu 7 Rthlr. 10 Sgr., ...	22 000	—	30	733	10	14 666	20
6) Für 25 600 Keile zur Befestigung derselben, zu 1 Sgr., ...	833	10	30	27	23	555	16
7) Für das Legen der Schienenkörper, 2000 R. zu 2 Rthlr., ...	4 000	—	50	80	—	1 600	—
8) Für das Legen der gewalzten Schienen, die R. zu 1 Rthlr., ...	2 000	—	30	66	20	1 333	10
Zusammen	131 965	10	—	2970	12	59 408	10

Es verhält sich mit dieser Constructionsart in allen sechs Puncten §. 13. fast ganz wie mit der nächst vorhergehenden §. 18. Die Kosten sind um etwas weniges höher; nur möchte dagegen die Stabilität der Schienen noch stärker und sicherer sein, und die Befürchtung, dafs die Keilform der vorigen Art die Ursache von Beschädigungen sein möchte, fällt hier weg. Dafs der Ersatz der Schienenkörper selbst, wenn sie abgängig werden, etwas mehr Schwierigkeit macht, als bei der vorigen Art, kommt wenig in Betracht. Die Erneuerung der gewalzten Schienen dagegen ist hier eben so leicht, wie bei jener.

20.

Schienen auf durchlaufendem steinernen Fundament. (S. Taf. VI. im vorigen Heft.)

Die beiden vorigen Constructionsarten erhalten ihre Fundamentirung durch *ganz eiserne* Schienenkörper, wie bei der *Reynold*schen Art. Aber eine durchlaufende Fundamentirung kann da, wo man Steine hat, die sich, während sie dauerhaft und fest genug sind, leicht bearbeiten lassen, z. B. feste Sandsteine, eben so wohl, und dann in der Regel *viel wohlfeiler*, obgleich nicht minder fest, auch von solchen *Steinen* gemacht werden.

Und zwar kann man eben so wohl die Räder der Bahnfuhrwerke auf gegossenen als auf gewalzten Schienen laufen lassen; welche letzteren dann, um befestigt werden zu können, und damit sie nur *leicht* nöthig sind, gegossene Unterschienen erhalten.

Die Figuren 9. bis 16. stellen eine solche Constructionsart mit durchlaufender Fundamentirung *von Steinen* vor, und zwar Fig. 9., 10,, 11. und 12. für den Fall, dafs die Räder auf *gegossenen* Schienen laufen sollen, und Fig. 13., 14., 15. und 16. eine Verbindung *gewalzter* mit gegossenen Schienen.

Es ist auf Sandsteine von nur 4 F., und mit den Pfalzen an den Enden 4 F. 2 Zoll lang gerechnet, welche in den Brüchen in der Regel ohne Schwierigkeit zu erhalten sind. Kann man die Steine doppelt so lang, also 8 F. lang haben, so ist es um so besser. Die 4 F. langen Steine sollen fortlaufend auf einen Steinschlag *S* (Fig. 9., 12., 13. und 16.) gestreckt, in demselben eingefuttert werden, und an den Köpfen querdurchgehende, 2 Zoll lange Zapfen *p, p* (Fig. 12. und 16.) erhalten, mit welchen sie in einander greifen, so dafs das Ende keines Steins nach unten weichen kann, ohne sich auf den angrenzenden Stein zu stützen und ihn mit sich zu ziehen; auf welche Weise dann die Steine, weiter noch durch die aufgebolzten Schienen mit einander verbunden, gleichsam zu einer fortlaufenden Masse werden. Die Steine werden nur an den Köpfen glatt bearbeitet; in der oberen Fläche werden die Rinnen *r, r*.... zum Abflufs des Wassers unter die Schienen hindurch, auf die Weise, wie es Fig. 10. und 14. näher zeigen, ausgehauen; desgleichen werden die Versenkungen, für den Fall, dafs die gegossenen Schienen sogleich die Bahn geben sollen, eingehauen. Uebrigens behalten die Werksteine ihre Flächen so, wie sie ihnen im Bruche gegeben werden.

Die gegossenen Schienen, sowohl wenn unmittelbar die Räder darauf laufen, als wenn sie zu Unterschienen dienen sollen, sind 8 F. lang angenommen, so dafs sie über einen ganzen und zwei halbe Steine hinwegreichen. Die Stöfse dieser Schienen müssen natürlich immer mitten auf einen Stein, auf die halbe Länge desselben treffen. Sollen auf den Schienen unmittelbar die Räder laufen, so wird es gut sein, ihnen einen breiteren Fufs *v, v* (Fig. 9., 10., 11., 12.) zu geben. Die Lappen *l, l* ...., vermittelst welcher sie an die Steine zu befestigen sind, werden dann sogleich mit angegossen. Dieselben werden in die Steine versenkt, damit die Spurkränze der Räder nicht an die Bolzen anstoſsen können. Ein solches 8 F. langes Schienenstück hat folgenden Cubik-Inhalt.

Die Schiene selbst, 8 F. lang, mit 3 Quadratzoll Querschnitt, enthält	288	Cubikzoll.
Der Fuſs, 3 Zoll breit, auſsen $\frac{1}{4}$, innen [illegible] Zoll hoch, 8 F. lang, ...	120	- -
6 Verstärkungen über den Lappen, von 3 Zoll breit, 3 Zoll lang, 1 Zoll hoch, ...	54	- -
6 Lappenpaare, quer durch, 9 Zoll breit, 3 Zoll lang, 1 Zoll hoch, ...	162	- -
Zusammen	624	Cubikzoll.

Dieses thut, zu 9 Loth den Cubikzoll, ... $175\frac{1}{2}$ Pfd.
Also auf den laufenden Fuſs . . . . 22 Pfd.
Und auf die Meile Bahn . . . . 9 573 Ctr. Guſseisen.

Sollen die gegossenen Schienen bloſs zu Unterschienen *u* (Fig. 13., 14., 15., 16.) dienen, um gewalzte Schienen *a* zu tragen, so werden daran gewöhnliche Schienenstühle *s*, *s* . . . . angegossen, die aber dann nicht in die Steine zu versenken nöthig sind. Eine solche 8 F. lange Unterschiene hat folgenden Cubik-Inhalt.

Die Schiene selbst, 8 F. lang, mit $3\frac{1}{2}$ Quadratzoll Querschnitt, enthält	336	Cubikzoll.
6 Schienenstühle zu $3\frac{1}{2}$ Zoll, und der siebente, mittlere Schienenstuhl, wenn auf denselben ein Stoſs der gewalzten Schiene trifft, $4\frac{1}{2}$ Zoll breit, ...	144	- -
Zusammen	480	Cubikzoll.

Dieses thut, zu 9 Loth, ... 135 Pfd.
Also auf den laufenden Fuſs . . . . $15\frac{5}{8}$ Pfd.
Und auf die Meile Bahn . . . . 7364 Ctr. Guſseisen.

An Werkstücken gehört zur Fundamentirung von 4 laufenden Fuſs Schienen ein Stein von 4 F. 4 Zoll mit dem Arbeitszoll lang, 16 Zoll breit und $14\frac{1}{2}$ Zoll mit dem Arbeitszoll für die obere Fläche hoch: thut 12 064 Cubikzoll oder sehr nahe 7 Cubikfuſs. Dies thut auf die Meile Eisenbahn 83 778 Cubikfuſs Werkstücke.

Hiernach würden nun die Kosten einer Meile Eisenbahn, mit Rücksicht auf die Erhaltung, wie folgt zu stehen kommen.

	Anlagekosten.		Dauer.	Thut an Erhaltungskosten.			
			Jahre.	Jährlich.		An Capital.	
I. Blofs mit gegossenen Schienen.	Rthlr.	Sgr.		Rthlr.	Sgr.	Rthlr.	Sgr.
1) Für 1111 Sch. R. Steine zum Steinschlag, zu 6 Rthlr. 20 Sgr., ...	7406	20	100	74	2	1481	10
2) Für den Steinschlag zu machen, zu $1\frac{1}{2}$ Rthlr. die Sch. R., ...	1666	15	100	16	20	333	9
3) Für 83778 Cubikfufs Werkstücke zu $12\frac{1}{2}$ Sgr., ...	34907	15	50	698	$4\frac{1}{2}$	13963	—
4) 36000 Quadratfufs die Stirnen der Steine glatt zu bearbeiten und die Pfalzen und Zapfen zu machen, zu 3 Sgr., ...	3600	—	50	72	—	1440	—
5) 64000 Quadratfufs die Oberfläche der Steine unter den Schienen zu bearbeiten und die Rinnen und Versenkungen einzuhauen, zu 3 Sgr., ...	6400	—	50	128	—	2560	—
6) 72000 Löcher zu den Bolzen zu machen, zu 3 Sgr., ...	7200	—	50	144	—	2880	—
7) Für 9573 Ctr. Gufseisen zu den Schienen, zu $3\frac{1}{3}$ Rthlr., ...	31910	—	15	2127	10	42546	20
8) Für 72000 Schraubenbolzen, von 14 Zoll lang, mit Kopf, Spindel und Mutter, 982 Ctr. Eisen, zu 12 Rthlr., ...	11784	—	50	235	20	4713	18
9) Für die Steine und Schienen zu legen, zu 2 Rthlr. für die Ruthe Bahn, ...	4000	—	15	266	20	5333	10
Zusammen	108874	20	—	3762	$16\frac{1}{2}$	75251	7
II. Mit gewalzten Schienen.							
1 und 2) Für den Steinschlag, wie oben pos. 1. und 2., ...	9073	5	100	90	22	1814	19
3) Für die Werkstücke, wie oben, pos. 3.,	34907	15	50	698	$4\frac{1}{2}$	13963	—
4) Die Bearbeitung der Steine, wie oben pos. 4., ...	3600	—	50	72	—	1440	—
5) 12000 Quadratfufs Oberfläche der Steine unter den Schienen glatt zu bearbeiten, zu $2\frac{1}{2}$ Sgr., ...	1000	—	50	20	—	400	—
6) 24000 Wasserrinnen auszuhauen, zu $2\frac{1}{2}$ Sgr., ...	2000	—	50	40	—	800	—
7) 84000 Löcher zu den Bolzen zu machen, zu 3 Sgr., ...	8400	—	50	168	—	3360	—
Bis hierher	58980	20		1088	$26\frac{1}{2}$	21777	19

	Anlagekosten.		Dauer.	Thut an Erhaltungskosten.			
			Jahre.	Jährlich.		An Capital.	
	Rthlr.	Sgr.		Rthlr.	Sgr.	Rthlr.	Sgr.
Bis hierher	58 980	20		1088	26½	21 777	19
8) 7364 Ctr. Gufseisen zu den Unterschienen, zu 3⅓ Rthlr., ...	24 546	20	50	490	28	9 818	20
9) 3 000 Ctr. gewalzte Schienen, zu 7 Rthlr. 10 Sgr., ...	22 000	—	30	733	10	14 666	20
10) Für 84 000 Bolzen von 15 Zoll lang, thut 1146 Ctr. Eisen, zu 12 Rthlr., . . .	13 752	—	50	275	1	5 500	24
11) Für 42 000 Keile, zu 1 Sgr., . .	1 400	—	30	46	—	933	10
12) Für das Legen der Steine und Schienen, wie oben pos. 9., ...	4 000	—	30	133	10	2 666	20
Zusammen	124 679	10	—	2768	5½	55 363	23

Diese Constructions-Art, auf durchlaufendem *steinernem* Fundament, erfüllt von allen 5 Bedingungen §. 13. jede einzelne wenigstens eben so vollständig, als irgend eine andere Art.

Die Fundamentirung, *erstlich*, ist stark, und durchweg so fest, dafs nirgend wenigstens eigentlich schwache Stellen übrig bleiben. Denn die durch Spund und Nuthe verbundenen Steine werden durch die eisernen Schienen, welche darauf festgeschraubt sind, und, aus einem Stück, je über drei Steine fortlaufen, zu einem Ganzen verbunden, welches, zumal auf einen Steinschlag gestellt, keine schwachen Stellen mehr hat. *Zweitens* ist der Parallelismus der Schienen hinreichend und stark gesichert, da die *durchlaufenden* Steine, anders wie diejenigen unter einzelnen Puncten der Schienen, dem Steinschlage, und durch ihn der Erde grofse Flächen entgegenstemmen, und also nicht wohl zur Seite weichen können. Man könnte zwar auch noch die Schienen, etwa alle 4 Fufs durch eiserne Querstangen von etwa 1 Zoll im Durchmesser, oder im Quadrat, verbinden, und selbst diese Querstangen mit den Schienen aus einem Stücke giefsen lassen, so dafs die beiderseitigen Schienen, ähnlich denen des Herrn *v. Baader*, einen hier aus zwei Längen- und drei Querstücken bestehenden Rahmen bilden; indessen scheint solches, da die Steine Widerstand genug leisten, überflüssig zu sein. *Drittens* ist für den Abflufs des Wassers, unter die Schienen hindurch, hinreichend gesorgt, und die Steindecke zwischen den Schienenreihen hält das Wasser ab, in den Damm einzudringen. *Viertens* können Beschädigungen fast nur durch die Abnutzung der

Schienen vorkommen und sind leicht und schnell zu verbessern, da neue Schienen leicht und ohne Störung der Passage eingezogen werden können; besonders bei der zweiten Art, mit gewalzten Schienen, auf gegossenen Unterschienen. *Fünftens*, endlich, sind die Kosten nicht übermäſsig hoch; sondern nur etwa denen von schweren Schienen, in einzelnen Puncten unterstützt, gleich. Bloſs, daſs man *sechstens* auch mit gewöhnlichen Wagen, deren Räder keine Spurkränze haben, auf der Schienenbahn nicht fahren kann, bleibt einstweilen auch hier, wie bei allen vorigen Arten, noch zu wünschen übrig.

Ehe wir die Mittel, diesen sechsten Punct zu erledigen, besprechen, wollen wir noch einiger einzelnen Constructionen gedenken, die in besonderen Fällen von Nutzen sein können.

21. (S. Taf. VII. im vor. Heft.)

Es kann nemlich kommen, daſs, aus örtlichen Ursachen, oder weil man es so will, massive Schienen einer Eisenbahn *nicht fortlaufend*, sondern durchaus nur auf die gewöhnliche Art *in einzelnen Puncten* unterstützt werden dürfen. In solchen Fällen ist zu wünschen, daſs wenigstens die Schienen selbst möglichst ein *Continuum* bilden mögen, damit mindestens die schwachen Stellen bei den *Stöſsen* der Schienen wegfallen. Massive Schienen nach der ganzen Länge der Bahn zusammen zu schweiſsen, geht, wie weiter oben bemerkt, wegen der Ausdehnung und Zusammenziehung des Eisens im Wechsel der Temperatur nicht an; und das Zusammenschweiſsen von zwei oder drei auf einander folgenden, 15 F. langen Schienen hilft dem Uebel nicht ab, weil so *doch* immer Stöſse, und folglich nachtheilige schwache Stellen übrig bleiben. Es kommt also darauf an, Schienen zu machen, die möglichst in allen Puncten eine *gleich starke* Tragkraft besitzen, in welchen sich aber zugleich das Eisen *ungehindert ausdehnen und zusammenziehen kann*, und die auch nicht allzu theuer sind.

Es dürften sich solche Schienen auf die Weise, wie es die Figuren 17., 18., 19., 20. und 21. vorstellen, machen lassen. Sie sind aus gegossenen eisernen Streifen von 6 F. lang und 4 bis 5 Zoll hoch, zusammengesetzt, die auf der Auſsenseite glatt sind, auf der innern aber Spunde und Nuthen haben, womit sie, wie es der Querschnitt Fig. 17. zeigt, in einander passen, und dann, etwa alle $1\frac{1}{2}$ F., durch Bolzen *b* (Fig. 18.) zusammengeschraubt, auch auſserdem noch in den Schienenstühlen zusammengekeilt werden. Der Länge nach stofsen sie in den Schienenstühlen durch Zapfen *a c* Fig. 18. zusammen, welche Zapfen die *dickeren* Theile *p* Fig. 17. der Streifen sind. Fig. 19. zeigt abgesondert die innere Seite eines einzelnen gegossenen Streifens. Die vorstehenden, *dickeren* Theile des Streifens sind heller schraffirt, als die zurückliegenden, *dünneren*. Fig. 20. und 21. zeigen die innere Seite aneinanderstofsender Streifen, und zwar Fig. 21., gegen Fig. 20., die Streifen *umgekehrt*, das unterste oben, so dafs man sich vorstellen mufs, der Streifen Fig. 21., um ihn, der Dicke nach, mit dem Fig. 20. zusammen zu setzen und zusammen zu schrauben, müsse der Breite nach *umgeklappt* werden, also so, dafs die *untere* Seite von Fig. 21. sich gegen die obere von Fig. 20. legt. Der in Fig. 19. mit *abcde....m* bezeichnete Streifen findet sich, mit denselben Buchstaben bezeichnet, in Fig. 20., und der Anfang davon auch in Fig. 21. wieder. Der Stofs, z. B. *abcdef* Fig. 19. der Streifen in der hinteren Reihe Fig. 20. trifft, für die Streifen in der vorderen Reihe Fig. 21., auf die Mitte der vorigen. Bei *L, L....* Fig. 19., 20. und 21. sieht man die *länglichen* Bolzenlöcher, durch welche die Bolzen *b* Fig. 18. gehen, vermittelst welcher die beiden Schienenstreifenreihen zusammengeschraubt werden. *AA*, *BB*, *CC*, Fig. 19., 20., 21., bezeichnen die *Mittellinie* der Schienen*stühle*, in welchen noch die zusammengeschraubten Schienen festgekeilt werden. Die Form der Schienenstühle ist, mit geringer Veränderung, die gewöhnliche. In Fig. 19., 20. und 21. ist *n, n* die etwas schräge Nuthe, welche den schwalbenschwanzförmigen unteren Theil der gewalzten Schiene *s*, Fig. 17. und 18., aufnimmt, und so diese Schiene so kräftig festhält, dafs dieselbe keiner anderen Befestigung weiter bedarf, und folglich oben ganz glatt bleibt. Die stumpfen Stöfse der 15 Fufs langen, gewalzten Schienen kann man je auf den fünften Schienenstuhl treffen lassen. Da alle gegossenen Schienenstreifen an jeder Seite einander an Form und Gröfse gleich, nemlich von der Form Fig. 19., und in der andern Reihe von einer zu dieser *symmetrischen* Gestalt sind, so lassen sich alle Schienen *blofs nach zwei verschiedenen Modellen*, und folglich bequem giefsen; auch ist die Form sehr einfach, und daher der Gufs nicht kostbar. Die oberen Schienen *s* lassen sich auch, ungeachtet der untere Theil schwalbenschwanzförmig sein mufs, bequem walzen, indem man sie *hochkantig*, den Schwalbenschwanz *horizontal* liegend, durch die Walzen gehen läfst. Auch die gewöhnlichen Schienen haben längs aus, um daran festgekeilt zu werden,

einen Vorsprung, der sich recht gut walzen läfst. Will man noch den Schienen unten eine etwas gröfsere Breite oder Dicke geben als oben, so bekommen sie mit gleicher Masse noch mehr Tragkraft, und lassen sich in die Schienenstühle noch fester einkeilen.

Man kann diese Schienenart von *beliebiger* Breite, Höhe und Tragkraft machen. Zwei Zoll breite und 4 Zoll hohe Schienen werden aber schon bei weitem stärker sein als die gewöhnlichen leichten, und schon so stark als die schwersten gewalzten Schienen. Die oben eingeklemmte gewalzte Schiene braucht nur 5 bis 6 Pfd. auf den laufenden Fufs zu wiegen.

Die Kosten solcher Schienen, mit Rücksicht auf die Erhaltung, dürften folgende sein.

	Anlagekosten.		Dauer.	Thut an Erhaltungskosten.			
			Jahre.	Jährlich.		An Capital.	
	Rthlr.	Sgr.		Rthlr.	Sgr.	Rthlr.	Sgr.
1) Schienen von 2 Zoll breit, 4 Zoll hoch, also von 8 Quadratzoll Querschnitt und 96 Cubikzoll Inhalt auf den laufenden Fufs, wiegen, nach Abzug der Pfalzen und Löcher, 24½ Pfd. der Fufs: also sind auf die Meile Bahn nöthig 10691 Ctr. Gufseisen, zu 3 Rthlr. 10 Sgr., thut	35 636	20	50	712	22	14 254	20
2) 2618 Ctr. gewalzte Schienen, zu 7 Rthlr. 10 Sgr., ...	19 198	20	30	639	29	12 799	3
3) 32 000 Schraubenbolzen, zu 2½ Sgr.,	2 333	10	50	46	20	933	10
Von den Schienenstühlen, Keilen und dem Legen der Schienen werden die Kosten dieselben sein, wie bei den gewöhnlichen Schienen.							
Zusammen	57 168	20	—	1399	11	27 987	3
Diese Kosten nun gegen die von leichten, 13¾ Pfd. auf den laufenden Fufs wiegenden Schienen gehalten, welche	44 000	—	—	1466	20	29 333	10
gemäfs §. 14. I. pos. 7. betragen, ergiebt sich	13 168	20 mehr	—	67	9 weniger	1 346	7 weniger
und gegen die Kosten 22 Pfd. schwerer Schienen gehalten, die nach § 14. II. . .	70 400	—	—	1408	—	28 160	—
betragen, ergiebt sich	13 231	10 weniger	—	8	19 weniger	172	27 weniger

	Anlagekosten.		Dauer.	Thut an Erhaltungskosten.			
			Jahre.	Jährlich.		An Capital.	
	Rthlr.	Sgr.		Rthlr.	Sgr.	Rthlr.	Sgr.
Wollte man also die gegenwärtigen Schienen zu der sonst *Englischen* Constructionsart nehmen, so würden die Kosten betragen, nach §. 14. I., für leichte, gewalzte Schienen gerechnet	96 373	—	—	2938	23	58 775	5
und wie hier gefunden	13 168	20 mehr	—	67	9 weniger	1 346	7 weniger
also	109 541	20	—	2871	14	57 428	28
Auf die belgische Constructionsart §. 15. angewendet, nach §. 15. I., mit hölzernen Quer-Unterlagen, und auf leichte Schienen gerechnet, ist der Betrag	79 526	15	—	4131	4	82 622	19
und wiederum wie oben	13 168	20 mehr	—	67	9 weniger	1 346	7 weniger
also	92 695	5	—	4063	25	81 276	12
und mit steinernen Quer-Unterlagen, nach §. 15. III., ...	112 626	15	—	2711	4	54 222	19
und wie oben	13 168	20 mehr	—	67	9 weniger	1 346	7 weniger
also	125 795	5	—	2643	25	52 876	12

Der wesentliche Vorzug der gegenwärtigen Schienen vor den gewöhnlichen, massiven, gewalzten, ist, dafs die Bahn glatter wird und die Unebenheiten an den Stöfsen der Schienen nicht entstehen können. Die Haltbarkeit dieser Constructionsart ist übrigens nicht zu bezweifeln, und eine Gefahr dabei kaum denkbar.

22. (S. Taf. VII. im vor. Heft.)

Ferner kann man, wenn man zur Unterstützung der Schienen nicht *Holz* nehmen will, und passende Steine nicht leicht zu haben sind, also etwa in dem Falle, wenn beides, Holz und Werkstücke, oder Granite, sehr theuer sind, wegen der Befestigung der Schienen in den Boden in Verlegenheit kommen. In diesem Falle kann man *Eisen* dazu nehmen; auf die Weise, wie es die Figuren 17., 18., 22., 23., 24., 25. und 26. vorstellen. Ein solches eisernes Schienenfundament *A* ist in Fig. 17., 18., 25. und 26., in Verbindung mit den in §. 21. beschriebenen, continuirlich zusammengeschraubten eisernen Schienen, und in Fig. 22., 23. und 24. in Verbindung mit hölzernen Schienenträgern vorgestellt, zu welchen letzteren man dann besser *starke* Balken *B* Fig. 22. nehmen wird, damit die eisernen Fundamente weiter, und auf 6 bis 8 Fuſs von einander entfernt sein können, und so, der Kostenersparniſs wegen, ihrer weniger nöthig sein mögen. Die Anordnung und die Anwendung der eisernen Fundamente, wird aus den Figuren ohne weitere Erklärung deutlich sein.

Der Cubik-Inhalt eines solchen eisernen Schienenfundaments, z. B. von 2 Fuſs hoch, nach Fig. 17., 25. und 26. würde folgender sein.

Der Boden, 12 Zoll im Durchmesser, in der Mitte $\frac{3}{4}$ Z., an der Seite $\frac{3}{8}$ Z. dick, enthält	62	Cubikzoll.
Die mittlere Säule, 2 Zoll im Durchmesser, $23\frac{1}{4}$ Z. hoch,	73	- -
Die beiden Flügel, nach auſsen $\frac{3}{8}$ Zoll, an den Seiten $\frac{3}{4}$ Zoll stark, ...	209	- -
Zusammen	344	Cubikzoll.

Dieses thut an Gewicht, zu 9 Loth den Cubikzoll, . . . 97 Pfd.

Für Holzbahnen, nach Fig. 22., 23. und 24., kommen noch zu den obigen	344	Cubikzoll
hinzu: für den Deckel, von 7 Zoll lang und breit . .	48	- -
für den Zapfen *Z* Fig. 22. und 23.	22	- -
Thut	414	Cubikzoll

und an Gewicht 117 Pfd.

Die Kosten würden sein, den Ctr. zu 3 Rthlr. 20 Sgr. oder das Pfund zu 1 Sgr. gerechnet, für das Fundament Fig. 17. 3 Rthlr. 7 Sgr. und für dasjenige Fig. 22. 3 Rthlr. 27 Sgr.; welches nicht übermäſsig hoch ist; denn auch Werksteine von $1\frac{1}{2}$ F. lang und breit und 2. F. hoch, würden, z. B. in der Gegend von Berlin, mit der Bearbeitung und dem Einbohren der Löcher zur Befestigung des Schienenstuhls, etwa 2 Rthlr. 10 Sgr. kosten. Auf eine gröſsere Höhe der eisernen Fundamente ist deshalb gerechnet, damit sie nach der Seite hin mehr Stabilität haben mögen.

23. (S. Taf. VII. im vor. Heft.)

Es kann auch kommen, daſs der Boden, auf welchen eine Eisenbahn gelegt werden soll, so sehr unfest, z. B. morastig ist, und daſs selbst die Erde, welche den Damm geben muſs, so weich und schwammig ist, daſs sogar *der Steinschlag* unter der Fundamentirung der Schienen keine hinreichende Festigkeit der Unterstützung mehr gewährt. In diesem Falle bleibt, in so fern der feste Grund so tief liegt, daſs sich ohne unverhältniſsmäſsige Kosten auch keine durchlaufenden Mauern unter die Schienen setzen lassen, nichts übrig, als dieselben durch *Pfähle* zu unterstützen. Diese Pfähle würden nun aber, zumal dann, wenn sie sehr lang sein müſsten, auf die Dauer gerechnet, sehr kostbar werden, weil das Holz so schnell vergänglich ist. Zwar dauert es in *aufrechter* Stellung, wenn anders, was sich auch thun läſst, die Nässe abgehalten wird, von oben in das Hirnholz zu dringen, länger als auf der Erde *liegend:* aber doch, selbst *eichen* Holz zu Pfählen, so weit es dem Wechsel der Trockniſs und Nässe ausgesetzt ist, dauert kaum länger als 20 Jahre, kiehnen Holz kaum 10 Jahre. Der *obere Theil* der Pfähle, unter den Schienen, würde also sehr bald abgängig werden; und da das Pfropfen der Pfähle hier miſslich, und wenigstens umständlich ist, so würden öfters *neue* Pfähle geschlagen werden müssen; was denn kostbar ist und längere Unterbrechungen der Passage verursacht.

Da nun gegenseits das Holz, so weit es *beständig* im Wasser bleibt, oder in einem Boden steckt, der nie trocken wird, *sehr* lange, und selbst Jahrhunderte dauert, so ist nur zu wünschen, daſs man die Pfähle so einrichten könne, daſs ihr *oberer* Theil, *über* Wasser, dauerhafter sei: der untere Theil, *im* Wasser, ist es ohne weiteres von selbst.

Dieses kann nun füglich, ohne verhältniſsmäſsig zu groſse Kosten, durch *Eisen,* auf die Weise geschehen, wie es die Fig. 27., 28., 29. und 30. vorstellen.

Man giebt dem Pfahle die gewöhnliche Spitze, schneidet ihn oben so lang ab, als er ganz im Wasser oder in dem unveränderlich nassen Boden zu stehen kommen soll, und formt den Kopf, auf etwa 3 F. lang, so, wie es *A* Fig. 31. im Durchschnitte zeigt. Hierauf rammt man ihn so weit ein, daſs die oberen 3 F. noch bequem zugänglich sind. Nun setzt man auf den Pfahl die Röhre *B* Fig. 27. von gegossenem Eisen.

Den Querschnitt derselben, in der Gegend von A, zeigt Fig. 30.; den Querschnitt bei B, Fig. 29., und die Ansicht des Deckels derselben, von oben, Fig. 28. Die Röhre mufs inwendig etwa $\frac{1}{4}$ bis $\frac{1}{2}$ Zoll mehr im Durchmesser haben als der Pfahl bei A. Nur die inneren Reifen oder Rippen der Röhre Fig. 30. greifen scharf in das Holz, und es werden auch in dem Pfahl die Rinnen dazu ausgearbeitet. Diese Anordnung ist dazu, dafs das Holz, wenn es quillt, nicht leicht die eiserne Röhre sprengen könne. Füllte der Pfahl die Röhre gedrängt ganz aus, so würde er sie zersprengen können; dagegen, die einzelnen, scharfen Reifen drücken sich in das Holz ein. Nachdem die eiserne Röhre aufgesetzt und durch einen *hölzernen* Rammklotz scharf aufgetrieben worden, wird ein Aufsetzer, von *eichen* Holz, der ziemlich genau, aber nicht gedrängt in die Röhre pafst, und etwa 1 Fufs über den Deckel der Röhre emporreicht, in dieselbe hineingebracht und auf den Pfahlkopf B aufgesetzt. Mittelst dieses Aufsetzers wird dann der Pfahl vollends so tief, als es sein soll, eingerammt.

So kann man, um den Aufsetzer für mehrere Pfähle gebrauchen zu können, verfahren, wenn vorher, etwa durch Probepfähle, ausgemittelt worden ist, dafs der Pfahl fest genug stehen werde, wenn der Deckel genau bis auf die bestimmte Tiefe angelangt ist. Fände es sich nachher anders, so müfste man die Röhre wieder abnehmen und eine längere Röhre aufsetzen. Um dieses zu vermeiden, kann man auch dem Pfahle Anfangs seine ganze Länge lassen. Man mufs ihn dann, ehe er eingerammt wird, auf diejenigen 3 Fufs Länge A, die ganz unter Wasser treten, wie vorhin beschrieben, bearbeiten, hierauf den Pfahl so tief als nöthig einrammen, sodann den oberen Theil, bei B, nöthigenfalls unter Wasser, abschneiden, und dann erst die eiserne Röhre aufsetzen und auftreiben. Doch wird in der Regel das erste Verfahren ausführbar sein.

Die eiserne Röhre ist nicht allzu kostbar. Einen halben Zoll dicke Wände derselben dürften zureichend sein; und wenn man die Röhre inwendig 10 Zoll im Durchmesser rechnet (was für *Eisenbahnen* kaum jemals nöthig sein würde), so hat der laufende Fufs 198 Cubikzoll Inhalt, wiegt folglich gerade $\frac{1}{2}$ Ctr. und kostet also etwa 1 Rthlr. 20 Sgr., wofür, mit Rücksicht auf den Deckel und die inneren Rippen des unteren Theils, etwa im Durchschnitt, und höchstens, 2 Rthlr. zu nehmen sind. Setzt man nun, für eine Eisenbahn auf hölzernen Balken, nur alle 6 bis 8 Fufs einen solchen Pfahl, so wird die Fundamentirung nicht übermäfsig theuer, gleichwohl aber sehr dauerhaft werden, weil der untere Theil des Pfahls beinahe unvergänglich ist und nun der obere, eiserne Theil ebenfalls *sehr* lange dauern wird. Die Ausführbarkeit und Festigkeit dieser Construction ist ebenfalls kaum zweifelhaft.

Auch für *Brücken* mit hölzernen Jochen, und bei diesen fast immer, dürfte diese Construction mit Nutzen anwendbar sein. Man könnte da den oberen, eisernen Theil der Pfähle, statt rund, viereckig machen, um die Joche bequemer mit Holz verstreben zu können.

(Schlufs im nächsten Hefte.)

13.

Beschreibung einer Schleusenconstruction mit gekuppelten Thüren, welche bei jedem Wasserstande ganz oder zum Theil geöffnet und wiederum geschlossen werden können,

von

C. Alewyn,

Ingenieur-Capitain, Correspondent 1ster Classe des Königl. Niederl. Institutes.

Brüssel, 1824. 8vo.

(Aus dem Holländischen übersetzt von *Heinr. Hübbe*, Ingenieur beim Wasserbau im Hamburgischen Amte Ritzebüttel; der Hamb. mathem. Gesellsch. Mitgl.)

Vorbemerkung des Uebersetzers.

Der Verfasser der folgenden Abhandlung steht gegenwärtig dem Wasserbauwesen der Stadt Amsterdam als Commissarius der öffentlichen Arbeiten vor, und gehört zu den erfahrensten und geschicktesten Hydrotekten der an solchen Männern so reichen Niederlande. Es war dem Schreiber dieser Zeilen sehr interessant, nachdem er auf einer im Auftrage der Behörde des Hamburgischen Wasserbauwesens ausgeführten wissenschaftlichen Reise durch England, Frankreich und die Niederlande, durch eigne Ansicht unter den bedeutendsten Wasserbauwerken dieser Länder auch die nach Herrn *Alewyn's* Princip erbauete Kuppelschleuse zu ter Neuzen, im Holländischen Flandern, kennen gelernt hatte, die persönliche Bekanntschaft dieses Mannes zu machen, und theils in mündlicher Unterredung, theils in nachheriger Correspondenz, dessen jetzige Ansicht über diese Construction, deren Beschreibung publicirt ward, ehe man einen Versuch im Grofsen damit gemacht hatte, zu erfahren. Dieselbe hier als eine Vervollständigung und Erläuterung der nachfolgenden Schrift mitzutheilen, und zugleich die hauptsächlichsten Dimensionen und diejenigen Details der Schleuse zu ter Neuzen zu geben, welche dienen können, die in der Praxis gemachten Erfahrungen anzudeuten, ist der Zweck des gegenwärtigen Vorwortes. Die Uebersetzung der Abhandlung scheint dadurch gerechtfertigt, dafs die Abhandlung längst vergriffen ist, und vielfältiger Bemühung ungeachtet, im Wege des Buchhandels nicht zu erhalten war, während sie eine neue, in Deutschland vielleicht Wenigen bekannte Auffassung einer der interessantesten beim Schleusenbaue vorkommenden Aufgaben behandelt.

Die Aufgabe wird durch den Titel kurz angegeben, und es ist bekannt, dafs dieselbe durch die vom Hrn. Inspecteur-General *Blancken* erfundenen Schleusen mit Fächerthüren (*Waayer deuren*) zuerst glücklich und vollständig gelöset ward. Dafs diese Schleusen-Art, welche man in Holland ziemlich häufig antrifft, so wenig Eingang in Deutschland gefunden (mir ist keine andere als die grofse Einfahrtschleuse zu Bremerhaven bekannt), hat seinen Grund ohne Zweifel darin, dafs sie der grofsen Breite wegen, welche sie für einen Theil des Schleusenbodens erfordert, ungemein kostbar ist; und gerade dieser Nachtheil ist es, welchen Hr. *Alewyn* zu heben sucht, indem er dasselbe Princip, welches den Fächerthüren zum Grunde liegt, auf eine einfachere Construction anwendet, durch welche es möglich wird, die gewöhnliche Breite von Schleusen beizubehalten.

Herrn *Alewyn's* Bemerkungen lasse ich mit seinen eigenen Worten aus einem Schreiben, in welchem er seine Zustimmung zu dem folgenden Abdrucke der Uebersetzung seiner Schrift giebt, hier folgen:

„Die Schleusen mit Kuppelthüren, so wie auch die mit Waayer-Thüren eignen sich insbesondere für Länder „(im Gegensatze Holland's)" wo Flüsse und Bäche zu canalisiren sind, für deren Anschwellungen man im Stande sein mufs die Schleusenthüren ganz zu öffnen und auch wieder, ungeachtet der Strömung, zu schliefsen, sobald das Wasser bis zu der für die Schiffahrt nöthigen Höhe abgelaufen ist. Als Spühlschleusen möchte diese Art von Schleusen ebenfalls gute Dienste leisten. Zu bemerken ist jedoch, dafs die Thüren zu ter Neuzen sich dem äufsern Wasser, wenn es höher steht, entgegen nicht öffnen. Diese Schleuse ist nach dem System, welches Taf. I. Fig. 3. meiner Abhandlung darstellt, erbauet. Verlangt man also, ein solches Maneuvre mit den Thüren machen zu können, so müfste ein anderes Verhältnifs in der Construction angenommen werden als zu ter Neuzen; dort war es nicht nöthig.

Eine andere Bemerkung, die man zu ter Neuzen gemacht hat, ist, dafs wenn die Schleuse, wie dort, nicht in dem Canale, sondern vor einem Teiche (Bassin) liegt, oder wenn sie nicht dieselbe Weite im Lichten hat wie der Canal: dafs alsdann die Thüren dem ablaufenden Wasser sich nicht gänzlich öffnen, sondern ungefähr so stehen bleiben, wie es Taf. I. Fig. 1. (Grundrifs) meiner Abhandlung an einer Thür andeutet. Meiner Ansicht nach entsteht solches aus dem geringeren Seitendruck des fliefsenden Wassers, oder was man sonst auch wohl Contraction des Strahles nennen kann. Demungeachtet halte ich dafür, dafs bei solcher Stellung der Thüren dennoch das Maximum des Wassers abfliefse, und wenigstens eben so viel, als wenn die Thüren gezwungen würden, sich platt gegen die Schleusenmauern anzulegen."

Nach Durchlesung der Abhandlung selbst wird Jedem die Richtigkeit der ersten Bemerkung einleuchten. Nicht sowohl in eigentlichen Canälen, sondern vorzugsweise in canalisirten Flufsbetten, wo zuweilen starker Zuflufs von Obenwasser Statt findet, welchen aufzustauen man nicht beabsichtigt, wird man dergleichen Schleusen bedürfen; doch kommt auch in Holland ein in Hrn. *Alewyn's* Schreiben nicht berührter Fall vor, wo sie Anwendung finden, wenn nemlich bei Fortificationen die jeweilige Inundation von bedeichten Ländereien beabsichtigt wird. Besonders wichtig aber scheinen sie als Spühlschleusen zu sein, wenn dieselben auch zur Schifffahrt dienen sollen, in welchem Falle sie den Vorzug vor Schleusen mit Stemmthoren, wo Drehthüren angebracht sind, fast unbedingt verdienen dürften.

Zur Erläuterung der zweiten Bemerkung ist nichts weiter hinzuzufügen, als was sich aus der unten folgenden Beschreibung der Localität und aus der Abhandlung von selbst ergiebt. Die dritte betrifft eine auch für die Theorie nicht unwichtig scheinende Beobachtung, welche genauer zu verfolgen von allgemeinem Interesse sein dürfte. Es sei mir erlaubt, über diese noch Einiges hinzuzufügen.

Man hat nemlich zu ter Neuzen bemerkt, dafs die Thüren, wenn sie dem durchströmenden Binnenwasser geöffnet worden, von dem Drucke desselben nicht, wie man vermuthen sollte, ganz aufgedrehet wurden, sondern ungefähr unter dem Taf. X. Fig. 1. im Grundrifs vorgestellten Winkel stehen blieben, obgleich das Wasser in dem Raume *a* hinter der Kuppelthüre nicht höher als das Niveau des Aufsenwassers stand; ja man hat, wenn durch Zugwinden die Thüren ganz platt an die Mauern herangezogen waren, gesehen, dafs sie, sobald man die Taue lösete, von selbst einander sich wieder näherten und erst unter dem genannten Winkel zum

Stillstand kamen, und dafs eine bedeutende Kraft erfordert wurde, wenn man sie unter einem spitzeren Winkel mit der Schleusenmauer festhalten wollte.

Dieses Stillstehen der Thüren, bevor sie ganz geöffnet sind, scheint seinen Grund in mehreren zusammenwirkenden Ursachen haben zu können, nemlich:

a) in dem geringeren Seitendrucke des strömenden Wassers im Vergleich mit stillstehendem;

b) in der Contraction des Strahles, wenn das Wasser aus einem breiten Behälter in die Schleuse tritt;

c) in dem Kehr- oder Wirbelstrome, welcher sich in dem Winkel zwischen der unteren Stemmthür und der Schleusenwand erzeugt;

d) in der Reibung der Thüren und anderen die Bewegung hemmenden Nebenumständen:

und erst, nachdem durch Beobachtung bestimmt worden, wie viel unter gegebenen Umständen, einer jeden derselben zuzuschreiben sei, wird sich finden lassen, ob die durchströmende Wassermenge dem Maximum gleich oder nahe komme.

Es erhellet in dieser Beziehung zuvörderst, dafs die Reibung etc. (oben *d*) der rückgängigen Bewegung der Thür, nachdem dieselbe durch eine angebrachte äufsere Kraft an die Mauer herangezogen worden, in eben dem Maafse widerstehen mufs, als der ersten Bewegung nach der Mauer hin; der Einflufs dieser Ursachen würde leicht auszumitteln sein. Sodann ist zu bemerken, dafs der Wirbelstrom (oben *c*) sich nur dann bilden kann, wenn die Thür einen Winkel mit der Mauer macht, dafs derselbe also auf die Gröfse der Kraft, welche erfordert wird um die platt an der Mauer anliegende Thür zu halten, keinen Einflufs ausüben könne; und so scheint es, dafs auch die Einwirkung dieser Ursache abgesondert müsse beobachtet werden können. Ferner ist die Contraction des Strahls (*b*) und ihre Wirkung offenbar von der Gestalt der Einmündung abhängig, und der Einflufs dieser Ursache auf den Winkel, unter welchen die Thüren stehen bleiben, liefse sich demnach ausmitteln, wenn man durch bewegliche Flügelwände die Einmündung nach und nach veränderte und zuletzt zu einem Canale mit parallelen Seitenwänden machte. Die alsdann noch übrig bleibenden Wirkungen würden der (*a*) angeführten Ursache zuzuschreiben sein.

Uebrigens sieht man, dafs die Ursachen *a.* und *b.* unabhängig von dem Vorhandensein der Thüren sind, und dafs es daher von der Gröfse der aus *c.* und *d.* resultirenden Hemmungen abhängt, um wie viel die durchströmende Wassermenge unter dem Maximum bleibt; und da es bei einer guten Construction möglich ist, die Ursache *d.* fast ganz zu beseitigen, so würde es nur auf die Gröfse von *c.* ankommen, und vielleicht des Herrn *Alewyn's* Vermuthung, dafs die bei dem bemerkten Stande der Thüren durchströmende Wassermenge das Maximum sei, der Wahrheit so nahe kommen als es für die Praxis gewünscht werden kann.

Es würde nun interessant sein, genauere Beobachtungen dieser Erscheinung zu haben; allein bis jetzt habe ich solche nicht erhalten, konnte auch bei meiner Anwesenheit zu ter Neuzen leider keine Beobachtungen darüber anstellen, da die Schleuse, der dortigen Bauten wegen, damals längere Zeit offen gehalten wurde. Sollte mir späterhin noch etwas darüber zukommen, so werde ich es nachträglich bekannt machen; sehr erfreulich aber würde es sein, wenn vielleicht das oben Bemerkte Jemanden, der Mufse zu Untersuchungen dieser Art hat, Veranlassung gäbe, Experimente im Kleinen anzustellen und die Resultate dem wissenschaftlichen Publico mitzutheilen.

Ich lasse nun eine Beschreibung der Schleuse zu ter Neuzen, der einzigen, welche bis jetzt nach Hrn. *Alewyn's* Vorschlage ausgeführt ist, folgen.

Ter Neuzen liegt am linken Ufer der Hauptmündung der Schelde, auch Hond oder Wester-Schelde genannt. Die Entwässerung von einem grofsen Theile Flandern's wird hier, mittelst eines von Sas van Gent herabkommenden Canals, der Schelde zugeführt, und die abfliefsende Wassermenge ist so grofs, dafs dieser Canal einem canalisirten Flusse gleich zu achten ist. Eine lebhafte Schiffahrt fand hier während der Vereinigung der flanderschen Provinzen mit Holland Statt, und ward von der Regierung durch die schöne und geräumige Hafen-Anlage in der Canalmündung begünstigt, von welcher Fig. 8. eine Skizze giebt.

Durch die Veränderung der politischen Verhältnisse hat der Canal jene commercielle Wichtigkeit verloren, und der Platz hat jetzt nur militairische Bedeutung. Man sieht aus der Zeichnung, dafs in einer Entfernung von ungefähr 4200 Fufs rheinl. von dem Ufer der Schelde, der Canal von Gent in zwei Arme sich theilt, deren einer östlich, der andere westlich die Stadt **Neuzen** passirt, und welche sich sodann beim Einflusse in die Schelde wieder zu einer gemeinschaftlichen Ausmündung vereinigen. Sie bilden ein fast reguläres, schiefwinkeliges Viereck, und in jedem der stumpfen Winkel neben der Stadt erweitert sich der Canal zu einem Bassin. Am oberen Ende jedes Armes liegt eine Stauschleuse *a*. *a* mit zwei Paar Stemmthoren, eines gegen die Fluth, das andere gegen das Landwasser gerichtet; am unteren Ende des westlichen Bassins liegt eine Schleuse mit Fächerthüren *b*, an dem des östlichen die Schleuse mit gekuppelten Thüren *c*. Die beiden letzteren Schleusen bilden mit den zugehörigen Stauschleusen Anstalten zum Durchschleusen der Schiffe, indem die Bassins als Schleusenkammern dienen. Die Gröfse der Bassins schadet hier diesem Zwecke nicht, da es von keiner Seite je an Wasser fehlt. — Auch die Fächerschleuse gehört zu den merkwürdigsten in Holland, und die Thüren derselben sind von vortrefflicher Construction. Das ganze Werk ward unter der Leitung des Herrn Ingenieurs *v. Diggelen* in **Middelburg** ausgeführt.

Von den gekuppelten Thüren in der Schleuse *c* zeigt Fig. 9. eine Längen-Ansicht, parallel mit der Mittellinie der Schleuse und Fig. 10. den Grundrifs. In beiden Figuren bezeichnen dieselben Buchstaben die nemlichen Gegenstände, nemlich:

d, *d* die äufseren Stemmthore;

e, *e* die inneren Stemmthore;

f, *f* die Kuppelthüren, durch welche je zwei der Stemmthore, die auf einer Seite der Schleuse liegen, mit einander verbunden sind;

g, *g* Krahne, welche sich mit den Thüren drehen, und von welchen das Gewicht der Kuppelthüren gröfstentheils getragen wird;

h, *h* .... kleine Klappen, durch welche der Raum zwischen den Kuppelthüren mit Fluthwasser gefüllt, oder auch bis zum Niveau der Ebbe geleert werden kann.

Das Manoeuvre mit Thüren dieser Art findet man in der Abhandlung selbst ausführlich beschrieben, und ich übergehe also dasselbe hier um Wiederholungen zu vermeiden. Nur hinsichtlich der Krahne *g*, *g* ist zu bemerken, dafs sie eine Verbesserung sind, deren in der Abhandlung noch nicht erwähnt ist. Ohne dieselben würde nemlich die Kuppelthür *f* mit ihrem ganzen Gewicht auf die an dem vorderen Ende der Stemmthüren angebrachten Zapfen drücken, und der Druck würde demnach von dem Drehzapfen der Wendesäule und von dem Halsbande getragen werden müssen. Derselbe könnte aber bei großen Schleusen gar wohl so bedeutend werden, daß die Thüren, ungeachtet der sorgfältigsten Construction, doch etwas aus dem Winkel sich zögen, und mit dem Unterrahmenstück den Schleusenboden berührten, wodurch dann das Manövriren vielleicht unmöglich werden würde.

Die Aufhängung der Kuppelthür ist auf folgende Weise bewerkstelligt. Zwei verticale eiserne Stangen *k, k* gehen durch die Rahmenstücke und durch alle Querriegel der Thür, und jedes dieser Hölzer ruhet auf einem Splint, welcher unter demselben durch die Stange gesteckt ist, mit Ausnahme des unteren Rahmenstückes, welches auf einem versenkten Knopf ruhet. Die Stangen haben am oberen Ende Öre, mit welchen Ketten verbunden sind, die sich etwa $1\frac{1}{2}$ Meter höher in eine Drehwurzel vereinigen, welche vom vorderen Ende des Krahnbalkens getragen wird. Die Drehwurzel endigt oben in einen durch den Krahnbalken durchgehenden Schraubbolzen, und durch die Umdrehung der darauf sitzenden Schraubenmutter und der in der Mitte von jeder der Seiten-Ketten befindlichen Stellschraube ist man im Stande, den ganzen Druck der Kuppelthür auf den Krahn zu bringen, und überhaupt die Vertheilung des Gewichtes nach Belieben zu reguliren.

Die Drehwurzel und Kette ist in Fig. 11. im größeren Maafsstabe abgebildet.

Die Verbindung zwischen der Kuppelthür und den Stemmthoren besteht in ganz einfachen Charnieren. Man sieht in Fig. 9. die an den Thürriegeln befestigten hinteren Enden der eisernen Bänder, welche das Charnier bilden, und die verticalen runden Eisenstangen *l, l,* welche von oben durchgesteckt sind.

Die hauptsächlichsten Dimensionen sind folgende:

Weite der Schleuse im Lichten	8,25 Meter.
Winkel der Stemmthür mit der Schleusenwand (in der Abhandlung genannt ψ)	$32\frac{1}{2}$ Grad.
Länge der äußeren Stemmthore	6,15 Meter.
Länge der inneren Stemmthore	5,35 Meter.
Länge der Kuppelthüren	7,75 Meter.
Höhe der Stemmthore	10,4 Meter.
Höhe der Kuppelthüren	7,3 Meter.

Höhe der Schleusenmauern . . . . 10,2 Meter.
Tiefe des Schleusenbodens unter dem niedrigen Wasser . 2,25 Meter.
Abstand zwischen der gewöhnlichen Fluth und der gewöhnlichen Ebbe vor der Schleuse . . . . 4 Meter.

Uebersetzung der Schrift des Herrn *C. Alewyn.*

Motto: *Mari contra mare utimur.*
Grotius.

Die Ausführung von Schleusen mit Fächerthüren hat bewiesen, dafs Schleusenthüren bei jedem Wasserstande geöffnet und wiederum geschlossen werden können. Die Schleusenbaukunst ist dadurch zu einem höheren Grade der Vollendung gebracht, und manche Entwürfe zur Verbesserung der Schiffahrt und des Wasserbauwesens können jetzt vollständiger ausgeführt werden als früher, wo man noch keine Stauungen hatte, die sich bei jedem Wasserstande nach Willkühr öffnen und schliefsen liefsen.

Der Zweck und das Princip der Vorrichtung, welche ich hier beschreiben will, stimmt mit demjenigen der Fächerthüren überein. Deshalb halte ich es nicht für nöthig, die bestimmten Fälle anzugeben, in welchen die Benutzung derselben nothwendig oder nützlich ist; noch im Allgemeinen die Vortheile anzudeuten, welche erreicht werden, wenn man die Thüren einer Schleuse nach Willkühr ganz öffnen, oder wenn sie geöffnet sind, jeden Augenblick wieder schliefsen kann. Ich verweise in dieser Beziehung auf die Werke, welche von Schleusen mit Fächerthüren handeln; aber ich glaube mit Gewifsheit behaupten zu können, dafs, wenn es möglich wäre, die Eigenschaft der Fächerthüren ohne Vermehrung von Kosten oder andere Nachtheile zu erreichen, wenig andere Schleusen mehr gebauet werden würden.

Obgleich es nun mehr als wahscheinlich ist, dafs man diesen Zweck nie ganz erreichen wird, so ist doch zu wünschen, es möchte so weit gebracht werden können, dafs auch in den Fällen, wo es nicht eine unabweisliche Nothwendigkeit ist, die Thüren mit jedem Wasserstande öffnen und schliefsen zu können, sondern nur zu mehrerer Nützlichkeit und Vorsicht gar nicht die Vermehrung der Kosten der Einrichtung gegen diejenigen gewöhnlicher Schleusen, im Verhältnifs zu dem erreichten Vortheil, nur für gering zu achten sein möchten.

Das erste Erfordernifs hiezu scheint mir zu sein, dafs die Vorrichtung, welche mittelst der Druckkraft des Wassers die Thüren in Bewegung setzen soll, in dem innern Raume der Schleuse (*sluiskoker*) selbst angebracht werde, ohne gleichwohl die Durchfahrt oder die Strömung auf irgend eine Weise zu behindern. Dadurch würde man den wesentlichen Vortheil erreichen, dafs kein Theil der Schleuse ansehnlich weiter zu sein brauchte, als zu ihrem eigentlichen Zwecke nothwendig ist. Und falls es gelingen sollte, die Vorrichtung so einfach zu machen als die Fächerthüren, so könnte man *a priori* annehmen, dafs sie vergleichungsweise auf gröfsere Schleusen anwendbar sein würde. Die grofse Breite nemlich desjenigen Theils einer Schleuse mit Fächerthüren, welcher die quadrantförmigen Kammern enthält, wird stets mehr Schwierigkeit in der Ausführung haben, als eine gewöhnliche Schleuse von derselben Weite der Durchströmung. Ueberdies ist es in vielen Fällen, z. B. bei Canalschleusen, oder in schiffbar gemachten Flüssen, ein nachtheiliger Umstand, dafs die Schleusen mit Fächerthüren eine Breite einnehmen, welche aufserhalb der Schleusenmauern mehr als die doppelte Breite der Durchströmung beträgt; während man, wenn sich die Einrichtung zwischen den Schleusenmauern anbringen liefse, bei der nemlichen Breite des Baugrundes eine gröfsere Breite der Durchströmung behalten würde, oder dieselbe wenigstens nach dem Bedürfnifs bestimmen könnte, ohne darin durch die nothwendige Einrichtung der Schleuse beschränkt zu sein.

Ohne Zweifel kann diese Aufgabe auf mehr als Eine Art gelöset werden. Die Kraft ist in dem Gefälle des Wassers, welches, nach der einen oder der andern Seite der Schleuse Statt findend, zur Stelle vorhanden und die Statik und Mechanik geben Mittel genug an die Hand, eine gegebene Kraft so von dem einen Punct auf den andern zu bringen, dafs die verlangte Wirkung erreicht wird.

Die gröfste Schwierigkeit besteht aber hier in der Wahl des Mittels, welches noch sonst mancherlei Bedingungen entsprechen mufs, an die man bei der wirklichen Ausführung gebunden ist, und wegen welcher häufig der Theorie nach ganz gute Vorrichtungen unausführbar oder für den täglichen Gebrauch unbequem sich zeigen. Die Einfachheit derjenigen Einrichtung, welche ich hier in Vorschlag bringe, wird mit Grund vermuthen lassen, daſs die Ausführung derselben keine Schwierigkeit haben werde; auch wird die Wahrscheinlichkeit eines guten Erfolges durch Vergleichung mit den Fächerthüren und deren erprobten Wirksamkeit vermehrt, und es werden dadurch verschiedene Einwürfe aus dem Wege geräumt werden, die durch bloſs theoretische Gründe nicht so leicht zu heben sein würden.

Ein kurzer Bericht von dieser Construction befindet sich in „*Kunst en Letterbode* vom 30sten Mai 1823," und da derselbe von Sachkundigen mit einigem Beifall aufgenommen worden ist, so soll eine genauere Beschreibung, durch Zeichnungen erläutert, sie in den Stand setzen, zu beurtheilen, ob sie genugsame Vortheile darbiete, um bei vorkommenden Gelegenheiten ausgeführt und auf die Probe gestellt zu werden.

Die Figuren 4., 5. und 7. zeigen den Grundriſs, Längendurchschnitt und Aufriſs einer Schleuse nach diesem Vorschlage.

Man ersieht daraus, daſs die Vorrichtung aus zwei Paar Thüren besteht, welche in einem gewissen Abstande hintereinander in dem nemlichen Sinne angebracht sind. Sie drehen sich in ausgerundeten Wendehöhlungen, ganz wie gewöhnliche Schleusenthüren, jedoch mit dem Unterschiede, daſs die Thornischen der Auſsenthüren um die Dicke der Rahmenstücke, oder noch etwas darüber, tiefer sind als die der Binnenthüren, und daſs auch die Zapfen derselben um eben so viel auseinander stehen, so daſs die Auſsenthüren, sofern sie den nemlichen Winkel machen wie die Binnenthüren, noch nicht schlieſsen, wenn die Binnenthüren bereits mit den Schlagsäulen gegen einander liegen.

Jede Binnenthür ist mit der correspondirenden Auſsenthür durch eine Kuppelthür, die sich von der Schlagsäule der ersteren bis zur Schlagsäule der letzteren erstreckt, verbunden; welche Kuppelthür an beiden Enden auf Zapfen ruht, die an dem unteren Rahmenbalken durch einen starken eisernen Halsbiegel verbunden ist, so daſs keine der dadurch zusammengekuppelten beiden Thüren ohne die andere sich auf oder zu drehen kann. In den beiderseitigen Schleusenmauern sind Umläufe angebracht (im Grundrisse sind sie mit punctirten Linien bezeichnet), die durch Schützen geschlossen werden können, und mittelst welcher man die rautenförmigen Kammern zwischen den beiden zusammengekuppelten Thüren, der Kuppelthür und der Schleusenmauer, bis zur Höhe des Obenwassers voll laufen, oder auch bis zum Niveau des Unterwassers ablaufen lassen kann.

Die Zeichnung stellt diese Einrichtung im Allgemeinen vor. Um die Operation mit derselben zu erläutern, haben wir näher zu erwägen, wie sie nach Maafsgabe bestimmter Zwecke angeordnet werden mufs. Die Construction der Thüren, und die Art wie, meiner Meinung nach, die Kuppelthür am besten und stärksten mit den Stemmthüren verbunden werden kann, ist aus dem Durchschnitte zu ersehen. Das Eine wie das Andere kann gleichwohl auf mehr als eine Art eben so gut oder vielleicht besser geschehen. Die Stemmthüren können auch gebogen gemacht werden, wie es meistens bei den Engländern Gebrauch ist. Ein Haupt-Erfordernifs ist, dafs sich die unteren Rahmenstücke, wie bei den Fächerthüren, mit möglichst wenig Spielraum über den Schleusenboden hin bewegen, und dafs die ganze Construction so eingerichtet werde, dafs die Thüren sich nicht durch ihr eigenes Gewicht aus dem rechten Winkel ziehen, wozu man die bekannten Mittel anwenden, oder auch das Rahmenwerk ganz von Eisen machen, übrigens aber die Stücke der hölzernen und eisernen Theile den Kräften, welche darauf wirken, angemessen, bestimmen mufs.

Es ist nun leicht, zu zeigen, wie man mit dem beschriebenen Apparat die bezweckte Wirkung hervorbringen, nämlich die Thüren bei jedem Wasserstande öffnen und, wenn sie geöffnet sind, wiederum schliefsen kann.

Angenommen:

Erstens, das Aufsenwasser*) sei das höhere, und werde durch die Schleuse gestauet, welches voraussetzt, dafs die Aufsenschützen geöffnet, die Binnenschützen aber geschlossen sind und die rautenförmige Kammer im gleichen Niveau mit dem Aufsenwasser voll stehe. Dann stauen die Binnenthüren das Wasser, wie gewöhnliche Stemmthüren.

Will man nun die Thüren gegen das höhere Wasser öffnen, so schliefst man die Aufsenschützen und zieht die Binnenschützen auf, um das Wasser in die rautenförmige Kammer bis zum Niveau des Binnen-

*) Unter Aufsenseite der Schleuse werden wir stets diejenige Seite der Schleuse verstehen, gegen welche die Spitze der Stemmthüren gerichtet ist, und folglich unter Aufsenwasser das Wasser, welches von dieser Seite dagegen steht. Ferner unter Aufsen-Umläufen und Schützen diejenigen, welche, von dieser Seite, das Wasser in die rautenförmige Kammer und aus derselben fliefsen lassen; wenn gleich in anderer Hinsicht zuweilen nach dem gewöhnlichen Sprachgebrauche die Aufsenseite dieser Schleuse die Binnenseite heifsen kann.

wassers zu bringen. Die Druckkraft des höheren Aufsenwassers übt dann eine zwiefache Wirkung aus: erstens auf die Aufsenthüren, welche Pressung strebt, dieselben geschlossen zu halten; zweitens in dem keilförmigen Raume zwischen den beiden Kuppelthüren einen normalen Druck auf letztere, strebend die Thüren zu öffnen. Sofern nun die Länge dieser Kuppelthüren das gehörige Verhältnifs zur Weite der Schleuse und zu dem Winkel den die Thüren mit einander machen, hat, wird das Moment des Druckes auf die Kuppelthüren das Moment des Druckes auf die Aufsenthüren übertreffen, so dafs die Thüren gegen den höheren Wasserstand an sich öffnen. Die dazu nöthige Länge der Kuppelthüren werden wir weiter unten ermitteln.

Nachdem die Thüren geöffnet sind, wird das Wasser mit einem Gefälle nach innen strömen; und will man dann die Thüren wiederum schliefsen, so hat man nur die Binnenschützen zu schliefsen und die Aufsenschützen aufzuziehen. Dann wird das Wasser hinter der ganzen Länge der Kuppel- und Binnenthüren bis zum Niveau des höheren Aufsenwassers steigen, während, wegen des Gefälles des durchströmenden Wassers, auf der andern Seite dieser Thüren eine niedrigere Wasserhöhe Statt findet. Der aus dem Unterschiede dieser Wasserhöhen entstehende Druck wird demnach, im ersten Augenblick, und sodann auch der Andrang des durchströmenden Wassers die Thüren zudrehen und schliefsen.

Angenommen:

Zweitens, dafs das Binnenwasser das höhere sei und man wolle es stauen. Dann schliefst man die Aufsenschützen und öffnet die Binnenschützen, wodurch die rautenförmige Kammer bis zum Niveau des höheren Binnenwassers gefüllt wird. Der höhere Wasserstand übt dann wieder einen zwiefachen Druck aus, jedoch im entgegengesetzten Sinne als vorhin, nemlich auf die Binnenseite der Aufsenthüren und auf die Binnenseite der Kuppelthüren. Der erste strebt, die Thüren zu öffnen, der andere, dieselben geschlossen zu halten. Sofern nun die Länge der Kuppelthüren angemessen bestimmt ist, wird das Moment des letzteren Druckes das des ersteren übertreffen, und die Thüren werden geschlossen bleiben.

Allein sobald man das Wasser aus der rautenförmigen Kammer ablaufen läfst, nachdem die Binnenschützen geschlossen sind, wird der Druck des höheren Binnenwassers, welcher alsdann allein auf die Binnenseite der Binnenthüren wirkt, dieselben öffnen.

Um sie, wenn sie geöffnet sind, wieder zu schliefsen, wird man das höhere Binnenwasser hinter die Kuppel- und Binnenthüre einlassen, wie es im ersten Falle beschrieben ist.

Aus dieser allgemeinen Uebersicht folgt, dafs, so lange die Thüren geschlossen sind, die Kräfte, welche auf sie wirken, aus der Hydrostatik berechnet werden können, und dafs man folglich daraus das Verhältnifs der Länge der Kuppelthür zu derjenigen der Stemmthür finden kann, bei welchem, es sei das Aufsenwasser höher und das Wasser aus der rautenförmigen Kammer bis zum Niveau des Binnenwassers abgelassen, oder es sei das Binnenwasser höher und der rautenförmige Raum bis zu dessen Niveau angefüllt, Gleichgewicht zwischen dem Drucke auf die Kuppelthür und demjenigen auf die Stemmthür Statt findet. In beiden Fällen wirken nemlich die nemlichen Kräfte, nur in dem einen in gerade entgegengesetzter Richtung als im andern; woraus folgt, dafs, wenn den Erfordernissen für das Gleichgewicht in dem einen entsprochen ist, dies auch in dem andern der Fall sein werde.

Allein während die Thüren geöffnet sind ist das Wasser in der Schleuse in Bewegung und die Druckkraft des strömenden Wassers läfst sich nicht aus denselben Sätzen ableiten, wie die des stillstehenden. Wollte man nun die Sätze der Hydraulik und der Lehre vom Stofse des strömenden Wassers auf diesen Fall anwenden, und zugleich dabei die Verminderung der bewegenden Kraft wegen des Wasserverlustes durch den unvermeidlichen Zwischenraum zwischen der Unterkante der Thüren und dem Schleusenboden in Rechnung bringen, so würde die Vorausbestimmung des Effectes der Vorrichtung mit grofser Schwierigkeit verknüpft sein. Da indessen bei den Fächerthüren dasselbe Statt findet, und bei diesen durch die Erfahrung sich gezeigt hat, dafs man durch eine angemessene, den Fächern gegebene Länge nicht nur das Gleichgewicht bei jedem Stande der Thüren erreichen kann, sondern auch genugsames Uebergewicht, um die Thüren ohne weitere Beihülfe auf- und zugehen zu machen, so werden wir, nachdem wir zuvörderst die Länge der Kuppelthüren, für den Fall dafs die Thüren noch geschlossen sind und bleiben sollen, gesucht haben, aus demjenigen was bei den Fächerthüren Statt findet die Bedingungen zu entnehmen suchen, denen genügt werden mufs, um auch bei diesen Thüren denselben Effect beim Oeffnen und Schliefsen zu erreichen.

Es sei demnach (Fig. 1.)

die halbe Schleusenweite AB . . . . $= a$;
der Winkel ABC, den die beiden Thüren CB und EF, wenn sie geschlossen sind, mit der Linie AB machen . . . . $= \psi$.

Alsdann ist die Länge der Stemmthüren $= \frac{a}{\cos\psi}$.

Es sei ferner die gesuchte Länge der Kuppelthür . . . . $= l$.

In beiden Fällen: das Aufsenwasser stehe höher und das Wasser in den Kammern sei bis zum Niveau des Binnenwassers abgelaufen um die Thüren zu öffnen, oder es sei das Binnenwasser höher und die Kammer bis zu dessen Niveau gefüllt, um die Thüren geschlossen zu halten, ist die Höhe des Wasserdruckes auf die Thür EF und auf die Kuppelthür CF die nemliche, und man kann also die Druckkraft auf jede Thür durch Kräfte vorstellen, die sich wie die Längen der Thüren verhalten und die in der Mitte derselben wirken. Wenn man also die aus dem Wasserdrucke entstehende Kraft, welche auf eine Längen-Einheit wirkt, N nennt, so wird das Moment, womit diese Kraft die Thür EF im ersten Falle geschlossen zu halten und im andern zu öffnen strebt

$$M = \tfrac{1}{2}.\frac{a}{\cos\psi} \times \frac{aN}{\cos\psi} = \frac{Na^2}{2\cos\psi^2} \text{ sein.}$$

Um das Moment des Druckes auf die Kuppelthür zu finden, ziehe man aus den Puncten C und F Perpendikel auf die Richtung der Kuppelthür und fälle aus den Drehpuncten B und E Perpendikel, welche jene in G und H schneiden, so dafs $BG = EH = CB \sin BCG$. Wenn nun der Winkel $ABE = 90$ Grad ist, so ist $ABC = BCG = \psi$ und folglich $BG = EH = CB \sin\psi = a \tang\psi$.

Um Platz für die geöffneten Thüren in der Thornische zu haben, ohne die Breite der Durchfahrt zu beengen, müssen die Wendesäulen der Aufsenthüren weiter von einander stehen als die der Binnenthüren (man sehe Fig. 4.). Dadurch wird der Winkel ABE gröfser als 90 Grad und der Winkel BCG kleiner als ψ. Es würde nicht schwierig sein, für diesen Umstand die Formeln zu entwickeln. Da sie indefs dadurch complicirter werden, so halten wir es für eine vorläufige Berechnung unnöthig, diesen Umstand zu berücksichtigen, indem die Länge der Kuppelthür doch vergröfsert werden mufs, um die Bewegung fortzusetzen; wie wir weiter unten sehen werden.

Nun wirkt die eine Hälfte der Kuppelthür in dem Puncte F, die andere Hälfte in dem Puncte C, jedoch beide mit gleichen Hebelarmen $BG = EH$ in Beziehung auf die Drehpuncte B und E. Hieraus folgt, dafs das Moment des Druckes, um die Stemmthüren zu öffnen oder geschlossen zu halten,

$$M' = N.l.a.\operatorname{tang}\psi \text{ ist.}$$

Das Gleichgewicht wird also in dem einen wie in dem andern Falle Statt finden, wenn

$$M = M' \text{ oder } \frac{Na^2}{2\cos\psi^2} = N.l.a.\operatorname{tang}\psi$$

ist; woraus folgt:

$$l = \frac{a}{\sin 2\psi}.$$

Die Länge der Kuppelthür für das Gleichgewicht hängt demnach für eine gegebene Schleusenweite von dem Winkel ab, welchen die Stemmthüren, wenn sie geschlossen sind, mit der Linie quer über die Breite der Schleuse machen, und man kann also diesen Winkel so bestimmen, dafs die vortheilhafteste Einrichtung des Systems in der einen und der andern Hinsicht erreicht wird.

1. Aus der Formel für die Länge der Kuppelthür erhellet, dafs diese Länge ein Minimum wird, wenn man $\psi = 45$ Grad macht. Alsdann wird $l = a$, oder gleich der halben Schleusenweite.

2. Da es zur Verminderung des Gewichtes der ganzen Vorrichtung dient, die gesammte Länge aller Thüren zusammengenommen so klein als möglich zu machen, so kann man als Bedingung aufstellen, dafs die ganze Länge ein Minimum sei, dafs also:

$$\frac{2a}{\cos\psi} + \frac{a}{\sin 2\psi} = \text{min.},$$

folglich

$$d\left(\frac{2a}{\cos\psi} + \frac{a}{\sin 2\psi}\right) = 0,$$

oder

$$a\left(\frac{2\sin\psi}{\cos\psi^2} - \frac{2\cos 2\psi}{\sin 2\psi^2}\right) = 0,$$

oder

$$4\sin\psi^3 + 2\sin\psi^2 - 1 = 0$$

sei; woraus: $\sin\psi = \frac{1}{2}$, also $\psi = 30$ Grad folgt.

3. Da es bei dieser Vorrichtung sehr darauf ankommt die Senkung zu verhindern, welche aus dem Gewicht sowohl der Stemmthüren als der Kuppelthüren die von den ersteren getragen werden müssen, ent-

steht, so könnte man auch den Winkel ψ so einrichten, daſs das Moment des Gewichtes der Thüren ein Kleinstes ist. Das Gewicht für die Längeneinheit gleich G setzend, müſste alsdann sein:

$$G\left(\frac{2a}{\cos\psi}\times\frac{a}{2\cos\psi}+\frac{a}{\sin 2\psi}\times\frac{a}{\cos\psi}\right)=\text{min.},$$

also

$$d\left(\frac{a^2}{\cos\psi^2}+\frac{a^2}{\cos\psi\sin 2\psi}\right)=0,$$

oder

$$\frac{2\sin\psi}{\cos\psi^3}-\frac{2\cos 2\psi}{\cos\psi\sin 2\psi^2}+\frac{\sin\psi}{\sin 2\psi\cos\psi^2}=0,$$

oder

$$2\sin\psi-\frac{\cos 2\psi}{2\sin\psi^2}+\tfrac{1}{2}=0,$$

oder

$$4\sin\psi^3-3\sin\psi^2-1=0;$$

woraus $\sin\psi=0{,}455$ folgt.

4. In einer anderen Hinsicht kann man verlangen, daſs die Länge der Schleusenmauer, sofern sie zu den Thornischen für die geöffneten Thüren nöthig ist, so kurz als möglich sei und also die Bedingung stellen, daſs die Länge einer Thür mit der Länge der Kuppelthür zusammen ein Minimum sei, oder daſs

$$\left(\frac{a}{\cos\psi}+\frac{a}{\sin 2\psi}\right)=\text{min.},$$

folglich

$$d\left(\frac{a}{\cos\psi}+\frac{a}{\sin 2\psi}\right)=0,$$

oder

$$\frac{\sin\psi}{\cos\psi^2}-\frac{2\cos 2\psi}{\sin 2\psi^2}=0,$$

oder

$$\sin\psi-2\left(\frac{\cos\psi^2-\sin\psi^2}{4\sin\psi^2}\right)=0,$$

oder

$$\sin\psi^3+\sin\psi^2-\tfrac{1}{2}=0$$

sei, welche Gleichung nahe genug erfüllt wird, wenn man $\sin\psi=0{,}56$ nimmt.

Man würde noch andere Bedingungen aufstellen können, von denen die eine in dem einen Falle, die andere in dem andern vorzuziehen wäre. Die in 2. und 3. aufgestellten scheinen mir im Allgemeinen die wichtigsten zu sein. Da nun der in 3. gefundene Werth von $\sin\psi$ wenig von $\frac{1}{2}$ verschieden ist, wie ihn 2. giebt, und dieser Winkel zwar gröfser ist, jedoch nicht viel von demjenigen abweicht, den man gewöhnlich den Stemmthüren giebt, so scheint es, dafs der Werth $\sin\psi = \frac{1}{2}$ und folglich $\psi = 30$ Grad im Allgemeinen als der vortheilhafteste angenommen werden könne. Die Bestimmung der erforderlichen Länge der Kuppelthür ist alsdann auch sehr bequem; denn da sie durch $\frac{a}{\sin 2\psi}$ ausgedrückt wird, und die Länge der Stemmthür durch $\frac{a}{\cos\psi}$, so folgt, indem $\sin 60^\circ = \cos 30^\circ$, dafs für $\psi = 30^\circ$, die Länge der Kuppelthür gleich der Länge der Stemmthür werden müsse, um das Gleichgewicht des Druckes zu erzielen.

Das Verhältnifs der für das Gleichgewicht erforderlichen Länge zu derjenigen, welche zum Oeffnen und Schliefsen der Thüren ohne weitere Beihülfe nöthig ist, werden wir aus der Vergleichung mit dem, was bei den Fächerthüren die Erfahrung ergeben hat, zu finden suchen.

Man würde fehl schliefsen, wenn man die vorhin berechnete Länge ohne Weiteres in demselben Verhältnisse vergröfsern wollte, welches zwischen der Länge der Stemm- und Fächerthüren Statt hat, indem die Wirkung der vermehrten Länge der Kuppelthüren eine andere ist, als bei den Fächerthüren. Bei diesen steht nemlich das Moment des Druckes auf die Stemmthür, bei gleicher Wasserhöhe, im quadratischen Verhältnisse der Länge der Thüren. Ist c die Länge der Stemmthür, b diejenige der Fächerthür, N die Gröfse des Druckes für eine Längen-Einheit unter einer gegebenen Druckhöhe, so ist das Moment des Druckes auf die Stemmthür,

$$Nc \times \frac{c}{2} = \frac{Nc^2}{2} = M;$$

auf die Fächerthür aber

$$Nb \times \frac{b}{2} = \frac{Nb^2}{2} = M';$$

woraus folgt

$$\frac{M'}{M} = \frac{b^2}{c^2}.$$

Wenn demnach z. B. die Länge der Fächerthür das Doppelte desjenigen beträgt, welches für das Gleichgewicht erfordert wird, so ist das Moment der Kraft, durch welche die Bewegung hervorgebracht wird, nicht das Doppelte, sondern das Vierfache dessen, was für die Erhaltung des Gleichgewichtes erfordert wird.

Bei unserer Einrichtung hingegen ist

$$M = \frac{Nc^2}{2},$$

$$M^1 = N.l.c \operatorname{tang} \psi,$$

folglich

$$\frac{M^1}{M} = \frac{2 l \operatorname{tang} \psi}{c};$$

und wenn man daher der Kuppelthür das Doppelte der Länge giebt, welche nöthig ist um das Gleichgewicht zu halten, so ist das Moment der Kraft, durch welche die Bewegung hervorgebracht wird, auch nur das Doppelte des zur Erhaltung des Gleichgewichtes erforderlichen Moments.

Dagegen bleibt das Moment bei den Fächerthüren, sofern es von dem Hebelarme abhängt, bei jedem Stande der Thüren dasselbe. Bei den gekuppelten Thüren dagegen ist der Hebelarm, an welchem die Kraft auf die Kuppelthür wirkt, bei jedem Stande der Thüren veränderlich. Ist N diese Kraft für die Längen-Einheit, so ist das Moment, in dem Augenblick, wo die Stemmthüren einen Winkel p mit der Linie quer über die Breite der Schleuse machen:

$$\frac{N.l.a \sin p}{\cos \psi};$$

und da $\sin p$ beim Oeffnen der Thüren nach und nach zunimmt, von $\sin p = \sin \psi$ bis $\sin p = \sin 90^\circ = 1$, beim Schliefsen der Thüren aber umgekehrt abnimmt: so sieht man, dafs, wenn ein gegebenes Uebergewicht des Moments bei geschlossenen Thüren auf die Kuppelthür und auf die Fächerthür gleich angenommen wird, die Wirkung desselben beim Oeffnen der Thüren im ersten Augenblicke dasselbe sein, dafs aber diese Wirkung, bei der Kuppelthür, bis zur gänzlichen Oeffnung allmälig zunehmen wird; und dafs im andern Falle, wenn die Thüren geöffnet sind, bei Schliefsung derselben die Wirkung im ersten Augenblick gröfser sein, nach und nach aber abnehmen und endlich, im Augenblicke des gänzlichen Schlusses der Wirkung des Uebergewichts bei der Fächerthür gleich werden wird, bei welcher letzteren, während der ganzen Bewegung des Oeffnens und Schliefsens, die Wirkung sich gleich bleibt.

Hieraus glaube ich schliefsen zu können, dafs, wenn man die Länge der Kuppelthür so bestimmt, dafs das Uebergewicht des Moments der Kraft bei geschlossenen Thüren demjenigen gleich ist, welches man bei den Fächerthüren als genügend befunden hat, um alle Bewegungen damit ohne weitere Beihülfe zu verrichten, man auch mit Grund, und *a fortiori*, dieselben Erfolge von dieser Vorrichtung erwarten dürfe.

Ohne Zweifel ist der Ueberschufs an Länge, welche man den Fächerthüren über die mit ihnen verbundenen Stemmthüren geben mufs, nicht in allen Fällen derselbe, und hängt von vielerlei Umständen ab: unter andern von der Länge der Umläufe; von der Wasserhöhe, mit welcher man die Bewegung hervorbringen will; von der Genauigkeit, mit welcher das ganze System ausgeführt und angebracht ist, und endlich auch noch von den besonderen Absichten, welchen die Schleuse entsprechen soll. Denn unter besonderen Umständen ist das erforderliche Uebergewicht verschieden. Auch bei unserer Construction müssen dergleichen Umstände und Zwecke bei der Bestimmung der mehreren Länge der Kuppelthüren in Betracht gezogen werden; so wie wir es unten für einige Fälle anzeigen werden. Es ist mir nicht genau bekannt, welches Verhältnifs zwischen den Stemm- und Fächerthüren gewöhnlich angenommen wird. Aus einigen Zeichnungen und aus dem Besteck für die Erbauung einer Fächerthür-Schleuse, am Ende des *Rosendaal*schen nnd *Steenberg*schen *Vliet*, Anno 1822 erbauet, würde ich entnehmen, dafs das Verhältnifs von 5 zu 6 für genügend gehalten wird; denn die Stemmthüren werden dort im Lichten 4,8 Meter, die Fächerthüren 5,72 Meter breit, folglich etwa um den fünften Theil breiter beschrieben als die Stemmthüren *).

Wenn man dieses Verhältnifs annimmt, so folgt aus dem Vorhergehenden, dafs bei dieser Schleuse die Momente sich verhalten wie 25 zu 36, und dafs bei geschlossenen Thüren das Moment der Kraft um $\frac{11}{25}$ oder beinahe um die Hälfte gröfser ist, als zur Erhaltung des Gleichgewichts nöthig sein würde **). Um demnach dem Momente der Kuppelthür bei geschlossenen Thüren eben soviel Uebergewicht zu geben, müfste man sie ungefähr um die Hälfte länger machen als vorhin für das hydrostatische Gleichgewicht gefunden wurde, folglich, wenn man $\psi = 30^0$ nimmt, um die Hälfte länger als die Stemmthüren. Alsdann wird das Moment der

*) In dem Besteck der steinernen Kammerschleuse mit Fächerthüren im *Arkel*'schen Deich aufserhalb *Gorkum*, 1818 erbauet, wurden die Stemmthüren im Lichten 5,7 M. und die Fächerthüren 7,113 M. breit angenommen, mithin nahe genug wie 4 zu 5.

**) Bei der Schleuse im *Arkel*'schen Deich wie 16 zu 25, also $\frac{9}{16}$ mal gröfser als für das Gleichgewicht erforderlich ist.

bewegenden Kraft im ersten Augenblick $1\frac{1}{2}$ mal, bei ganz geöffneten Thüren aber 3 mal gröfser sein als für das Gleichgewicht nöthig ist. In wie fern dies Verhältnifs vergröfsert oder verkleinert werden kann, wegen der Eigenschaft, dafs bei ganz oder zum Theil geöffneten Thüren der Hebelarm der bewegenden Kraft immer gröfser ist als bei geschlossenen Thüren, während dies bei den Fächerthüren nicht Statt findet, mufs die Erfahrung lehren. Bei einem ersten Versuche wird es anzurathen sein, die Thüren eher etwas gröfser als kleiner zu machen, da doch einige mehrere Länge als nöthig in den meisten gewöhnlichen Fällen wenig Schwierigkeit machen kann, und die Beobachtung desjenigen, was bei solchergestalt angeordneten Thüren Statt findet, leichter und besser zeigen wird, in wie weit eine Verminderung statthaft sei, als sich aus einer theoretischen Betrachtung *a priori* ableiten läfst.

Bei Schleusen von sehr grofser Breite wird es auch zuweilen vorzuziehen sein, die Bedingung, dafs die Thüren ohne alle Beihülfe sich bewegen, gegen den Vortheil aufzugeben, der aus einer geringeren Länge der Kuppelthüren entspringt. Die Erdwinden, welche nöthig sind, um die durch den Wasserdruck im Gleichgewicht gehaltenen Thüren in Bewegung zu bringen, müssen doch vorhanden sein, um bei gleichem Wasserstande oder sehr geringem Gefälle die Thüren öffnen oder schliefsen zu können, und die zum Auf- und Zuwinden erforderliche Mühe kann bei solchen grofsen Schleusen keine erhebliche Schwierigkeit machen, um so weniger, da die Beihülfe mittelst der Erdwinden nur im ersten Augenblick des Oeffnens und im letzten des Schliefsens nöthig ist. In solchem Falle würde es demnach genügen, den Kuppelthüren nur so viel mehr Länge zu geben als zum Ersatz für den Wasserverlust durch den Spielraum zwischen der Thür und dem Schleusenboden nöthig ist.

In mehreren besonderen Fällen kann man auch sowohl die Länge der Kuppelthüren vermindern, als dem ganzen System eine Einrichtung geben, die es auch in anderen Rücksichten nützlich macht. Falls nemlich die Absicht nur ist, das Binnenwasser zu stauen, um damit nach Willkühr spühlen und im Falle des Durchströmens von Wasser von Aufsen nach Innen die Thüren jeden Augenblick schliefsen zu können *), kann man

*) Z. B. bei Doken- und Hafen-Schleusen im Falle einer plötzlich und unerwartet bei offenstehenden Thüren ankommenden Fluth.

Erstens die Aufsenthüren so weit verlängern, dafs sie gegeneinander schliefsen (wie in Fig. 3.), in dem Theile zwischen der Kuppelthür und der Schlagsäule Abflufsöffnungen mit Schützen (a, a) anbringend;

Zweitens kann man diese Aufsenthüren gegen eine Schlagschwelle anschlagen lassen, den Unterbalken der Kuppelthür so viel höher legend als deshalb nöthig ist.

Hierdurch erhält man den Vortheil, dafs man nach Willkühr den Druck des Aufsenwassers entweder auf die Binnen- oder auf die Aufsenthüren, oder auch zum Theil auf die ersteren, zum Theil auf die letzteren bringen kann, und die Binnenthüren dienen dann zugleich als Noththüren, die man bei grofsen und wichtigen Stauungen doch würde anbringen müssen. Zwar ist dann beim Oeffnen der Thüren der Spielraum zwischen der Kuppelthür und dem niedrigen Theile des Schleusenbodens gröfser, als wenn die Aufsenthüren nicht gegen ein Schwellenstück schlagen: allein dieser Spielraum, der vielleicht nachtheilig sein würde, wenn die Thüren gegen das höhere Aufsenwasser geöffnet, oder gegen das nach Aufsen strömende Binnenwasser geschlossen werden müfsten, kann in dem Falle, welchen wir hier vorausgesetzt haben, keinen Nachtheil bringen. Denn wenn das Binnenwasser höher ist und die Thüren, um es zu stauen, geschlossen sind, so wird das Wasser aus dem Raume zwischen den beiden Kuppelthüren durch die Schützöffnungen a, a bis zum Niveau des niedrigeren Aufsenwassers ablaufen, und der Druck auf die Binnenseite der Kuppelthüren wird die Stemmthüren geschlossen halten. Aber sobald das Wasser aus der rautenförmigen Kammer durch die Aufsen-Umläufe abgelassen wird, ist leicht zu sehen, dafs die Thüren nicht mehr geschlossen bleiben können, sondern in jedem Falle durch den Druck des Binnenwassers werden geöffnet werden.

Strömt dagegen das Wasser von aufsen nach innen, und man will die Thüren schliefsen: dann ist der Zweck und die Wirkung der gekuppelten Thüren nicht sowohl der, durch einen Druck auf die Binnenseite der Kuppelthür die Schliefsung zu befördern, als vielmehr, die Schnelligkeit der Bewegung zu mäfsigen, und durch eine gehörige Regulirung des Auf- und Niederwindens der Schützen in den Umläufen, dem harten Gegeneinanderschlagen der Thüren vorzubeugen. Die Thüren werden sich schliefsen, ungeachtet des mehreren Spielraums zwischen dem unteren Rahmenstück und dem Schleusenboden, und wenn selbst die Kuppelthüren noch weniger Länge hätten als für das Gleichgewicht nöthig ist.

In einer Kammerschleuse können die gekuppelten Thüren die Stelle, sowohl der äufseren als der inneren Fluth- und Ebbethüren einnehmen, und dann besteht die Vermehrung der Kosten der Einrichtung gegen die von einem Paar gewöhnlicher Fluth- und Ebbethüren lediglich in den Kuppelthüren. Da gleichwohl, bei gleicher Länge der Schleusenmauern und des Bodens, die Länge der Schleusenkammer geringer ist als bei gewöhnlichen Thüren, so wird es zuweilen, um die Schleusenmauern nicht länger zu machen und falls man die gekuppelten Thüren in einer bereits erbaueten Schleuse anbringen wollte, vorzuziehen sein, dieselben für sich in die Schleusenkammer zu setzen, so wie es Fig. 3. vorstellt. Sollten in diesem Falle in den Schleusenmauern keine Umläufe vorhanden sein, so wird man, um die Kosten neuer Schleusenmauern zu sparen, sich öfters begnügen können, Abflufsöffnungen mit Schützen in den Stemm- und Kuppelthüren zu machen, durch welche die rautenförmige Kammer gefüllt oder abgelassen werden kann. Man wird auf diese Weise zwar nicht so vollkommen, aber doch in vielen Fällen genügend mit den Thüren manövriren können. Wahrscheinlich wird nemlich dann das Schliefsen der Thüren, wenn das Wasser von innen nach aufsen strömt, und das Oeffnen gegen das höhere Aufsenwasser nicht ohne Beihülfe von Erdwinden geschehen können, während aber alle übrigen Operationen eben so gut durch Oeffnungen mit Schützen in den Thüren als durch Umläufe in den Mauern ausgeführt werden können.

Endlich ist noch zu bemerken, dafs, wenn die gekuppelten Thüren das höhere Aufsenwasser stauen, dafs alsdann die Stemmthüren längs der Wendesäule in den Wendehöhlungen Stützung finden, und also als Stauung des Aufsenwassers eben so viel Sicherheit gewähren, wie die gewöhnlichen Fluththüren; stauen sie hingegen das höhere Binnenwasser, so soll der Druck des Wassers durch das Halsband oben und durch den Zapfen unten getragen werden, wenn man die Aufsenthüren auf die gewöhnliche Weise und so wie es Fig. 4., 5. und 7. dargestellt ist, einrichtet. Berechnet man aber den Druck, der in solchem Falle auf die Wendesäulen entsteht, in Vergleichung mit demjenigen auf die Wendesäulen von Fächerthüren, so wird man finden, dafs derselbe, *ceteris paribus* nur die Hälfte des Druckes bei Fächerthüren beträgt, und man darf daraus mit Sicherheit schliefsen, dafs, in so fern es möglich gewesen ist, bei diesen dem Halse, dem Zapfen und dem Halsbande genugsame Stärke zu geben, dies auch um so mehr bei gekuppelten Thüren der Fall sein wird, wenn man jenen Theilen dieselbe Stärke giebt, wie bei Fächerthüren. Ueberdies aber kann man, falls man es für nöthig halten sollte, zu mehrerer Sicherheit der Wendehöhlung auf die ganze Höhe der Wendesäule oder auf einen Theil derselben, diejenige Form geben, und die Hinterseite der Wendesäule so abrunden, wie es Fig. 2. vorstellt. Dadurch wird man bewirken, daſs die Thüren bei allen Wasserständen einen Anschlag und Stützpunct in den Wendehöhlungen bekommen, und in dem Falle, daſs die Auſsenthüren wie in Fig. 3. gegen einander schlagen, wird die Kraft, welcher das Halsband widerstehen muſs, noch mehr vermindert werden, weil die Spannung der einen Thür gegen die andere darauf hinwirkt, die Thüren hinten gegen die Wendehöhlung zu drücken.

Wegen der groſsen Einfachheit der beschriebenen Vorrichtung ist es überflüssig, in mehrere Details einzugehen. Die obige Beschreibung wird hinreichen, um bei der Ausführung als Anleitung zu dienen, und die Modificationen kennen zu lehren, deren die Anwendung nach Maaſsgabe bestimmter Absichten oder gegebener Umstände fähig ist. Da man den Effect derselben am besten durch Vergleichung mit den Fächerthüren beurtheilen kann, und auf diese Art von Schleusen im Vorhergehenden mehreremale Bezug genommen ist, so ist in Fig. 6. eine Fächerschleuse nach demselben Maaſsstabe wie die doppelte Schleuse Fig. 4. mit gekuppelten Thüren vorgestellt. Man sieht daraus auf den ersten Blick, wie viel mehr Breite der Durchströmung man auf dieselbe Breite des Baugrundes durch die gekuppelten Thüren erhält als durch die Fächerthüren.

Eine Vergleichung der Kosten der einen und der andern dieser Einrichtungen dürfte, je nachdem man diese oder jene Umstände annimmt, sehr verschieden ausfallen. Ich überlasse es Dem, der beim Entwerfen einer neuen Schleuse oder bei der Veränderung einer bereits vorhandenen mit gewöhnlichen Stemmthüren, seine Wahl nach den mindesten Kosten treffen will, die vergleichende Berechnung für die beiden Bauarten nach der Localität zu machen, zweifle indeſs nicht, daſs dieselbe in allen Fällen mehr oder weniger, in einigen aber sehr zum Vortheile der Schleusen mit gekuppelten Thüren ausfallen wird.

14.

Nachrichten von der projectirten Eisenbahn zwischen Berlin und Frankfurt a. d. O.

(Vom Herausgeber.)

(Fortsetzung von No. 3. im ersten und No. 9. im zweiten Hefte dieses Bandes.)

Dritter Abschnitt.

Verkehr auf der Eisenbahn, auf welchen gerechnet werden soll. Kosten der Transporte und Fahrzeit auf der Eisenbahn.

17.

Aus den folgenden Berechnungen, bei welchen ferner die gröſste Sicherheit und Genauigkeit zu beobachten gesucht werden soll, wird sich nun ergeben, daſs *bei weitem* nicht einmal der *gegenwärtige* Verkehr zu Lande und zu Wasser für die Eisenbahn nothwendig ist, um, nachdem die Kosten der Transportkraft auf der Bahn und die Kosten der Erhaltung und Verwaltung des Werks gedeckt sind, selbst durch *geringere* Fahrpreise als die auf der Chaussée und zu Wasser, annehmliche Zinsen des Anlage-Capitals zu erlangen, und folglich das Werk ausführbar und durch die geringeren Fahrpreise und die gröſsere Geschwindigkeit der Transporte dasselbe *gemeinnützig* zu machen, sondern daſs schon bloſs *ein Theil* der gegenwärtigen Frequenz, und sogar von derselben mitunter nur ein *kleiner* Theil dazu hinreicht, namentlich von dem Personen-Verkehr schon noch nicht *die Hälfte* des oben angesetzten Verkehrs, von der Landfracht etwa *zwei Drittheil,* von dem Transporte lebendigen Viehes noch nicht *die Hälfte* und von der Wasserfracht sogar schon *noch nicht ein Drittheil,* und selbst von den jetzt zu Wasser gehenden Handelsgütern *nur etwa die Hälfte.*

Weit entfernt also, auf *eine Zunahme* der jetzigen Frequenz im Voraus rechnen zu müssen, ist es nicht einmal nöthig, ganz auf die *bisherige* zu zählen, um den Zweck zu erreichen.

Unter solchen Umständen wird denn auch, wenn etwa, ungeachtet der verschiedenen vergleichenden Prüfungen und der Bestimmtheit und Zuverlässigkeit der obigen Angaben des jetzigen Verkehrs, gleichwohl noch zu besorgen sein sollte, der Ansatz sei zu hoch, das gleiche wenigstens nicht von demjenigen mehr *möglich* sein, worauf für die Eisenbahn gerechnet wird; denn dieses macht von dem Ansatze, wie gesagt, nur *einen Theil* und von einigem nur einen *kleinen Theil* aus.

Auch ist noch bei dieser Gelegenheit zu bemerken, daſs bei der obigen Berechnung des gegenwärtigen Verkehrs manches sehr namhafte, der Sicherheit wegen, sogar *ganz* übergangen ist. So ist, wie schon bemerkt, auf den *Salz-Transport*, der gegen eine Million Centner jährlich betragen kann, da derselbe *einstweilen* noch zu Wasser fortbestehen dürfte, gar nicht gerechnet, obgleich gerade das Salz, sobald es nur gehörig gepackt wird, mit wesentlichem Vortheile und besser auf einer Eisenbahn als zu Wasser sich fortschaffen läſst, indem es dort nicht von der Nässe leidet und weniger lange unterwegs ist, folglich auch in der Zukunft gewiſs dem Transporte auf der Eisenbahn zufallen wird. Ferner ist die ansehnliche Quantität Getraide, welches auf den bedeutenden Getraide-Markt von Fürstenwalde kommt, und von welchem die so schöne, neue und groſse Mühle daselbst jetzt schon 100 000 Ctr. jährlich mahlt und als Mehl meistens nach Berlin sendet, nicht in dem obigen Ansatze der Wasserfracht mitbegriffen, indem diese Sendung *nicht* durch die Schleusen geht. Die Mühle wird künftig, wenn erst eine Eisenbahn nach der Oder hin existirt, das doppelte und dreifache mahlen, und wird sich gewiſs gern und vorzugsweise der Eisenbahn bedienen. Auch selbst Brenn- und Bauholz aus den ansehnlichen Wäldern neben der Eisenbahn und an der Oder; Kalksteine von Rüdersdorf, wenn die Wasserfahrt geschlossen ist, und mehreres Andere, worauf gar nicht gerechnet ist, werden mit Vortheil auf der Eisenbahn nach Berlin transportirt werden können.

Schon die obige Berechnung, selbst des *bisherigen* Verkehrs zwischen Berlin und Frankfurt a. d. O., ist also an sich *zuverlässig* nicht zu hoch, sondern umgekehrt eher viel zu niedrig: um so weniger kann daher *der Theil* davon zu hoch sein, auf welchen für die Eisenbahn gerechnet werden soll.

Derselbe ist folgender.

Erstlich. Betrag des Verkehrs, auf welchen für die Eisenbahn gerechnet werden soll.

18.

I. *Personen-Verkehr.*

Von den obigen Ansätzen dieses Verkehrs sollen gerechnet werden:

1.	Von den Personen, so jetzt mit Schnellpost reisen §. 16. I. 1. etwa *zwei Drittheil*, in runder Zahl .	8 000 Personen.
2.	Von den mit Journalieren reisenden Personen §. 16. I. 2., eben so etwa *zwei Drittheil*, in runder Zahl	7 000 - -
3.	Von den Personen, die jetzt mit den Fahrposten reisen §. 16. I. 3., eben so etwa *zwei Drittheil*, in runder Zahl	5 000 - -
4.	Von den Extraposten §. 16. I. 4. nur der *vierte* Theil, in runder Zahl 2000 Extraposten, zu 3 Personen, .	6 000 - -
5.	Von den jetzt mit Lohnfuhren reisenden Personen §. 16. I. 5. nur etwa die *Hälfte*, in runder Zahl .	34 000 - -
6.	Von den eigenen Fuhrwerken §. 16. I. 6. nur der *vierte* Theil, in runder Zahl 500 Fuhrwerke, zu 2 Personen,	1 000 - -
	Zusammen also *noch nicht die Hälfte* des gegenwärtigen Verkehrs, nemlich jährlich nur . .	61 000 Personen.

II. *Land- und Wasserfracht.*

Von dem obigen jetzigen Betrage sollen gerechnet werden:

7.	Von der jetzigen Landfracht §. 16. II. 7. etwa *zwei Drittheil*, und in runder Zahl	500 000 Ctr.
8.	Von der Wasserfracht §. 16. II. 8. noch nicht *ein Drittheil*, und nur etwa *die Hälfte* der Stückgüter, nemlich in runder Zahl	750 000 -
	Zusammen also nur etwas über *ein Drittheil* der *gesammten* Fracht, nemlich	1 250 000 Ctr.

III. *Lebendiges Vieh.*

Von dem jetzigen, obigen Betrage sollen gerechnet werden:

9.	Von dem Rindvieh §. 16. III. 9. *die Hälfte* . . .	6 000 Stück.
10.	Von den fetten Schweinen §. 16. III. 10. etwa *drei Viertel* in runder Zahl	20 000 -
11.	Von den mageren Schweinen §. 16 III. 11. *die Hälfte*	13 000 -
12.	Von den Schafen und Hammeln §. 16. III. 12. etwa der *dritte Theil,* in runder Zahl	24 000 -
13.	Von den Kälbern §. 16. III. 13. *zwei Drittheile* . .	8 000 -
	Zusammen also, durcheinander gezählt, noch nicht die *Hälfte,* nemlich jährlich . . .	71 000 Stück.

Zweitens. Fahrpreise auf der Eisenbahn.

19.

A. Wie weiter unten in dem technischen Theile dieses vorläufigen Entwurfes näher auseinander gesetzt ist, werden für den Personen-Verkehr *viererlei* Wagen auf der Eisenbahn gestellt werden, und es wird in denselben eine Person, mit 30 Pfd. Gepäck, resp. 1 Rthlr., 1 Rthlr. 10 Sgr., 1 Rthlr. 20 Sgr. und 2 Rthlr. für die ganze Tour zu bezahlen haben. Diese Fahrpreise betragen also, wenn man annimmt, daſs die wohlfeilsten Plätze etwa von Denen, die jetzt mit den Fahrposten oder mit Hauderern reisen, die besseren Plätze von den mit Journalieren, Schnellposten und Extraposten Reisenden genommen werden, etwa nur *zwei Drittheile,* die *Hälfte* und sogar nur *ein Drittheil* der jetzigen Preise.

B. Sollen eigene Wagen der Reisenden transportirt werden, so wird für einen Wagen, weil ein eigener Bahnkarren dazu nöthig ist, und der schwerste bepackte Reisewagen kaum halb so viel wiegt als eine Frachtladung, der doppelte hohe Frachtsatz für das Gewicht des Wagens und dessen was er enthält, zu bezahlen sein. Also wird z. B. ein Wagen, mit 4 Personen besetzt und schwer bepackt, wenn man das Gewicht desselben zu 24 Ctr. annimmt, für die ganze Tour 8 Rthlr. zu bezahlen haben; welches gemäſs §. 14. *A. b.* etwa nur zwei Drittheile der Kosten einer Extrapostfahrt mit 2 Pferden und noch nicht die Hälfte der Kosten der Fahrt mit 4 Pferden ist.

C. An Fracht für Waaren werden auf der Eisenbahn für *Stückgüter,* die jetzt zu Lande transportirt werden, 5 Sgr., und für diejenigen, so jetzt zu Wasser gehen, so wie für *alle andere Gegenstände,* 4 Sgr. für den Centner zu bezahlen sein, also noch nicht die *Hälfte* dessen, was die Landfracht auf der Chaussée und, mit dem geringeren Satze, sogar noch weniger als selbst die Wasserfracht kostet.

D. Für den Transport lebendigen Viehes wird auf der Eisenbahn, in so fern ein Bahn-Viehwagen für volle Ladungen von 50 Ctr. genommen wird, der Frachtsatz von 4 bis 5 Sgr. für den Ctr. zu bezahlen sein, für nicht volle Ladungen das Doppelte. In der Regel also wird zu bezahlen sein: für den Transport

Eines Stückes Rindvieh, im Durchschnitte zu 6 bis 7 Ctr. Gewicht gerechnet, ... 28 Sgr.

Eines fetten Schweines, im Durchschnitte zu 3 bis $3\frac{1}{2}$ Ctr. Gewicht gerechnet, ... 14 Sgr.

Eines magern Schweines oder Kalbes, im Durchschnitte zu $1\frac{1}{2}$ Ctr. Gewicht gerechnet, ... 6 Sgr.

Eines Schafes oder Hammels . . . . 3 Sgr.

Auch diese Sätze sind also noch niedriger als die bisherigen, aber gegen dieselben deshalb *sehr* vortheilhaft, weil an Zeit gewonnen wird und das Schlachtvieh durch den Transport auf der Eisenbahn ungleich weniger leidet und am Preise verliert, als durch das Treiben auf der Chaussée.

Drittens. Transport-Zeit auf der Eisenbahn.

20.

Wie weiter unten im technischen Theile näher auseinander gesetzt ist, wird die Fahrt auf der Eisenbahn in 3 und 4 Stunden zurückgelegt werden. Personen nemlich werden *immer* in 3 Stunden von Berlin nach Frankfurt, oder umgekehrt, befördert werden; Waaren, in so fern etwa die Frachtbahnwagen nicht an die Personen-Wagen angehängt werden, höchstens in 4 Stunden.

Diese Fahrzeit beträgt also für Personen nur resp. den 3ten, 4ten bis 5ten Theil der jetzigen (§. 15.), so dafs 66 bis 80 Procent erspart werden; für Waaren nur resp. den 18ten bis 80sten Theil der jetzigen, so daſs 95 bis 98 Procent erspart werden; für lebendiges Vieh nur resp. den 12ten bis 48sten Theil der jetzigen Reisezeit, so daſs 92 bis 98 Procent erspart werden.

Vierter Abschnitt.

Ausführbarkeit der Eisenbahn rücksichtlich des Ertrages und Nutzens derselben für das Publicum.

Erstlich. Berechnung der Brutto-Einnahme auf der Eisenbahn für den Transport desjenigen Theils des gegenwärtigen Verkehrs, auf welchen hier oben §. 18. gerechnet worden ist.

21.

A. Die Erfahrung hat auf der Eisenbahn zwischen Brüssel und Mecheln, auf welcher ebenfalls 4 verschiedene Arten von Personenwagen gangbar sind, ergeben, daſs von der gesammten Personenzahl

76,117 Procent der wohlfeilsten Plätze zu 4 Sgr. sich bedienen;
18,177 Procent der zweiten Plätze zu 8 Sgr.;
4,536 Procent der dritten Plätze zu 12 Sgr.;
1,170 Procent der theuersten Plätze zu 20 Sgr.

Da diese Fahrpreise *bei weitem* mehr von einander *verschieden* sind als die für die Eisenbahn zwischen Berlin und Frankfurt a. d. O. angenommenen Preise von 1 Rthlr., 1 Rthlr. 10 Sgr., 1 Rthlr. 20 Sgr. und 2 Rthlr., so wäre wohl *mit Sicherheit* anzunehmen, daſs hier *viel* mehr Personen der *besseren* Plätze sich bedienen werden als dort. Inzwischen mag, um überall *vollkommen* sicher zu rechnen, nur das *dortige* Verhältniſs vorausgesetzt werden. Nach diesem Verhältnisse kommen von den 61 000 Personen, auf welche §. 18. I. gerechnet worden ist,

46 461	Personen auf die geringsten, vierten Plätze zu	1 Rthlr.
11 088	- - auf die dritten Plätze zu . . .	1 Rthlr. 10 Sgr.
2 767	- - auf die zweiten Plätze zu . . .	1 Rthlr. 20 Sgr.
714	- - auf die ersten Plätze zu . . .	2 Rthlr.

Zus. 61 000 Personen.

Sodann mag angenommen werden, dafs, aufser den 500 eigenen Fuhrwerken, von den 2000 Extraposten ein Viertel die Wagen mitgenommen zu haben verlangen, so dafs also überhaupt 1000 eigene Wagen mitgenommen werden müssen. Das Gewicht eines Wagens mag im Durchschnitt, mit Gepäck, aber ohne Personen, die schon unter dem obigen mitbegriffen sind, zu 8 Ctr. angesetzt werden: so ist für einen solchen Wagen nach §. 19. *B.* 2 Rthlr. 20 Sgr. zu bezahlen.

Da der jetzige Verkehr zwischen Berlin und *Fürstenwalde*, nach §. 9. *A.* I. *d.*, etwa den 50sten Theil des Ganzen beträgt, und eben so viel der Verkehr mit *Cöpenick*, so möge auch hier der 50ste Theil der obigen Personenzahl auf jeden dieser beiden Orte gerechnet, und an Fahrkosten möge, nach Verhältnifs der *Länge* des Weges, für die Fahrt von Berlin nach Cöpenick der 6te Theil und für die nach Fürstenwalde die Hälfte angesetzt werden.

B. Von dem Frachtverkehre §. 18. II. mag angenommen werden, dafs nur allein für das, was von der jetzigen *Land*fracht auf die Eisenbahn übergeht, der höhere Frachtsatz von 5 Sgr. bezahlt werde, also nur von 500 000 Ctr. Für den ganzen auf die Wasserfracht angesetzten Theil mag nur 4 Sgr. berechnet werden.

C. Von dem lebendigen Vieh, auf dessen Transport gerechnet wird, sind oben die Zahl und die Preise angegeben. Eigene Pferde von Fuhrwerken mögen gar nicht in Ansatz kommen.

Hiernach ergiebt sich folgende Brutto-Einnahme.

I. *Vom Personen-Verkehr.*

a. Auf den wohlfeilsten, vierten Plätzen:

44 575	Personen auf die ganze Tour, zu 1 Rthlr., .	44 575 Rthlr.	— Sgr.
928	Personen blofs nach Fürstenwalde, zu 15 Sgr.,	464 -	— -
928	Personen blofs nach Cöpenick, zu 5 Sgr., .	154 -	20 -
46 431	Personen, wie oben. Bis hierher .	45 193 -	20 -

46 431 Personen bis hierher.

Personen		Rthl.	Sgr.
46 431 Personen bis hierher.	Bis hierher	45 193 Rthl.	20 Sgr.
	b. Auf den dritten Plätzen:		
	10 644 Pers. auf die ganze Tour, zu 1 Rthlr. 10 Sgr., . . .	14 192 -	— -
	222 Personen blofs bis Fürstenwalde, zu 20 Sgr., . . .	148 -	— -
	222 Personen blofs bis Cöpenick, zu 7 Sgr.,	51 -	24 -
11 088 Personen wie oben.			
	c. Auf den zweiten Plätzen:		
	2 657 Personen auf die ganze Tour, zu 1 Rthlr. 20 Sgr.,	4 428 -	10 -
	55 Personen blofs bis Fürstenwalde, zu 25 Sgr., . . .	45 -	25 -
	55 Personen blofs bis Cöpenick, zu 8 Sgr.,	14 -	20 -
2 767 Personen wie oben.			
	d. Auf den ersten Plätzen:		
	686 Pers. auf die ganze Tour, zu 2 Rthlr.,	1 372 -	— -
	14 Personen blofs bis Fürstenwalde, zu 1 Rthlr., . . .	14 -	— -
	14 Personen blofs bis Cöpenick, zu 10 Sgr., ...	4 -	20 -
714 Personen wie oben.			
	Für den Transport von 1000 eigenen Wagen, zu 2 Rthlr. 20 Sgr. .	2 666 -	20 -
61 000 Personen, wie oben, zusammen		68 131 Rthl.	19 Sgr.

Bis hierher .		68 131 Rthlr.	19 Sgr.
II. *Vom Fracht-Verkehr.*			
Für 500 000 Ctr., zu 5 Sgr., .	83 333 Rthlr. 10 Sgr.		
Für 750 000 Ctr., zu 4 Sgr., .	100 000 - — -		
Zusammen		183 333 -	10 -
III. *Vom lebendigen Vieh.*			
Für 6 000 Stück Rindvieh, zu 28 Sgr., ...	5 600 Rthlr. — Sgr.		
Für 20 000 St. fette Schweine, zu 14 Sgr., ...	9 333 - 10 -		
Für 21 000 Stück magere Schweine und Kälber, zu 6 Sgr., ...	4 200 - — -		
Für 24 000 Stück Hammel und Schafe, zu 3 Sgr., .	2 400 - — -		
Zusammen		21 533 -	10 -
Zusammen an jährlicher Brutto-Einnahme .		272 998 Rthlr.	9 Sgr.

Zweitens. Nachweisung, dafs schon diese Brutto-Einnahme, nachdem die Kosten der Transportkraft und der Erhaltung und der Verwaltung des Werks gedeckt sind, annehmliche Zinsen des Anlage-Capitals gewährt.

22.

Zufolge der weiter unten im technischen Theile dieses Entwurfs enthaltenen näheren Berechnungen wird jährlich erforderlich sein:

I.	An Kosten der Erhaltung des Bauwerks, nach §. 69., ...	54 538 Rthlr.	5 Sgr.
II.	An Kosten der Erhaltung der Transportmittel, nach §. 74., ...	25 225 -	— -
III.	An Kosten der Transportkraft, nach §. 79., ...	48 568 -	— -
IV.	An Verwaltungskosten, nach §. 81., .	21 840 -	— -
	Zusammen .	150 171 Rthlr.	5 Sgr.
	Die Brutto-Einnahme war, §. 21., .	272 998 Rthlr.	9 Sgr. jährlich,
	bleibt reiner Ueberschufs .	122 827 Rthlr.	4 Sgr.

Derselbe gewährt also von dem Anlage-Capitale der 2 001 877 Rthlr. 3 Sgr., §. 83., ... $6\frac{1}{7}$ *Procent Zinsen.*

Drittens. Berechnung dessen, was das Publicum durch die Eisenbahn ersparen wird.

23.

A. *Zunächst blofs bei demjenigen Theile des jetzigen Verkehrs, auf welchen oben für die Eisenbahn gerechnet ist.*

Die Kosten dieses *Theils* des Verkehrs sind jetzt auf der Chaussée und zu Wasser gemäfs §. 16. und 18. folgende:

I. Personen-Verkehr.

			Rthlr.	Sgr.	Rthlr.	Sgr.
1.	Für 8 000	Personen auf der Schnellpost, zu 3 Rthlr. 13½ Sgr. (§. 18. I. 1. und §. 16. I. 1.), .	27 600 Rthlr.	— Sgr.		
2.	- 7 000	Personen auf Journalieren, zu 3 Rthlr. 10 Sgr. (§. 18. I. 2. und §. 16. I. 2.), .	23 333 -	10 -		
3.	- 5 000	Personen auf Fahrposten, zu 2 Rthlr. 11½ Sgr. (§. 18. I. 3. und §. 16. I. 3.), .	11 916 -	20 -		
4.	- 6 000	Personen in Extraposten, zu 4 Rthlr. 8 Sgr. (§. 18. I. 4. und §. 16. I. 4.), .	25 600 -	— -		
5.	- 34 000	Personen, die mit Lohnkutschen reisen, zu 1 Rthlr. 15 Sgr. (§. 18. I. 5. und §. 16. I. 5.), ...	51 000 -	— -		
6.	- 1 000	Personen in eigenen Fuhrwerken, zu 1 Rthlr. 15 Sgr. (§. 18. I. 6. u. §. 16. I. 6.),	1 500 -	— -		
Zusam.	61 000	Personen wie oben. Zusammen für den Personen-Verkehr .			140 950 Rthlr.	— Sgr.

II. Fracht-Verkehr.

			Rthlr.	Sgr.	Rthlr.	Sgr.
7.	Für 500 000	Ctr. Landfracht, zu 11 Sgr. (§. 18. II. 7. und §. 16. II. 7.), ...	183 333 Rthlr.	10 Sgr.		
8.	Für 750 000	Ctr. Wasserfracht, zu 4¼ Sgr. (§. 18. II. 8. und §. 16. II. 8.), ...	106 250 -	— -		
		Zusammen für Frachten			289 583 -	10 -

III. Für lebendiges Vieh.

			Rthlr.	Sgr.	Rthlr.	Sgr.
9.	Für 6 000	Stück Rindvieh, zu 1 Rthlr. 7 Sgr. 10 Spf. (§. 18. III. 9., §. 16. III. 9.), ...	7 566 Rthlr.	20 Sgr.		
10.	- 20 000	fette Schweine, zu 16 Sgr. 11 Spf. (§. 18. III. 10., §. 16. III. 10.), ...	11 277 -	23⅓ -		
11.	- 13 000	magere Schweine, zu 13 Sgr. 6½ Spf. (§. 18. III. 11., §. 16. III. 11.), ...	5 868 -	1⅔ -		
12.	- 24 000	Schafe und Hammel, zu 4 Sgr. 11½ Spf. (§. 18. III. 12., §. 16. III. 12.), . . .	3 966 -	20 -		
13.	- 8 000	Kälber, zu 15 Sgr. 6 Spf. (§. 18. III. 13., §. 16. III. 13.), ...	4 133 -	10 -		
Zusam.	71 000	Stück Vieh, wie oben. Zusammen für lebendiges Vieh . . .			32 812 -	15 -
		Summa .			463 345 Rthlr.	25 Sgr.
		Der nemliche Verkehr kostet auf der Eisenbahn, nach §. 21., .			272 998 -	9 -
		Also erspart das Publicum schon bei diesem *Theile* des jetzigen Verkehrs jährlich			190 347 Rthlr.	16 Sgr.

oder etwa *41 Procent der jetzigen Kosten.*

B. *In dem Falle, wenn der jetzige Verkehr ganz der Eisenbahn sich zuwenden sollte, würde die Ersparung folgende sein.*

Der gesammte jetzige Verkehr kostet auf der Chaussée und zu Wasser nach §. 16. jährlich:

I. Der Personen-Verkehr.

1.	Für 12 480	Personen auf der Schnellpost, zu 3 Rthlr. 13½ Sgr., ...	43 056 Rthlr. — Sgr.	
2.	- 11 436	Personen auf Journalieren, zu 3 Rthlr. 10 Sgr., ...	38 120 - — -	
3.	- 7 488	Personen auf den Fahrposten, zu 2 Rthlr. 11½ Sgr., ...	17 846 - 12 -	
4.	- 25 110	Personen mit Extraposten, zu 4 Rthlr. 8 Sgr., ...	107 136 - — -	
5.	- 67 500	Personen mit Lohnfuhren, zu 1 Rthlr. 15 Sgr., ...	101 250 - — -	
6.	- 4 380	Personen mit eigenem Fuhrwerke, zu 1 Rthlr. 15 Sgr., ...	6 570 - — -	
Zusam.	128 394	Personen, wie §. 16. I.	Zusammen für den Personen-Verkehr .	313 978 Rthlr. 12 Sgr.

II. Fracht-Verkehr.

7.	736 000	Ctr. Landfracht, zu 11 Sgr., ...	269 866 Rthlr. 20 Sgr.	
8.	2 573 500	Ctr. Wasserfracht, zu 4¼ Sgr., . . .	364 579 - 5 -	
Zus.	3 309 500	Ctr. Fracht, wie §. 16. II.	Zusammen für den Fracht-Verkehr .	634 445 - 25 -

III. Für lebendiges Vieh.

9.	Für 12 000	Stück Rindvieh, zu 1 Rthlr. 7 Sgr. 10 Spf., ...	15 133 Rthlr. 10 Sgr. - Spf.	
10.	- 26 000	Stück fette Schweine, zu 16 Sgr. 11 Spf., ...	14 661 - 3 - 4 -	
11.	- 26 000	Stück magere Schweine, zu 13 Sgr. 6½ Spf., ...	11 736 - 3 - 4 -	
12.	- 70 000	Stück Schafe und Hammel, zu 4 Sgr. 11½ Spf., ...	11 569 - 13 - 4 -	
13.	- 12 000	Stück Kälber, zu 15 Sgr. 6 Spf.,	6 200 - — - - -	
Zusam.	146 000	Stück Vieh, wie §. 16. III.	Zusammen für lebendiges Vieh .	59 300 - — -
			Summe .	1 007 724 Rthlr. 7 Sgr.

Auf der Eisenbahn würde dieser nemliche Verkehr kosten:

128 394 Personen zu fahren, nach dem Verhältnisse, dafs zufolge §. 21. I. 61 000 Personen 68 131 Rthlr. 19 Sgr. kosten, ...	143 404	Rthlr.	7	Sgr.
Für 736 000 Ctr. Landfracht, zu 5 Sgr., . . .	122 666	-	20	-
Für 2 573 500 Ctr. Wasserfracht, zu 4 Sgr., .	343 133	-	10	-
Für 12 000 Stück Rindvieh zu transportiren, zu 28 Sgr., ...	11 200	-	—	-
Für 26 000 Stück fette Schweine, zu 14 Sgr., . .	12 133	-	10	-
Für 38 000 Stück magere Schweine und Kälber, zu 6 Sgr., ...	7 600	-	—	-
Für 70 000 Stück Schafvieh, zu 3 Sgr., . . .	7 000	-	—	-
Zusammen	647 137	Rthlr.	17	Sgr.;
welches gegen die jetzigen Kosten von	1 007 724	-	7	-
weniger beträgt	360 586	Rthlr.	20	Sgr.,

so dafs also das Publicum *etwa 36 Procent* der gegenwärtigen Kosten gewinnen würde.

Die jährlichen Ausgaben auf der Eisenbahn betragen in diesem Falle, wenn für dieselbe zwei Schienenpaare gelegt werden, nach §. 83.:

I.	An Erhaltungskosten des Bauwerks . . .	92 607	Rthlr.	20	Sgr.,
II.	An Erhaltungskosten der Transportmittel .	63 312	-	—	-
III.	An Kosten der Transportkraft	97 136	-	—	-
IV.	An Verwaltungskosten	24 140	-	—	-
	Zusammen	277 195	Rthlr.	20	Sgr.,
	Die Brutto-Einnahme war	647 137	-	17	-
	also bleibt übrig	369 941	Rthlr.	27	Sgr.,

welches, da das Anlage-Capital in diesem Falle,
nach §. 82., ... 3 293 559 Rthlr. 6 Sgr.
beträgt, schon . . . . . . *über 11 Procent*
reinen Gewinn giebt, so dafs also dann schon das Maximum des reinen Gewinns von 10 Procent und 1 Procent zum Reserve-Fonds erreicht wird, und die Fahrpreise der allgemeinen Verordnung zufolge herabgesetzt werden müssen.

24.

Noch ist zu bemerken, dafs die Eisenbahn zwischen Berlin und Frankfurt a. d. O. auch *ohne* allen Personenverkehr, *blofs als Frachtstrafse*, schon vollkommen und mit Sicherheit würde bestehen können, und auch dann noch dem Publicum ansehnlichen Nutzen gewähren würde.

Die vom Personen-Verkehr in §. 21. I. gerechnete jährliche Einnahme von 68 131 Rthlr. 19 Sgr. kommt nemlich durch 510 987 Ctr. mehreren Fracht-Verkehr zu 4 Sgr. den Centner auf; die Erhaltungs-, Transport- und Verwaltungskosten aber nehmen eher ab als zu, weil dann nicht die theurern Wagen zum Personen-Verkehr angeschafft, nicht die kostbaren, für diesen Verkehr nöthigen besonderen Einrichtungen gemacht werden dürfen, und vorzüglich, weil dann ohne allen Nachtheil etwas langsamer gefahren werden kann, nemlich statt in 3 Stunden, in 4 Stunden von Berlin nach Frankfurt, und umgekehrt; was einen *sehr grofsen* Unterschied in den Kosten macht, indem dann die Dampfkraft besser benutzt werden kann und die Bahn und die Fuhrwerke viel weniger abgenutzt werden.

Setzt man aber auch die *Kosten* den berechneten *gleich*, so trägt doch das Werk schon die oben nachgewiesenen $6\frac{1}{7}$ Procent reinen Gewinn, wenn nur etwa die 511 000 Ctr. Fracht *mehr*, also von dem jetzigen Frachtverkehre

der 736 000 Ctr. zu Lande . . . . . 500 000 Ctr. oder etwa zwei Drittheile,

und der 2 573 500 Ctr. zu Wasser überhaupt 1 261 000 Ctr. oder etwa die Hälfte, und noch nicht die sämmtl. Stückgüter,

zus. also

von den 3 309 500 Ctr. Fracht-Verkehr nur 1 761 000 Ctr., oder nur *etwas über die Hälfte*

auf die Eisenbahn übergehen, worauf wohl mit grofser Sicherheit gerechnet werden darf, und *ohne dafs dann ein einziger Reisender* der Bahn sich bedient.

Der Gewinn für das Publicum an Gelde würde in diesem Falle folgender sein.

Die jetzigen Kosten sind:

Für 500 000 Ctr. Landfracht, zu 11 Sgr., . . .	183 333 Rthlr.	10 Sgr.
Für 1 261 000 Ctr. Wasserfracht, zu $4\frac{1}{4}$ Sgr., . .	178 641 -	20 -
Für das lebendige Vieh, wie §. 21. III., . . .	21 533 -	10 -
Zusammen	383 508 Rthlr.	10 Sgr.
Die Kosten auf der Eisenbahn sind angenommenermafsen höchstens	272 998 Rthlr.	9 Sgr.
Also erspart das Publicum an Transportkosten jährlich	110 510 Rthlr.	1 Sgr.

oder immer noch etwa *$28\frac{3}{4}$ Procent* der jetzigen Kosten; in der That aber noch mehr, da die Kosten auf der Eisenbahn eigentlich in diesem Falle geringer sind. Aufserdem aber hat der Verkehr den Gewinn, dafs die Fracht nicht mehr resp. 3 bis 10 Tage und das Vieh nicht 4 bis 5 Tage unterweges bleibt und abgetrieben wird, sondern Alles nur 4 Stunden.

25.

Das *Resultat* ist daher folgendes.

Erstlich. Wenn von dem bisher zwischen Berlin und Frankfurt a. d. O. effective Statt findenden Verkehre im Ganzen etwa die *Hälfte* Desjenigen, was auf der Chaussée sich bewegt, und etwa *ein Drittheil* des Wassertransports auf die Eisenbahn übergeht, so ist dieselbe schon *ausführbar*, indem das Werk alsdann den Unternehmern schon *$6\frac{1}{7}$ Procent* reinen Ertrag gewährt.

Zweitens. Das Publicum gewinnt alsdann an diesem auf die Eisenbahn übergegangenen Theile des jetzigen Verkehrs jährlich schon über 190 Tausend Thaler baar oder etwa *41 Procent* der jetzigen Transportkosten, aufser Demjenigen, was die Reisenden an Zehrungskosten wegen der schnelleren Fahrt sparen, und aufser der Ersparung an Zeit für *alle* Transporte, die für Reisende 66 bis 80 Procent, für Waaren 95 bis 98 Procent, und für Viehtransporte 92 bis 98 Procent beträgt.

Drittens. Wenn der *bisherige ganze* Verkehr auf die Eisenbahn übergeht, so gewinnt, während den Unternehmern schon das Maximum des Ertrages von 10 Procent des Anlage-Capitals an Dividende und 1 Procent zum Reserve-Fonds zu Theil wird, das Publicum jährlich über 360 Tausend Thaler baar oder etwa *36 Procent* der jetzigen Transportkosten, aufser den übrigen vorhin genannten Ersparungen an Zehrungskosten der Reisenden und an der Fahrzeit.

Steigt die Frequenz ferner, wie nach allen bisherigen Beispielen nicht allein wahrscheinlich, sondern fast gewifs ist, so nimmt der Gewinn des Publicums verhältnifsmäfsig, und zwar in noch stärkerem Verhältnifs weiter zu, während den Unternehmern das Maximum ihres Gewinns bleibt.

Viertens. Blofs als Frachtstrafse, und ohne dafs ein einziger Reisender der Eisenbahn sich bedient, kann dieselbe schon bestehen, und trägt die *$6\frac{1}{7}$* Procent reinen Gewinn, wenn nur etwa die Hälfte der jetzigen Wasserfracht und des Viehtransportes, und etwa zwei Drittheile der Landfracht auf dieselbe übergehen; und das Publicum gewinnt dann schon bei diesem Theile des Transportes etwa 122 Tausend Thaler jährlich, oder *$30\frac{1}{2}$ Procent* der jetzigen Kosten, aufser der Ersparung an Zeit und des daraus entstehenden Vortheils für den Werth der transportirten Gegenstände.

Diesen Resultaten gemäfs ist es denn also wohl aufser allem Zweifel, dafs die Eisenbahn zwischen Berlin und Frankfurt a. d. O. nicht allein mit der vollkommensten Sicherheit durch Privat-Unternehmer *ausführbar* sein, sondern auch, dafs dieselbe dem Publico oder dem Staate durch den Gewinn an baarem Gelde bei den Transporten, und an Zeit, schon ansehnliche Vortheile bringen wird, während sie aufserdem, eben durch diese Gewinne, den Verkehr selbst noch beleben und vermehren wird, so dafs sie also nicht blofs für die Actionnairs vortheilhaft, sondern auch zugleich, und zwar in sehr bedeutendem Maafse, für den Staat nützlich, und folglich in hohem Grade *gemeinnützig* sein wird.

(Die Fortsetzung folgt im nächsten Hefte.)

Journal
für
die Baukunst.

In zwanglosen Heften.

Herausgegeben

von

Dr. A. L. Crelle,

Königlich-Preufsischem Geheimen-Ober-Baurathe, Mitgliede der Königlichen Akademie der Wissenschaften zu Berlin, Correspondenten der Kaiserlichen Akademie der Wissenschaften zu St. Petersburg und der Königlichen Akademieen der Wissenschaften zu Neapel und Brüssel, Ehrenmitgliede der Hamburger Gesellschaft zur Verbreitung der mathematischen Wissenschaften.

Elfter Band.

Viertes Heft.

Mit zwei Figurentafeln.

Berlin.

Bei G. Reimer.

1837.

15.

Instruction für junge Architekten zu Reisen in Italien.

(Vom Herrn Ober-Baumeister *Engelhard* zu Cassel in Hessen.)

(Fortsetzung der Abhandlung No. 1. im 1sten, No. 8. im 2ten und No. 11. im 3ten Hefte dieses Bandes.)

Rom.

Es kann hier nicht meine Absicht sein, eine ausführliche Beschreibung von Rom zu geben; sie würde allein mehrere Bände füllen, und es fehlt nicht an vortrefflichen Werken, die dergleichen enthalten. *M. Vasi's Itinerario di Roma,* in vier Theilen, ist das gewöhnlichste und ohne Zweifel ein sehr brauchbares Buch; was namentlich Dem, der nicht sehr lange dort bleibt, genügen wird. Für das Studium des Gelehrten giebt es dann noch manches ausführlichere Werk.

Indem ich nun vielfältig überlege, wie ich hier für den reisenden Architekten Nützliches zu seinen römischen Studien niederlegen könne, scheint mir eine Anleitung zu einem chronologischen Studiren der römischen Architektur-Merkwürdigkeiten das zweckmäſsigste; wenigstens glaube ich nicht, daſs dergleichen unsere Literatur schon besitzt, und das geschichtliche Studium der Baukunst ist, namentlich in der Hauptstadt der Welt, gewiſs mehr als irgendwo anders am Ort. Ich werde mich dabei nach meinen eigenen, zum Theil von den gangbarsten Meinungen etwas abweichenden Ansichten über das Alter der Gebäude richten; jedoch angeben, wo die Abweichungen Statt finden.

Im allgemeinen bin ich der Meinung, daſs Rom nur noch sehr wenige architektonische Ueberreste aus der Zeit seiner ersten Entstehung enthält. Manches, was damals, nach geschichtlicher Begründung, entstand, ist freilich noch vorhanden: aber es ist seitdem verändert und erneuert; oft wohl mehrmals erneuert worden. Reich an Monumenten ist erst die Zeit des *Augustus* und seines Schwiegersohnes *Marcus Agrippa.* Ueberhaupt möchten von den früheren Zeiten der römischen Bauart wohl irrige Ansichten häufig Statt finden. Das, was unläugbar und gewiſs aus früherer Zeit herrührt, ist so roh und kunstlos, daſs es auf das Uebrige keinen günstigen Schluſs machen läſst. Hierüber würde uns eine ganz erhaltene alte italienische Stadt die beste Auskunft geben; und eine solche ist vorhanden, nemlich *Pompeji*. Allein was davon bis jetzt ausgegraben ist, trägt so sehr den Character griechischer Abkunft und einer nicht viel früheren Zeit, dafs ich nichts anders als meine Meinung, es habe vor der Verpflanzung der griechischen Baukunst nach Italien, in Italien gar keine eigentliche Baukunst gegeben, darin nur bestätigt finde; es mögen die früheren Wohnungen nur höchst einfach und wenig dauerhaft gewesen sein, da nicht allein in Rom, sondern auch im übrigen Italien so äufserst wenig davon noch übrig ist.

Indessen dürfen wir nicht vergessen, dafs wir in Rom noch eine viel ältere Baukunst als jede römische, einigermafsen kennen lernen können: ich meine die ägyptische; nemlich in den nach Rom gebrachten Obelisken und einer Anzahl von Achitektur-Fragmenten, bestehend besonders in Säulenknäufen und dergleichen; und ich würde es gar nicht unpassend finden, wenn der studirende Architekt damit den Anfang machte (versteht sich im eigentlichen Studiren); denn jeder Architekt wird sich, so wie er nach Rom kommt, gewifs gleich in den ersten Tagen eine Ansicht vom Ganzen und den Hauptsachen erwerben wollen.

Der Obelisken sind vierzehn in Rom, nemlich

1. Derjenige auf der *Piazza del popolo;*
2. - - auf dem *Monte Citorio;*
3. - - auf dem *Petersplatze;*
4. - - auf dem Platze von *S. Maria Maggiore;*
5. - - auf *Monte Cavallo;*
6. - - vor *Trinita del Monte;*
7. - - auf dem Platze von *S. Giovanni in Laterano;*
8. - - auf dem Platze *Mavona;*
9. - - im Hofe vom Pallast *Barberini;*
10. - - auf dem Platze vom *Pantheon;*
11. - - in der Villa *Mattei;*
12. - - in der Villa *Medicis;*
13. - - auf dem Platze der *Minerva;*
14. - - des *Aurelianus* in den Gartenanlagen des *Monte Pincio;* im Jahre 1822 errichtet.

Der Obelisk auf dem Platze von S. Giovanni in Laterano ist der gröfste von allen; besonders interessant schien mir der von der Piazza del popolo. Die Schicksale dieser Obelisken, bevor sie an ihren gegenwärtigen Stellen aufgestellt waren, finden sich vielfach aufgezeichnet; sie sind, meine ich, für den Architekten nur insofern einigermafsen wichtig, als sie Kunde von den allerdings bedeutenden Schwierigkeiten ihrer Aufstellung geben.

Der Obelisk auf der Piazza del popolo hat einen sehr gut gewählten Platz; er giebt dem Eindruck, den überhaupt dieser wunderschöne Platz beim ersten Eintritt in die Stadt macht, eine noch besondere Beimischung von Wunderbarem. Es ist interessant, diese seltsamen Charactere anzuschauen, wenn man sie auch nicht versteht, und zu denken, dafs diese Steine in dem alten Wunderlande standen und die Blicke eines von den modernen Nationen so sehr verschiedenen Volkes auf dem ruheten, was wir jetzt betrachten. Die Farbe der Obelisken ist hell röthlich gelb, schön, ohne doch sehr auffallend zu sein. Es ist bekannt, dafs man bis jetzt vergebens versucht hat, die Hieroglyphenschrift, mit der sie geziert sind, genügend zu erklären, und es ist nicht meine Absicht, auf eine Untersuchung darüber einzugehen: aber unwillkührlich ist mir bei häufiger Betrachtung derselben, besonders derjenigen auf dem Piazza del popolo, die Idee gekommen, ob nicht vielleicht gar keine Worte oder überhaupt kein zusammenhängender Sinn in dem Ganzen enthalten sei, und eben die Hieroglyphen dieses Obelisken nichts anderes sein möchten, als die Zeichen der verschiedenen Gewerbe und Handwerke der Ägypter. Wenigstens ist es sehr auffallend, dafs, wie hier, unten an allen vier Seiten der Circul, die Setzwage, Hammer oder Schlageisen, ja sogar ein Instrument, welches unsern heutigen Reisfedern auf eine seltsame Weise ähnlich ist, abgebildet sind; die verschiedenen Abtheilungen, welche durch Reihen von Vögeln, wo jede Reihe verschieden ist, entstehen, möchten dann die verschiedenen Stände von einander absondern. Die vier Seiten des Obelisks sind sich ähnlich, aber nicht ganz gleich, indem manche Zeichen verschieden sind.

Uebrigens erlaube ich mir zu glauben, dafs nicht alle vorerwähnten, in Rom stehenden Obelisken ächt ägyptischen Ursprunges sind; ich halte mehrere derselben, z. B. den auf *Monte Citorio*, für nachgeahmt, wenn auch schon in sehr alter Zeit: der Styl, die Behandlung und die Arbeit des Ganzen leiten bei der Anschauung auf diese Meinung, und es fiel mir auf, dafs, nachdem ich nach diesen Criterien diejenigen Obelisken, welche mir unächt schienen, ausgeschieden hatte, nun die übrig bleibenden meiner oben erwähnten Idee von der Bedeutung der Hieroglyphen entsprachen, während die ausgeschiedenen weniger dazu paſsten. Wer in der That mit der Entzifferung der Hieroglyphen sich beschäftigen will, der halte sich an die Originale, und nicht an die Abbildungen, die gar selten treu genug sind, um nicht zu allerhand Miſsverständnissen Anlaſs zu geben; und ich glaube immer, daſs manches Nützliche aus der Betrachtung der Originale zu schöpfen sei: wäre es auch nur aus dem Vergleiche mancher darin abgebildeten Gegenstände mit denselben, wie sie heute zu Tage geformt sind.

Hinsichtlich anderer ägyptischer Fragmente empfehle ich das, was sich von ägyptischer Bildhauerkunst in dem vaticanischen und capitolinischen Museen befindet, und auch eine Sammlung ägyptischer Säulenknäufe in der *Villa Poniatowski,* deren Geschichte ich übrigens nicht kenne, und nicht weiſs, in wiefern solche als authentisch zu betrachten sind. Auch bei jenen ägyptischen Bildhauerarbeiten in den Museen müssen die ächten ägyptischen von den spätern alt-römischen Nachahmungen wohl unterschieden werden; worauf schon Winkelmann aufmerksam gemacht hat.

Wenn ich nun der Zeit folgen soll, um Ueberreste römischer Baukunst aus der ältesten Zeit anzuführen, so muſs ich dessen, was von alten Heerstraſsen erhalten ist, gedenken. *Vasi* citirt deren funfzehn, theils ältere, theils neuere, nemlich: *Via Appia, Ardeatina, Aurelia, Cassia, Collatina, Flaminia, Labicana, Lata, Latina, Nova, Praenestina, Recta, Sacra, Triumphalis* und *Vitellia.* Es ist bekannt, daſs die alten römischen Straſsen in der Mitte einen gepflasterten Weg für die Fuſsgänger, namentlich für die Heereszüge zu Fuſs, zu beiden Seiten aber Erd- oder sogenannte Sommerwege für die Wagen und Pferde hatten. Was man nun von Resten dieser Straſsen sieht, besteht insbesondere aus dem mittleren breiten Steinpflaster, welches aus groſsen, meistens irregulär sechseckigen Steinen, und irregulär fünfeckigen Bordsteinen, deren längere Seiten die äuſseren geraden Linien bilden, zusammengesetzt ist.

Das moderne römische Straſsenpflaster ist mit groſser Sorgfalt gemacht. Es besteht aus kleinen, selten über vier Zoll im Quadrate haltenden Steinen, die, wie sich gehört, meistentheils übereck gesetzt sind, und dabei, ohne regelmäſsig zu sein, doch meistentheils eine ungefähr gleiche Gröſse haben. Die Hauptfahrbahn wird, in mäſsiger Entfernung von den Häusern, durch Reihen von Bordsteinen zusammengehalten; was sehr nachahmenswerth ist. Weit weniger gut finde ich es, dafs die Fläche der Strafse von den Häusern nach der Mitte der Strafse hin abfällt und also die Gossen oder Wasserrinnen in der Mitte liegen. Daraus entstehen nicht nur sehr unbequeme Fufs und Fahrwege, sondern auch ein häfslicher Anblick, weil bei schlechtem Wetter der meiste Koth in der Mitte liegt; so wie auch das Uebel, dafs die Fufsgänger nicht hinreichend von den Fuhrwerken gesondert sind, und man deshalb in lebhaften Strafsen immer fürchten mufs, überfahren zu werden. Eben so ist es auch nicht gut, dafs meistens quer durch die Strafsen, in Distanzen von 16 zu 16 Fufs, Reihen breiter Steine laufen; denn wenn sich die kleineren Steine in der Mitte tiefer setzen (wie natürlich ist), so stehen die breiten Reihen nothwendig vor, und verursachen dann ein sehr unangenehmes periodisches Anstofsen. Ich habe das moderne römische Strafsenpflaster mit dem alten in Verbindung gebracht; denn das Steinpflaster im alten Rom war, wie die Ueberreste, z. B. in der Nähe der Kirche *San Ignazio,* beweisen, dem der Heerstrafsen ähnlich.

Die modernen Heerstrafsen in der Nähe von Rom sind sehr gut und dauerhaft erbauet. Ich habe schon andern Orts die zweckmäfsige Einrichtung der Strafsen zunächst vor den Thoren, z. B. vor Porta del popolo erwähnt. In der Mitte liegt eine gute Kies-Chaussée; zu beiden Seiten sind gepflasterte Kandeln (Rinnen) und an denselben erhöhete und gepflasterte Fufsgrade (Trottoirs).

Die Strafsen führen uns dann auch zu den Brücken in Rom, die alle einen antiken Ursprung haben, aber gröfstentheils seit ihrer ersten Entstehung so oft zerstört, erneuert und verändert worden sind, dafs man sie mit einem kritischen Auge betrachten mufs, um über ihr Alter richtig zu urtheilen.

Unfern *Ripa grande* soll man bei niedrigem Wasserstande der Tiber Ueberreste einer Brücke sehen, die man dem Könige *Ancus Martius* zuschreibt, welche von Holz war und auf welcher einst *Horatius Cocles* die Armee des Königs Porsenna aufhielt, während die Brücke hinter ihm abgebrochen wurde.

Ponte rotto, oder die Trümmer der *palatinischen* Brücke, sollen die Reste der ersten steinernen Brücke sein, die zu Rom erbauet, vom Censor *M. Fulvius* angefangen, und von *Scipio Africanus* und *Lucius Mummius*, welche zugleich Censoren waren, beendigt worden sei; sie stürzte bei einer grossen Ueberschwemmung ein, und wurde hernach vom

Pabste *Julius III.* hergestellt, aber bald hernach wieder zerstört, und hierauf von *Gregor XIII.* wieder erbauet, bis zuletzt bei einem außerordentlichen Anwachsen der Tiber die Hälfte der Brücke weggerissen und seitdem nicht wieder aufgeführt wurde.

Auch *Ponte molla* hat einen antiken Ursprung, indem sie zuerst von *Marcus Emilius Scaurus* erbauet worden sein soll. Sie wurde in der Schlacht Constantins des Großen gegen den Maxentius zerstört; jetzt soll auf den alten Pfeilern der übrige neuere Theil vom Pabste *Nicolaus V.* erbauet sein. Zwei Bogen sind von Backsteinen und stehen auf augenscheinlich älteren Fundamenten von Quadern; ein dritter, kleinerer Bogen ist ebenfalls aus Backsteinen und sehr schön construirt. Zwei andere Bogen sind von Quadern, aus Travertin und Peperin, halbkreisförmig gewölbt, während jene ersterwähnten beiden Backsteinbogen die Form von Spitzbogen haben, die sich aber dem Halbkreise sehr nähern. Die Brüstungsmauern (Roulagemauern) der Brücke sind aus Backsteinen und Travertinquadern sehr sinnreich construirt.

Ponte quatro capi wird dem Ädil *L. Fabricius* zugeschrieben, der solche, laut den antiken Inschriften über dem großen Bogen, im Jahre 733 nach Erbauung der Stadt aufführte.

Ponte San Angelo wurde vom Kaiser *Aelius Hadrianus* erbauet und führte dessen Namen. Mehrere Päbste haben an der Brücke hergestellt; Clemens XI. ließs unter der Leitung des Ritter Bernini das Dockengeländer mit den zehn großen Engelstatuen machen.

Ponte Sisto endlich wurde von dem Kaiser *Antoninus Pius* erbauet und vom Pabste *Sixtus IV.* hergestellt. Bei meiner Anwesenheit in Rom wurde das Steinpflaster über diese Brücke auf eine sehr dauerhafte Weise hergestellt. Zuerst wurde über dem dazu erbauten Planum ein durchlaufendes Straßenfundament von Tufsteinen in Puzzolana und Kalk gemauert; es mochten diese Lagen zusammen einen Fuſs hoch sein; über diesem wurde sodann das eigentliche Steinpflaster, bestehend aus regulär-quadratischen, übereck stehenden, etwa 8 Zoll breiten und langen Steinen gesetzt, ebenfalls in Kalk und Puzzolana, aber sehr dicht aneinander gefügt.

Die zahlreichen Wasserleitungen, deren Trümmer die Campagna von Rom und Rom selbst erfüllen, sind gröſstentheils Ueberreste der ersten Kaiserzeiten, da auch die älteren in den Kaiserzeiten hergestellt wurden. Die ungemein speditive Construction derselben aus Backsteinen, Tufsteinen und einem Gemenge von Steinbrocken und Mörtel, besonders aber die treffliche Construction des Wassergerinnes von Quadern, ist dasjenige, was der Architekt der heutigen Zeit Interessantes aus denselben schöpfen kann; denn wir errichten keine solche Wasserleitungen mehr, da wir das Wasser, mit weit geringeren Kosten, in Röhren leiten. Der Aquaduct des Kaisers *Tiberius Claudius,* der von Rom nach *Subiaco* reichte, möchte besonders merkwürdig sein; und es bietet dieses Riesenwerk mannichfaltige Gelegenheiten zu Constructionsstudien dar. Auf dem Wege von *Tivoli* nach *Vicoara* berührt man dasselbe mehrmals, und kann solches dort gründlich untersuchen.

Es wird vielleicht auffallen, daſs ich nicht schon früher der römischen Cloaken erwähnt habe, da man solche für das älteste römische Bauwerk hält, indem man dieselben den *Tarquiniern* zuschreibt: ich halte mich aber überzeugt, daſs, was davon gegenwärtig noch sichtbar ist, nicht von den Tarquiniern, sondern vom *Marcus Agrippa* herrührt: ich meine den Ausgang der *Cloaca maxima* an der Tiber, bei *Bocca della verità.* Dies geht nicht nur aus der Technik der Steinconstruction, sondern auch aus den alten Schriftstellern, wenn man sie richtig verstehen will, hervor. Hätte man zur Zeit der *Tarquinier* solche Steinconstructionen machen können, so würden wir noch gar manches Bauwerk aus dieser Zeit besitzen. Die Canäle, welche die Tarquinier erbauten, waren wohl nur mit Holz bedeckt: eben so wie damals auch nur die römischen Brücken von Holz waren.

Am natürlichsten, scheint es, hätten die altrömischen Wohnhäuser und Palläste, wenigstens jene, den ersten Platz dieser Beschreibung einnehmen müssen: aber wenig nur besitzt Rom von antiken Wohngebäuden und Pallästen, und eigentlich gar nichts; denn selbst die Ruinen der Kaiserpalläste geben, so ausgedehnt auch ihre Trümmer sind, keine Vorstellung davon, da fast nichts in verständlicher, um nicht zu sagen in vollständiger Form, erhalten ist. Doch darf dieses Niemand befremden, dem es aus der Geschichte bekannt ist, wie oft Rom durch feindliche Invasionen, Feuersbrünste und Erdbeben zerstört worden ist. Schon 365 Jahre nach ihrer Erbauung wurde die Stadt von den Galliern zerstört; im Jahre 539 fand ein groſser Brand statt; dann ein anderer auf dem Forum Brarium und an der Tiber, im Jahre 560; wiederum 574; 668 verbrannte das Capitol, 699 die Curia Hostilia; dann war ein grofser Brand im Jahre 721; im Jahre 738 eine Feuersbrunst von dem Porticus Aemilia bis zum Tempel der Vesta; 740 brannte das Haus des Romulus ab; 778 Brand auf dem Cälius, 787 am Circus und Aventin, zugleich mit einer Ueberschwemmung; im Jahr 816 der grofse Neronische Brand, der acht Tage dauerte; 821 verbrannte von neuem das Capitol, und Rom wurde mit Sturm genommen; ein neuer grofser Brand im Jahre 830 unter dem Vespasian, wo das Serapeum, Iseum, die Septa, der Tempel des Neptuns, die Thermen des Agrippa, das Diribitorium, das Theater des Balbus, die Scena des Theaters des Pompejus, der Porticus der Octavia und der Tempel des Jupiter auf dem Capitol durch Feuer zerstört wurden; dann der Brand in Rom unter Antoninus Pius, welcher 340 Häuser und isolirte Gebäude verzehrte; der fürchterliche Brand unter Commodus, der vom Friedenstempel anfing und einen beträchtlichen Theil der Stadt, besonders auf dem Palatinischen Berge, zerstörte; endlich noch ein grofser Brand auf dem Forum, kurz vor Diocletians Regierung, womit sich die alte Zeit beschliefst, aber nicht die Zerstörung der alten Gebäude; denn im Jahre 991 oder 993 nach Christi Geburt, unter Pabst Johann XV., war eine grofse Feuersbrunst in Rom; dann kam die Zerstörung der in Burgen des Adels verwandelten antiken Gebäude durch den Senator Brancaleone um das Jahr 1258; die grofse Feuersbrunst im Lateran, im Jahre 1307; das grofse Erdbeben im Jahre 1349, wobei viele antike Gebäude, der Thurm dei Conti, ein Theil des Thurmes della Milizia, der Glockenthurm und die Säulengänge des Vorhofes von S. Paul, die Decke der Laterankirche und ein Theil der älteren Peterskirche einstürzten; dann der Untergang vieler anderen antiken Gebäude bei Anlegung neuer Strafsen der Stadt, um das Jahr 1477. Zur Zerstörung trug weiter bei: die bald nachher häufiger gewordene Benutzung der Steine aus antiken Gebäuden; z. B. bei der Cancellaria, dem Pallast Farnese, Rospigliosi, der Porta Portese; das erst im Jahr 1462 durch eine päbstliche Bulle verbotene Kalkbrennen aus Marmor von antiken Denkmälern. Die innern Kriege im Mittelalter, so wie die Verheerungen in den Kriegen mit den Gothen und Vandalen, brachten ebenfalls so vielen antiken Gebäuden den Untergang. Diese mannichfaltigen Schicksale Roms mögen, nebst der grofsen Abnahme des Wohlstandes der Stadt Rom im Mittelalter, zugleich die Ursache sein, warum in derselben so sehr wenige Gebäude auch aus dem

Mittelalter noch erhalten sind. Erst mit dem Wachsthum der Macht und des Ansehens der Päbste erhob sich wieder ein neues Bauen in Rom, welches seinen Glanzpunct in dem Baue der Peterskirche erreichte.

In Beziehung auf die Architektur der altrömischen Wohngebäude will ich auf die interessanten Bruchstücke eines antiken, in Marmorplatten eingehauenen Plans des alten Roms aufmerksam machen, welche Platten in die Seitenwände der Prachttreppe des capitolinischen Museums eingesetzt sind. Man sieht nur leider nirgends ein bedeutendes Ganze in denselben; sie würden auch wichtiger sein, wenn die darauf abgebildeten Grundrisse mit mehr geometrischer Genauigkeit verfertigt und nicht als bloſse Handrisse zu betrachten wären. Die etwas schärfer gearbeiteten Theile dürften später erneuert sein, da das Ganze der Fuſsboden eines Tempels war, und deshalb ohne Zweifel einzelne Stellen stark abgeschliffen waren; wo man dann der Undeutlichkeit abhelfen wollte.

Da die erwähnten Unfälle die Nachbarschaft von Rom nicht so sehr trafen als die Stadt selbst, so ist es begreiflich, warum von den Landhäusern und Lustschlössern der alten Römer eher noch etwas erhalten ist, wie von ihren städtischen Wohnungen. So sind z. B. noch Reste der Landhäuser in Tivoli und Ruinen der Villa Adriana bei Tivoli vorhanden. In Tivoli sind, auſser mehreren geringeren Ueberresten, die man für die Villen des *Varus*, des *Lucullus* und des *Horaz* hält, besonders diejenigen der Villa des *Mäcen* bedeutend, und geben, wenn auch nicht ein vollständiges Bild von der ganzen ehemaligen Gestalt der Villen, so doch eine Menge von Einzelnheiten derselben, die für Construction, alterthümliche Gebäudekenntniſs und selbst für architectonische Verzierung wichtig genug sind. Aber noch viel bedeutender ist das, was von der Kaiservilla des *Adrian* übrig blieb, wo wir fast von jeder Art Gebäude, die jene Zeit bedurfte und hervorbrachte, etwas finden. Leider ist freilich von der äuſsern und innern Oberfläche nur wenig erhalten, so daſs man daraus für innere Auszierung nicht viel erlernen kann; aber von der Hauptgestalt der Gebäude ist noch Vieles vorhanden, so daſs sich manches in Gedanken recht gut herstellen läſst.

Tivoli und die *Villa Adriana* sind von Rom aus leicht in einem halben Tage zu erreichen. Ich werde weiter unten noch darauf zurückkommen, wie solche Excursionen passend eingerichtet werden können, um die Zeit gut anzuwenden, die bei diesen Umgebungen gespart werden muſs.

Wenn ich mich nun zu der Beschreibung der römischen Tempel wende, so kann es wieder nicht meine Absicht sein, eine vollständige chronologische Aufzählung derselben, mit allen ihren Merkwürdigkeiten, liefern zu wollen. Es giebt unzählige Ueberreste kleinerer und gröfserer Tempel, und ihre Beschreibung, so wie specielle Untersuchungen über ihr Alter und ihre Bestimmung könnte Folianten füllen. Bei sehr wenigen sind die Alterthumsforscher auch nur über die Bestimmung einig; und fast jedes Jahrzehend bringt andere Ansichten darüber hervor.

Die meisten Ueberreste römischer Tempel sind corinthischer Ordnung. Von jonischer Ordnung sind sehr wenige vorhanden, und von dorischer in der Stadt gar keine übrig geblieben.

Als jonische Tempel nenne ich die unter dem Capitol befindliche Ruine, die gemeinhin unter dem Namen des *Concordien*-Tempels bekannt ist. Es sind davon acht schöne Säulen von orientalischem Granit übrig. Der Tempel soll von Kaiser *Augustus* bekannter Tochter *Julia* erbauet, von ihrem Gemahle *Tiberius* der *Concordia-Virilis* geweihet, nach dem Brande, zu Kaiser *Vitellius* Zeit aber, durch den Senat wieder hergestellt worden sein. Andere halten diese Säulen für Ueberreste der *Basilica Julia;* noch andere für die eines Tempels der *Fortuna.* Für die Ruinen eines Tempels möchte ich sie jedenfalls halten, mufs aber bezweifeln, dafs sie von einem durch *Camillus* erbauten Concordien-Tempel herrühren. Der Character der Architektur scheint vielmehr dem Zeitalter des *Augustus* entsprechend.

Ein zweiter jonischer Tempel ist derjenige, in welchem sich jetzt die Kirche von *Santa Maria Egiziaca* befindet, am Tiberufer, nicht weit von *Bocca della Verità,* welcher der *Fortuna-Virilis* zugeschrieben wird. Er ist kleiner als der vorgenannte, aber demselben sehr ähnlich, und es möchte die Architektur desselben gleichfalls aus dem Zeitalter des Kaisers *Augustus* herrühren; gewifs wenigstens nicht aus dem des Königs *Servius Tullius,* wie Einige geglaubt haben, die, wie so oft, längst zerstörte Gebäude, mit denen, die viel später an ihre Stelle kamen, verwechselten. Es ist dieser Tempel aus Tiburtinischem Steine und mit einem äufserst harten Stuck oder Cement überzogen, dessen Zweck wahrscheinlich war, dem porösen Steine ein feineres Ansehen zu geben und ihn gegen Verwitterung zu schützen. Einige glauben, dieses Gebäude sei ein Rest der *Basilica* des *Cajus Lucius.* Es ist aber keine Basiliken-Architektur daran. Auch die Ornamente sind von Stuck.

Unter den Resten corinthischer Tempel möchte ich die drei Säulen, welche man gewöhnlich dem Tempel des *Jupiter Stator* zuschreibt, und welche auf dem *Campo Vaccino* stehen, zu den älteren zählen, keinesweges aber zu dem Tempel des Jupiter Stator rechnen, der im Jahre der Stadt 459 oder 604 erbauet wurde, sondern sie vielmehr gleichfalls in die Zeit des Kaisers Augustus setzen. Andere halten diese Säulen für die Ueberreste des Tempels des *Castor* und *Pollux,* welchen *Tiberius* wieder erbauete. Ich möchte dieses Zeitalter für den Styl passend finden. Auch will man sie der *Curia* des *Augustus* zuschreiben. Die Säulen sind von griechischem Marmor und tragen Spuren von grauem und zinnoberrothem Anstrich. Ich empfehle bei dieser Gelegenheit alle Spuren von Anstrich antiker Gebäude besonderer Beachtung. Wir werden, wenn wir einmal darüber mehr wissen, dadurch erst eine richtige Vorstellung von der ungemein prächtigen Erscheinung antiker Gebäude, als sie noch neu waren, bekommen.

Die Reste des Tempels des *Jupiter-Tonans,* welchen *Augustus* erbauete, gehören nach meiner Meinung zu den schönsten architektonischen Sculpturen des römischen Alterthums. Sie sind ebenfalls von griechischem Marmor. Die Verzierungen, besonders die der Gesimse, sind, mit ungemein großer Erfahrung, für den Effect in der Ferne eingerichtet und stark unterarbeitet, oder, wie man es ausdrückt, in den Schatten sehr dunkel gearbeitet. Diese herrlichen Fragmente der schönsten römischen Architektur, wurden im Jahr 1811 abgenommen, um gerade gerichtet zu werden, wobei sie aber sehr durch unvorsichtiges Einschnüren beschädigt wurden. Ich war Augenzeuge dieser Arbeit und warnte vergebens einen mit der Aufsicht über dieselben beauftragten jungen Architekten, indem ich ihm bemerklich machte, daſs die in Taue zum Versetzen eingeschnürten Carniesstücke wegen ihres groſsen Gewichts und der weichen Beschaffenheit des Marmors nothwendig durch das Einschneiden der Taue leiden müſsten. Wenige Minuten darauf war schon das nie wieder zu verbessernde Unheil geschehn; die Stellen, wo die Taue den Marmor berührten, waren zu Staub zerdrückt. Ich führe dieses an, um vielleicht in ähnlichen Fällen einen gleichen Schaden zu verhüten.

Ich finde keinen Anstand, diesen Tempel des Jupiter-Tonans der glänzenden Bauperiode von *Marcus Agrippa* zuzuschreiben. Damit hätte ich jetzt die nächste Veranlassung des **Pantheons** zu erwähnen. Allein die Hauptmasse dieses Gebäudes ist so ganz verschieden von alt römischer Tempelarchitektur, dafs sich mein architektonisches Gefühl dagegen sträubt, solches als einen Tempel aufzuführen, wenn schon die davor befindliche Säulenhalle, welche nach der Inschrift von Marcus Agrippa erbauet ist, ganz einer Tempelfronte gleich kommt. Dafs aber diese Halle und die Rotunde nicht zu gleicher Zeit erbauet seien, ist jedem Architekten klar: man müfste denn eine höchst seltsame und auf keine denkbare Weise zu motivirende Absicht dem Marcus Agrippa unterschieben, dafs er von Anfang an einen Bau habe aufführen wollen, der zusammengestückt erscheine. Dafs aufserdem die Zeiten der Erbauung der Rotunde und der Säulenhalle nicht weit auseinander liegen, ist sehr wahrscheinlich, und ich möchte als Auflösung dieses seltsamen archäologischen Räthsels die Hypothese aufstellen, dafs die Säulenhalle früher an einem andern Orte die Fronte eines von Marcus Agrippa dem Mars und dem rächenden Jupiter erbauten Tempels gebildet habe und in späterer Zeit, nach etwaiger theilweisen Zerstörung dieses Tempels also lange nach Agrippa, sammt dem Fries, mit der bekannten Inschrift, an die Rotunde angesetzt worden sei. Die Rotunde selbst halte ich für einen Theil von Thermen: ob von den Thermen des Aprippa, will ich dahingestellt sein lassen. Der Architekturstyl scheint einer etwas späteren Zeit anzugehören. Uebrigens ist die Säulenhalle des Pantheons eine der schönsten, wo nicht die schönste, die aus dem römischen Alterthume erhalten worden ist; sie hat einen Ausdruck von Gröfse und Majestät, der besonders auffällt, wenn man ihre Dimensionen mit denen der toskanischen Säulen an den halbkreisförmigen Säulengängen vor der Peterskirche vergleicht, die nur wenige Fufs niedriger sind und nicht halb so hoch scheinen.

Der, wenn gleich nicht sehr grofse, doch sehr schöne Tempel des *Antoninus Pius* und der *Faustina*, der noch während des ersteren Regierung oder doch bald nachher von dem Senat erbauet wurde, folgt nun der Zeit nach; die wunderschöne Ausführung der Arbeit, unter andern des schönen Greifenfrieses, sind weltberühmt.

Der Tempel des *Marcus Aurelius Antoninus,* der unter seinem Nachfolger *Commodus* erbauet sein soll, ist eine der gröfsten und prächtigsten Ruinen, in welche ein modernes, zur Douane dienendes Gebäude gesetzt ist. Man sieht noch eine der Säulenreihen der langen Seiten, und in dem Hofe den Anfang des grandiosen, mit Cassaturen versehenen Tonnengewölbes, welches die Tempelzelle bedeckte. Das sehr lange und hohe Fries über der äufseren Säulenreihe hat lange ein mechanisches Wunderwerk geschienen, weil man der Ansicht nach glauben mufste, dafs es aus einem einzelnen Steine bestehe, dessen Gewinnung im Steinbruche, Fortschaffung und Versetzung etwas Unbegreifliches schien; allein man hat sich, wie ich hörte, später überzeugt, dafs das Fries aus mehreren Stücken zusammengesetzt ist, die ein einzelner Stein zu sein scheinen, weil sie im Ganzen mit einer antiken Tünche, die die Alten bekanntlich so vortrefflich zu machen verstanden, dafs sie der Witterung von Jahrtausenden widerstand, überzogen sind.

In jene Zeit, oder auch in eine etwas frühere, gehören auch die Ueberreste der schönen zusammenstehenden Tempel, die sich hinter dem Kloster der *Santa Francesca Romana,* dem *Colosseum* gegenüber befinden; sie werden gewöhnlich die Tempel der Sonne und des Mondes genannt. Der Name ist nicht sehr wichtig: dafs sie aber keine Reste des Sonnen- und Mondtempels, den der König *Tatius* erbauet haben soll, sind, wie Palladio sagt, aber schwerlich selbst geglaubt hat: das kann man, auf alle architektonische Alterthumskennzeichen hin, wohl füglich behaupten. Andere meinen, mit mehr Zeitrichtigkeit, es sei der Tempel der *Isis* und des *Serapis* (aus *Caracalla's* Zeit), oder der Tempel der *Venus* (der Stadt Rom und der Venus, aus *Hadrians* Regierungs-Epoche). Die Reste dieser Tempel sind durch die schönen Cassaturenwölbungen, constructiv und decorativ ungemein interessant. Von den Façaden ist nichts mehr erhalten; wenigstens sah ich nichts davon; sicherlich ist ihre Herstellung beim Palladio, mit zwei Hallen von kleinen Säulen, unrichtig.

Auch gehört in diese Zeit der Tempel des *Nerva,* der unter *Trajans* Regierung erbaut wurde und von welchem noch drei prächtige cannelirte corinthische Säulen, aus ungeheuer grofsen Stücken von griechischem Marmor, welche 24 Palmen Umfang und 74 Palmen Höhe haben, übrig sind. Dann ist ein dazu passender Pilaster und eine Mauer von mächtigen Quadern vorhanden, und das Architrav und die Soffiten über diesen Säulen sind reich verziert.

Palladio giebt diesem Tempel den Namen des *Mars,* und beschreibt dagegen einen andern Tempel als den des *Nerva,* von welchem nichts mehr sichtbar ist als eine mit Säulen und wunderschönen Ornamenten versehene Mauer, die nach Palladio einen Theil der Begränzung des Vorhofs machte.

Im Garten *Colonna* sind noch schöne Fragmente eines Tempels von sehr grofsen Proportionen, von welchem Palladio, der dessen Substructionen untersucht hat, meint, es müsse einer der prächtigsten und gröfsten von Rom und ein Tempel *Jupiter* aus der Zeit *Augusts* gewesen sein. Andere halten ihn, wohl mit mehr Recht, für den von *Aurelian* erbauten Sonnentempel.

Noch will ich des runden Tempels der *Vesta* an der Tiber bei *Bocca della Verità* erwähnen. Es wird gewöhnlich angenommen, dafs derselbe von *Vespasian* oder *Domitian* an der Stelle, wo ehemals der angeblich von *Numa Pompilius* erbauete Tempel der *Vesta* stand, dieser Göttin errichtet wurde. Er könnte aber auch wohl aus einer etwas späteren Zeit herrühren. Die canelirten corinthischen Säulen sind von parischem Marmor.

Unter den kleineren Tempeln aufserhalb der Stadt will ich noch besonders des Tempels des *Bacchus*, wie er gewöhnlich genannt wird, oberhalb der Grotte der *Egeria* (in der sogenannten *Caffarella*) erwähnen. Der ältere Tempel ist nur noch in der vorderen Façade bis über das Architrav erhalten; das übrige ist aus einer spätern, wenn schon gleichfalls alterthümlichen Zeit, aber sehr merkwürdig durch ein reich verziertes, von Backsteinen vortrefflich construirtes Gesims. Das Innere ist mit einem Cassaturengewölbe bedeckt, und es befinden sich unter demselben Friese mit Trophäen.

Indem ich diese bedeutendsten Reste römischer Tempel (nicht gerade Reste der bedeutendsten Tempel: denn von manchen dieser letzteren ist gar nichts oder nur Unbedeutendes noch vorhanden) aufzähle, empfehle ich ihr Studium besonders in Absicht auf architektonische Verzierungskunst, für welche der Architekt eine reiche Ausbeute daran machen kann. Auch kunstgeschichtliche Studien lassen sich daran machen, wenn man ein scharfes Auge auf die Ornamente und nicht weniger auf die mechanische Bearbeitung derselben richtet. Nicht minder interessant sind sie in Absicht auf Construction von Säulenhallen, und ich rathe, dabei recht aufmerksam auf die Orte zu sein, wo Fugen angebracht sind. Man wird da Manches lernen, was Andern bei der Ausführung von Dergleichen Kopfbrechen macht.

Nächst den Tempeln wende ich mich zu den Resten öffentlicher Gebäude, die von dem alten Rom noch übrig sind, und wobei ich zuerst der schönen Ruine des Friedenstempels erwähnen will, den der Kaiser *Vespasian* erbauete. Es sind noch drei seiner Seitenhallen vorhanden, die auf ein Gebäude von der gröſsten Pracht und Bedeutung schlieſsen lassen. Dieses Gebäude war, trotz seiner ungeheuern Gröſse, aus Backsteinen und einem Tufgemenge aufgeführt. Die Gewölbe sind mit ihren Cassaturen sehr vollkommen aus Backsteinen construirt; in der Mitte der Cassaturen scheinen keine Rosetten gewesen zu sein, aber an den Rändern der einzelnen Füllungen befinden sich Verzierungen. Palladio hat auch von diesem Tempel eine Façade geliefert, die aber sehr unrichtig sein möchte. Ohne Zweifel reichten die Säulen, wenn dergleichen vor dem Eingange standen, bis an das dem Dache gleiche Fronton, und es ist nicht begreiflich, wie er glauben konnte, daſs die innern Säulen gröſser wie die äuſsern gewesen wären. Man kann auf diese Ruinen steigen, wenn man durch ein hinter denselben liegendes Kloster geht; wo man dann zugleich eine herrliche Aussicht genieſst.

Die gröſsten öffentlichen Gebäude welche die alten Römer hinterlassen haben, sind ihre Amphitheater, Theater, Cirken und Bäder.

Von den erstern ist das gröſste und berühmteste das sogenannte Colosseum. Es ist bekanntlich noch gröſstentheils erhalten, und es würde noch mehr davon vorhanden sein, wenn nicht die herrlichen Travertin-Quadern, aus denen seine Pfeiler und Bogen bestehen, abgebrochen worden wären, um den venetianischen Pallast, die Cancellaria, den Pallast Farnese und den kleinen Tiberhafen, Ripetta genannt, davon zu erbauen. Die übrig gebliebenen Quaderconstructionen sehen aus, als wären sie von unzähligen Canonenkugeln zerstört, indem man die Dübel von Bronze herausgeschlagen hat, durch welche die Quadern mit einander verbunden waren.

Dennoch, wenn es irgend Gebäude giebt, die einen groſsen und erhabenen Eindruck machen, so gehört das Colosseum zu denselben. Man könnte es einen wahren Solitair oder Blinkstein der römischen Antiken nennen.

Es ist von *Vespasian* erbauet, der dazu 10 Millionen römische Thaler (zu $5\frac{1}{2}$ Franken) und 12 Tausend gefangene Juden verwendet haben soll; so wie denn die Sitte der alten Römer, die überwundenen Völker in die Gefangenschaft zu führen, die Entstehung vieler ihrer groſsen Bauwerke erklärt.

Quaderconstructionen, wie die hier befindlichen, giebt es vielleicht nirgend wo anders; denn man findet Steine von 3 Fufs hoch, 3 Fufs breit und 6 Fufs lang, also von 54 Cubikfufs, in Menge. Auch finden sich hier sehr grofse Backsteine, die, zu den Gewölben, von grofser Höhe verfertigt wurden. Es giebt deren von zwei Fufs hoch und darüber. Die Fufsboden sind zum Theil mit Estrich, zum Theil mit aufserordentlich kleinen, hochkantigen Backsteinen, kornährenartig belegt. Diese Steine passen sehr gut an einander und möchten wohl die dauerhafteste Platteformenbedeckung geben; wenigstens hat man diese Construction auch zu der Platteformenbedeckung der Peterskirche gewählt.

Es möchte dieses Gebäude besonders in Absicht auf Construction zu studiren sein. Allerdings ist auch sein Grundrifs, in Absicht auf die bequeme Zugänglichkeit so vieler Sitze, ein merkwürdiges Beispiel der Geschicklichkeit der alten Architekten. Auf seinen innern Stufen allein hatten 87 Tausend Personen Platz; während noch 20 Tausend in den Hallen unterzubringen waren.

Von altrömischen Theatern ist nur noch ein Theil des Theaters des *Marcellus* vorhanden.

Ein unermefsliches architektonisches Studium liefern aber die altrömischen Bäder oder eigentlichen Thermen. Erhalten sind noch wesentliche Ueberreste von den Bädern der *Livia,* in den Ruinen der Kaiserpalläste, von den Bädern des *Titus,* des *Caracalla* und des *Diocletian.* In den beiden ersteren kann man besonders die altrömische Verzierungskunst des Innern der Gebäude mit Malereien, in den andern beiden antike Constructionen aller Art und bauliche Anordnung grandioser Säle und Räume kennen lernen. Als Theil von Thermen betrachte ich, wie gesagt, auch die Rotunde des Pantheons und den sogenannten Tempel der *Minerva Medica* oder das *Gallucio,* so wie *San Vitale* in Ravenna. Man vergleiche die Rotunde des Pantheons mit der Kirche *San Bernardo,* die einen Theil der Bäder des *Diocletian* war, und die beiden letztgenannten Gebäude mit einem ähnlichen Gebäude in den Bädern des *Caracalla,* und man wird mir Recht geben.

Von Cirken sind nur noch wenige Ueberreste vorhanden. Von dem *Circus maximus,* der vor den Kaiserpallästen lag, sieht man kaum Spuren; aber vieles findet sich von dem Circus des *Caracalla* oder vielmehr des *Maxentius.* Dieses letztere Werk ist nicht nur wegen seiner ganzen Anordnung, von der man noch viel sieht, sondern auch wegen seiner merkwürdigen Construction der Gradinen aus Krügen bekannt.

Es ist dieses eins der spätesten Gebäude des Alterthumes, wenn wir anders die alte Zeit bis zur Einführung des Christenthumes in Rom rechnen. Nahe bei diesem Circus sind auch die sogenannten Equirien (Marställe) des *Caracalla.* In der Mitte befindet sich ein seltsames, rundes Gebäude, mit einem ringförmigen Gewölbe und einem Pfeiler in der Mitte, wie ich eins dergleichen in Verona beschrieben habe. Ich kann mir unter beiden nichts anderes als bedeckte Reithäuser denken.

Grofse Ehrensäulen, mit Wendeltreppen, sind noch zwei vorhanden: die des *Trajanus* und die des *Marcus Aurelius Antoninus;* sie sind wegen ihrer Sculpturen für den Archäologen von ungemeinem Interesse.

Die Triumphbögen sind diejenigen Gebäude des römischen Alterthumes, die noch am besten erhalten sind; und insofern sind sie besonders interessant für die Kenntnifs des Architekturstyles der Zeit, welche sie mit Sicherheit bezeichnen.

Wesentliche Ueberreste sind von dem Triumphbogen des *Titus* vorhanden: dann folgt der Triumphbogen des *Septimius Severus;* dann der des *Constantinus.*

An dem Bogen des Titus sind sehr schöne Verzierungen und Einzelnheiten, unter welchen in der Abbildung des Triumphzuges über die Juden das Einzige, was von ebräischer Verzierungskunst auf unsere Zeit gekommen ist, nemlich der siebenarmige Leuchter, abgebildet ist.

Von Grabmonumenten ist gar vieles erhalten, doch keins der gröfseren vollständig. An dem Mausoleum des *Augustus* ist die Einrichtung desselben zu einem modernen Amphitheater, in welchem sehr angenehme Feste gefeiert werden, interessant. Das Mausoleum des *Hadrian,* die heutige Engelsburg, ist von seinem ehemaligen Schmucke gänzlich entkleidet und jetzt hauptsächlich nur noch archäologisch interessant.

Recht merkwürdig ist auch das Grabmal der *Cäcilia Metella* aufserhalb Rom, welches gewöhnlich von dem Volke *Capo di bove* genannt wird, wegen der Verzierung des Frieses mit Ochsenköpfen.

Auch die Pyramide des *Cajus Cestius,* auf dem Kirchhofe der Protestanten, mufs man gesehen haben; es ist nur ein Pyramidchen gegen die ägyptischen.

Sarcophage und kleinere Grabmonumente giebt es eine unzählige Menge in den Museen; auch in den Höfen und Gärten von Pallästen, oft als Wasserkümpfe benutzt. An denselben sind häufig schöne Formen und Verzierungen zu finden.

Die gröfste Sammlung von Grabmälern, oder vielmehr von Gräbern, enthalten die Katakomben: enge, niedrige Gänge, in welchen kaum zwei Personen aufrecht neben einander gehen können. Die Wände haben dicht an einander oblonge Vertiefungen, in welchen die ersten Christen ihre Todten begruben. Zuweilen kommt man auch, besonders da, wo sich mehrere Gänge kreuzen, in kleine Zellen oder Hallen. Die Gräber waren mit Backsteinen oder mit Marmorplatten verschlossen.

Den Uebergang von der alterthümlichen Baukunst zu der mittelalterlichen machen die Basiliken. Ich verstehe darunter nicht die altrömischen Gerichtshäuser, von welchen keins erhalten ist; auch nicht die sogenannten sieben Basiliken oder sieben Hauptkirchen von Rom: sondern ich meine hier die ersten christlichen Kirchen, die in Rom nach der Form der alten Gerichtshäuser erbauet wurden und das Vorbild der ganzen christlichen Kirchenbaukunst geblieben und dadurch, so wie durch ihre grofse architektonische Schönheit und constructiven Interessen, für den heutigen Architekten noch so wichtig sind. Es gab derselben eine grofse Zahl; aber viele wurden gänzlich erneuert, wie z. B. *San Giovanni im Lateran*, so dafs von der ersten Kirche kaum noch die Hauptform übrig ist; oder sie wurden so sehr verändert, dafs nur noch wenig von der ursprünglichen Architektur zu erkennen ist, wie z. B. *Santa Maria Maggiore.* Andere sind dagegen fast ganz in ihrer ursprünglichen Form und noch wohl erhalten.

Die bedeutendste und prächtigste, und zugleich eine der ältesten war die von *Constantin dem Grofsen* erbauete Paulskirche aufserhalb Rom, die leider am 15ten Juni 1823 abbrannte. Ich sah diese Kirche noch in ihrer ganzen Pracht und werde sie nie vergessen. Die Architektur derselben war ein Beweis von der überaus grofsen Wirkung einer einfachen aber verständigen Anordnung, wenn sie mit Pracht und Harmonie ausgeführt wird.

Man fing im Jahre 1825 an die Kirche nach dem ursprünglichen Plane herzustellen, und sie wird also so der Welt erhalten werden.

Eine viel kleinere, aber auch sehr alte Basilica ist *San Clemente.*

Ich rathe, selbige vor allen anderen zu sehen, indem in derselben auch noch die zur Feier des Gottesdienstes in den ersten christlichen Kirchen erforderliche schöne Einrichtung erhalten ist; wodurch man dann erst von dieser Basiliken-Architektur eine richtige Einsicht bekommt, den Altar an dem richtigen Platz und auch die Canzel und den Lesepult am gehörigen Orte sieht. Diese Kirche liegt auf dem Wege vom Colosseum nach San Giovanni im Lateran, und ganz in der Nähe ist eine andere kleine Basilica der vier Heiligen (Santi Quatro), deren Vorhof schön ist.

Die nahe gelegene Kirche *Santa Maria Maggiore* ist eine von den sieben Kirchen Roms, welche vorzugsweise den Namen Basiliken führen, und eine der prächtigsten zugleich. Sie ist, wie gesagt, wegen mancher späteren Veränderungen, in ihrer ursprünglichen Anordnung und besonders Auszierung kaum noch kenntlich, hat aber noch 36 antike jonische Säulen und eine Menge prächtiger Verzierungen aus neuerer Zeit. Sie wurde ursprünglich im Jahre 352 erbauet. Aufser jenen 36 Säulen, welche von weifsem Marmor sind, und die drei Abtheilungen des Schiffes der Kirche bilden, tragen noch vier gröfsere, von Granit, die beiden grofsen Bogen des Hauptschiffes. In den zu der ersten Form der Kirche nicht gehörigen Seitencapellen haben die reichen Familien Roms einander an Pracht zu übertreffen gewetteifert.

In der Nähe von Santa Maria Maggiore liegt *Santa Prassede,* mit einem sehr malerischen, kleinen Eingange, durch den man eine schöne Perspective durch die Vorhöfe in die Kirche hat. Die gegenwärtige Kirche ist wohl nicht die im Jahre 160 erbauete, sondern aus späterer Zeit, nemlich diejenige, welche *San Pasquale* im Jahre 817 erbauete, aber merkwürdig genug durch ihre ungewöhnliche Anordnung mit grofsen, das Dach unterstützenden Bogen. Sie hat schöne Säulen von Granit, und die Halbkuppel der Absida ist mit alter Mosaik geschmückt. Der Hauptaltar steht unter einem von vier Porphyr-Säulen getragenen Baldachine. Die Kirche und das Kloster *San Sabba* haben mich immer sehr durch die weithin sichtbare malerische Säulenhalle am Kloster interessirt. Die Gebäude liegen nemlich hoch auf dem Aventinischen Berge. Ich habe mich übrigens mit der äufseren Ansicht begnügen müssen; denn Kirche und Kloster waren stets verschlossen. In der Kirche sollen sich 24 Säulen, zwei von Porphyr und die andern von Granit und parischem Marmor, befinden.

Eben so befinden sich 24 antike Säulen in der nahen Kirche *Santa Prisca,* und in der, ebenfalls in der Nähe, *Ripa grande* gegenüber liegenden Kirche *Santa Sabina* 24 antike canelirte corinthische Säulen von parischem Marmor.

Vor dem Thore *San Lorenzo* ist die grofse und prächtige Basilica *San Lorenzo:* einer der interessantesten architektonischen Gegenstände in, oder vielmehr bei Rom.

Hier finden sich eine Menge Fragmente von antiker Verzierungskunst. Sie soll von Constantin dem Gr. erbauet sein, und gehört ebenfalls zu den sieben Hauptbasiliken von Rom. Es finden sich deshalb so viele Bruchstücke antiker Verzierungskunst darin, weil die Kirche, wie diese Basiliken, grofsentheils aus Bruchstücken älterer römischer Gebäude aufgeführt ist. Mit einigem Zeitaufwande, sorgfältigen Ausmessungen und einem guten Auge würden sich nach dergleichen Fragmenten manche Ruinen noch wiederherstellen lassen; was immer hier und da zu versuchen ein dankbares Studium für einen fähigen Architekten wäre. In San Lorenzo sind auch sehr schöne Mosaik-Fufsböden, die überhaupt in diesen Basiliken nicht selten sind. Die schönen Muster und Farben würden sich durch ausgewählte Holzarten für ein nordisches Clima passender nachahmen lassen; was denn auch mehr Wirkung hervorbringt, als eingelegte Palmetten, Rosetten und andere eingelegte vegetabilische oder animalische Ornamente, die immer doch nicht viel mehr wie Schattenrisse bleiben.

Eben so verdienen auch die musivischen Arbeiten des Mittelalters, womit meistentheils die Absiden der Basiliken verziert sind — freilich nicht gerade wegen des malerischen Verdienstes, da Zeichnung, Beleuchtung und Composition gewöhnlich höchst unvollkommen sind — doch aber wegen der Farbenpracht, der architektonischen Anordnung und der Technik, Aufmerksamkeit.

Schöne musivische Arbeiten enthält auch die Basilica von *Santa Agnesa,* die ein Miglio weit vor der *Porta pia* liegt und noch die besondere Eigenthümlichkeit hat, dafs darin zwei Säulenreihen über einander stehen, so dafs die oberen Säulen Emporlauben bilden.

Eine sehr seltsame alte Kirche ist *San Stefano Rotondo* auf dem *Monte Celio.* Sie weicht gänzlich von der Basilikenform ab, und ist doch aus der Zeit derselben und aus antiken Fragmenten erbauet.

Hier dürfte auch das Battisterium des Kaisers *Constantin,* nicht weit von *St Giovanni im Lateran*, zu erwähnen sein. Es ist eine achteckige Capelle, mit zwei Nebencapellen und einer Säulenhalle vor dem Eingange: merkwürdig im allgemeinen wegen der schönen Anordnung, wenn auch nicht wegen der einzelnen Verhältnisse und der Architekturgrundsätze, indem das Gebäude zum Theil aus schönen äteren Architekturfragmenten zusammengesetzt ist.

Aus der sogenannten byzantinischen Zeit stammen die Klosterhöfe bei *San Giovanni im Lateran* und bei *San Paolo fuori dei muri*, und sind sehenswerth.

Kirchen aus der späteren Periode des Mittelalters, aus der Zeit, wo im Norden die sogenannte gothische Baukunst blühete, giebt es in Rom wenige. Es würden hierher *San Nereo* und *Achilleo* gehören, deren Schiff nicht aus der ersten Erbauungszeit ist und welche man in das sechste Jahrhundert setzt, wohl aber in die Zeit paſst, wo der Pabst Innocenz III. die Kirche herstellen lieſs, nemlich in das Jahr 1200.

Auch *Araceli*, die mittelalterliche Kirche, neben, oder vielmehr auf dem Capitole, gehört hierher; mit der ungeheuren Freitreppe vor derselben, die ihr ein sehr imponirendes Ansehen giebt. Die Kirche hat viele Schicksale erlitten und den Geschmack vieler Zeiten mitgemacht. Sie ist fast die einzige Kirche in Rom, die noch, wenn auch nur von auſsen, eine italienisch-neugothische Gestalt hat. Im Innern ist sie in der Basilikenform erbauet, hat aber Seitencapellen. Eine dieser Capellen ist ganz im neugothischen Style erhalten und reich verziert. Das Altarblatt ist von *Bernardino Pinturicchio* gemalt und hat eine ganz symmetrische Anordnung und Gruppirung.

Fast alle römischen Kirchen der neueren Zeit finden ihr Vorbild in der *Peterskirche:* diesem Karfunkel der neueren Architektur. Es ist zur Genüge bekannt, daſs die Architektur der Peterskirche nicht das ist, was wir einen edlen, reinen, geistvollen Styl in der Baukunst nennen; es ist eben so bekannt, daſs sie theilweis die Zwecke, welche ihr offenbar unterliegen, verfehlte und wirkliche und wesentliche Fehler hat: allein, wenn gleich dieser Bau demnach auch nicht als ein Meisterstück der Baukunst betrachtet werden kann, so ist doch für jeden Baukünstler viel, sehr viel daran zu lernen. Als *Bramante* die Idee zu einer solchen Weltkirche faſste, war ohne Zweifel seine Meinung, alles darin zu vereinigen, was dazu beitragen könnte, das Gefühl des Erhabenen zu wecken und zu unterhalten, und wir können kaum glauben, daſs nicht auch alle Architekten, die nach Bramante an dem Kirchenbau beschäftigt waren, von einem gleichen Gedanken mehr oder weniger durchdrungen waren. Dennoch ist er im Hauptsächlichen verfehlt worden.

Bramante wählte zunächst colossale Verhältnisse zur Erreichung seines Zweckes; aber indem er hier das Maaſs überschritt, und durch bloſse Uebertragung von Formen und Verzierungen in einen weit gröſseren Maaſsstab das Colossale zu erreichen suchte, erbauete er eigentlich eine kleinere Kirche nach groſsem Maaſsstabe, so daſs man im Anfange, gewohnt alle diese Architektur in kleinerem Maaſse zu sehn, ihre groſsen Dimensionen gar nicht bemerkt, bis man durch mühsamen Vergleich die Gröſse erst inne wird; was denn aber eigentlich nicht den Begriff geistiger Erhabenheit, sondern mehr das Gefühl hervorbringt, als betrachte man eine kleinere Kirche mit dem Vergröſserungsglase, oder als sähe man etwas nach einem gröſseren Maaſsstabe von einem Riesengeschlechte Erbauete vor sich. Ein anderes ist es mit der prachtvollen Kuppel und den kühnen Wölbungen, in welchen wieder geistige Erhabenheit liegt, so daſs sie einen niederschmetternden Eindruck auf den Betrachtenden machen.

Besonders scheint die von *Carlo Maderno* erbauete äuſsere Façade der Kirche viel kleiner zu sein, als man nach ihren ungeheuer groſsen Dimensionen erwartet; denn hier tritt zu der obenerwähnten Ursache noch eine perspectivische Täuschung hinzu. Es sind nemlich die den Vorhof der Kirche bildenden Arcaden nicht mit einander parallel gebaut, sondern schmiegen sich nach der Kirche hin auseinander, so daſs dadurch, nach bekannten perspectivischen Gesetzen, die Kirche dem Auge scheinbar näher gebracht wird, indem sich die perspectivischen Ansichten der Arcaden so verkürzen, als wenn sie wirklich kürzer wären. Dieser nachtheilige Eindruck kann auch durch die zwischen diesen Arcaden stattfindende bedeutende Ansteigung des Bodens nach der Kirche hin nicht wesentlich vermindert werden, da die Ansteigung nicht gleichförmig über den ovalen Platz fortgeht, welcher mehr eben ist, so daſs der Berg sehr in die Augen fällt.

Andere Betrachtungen müssen wieder nothwendig in dem Architekten die Ueberlegung der Zweckmäſsigkeit der verschiedenen Anlagen erregen. *Bernini's* ovale Colonnade zum Beispiel, so prachtvoll und kostbar sie auch sein mag, ist doch eigentlich nur eine Art von Theaterdecoration, ohne eigentlichen Zweck, indem Jedermann gerade aus, über den offenen Hof geht.

Man findet eine Menge Anlässe zum architektonischen Nachdenken über die Architektur dieser Kirche; welches zu lehrreichen Resultaten führen wird. Auch bietet sie in allen ihren Theilen reichhaltigen Stoff für das Studium der architektonischen Construction, so wie auch der Bauverzierungen dar. Wenn auch die letzteren nicht durchgängig in einem edleren Style sind, so finden sich doch schöne Einzelnheiten, sehr schöne Marmorarten und interessante Beleuchtungen.

Hinsichtlich der vielfach zur Sprache gekommenen Kuppelconstruction ist zu bemerken, daſs die ganze Schwierigkeit aus dem Eigensinne entstand, auf die Kuppel eine sogenannte Laterne zu setzen. Es war deshalb nöthig, doppelte Kuppeln zu machen, und von der schönen Linie des Halbkreises abzugehen. Dadurch bekam die Kuppel von Auſsen mehr das Ansehen eines groſsen Deckels mit einem Knopfe, als einer Wölbung.

Das Beispiel der Kuppel des Pantheon beweiset, daſs eine Kuppel ohne Laterne weit grandioser aussieht, als mit der Laterne.

Von der Peterskirche stammt nun die römische moderne Kirchenbaukunst her, und es giebt eine überaus groſse Menge ihr ähnlicher Kirchen, welche deutlich genug dem Reisenden sich vor Augen stellen und ihn mit Tausend Glocken aurufen. Ich will nur auf einige, besonderer Merkwürdigkeiten wegen, aufmerksam machen.

Besonders sind mir darunter die Kirche von *Santa Maria del Popolo* und von *Santa Maria sopra Minerva* in lebhafter Erinnerung, theils wegen ihrer Architektur selbst, theils wegen der schönen Monumente darin. In der erstgenannten Kirche ist besonders auch der Plafond über einem Theile des Chores einer der schönsten, den man sehen kann, sowohl wegen seiner ganzen Anordnung, als wegen seiner schönen Bilder, Farben und Verzierungen.

Bei der Kirche von *Santa Maria del Popolo* waren ehemals mehrere, schöne Klosterhöfe mit Säulengängen. Zu den ersten gelangte man unter einer überaus schönen, sogenannten *Veranda* oder Weinlaube. Diese Höfe haben der hier angelegten *Passegiata* Platz machen müssen; es sind aber noch viele solcher Klosterhöfe in Rom vorhanden. Fast bei jeder Kirche ist ein solcher Hof, und sie gehören zu dem Schönsten, was die moderne römische Architektur hervorgebracht hat, wenn auch nicht in der Grund-Idee: denn diese ist nicht neu; sondern nur in der Verwirklichung derselben.

Aehnliche Höfe sind auch meistentheils das Schönste an den modernen Pallästen und Wohngebäuden in Rom, und ich glaube, daſs sie als Nachahmungen der Klosterhöfe entstanden sind, welche wieder ihr Vorbild in den Höfen der alten griechischen und römischen Wohnhäuser finden mochten. Nicht weniger finden sich dergleichen in den gröſseren römischen Staatsgebäuden, z. B. in den Hospitälern und Armenhäusern.

Einen schönen Hof dieser Art sieht man in dem römischen Universitätsgebäude, der sogenannten *Sapienza*, von *Giacomo della Porta* bis auf das obere Stockwerk erbaut, welches von *Borromini* herrührt.

Bei dieser Gelegenheit rathe ich jedem deutschen Architekten, die in Deutschland häufig verbreiteten irrigen Ansichten von der Unvollkommenheit italienischer und römischer öffentlicher Anstalten zeitig abzulegen. Gerade darin zeigt sich noch bei den Neueren der Geist der alten Römer, daſs die Staatsgebäude mit einer Pracht, Vollkommenheit und Schönheit erbauet sind, von welcher man in Deutschland, ohne sie gesehen zu haben, kaum einen Begriff hat.

Am schönsten sind aber besonders römische Staatsgebäude, die auf Geistescultur Bezug haben; zunächst also die kirchlichen Gebäude; dann Museen und Bibliotheken, in deren Anordnung und Einrichtung die Italiener, und besonders die Römer, ein Talent haben, worin ihnen Niemand anders beikommen möchte. So ist das *Vaticanische* Museumgebäude selbst ein wahres architektonisches Kunstwerk; auch das *Capitolinische;* wobei man übrigens immer auf die Hauptsachen und nicht auf Nebensachen sehen muſs, an denen hier, wie überall, immer Tadel zu finden ist.

Minder bedeutend in ihrer Art scheinen die römischen Theater, über die ich mir übrigens kein Urtheil anmaſse, da ich nur wenig davon gesehen habe, indem sie damals sehr wenig benutzt wurden.

Profane Gebäude aus dem Mittelalter sind in Rom eben so selten, wie geistliche. Unter den römischen Pallästen weiſs ich keinen aus dieser Zeit zu nennen, als etwa den sogenannten venetianischen Pallast, oben am Corso, der einigermaſsen in einem Uebergangsstyle aus der Bauart des Mittelalters in diejenige der neuern Zeit, angeblich von *Giuliano di Majano* im Jahre 1468 erbauet ist.

Unter den modernen Pallästen dürften die Wohnungen der Päbste, nemlich der Pallast im *Vatican* und der auf dem Berge *Quirinal* zuerst in Betracht kommen.

Der vaticanische Pallast ist im Ganzen nicht regelmäfsig, hat aber sehr schöne Theile und Einzelnheiten. Dahin gehören besonders der mit Raphaels Loggien umgebene Hof, dessen Loggien durch ihre inneren wunderschönen Verzierungen, und mit einer prächtigen Lage und Aussicht über den gröfsten Theil von Rom, einen höchst reizenden Eindruck machen; dann die schönen innern Höfe und die prächtigen Säle des Museums und der Bibliothek. Hier kann man schöne innere Verzierung der Gebäude im Style der Zeit Raphaels besser kennen lernen als irgendwo anders, und zugleich sehen, dafs wenn etwas recht Vortreffliches hervorgebracht ist, dieses doch nicht so leicht in schlechterer Mode untergeht; denn auch die spätern Säle des Museums und der Bibliothek reihen sich diesem Architektur-Styl an und sind dadurch über manches Gleichzeitige erhaben.

Der Pallast auf dem *Quirinal* ist neuer und viel weniger interessant; er wurde im Jahre 1811 für den Sohn Napoleons, als König von Rom, inwendig eingerichtet und decorirt: ich glaube, nach Zeichnungen, oder doch im Style von *Percier;* ich habe diese Einrichtungen nicht gesehen; was mir leid thut; denn ich hätte wohl sehen mögen, wie sich dergleichen in Rom ausnimmt.

Unter den übrigen grofsen Pallästen sind vor allen zwei von Bramante, nemlich der Pallast der *Cancellaria* und der Pallast *Giraud* zu nennen: beide die Lieblinge fast aller Architekten, und es ist wahr, dafs in denselben eine gewisse bescheidene Schönheit, eine gewisse anständige Pracht herrscht, welche bezaubert; wenn schon ich zu behaupten wage, dafs die Architektur doch so ganz harmonisch nicht ist.

Der berühmte Pallast *Farnese* ist gröfstentheils ein Werk von *Antonio da Sangallo.* Von *Michel Angelo Bonaroti* soll das Dachgesims sein, und auch *Vignola* und *Giacomo della Porta* haben Theil an der Erbauung dieses Pallastes. Er hat aufser der schönen Façade auch schöne innere Räumlichkeiten.

Schöne Palläste, wenn auch nicht sehr grofs, sind in Rom von *Balthasar Peruzzi.* Dahin gehört *Palazzo Spada,* in der Strafse *dei Ballestrari;* die Palläste *Massimi* in der Strafse *della Valle;* das interessante Haus im *Vicolo del Aquila*, und der Pallast von *Papa Giulio* in der Strafse vor der *Porta del Popolo*. Gewifs ist Balthasar Peruzzi einer der trefflichsten italienischen Architekten, und es ist viel an seinen Werken zu lernen.

Zu den bedeutendsten Pallästen in Rom gehören auch besonders der Pallast *Borghese* und der Pallast *Barberini*. In ersterem ist der Hof, mit Arcaden von paarweis gestellten Säulen, schön, und dessen Durchsicht durch die oberen Arcaden nach dem Garten hin reizend. Auch im Innern des Pallastes ist Vieles schön und bedeutend. Drei Zimmer waren für die Fürstin Pauline Borghese im modernen Pariser Style decorirt; darunter ein besonders schönes Schlafzimmer. Der Pallast ist am Ende des sechszehnten und am Anfange des siebenzehnten Jahrhunderts erbauet.

Der Pallast *Barberini* ist ungefähr aus derselben Zeit, von den Architekten *Carlo Maderno* und *Borromini*, und beendigt von *Bernini*. Besonderen Eindruck hat auf mich der grofse Saal in der Mitte des zweiten Stockwerkes (*Bel étage*) gemacht. Die Wölbung dieses Saales ist von Pietro da Cortona prachtvoll gemalt, und es beziehen sich die Gegenstände der Malerei auf den Glanz und das Ansehen der Familie Barberini zur Zeit der Regierung des Pabstes Urban VIII., eines Barberini. Solche Säle sind wahre Familien-Monumente, und die römische Aristokratie erscheint darin als Beschützerin der Künste, und in einem Glanze, der ungemein imponirt.

Aus dieser Periode des 16ten und 17ten Jahrhunderts stammen nun noch eine Menge anderer merkwürdiger Palläste und Privatgebäude in Rom, unter welchen nicht leicht einer sein wird, in dem nicht etwas zu bewundern und zu lernen wäre. Der Architekt wird das Gute darin besonders dann leicht auffinden und anerkennen, wenn er sich gewöhnt, die Fehler und Mängel dieser Bauperiode, welche besonders in einer Ueberladung mit architektonischen Gliederungen und nicht selten auch mit geistlosen Schnörkeln besteht, zu übersehen. Wunderbar ist es, welche grofse Summen dabei zum Besten der Steinmetzen aufgeopfert worden sind, nicht um die Gebäude besser, sondern um sie schlechter zu machen.

Als ein merkwürdiger Pallast aus der letzten Hälfte des achtzehnten Jahrhunderts darf der Pallast *Braschi* angeführt werden. Nicht übermäfsig grofs, hat derselbe doch etwas sehr Anständiges in seiner Architektur, was ihn eben nachahmungswerth macht. Zu seinen Schönheiten gehört besonders auch die Treppe, die mich an diejenige des Hauses von Andrea Mantegna in Mantua erinnerte.

Die reizendsten und schönsten Privatgebäude, welche Rom besitzt, sind seine Villen. Hier hat der wohlhabende Römer seinen trefflichen Geschmack und künstlerischen Sinn in der Anordnung von Gebäuden und Gartenanlagen vielfältig bewiesen und alles, was Baukunst und Gartenkunst vermögen, aufzubieten gesucht.

Der reichste Fürst, und der kleinste, kaum bemittelte Bürger, haben ihre Lustorte, und von dem ländlichen Pallaste bis zum kleinen Weingarten (*Vigna*) giebt es eine Menge von Abstufungen, die in Absicht auf Geldaufwand sehr verschieden sind, während jedoch nicht selten die kleine Vigna die grofse prächtige Villa an geistreichen und geschmackvollen Anordnungen noch überbietet.

Der Raum, den die noch vorhandenen altrömischen Stadtmauern umschliefsen, ist nicht mehr mit Gebäuden ganz ausgefüllt; vielmehr ist jetzt ein grofser Theil Garten und Weinberg; und so kommt es, dafs der städtische Pallast allmälig in die Villa übergeht; und schon manches Gebäude, welches mit der einen Seite an einer frequenten Strafse der Stadt liegt, ist an der andern Seite mit Lustgärten umgeben. Das sind aber eben die reizendsten unter diesen Anlagen, wenn sie gleich von anderen, vor den Thoren, durch gröfsere Ausdehnung der Gartenanlagen und gröfsere Mannichfaltigkeit derselben, so wie der Gebäude, übertroffen werden.

Zu jenen städtischen Villen gehört die liebliche Villa *Farnese* in *Trastevere*, unmittelbar an der Tiber dem Pallast Corsini gegenüber, der ebenfalls eine Villa heifsen könnte, wenn nicht seine, mehr für eine städtische Lebensweise bestimmte Bauart ihm den Namen Pallast mit Recht zueignete.

Die Villa Farnese ist besonders bedeutend durch den schönen, von Raphael al fresco gemalten Saal. Hier vereinigt sich die gröfste Blüte der Raphaelischen Zeit mit der schönen und interessanten Architektur des *Balthasar Peruzzi*.

Nicht zu verwechseln mit dieser Villa Farnese, welche auch die *Farnesina* genannt wird, sind die Farnesianischen Gärten an dem *Campo Vaccino*, welche wegen ihrer reizenden Lage, einer Anzahl darin herumliegender antiker Fragmente und einer besonders effectvollen, theatralischen Anordnung recht sehr interessant sind. Das Eingangsthor ist von der Architektur von *Vignola.* In der dazu gehörigen weitläufigen Vigna liegen auch die Reste der Bäder der *Livia.*

Eine Villa, an welcher der Deutsche ein vorzügliches Interesse nimmt, ist *Villa Albani.* Es geschieht, weil man sie als die Schöpfung unseres *Winkelmann* betrachtet, der hier bei seinem Freunde und Beschützer, dem Cardinale *Alessandro Albani* lebte, und viel zur Verschönerung dieses reizenden Ortes und zur Sammlung der darin befindlichen antiken Kunstwerke beitrug. Der Architekt der Villa war *Carlo Marchioni.* Hier, in den Villen dieser Art, lernt man erst recht den Reichthum Roms an antiken Kunstwerken kennen; und wie schön, wie herrlich ist ihre Aufstellung! Man mufs so etwas gesehen haben: beschreiben läfst es sich nicht; aber die Ansicht hinterläfst einen unauslöschlichen Eindruck. Das ist mehr als unsere englischen Garten-Anlagen, mögen diese auch noch so viel Anmuthiges haben. Freilich trägt italienische Luft, italienisches Licht und italienische Färbung auch etwas dazu bei: so wie aber noch jetzt das Bild dieser Orte in mir lebt und webt, habe ich das deutliche Gefühl, dafs diese Villen etwas sind, was Römer und Griechen so nicht gehabt haben, und was auch das moderne Europa nicht besitzt. Ich wünsche jedem wackern Architekten das Glück, den Eindruck, den diese herrlichen Productionen menschlicher Civilisation machen, vollständig in sich aufnehmen zu können, so wie die Gelegenheit ihn zu reproduciren.

Jede dieser Villen hat etwas Eigenthümliches; keine möchte jedoch so reich an schönen und verständlichen Motiven sein, wie eben *Villa Albani.*

In der gleichfalls sehr grofsen Villa *Pamfili* ist schon mehr Form ohne Motiv, und mit unter etwas ermüdende Wiederholung: aber doch auch viel Schönes. Der Baustyl des Hauptgebäudes ist der des siebenzehnten Jahrhunderts; denn es ist von *Alessandro Algardi* im Jahre 1644 erbauet; aber die Anordnung ist meines Bedünkens ganz diejenige eines mittelalterlichen Gebäudes. Ich habe mir einmal das Vergnügen gemacht, dieses Gebäude in die gothische Bauart gleichsam zu übersetzen; wo denn Alles viel besser motivirt erschien. Sie ist eine der älteren Villen; eine der neuern ist dagegen die grofse und prächtige Villa *Borghese,* nicht in Absicht auf die Gebäude, von welchen das Hauptgebäude in die Zeit der Villa Pamfili gehört, wohl aber rücksichtlich der Garten-Anlagen, die sich, wenigstens zum Theil, den englischen Anlagen nähern und sehr schön sind. Hier kann man sehen, wie sich italienische Vegetation in englischer Pflanzung ausnimmt.

Villa *Medici,* auf *Trinita del Monte,* gleicht im Geiste der Anordnung schon mehr der Villa Albani: aber der Garten ist einförmig in der Anlage; wunderschön indessen ist seine Lage, welche die herrlichsten Aussichten nach Stadt und Gegend gewährt. Herrlich ist die Gartenhalle (*salla terena*), mit ihrer schönen Säulenstellung und den prächtigen beiden Löwen.

Und so wird der aufmerksame Betrachtende in jedem dieser Landsitze etwas besonderes zu beobachten und zu entdecken finden. Ihre Zahl ist sehr groſs; aber man sollte auch die kleinste, die man Gelegenheit hat zu sehen, nicht übergehen. So ist Raphaels kleine Villa, in Absicht auf das malerische Gebäude, sehenswerth genug.

Zu den gröſseren Villen gehört noch die sehr sehenswerthe Villa von *Papa Giulio* vor der *Porta del Popolo,* mit Architektur von Vignola und Malereien von Giulio Romano.

Villa *Madama,* auf dem *Monte Mario,* auch mit Verzierungsmalereien von Giulio Romano, ist mir nicht bloſs deswegen, sondern auch noch wegen der eigenen poetischen Idee, in der unser groſser Göthe die Architektur derselben aufgefaſst hatte, merkwürdig geblieben. „An dieser Villa," sagte er zu mir bei meiner Reise nach Italien, „kann man lernen, wie „die Italiener verstanden haben, mit wenigen Mitteln groſsartig zu bauen. „Hier waren keine Mittel zu einem groſsen, ausgedehnten Hauptgebäude „vorhanden, und so hat der Baumeister denn nur ein Stück eines groſsen „Gebäudes an den Berg gesetzt, und es der Phantasie des Betrachtenden „überlassen, sich das Uebrige, als durch das Vorhandene angedeutet, gleich„sam in dem Berge verborgen vorzustellen." — Es ist nicht ganz so; denn der schöne Grundriſs, den Percier und Fontaine als Restauration des Vorhandenen gegeben haben, zeigt wohl hinreichend, daſs sich der Baumeister das Gebäude vor dem Berge vollendet dachte. Allein in der Hauptsache ist doch Göthe's Meinung richtig; denn die Neigung der Italiener, lieber einen Theil eines groſsen Gebäudes, als eine mesquine Kleinigkeit zu bauen: eine Gesinnung, die so viel Groſsartiges hervorgebracht hat, zeigt sich hier, wie in so vielen andern italienischen Anlagen, deutlich ausgesprochen. Aber die vielen Beispiele groſsartiger Vollendung beweisen genug, wie sie auch diese verstanden.

(Der Schluſs im nächsten Bande.)

16.

Ueber verschiedene Arten von Eisenbahnschienen und deren Fundamentirung.

(Vom Herausgeber.)

(Schlufs der Abhandlung No. 5. im 1sten, No. 10. im 2ten und No. 12. im 3ten Hefte dieses Bandes.)

24.

Wir wollen jetzt zunächst die Resultate der Berechnung der Kosten, die zu einer Meile Eisenbahn, mit Rücksicht auf die Erhaltung, nach den verschiedenen Constructionsarten erforderlich sein würden, zur Uebersicht *zusammenstellen.*

No.	Beschrieben und berechnet in	Constructionsart.	Kosten einer Meile Eisenbahn mit *einem* Schienen-Paare.							
			Anlage-Kosten.		Erhaltungs-Kosten.				Gesammte Kosten.	
					Jährlich.		Thut an Capital.			
			Rthlr.	Sgr.	Rthlr.	Sgr.	Rthlr.	Sgr.	Rthlr.	Sgr.
		A. Englische Art, auf einzelnen Steinen.								
1.	§. 14. I.	mit leichten gewalzten Schienen	96 373	—	2938	23	58 735	5	155 108	5
2.	§. 14. II.	mit schweren gewalzten Schienen	122 773	—	2880	3	57 601	25	180 374	25
3.	§. 21.	mit continuirlich zusammengeschraubten Schienen	109 541	20	2871	14	57 428	28	166 970	18
		B. Belgische Art, auf Querträgern.								
		a. Auf hölzernen Querstücken.								
4.	§. 15. I.	mit leichten gewalzten Schienen	79 526	15	4131	4	82 622	19	162 149	4
5.	§. 15. II.	mit schweren gewalzten Schienen	105 926	15	4072	14	81 449	9	188 375	24
6.	§. 21.	mit continuirlich zusammengeschraubten Schienen	92 695	5	4063	25	81 276	12	173 971	17

No.	Beschrieben und berechnet in	Constructionsart.	Kosten einer Meile Eisenbahn mit *einem* Schienen-Paare.							
			Anlage-Kosten.		Erhaltungs-Kosten.				Gesammte Kosten.	
					Jährlich.		Thut an Capital.			
			Rthlr.	Sgr.	Rthlr.	Sgr.	Rthlr.	Sgr.	Rthlr.	Sgr.
		b. Auf steinernen Querstücken.								
7.	§. 15. III.	mit leichten gewalzten Schienen	112626	15	2711	4	54222	19	166849	4
8.	§. 15. IV.	mit schweren gewalzten Schienen	139026	15	2652	14	53049	9	192075	24
9.	§. 21.	mit continuirlich zusammengeschraubten Schienen	125795	5	2643	25	52876	12	178671	17
		C. Americanische Art.								
10.	§. 16.	mit Längs- und Quer-Unterlagen Fig. 1. . .	56493	10	6427	4	128542	10	185036	—
		D. Reynoldsche Art.								
11.	§. 17.	mit gegossenen Schienen	105610	1	4643	13	92868	20	198478	21
12.	§. 18.	verändert, und mit gewalzten Schienen Fig. 2—5.	128944	5	2910	—	58199	26	188144	1
		E. Neue Arten, mit durchlaufender Fundamentirung.								
13.	§. 19.	die Fundamentirung von Eisen; Fig. 6—8. .	131965	10	2970	12	59408	10	191373	20
		Die Fundamentirung von Stein								
14.	§. 20. I.	mit gegossenen Schienen; Fig. 9., 10., 11., 12. .	108874	20	3762	$16\frac{1}{2}$	75251	7	184125	27
15.	§. 20. II.	mit gewalzten Schienen; Fig. 13., 14., 15., 16.	124679	10	2768	$5\frac{1}{2}$	55363	23	180043	3

Diese Berechnungen konnten, was die *Anlagekosten* betrifft, hinreichend genau und mit Zuverlässigkeit gemacht werden. Rücksichtlich der *Erhaltung* beruhen sie freilich nur *theilweise* auf *directen* Erfahrungen, weil es noch keine Eisenbahn giebt, die schon lange genug existirte, um in allen Puncten directe Erfahrungssätze zu liefern: indessen beruht doch auch die Berechnung der Erhaltungskosten in so weit auf Erfahrungen in andern *analogen* Fällen, dafs die Resultate zu blofsen *Vergleichungen,* worauf es hier nur ankommt, wohl mit hinlänglicher Gewifsheit, und wenigstens näherungsweise, zum Maafsstabe werden dienen können.

Es ergiebt sich nun aus der Vergleichung der obigen Summen das merkwürdige Resultat, dafs, während die *in der Anlage wohlfeilste* Constructionsart, nemlich die americanische Art, No. 10., um nicht weniger als etwa 60 Procente wohlfeiler ist als die theuerste, die Belgische, No. 8., mit schweren gewalzten Schienen, auf steinernen Querträgern: dafs gleichwohl, gegenseits, *mit Rücksicht auf die Erhaltung*, die wohlfeilste Art, nemlich die gewöhnliche englische, No. 1., mit gewalzten Schienen, auf einzelne Steine gelegt, nur um etwa $21\frac{1}{2}$ Procent wohlfeiler ist, als die theuerste, die Reynoldsche, No. 11.

Sodann ergiebt sich, dafs die in *der Anlage* wohlfeilste Art, die Americanische, No. 10., *mit Rücksicht* auf die Erhaltung gerade zu den *theuersten* gehört, und namentlich theurer ist, als 9 andere Constructionsarten, nemlich als No. 1., 2., 3., 4., 6., 7., 9., 14., 15.; woraus man sieht, wie leicht es ist, durch den Schein sich zu täuschen, wenn man das, was im Anfange wenig kostet, *deshalb* für wohlfeil hält.

Aber die Kosten, auch *mit* Rüchsicht auf die Erhaltung, *entscheiden* noch keineswegs. Dieses folgt schon am auffallendsten daraus, dafs diejenige Constructions-Art, welche, selbst *mit* Rücksicht auf die Erhaltung, die wohlfeilste von allen ist, nemlich die englische, mit leichten gewalzten Schienen auf einzelnen Steinen, No. 1., gerade von allen am wenigsten empfohlen werden kann, weil sie die unebenste, und eine der meisten Ausbesserungen bedürftige Bahn liefert. Und selbst die *theuerste* Constructionsart von allen, die Reynoldsche No. 8., ist in der Wahrheit noch bei weitem besser, als die gewöhnliche englische, welche am wenigsten kostet. Es kommt ja auch beim Wegebau in der That keineswegs sowohl auf *Ersparung von Ausgaben* an, sondern darauf: ohne *unverhältnifsmäfsige* Kosten auszugeben, einen Weg herzustellen, der möglichst *eben ist,* so dafs möglichst *Zugkraft* gespart wird, und dessen Ausbesserungen möglichst wenig die Passage hemmen. Der wohlfeilste Weg von allen ist, wie schon oben bemerkt, *der natürliche Boden:* aber gleichwohl ist gerade dieser der *schlechteste* Weg von allen, und die Ersparung an Transportkraft und die Schnelligkeit und Continuität der Förderung der Passage ist beim Wegebau *bei weitem* bedeutender, als die Ersparung von Kosten, selbst *mit* Rücksicht auf die Erhaltung.

Uebrigens ist noch rücksichtlich der obigen Kostenberechnungen zu bemerken, dafs die *Erhaltungskosten* und deren Capitalisirung, gerade bei den dauerhafteren Constructionen, zum Theil bedeutend, zu *hoch* gerechnet worden sind: denn z. B. um einen Constructionstheil, welcher 30 Jahre dauert, nach 30 Jahren zu erneuern, ist keineswegs jährlich der 30ste Theil, sondern nur ein weit geringerer Theil der Anlagekosten zurückzulegen, und folglich auch nur ein weit geringeres *Erhaltungs-Capital* nöthig, weil der *Zins vom Zinse* in Betracht kommt, und, wenigstens zum Theil, auch wirklich benutzt werden kann. Nur weil solches nicht wohl *durchweg* möglich sein dürfte, ist darauf nicht gerücksichtigt worden. Jedenfalls aber sind die Kosten, gerade der *dauerhafteren* Constructionsarten, mit Rücksicht auf die Erhaltung, gegen die weniger dauerhafteren *zu hoch* angeschlagen, und daher sind die Vorzüge der ersten vor den letzten eigentlich noch größer, als es die Vergleichung der oben berechneten Kosten, in so weit dieselben in Betracht kommen, ergiebt.

Wir wollen nun, ehe wir unsere Meinung über die *Wahl* unter den verschiedenen Constructionsarten aussprechen, noch des Mittels gedenken, Eisenbahnen so einzurichten, daß die Räder der darauf fahrenden Wagen *keiner Spurkränze bedürfen.*

25.

Wenn die *Räder* der Fuhrwerke keine Spurkränze bekommen sollen, so muß auf irgend eine andre Weise verhindert werden, daß sie nicht von den Schienen hinuntergleiten. Zu dem Ende kleine Reibungs-Räder zu machen, die an den Seiten der Schienen entlang rollen, würde einen zu sehr zusammengesetzten Mechanismus geben. Einfacher dürfte es sein, *Leitschienen* zu machen. Auf *die* Weise, daß dadurch die Bahn zu einer *Rinne* wird, wie durch die emporstehenden Ränder der Rinnenschienen *(trame roads)* darf dies aber nicht geschehen, weil dann wieder in den Rinnen Staub und Schlamm sich sammelt, der die Fahrt erschwert, und so der Zweck der Bahn wieder mehr oder weniger verfehlt wird. Es kommt also darauf an, *Leitschienen so* anzubringen, daß die *Bahnschiene* oben ganz ihre convexe Gestalt behält, und daß die Leitschienen auf keine Weise die Ursache von Ansammlung und Anhäufung von Sand und Schlamm werden können.

Dieses kann auf die Weise geschehen, wie es die Figuren 31., 32., 33. und 34. vorstellen. Es ist in denselben Gleiches mit gleichen Buchstaben bezeichnet. Die Bahnschiene *A* behält völlig ihre gewöhnliche

Gestalt, mit oben convexem Kopfe; und es können, ohne Veränderung, gewöhnliche gewalzte Bahnschienen genommen werden. Die Schienenstühle aber werden bis auf 12 Zoll verbreitet und gehen an den Seiten so, wie es Fig. 31. und 32. zeigen, gerade auf. In der Mitte sind sie, wie es der Grundrifs Fig. 33. zeigt, dünner, nemlich nur resp. 1 und 2 Zoll breit; an den beiden Seiten aber breiter, nemlich alle 3 Zoll breit. Oben sind auf diese Verbreitung der Schienenstühle die *Leitschienen L, L,* von gegossenem Eisen, Fig. 31., 33. und 34., vermittelst der angegossenen Knaggen *K, K,* .... aufgeschraubt. Die Leitschienen werden, in so fern, wie in den Figuren angenommen, etwa alle zwei Fufs ein Schienenstuhl steht, stark genug sein, wenn man sie 2 Zoll hoch und, nach innen abgeschrägt, oben 1 Zoll unten $1\frac{1}{2}$ Zoll breit macht. Die Schienenstühle sind von einer Leitschiene bis zur andern, wie in allen Figuren bei *d, d,* .... zu sehen, oben *abgedacht*, nemlich so, dafs sie oben scharf sind und die Abdachung nach den Seiten abfällt. Die Leitschienen stehen von der Bahnschiene 2 Zoll ab, so, dafs wenn die Bahnschiene, wie es meistens der Fall, 2 Zoll breit ist, die Breite von einer Leitschiene bis zur andern inwendig 6 Zoll beträgt. Fig. 31. zeigt den Querschnitt der Bahn mit aufgeschraubten Leitschienen, Fig. 32. nach Wegnahme der Leitschienen. Eben so zeigen Fig. 33. und 34. die Bahn im Grundrifs und von der Seite angesehen, links von *P* bis *Q mit* aufgeschraubten Leitschienen, und in der Mitte, von *Q* bis *R,* nach Wegnahme derselben; auch ist in der Mitte von Fig. 33. die Bahnschiene weggenommen.

Diese Anordnung gewährt nun, was verlangt wird. Da nemlich die Leitschienen von der Bahnschiene überall 2 Zoll breit abstehen, so dafs längs aus zwischen beiden *freie Räume* bleiben, wie man sie im Grundrifs Fig. 33. bei *C, C,* .... sieht, auch noch die Schienenstühle quer über diese Räume, wie oben bemerkt, *abgedacht* sind: so ist nirgends eine *Fläche* oder eine Ecke oder Winkel vorhanden, wo sich Staub oder Schlamm legen, oder aufhalten, oder sammeln *könnte,* und es ist rücksichtlich dessen ganz so, als wenn die Leitschienen gar nicht da wären, und als wenn, wie gewöhnlich, die Bahnschienen völlig frei wären. Dafs nicht etwa *gröfsere* Steine, oder andere Körper, die Fahrt zwischen den Leitschienen und den Bahnschienen hemmen, welche Körper dann auch nur muthwillig hinauf*geworfen* dahin gelangen können: dafür müssen natürlich die Bahnwärter sorgen.

Die Anordnung der Leitschienen ist in den Figuren 31. bis 34. mit einer durchlaufenden eisernen Fundamentirung in Verbindung gebracht, welche der in Fig. 2., 3., 4., 5. vorgestellten in der äufsern Gestalt gleich, aber in der Zusammensetzung davon verschieden ist. Hier nemlich ist der Untertheil der Schienen von dem Deckel, nebst Schienenstühlen, *gesondert,* und jeder Theil wird für sich einzeln gegossen. Der Untertheil besteht aus der *Wurzel E,* den *Flügeln D, D,* mit den horizontalen Verlängerungen *g, g,* der *Mittelwand F* innerhalb, und den durchreichenden Verstärkungen der Wurzel und der Mittelwand *G, G.* Alles dieses zusammen wird aus einem Stücke, etwa 8 F. lang gegossen, und es bildet so der Untertheil der Fundamentirung eine Art von *offener Rinne,* die man in Fig. 33. rechts von *R* bis *T* aufgedeckt, von oben hinab und in Fig. 34. durchschnitten, sieht. Der *Deckel* dagegen ist eine ganz ebene, 12 Zoll breite Platte *C, C,* ...., und wird mit der *Unterschiene B, B,* ...., die bei *e, e,* .... zum Durchflufs des Wassers durchbrochen ist, und mit den Schienenstühlen *S, S,* ...., ebenfalls 8 F. lang, wieder aus einem Stück gegossen. Man sieht ihn, von oben herab, im Grundrifs, in der Mitte von Fig. 33., von *Q* bis *R.* Die Schienenstühle sind schon vorhin beschrieben, und *auf* dieselben werden die Leitschienen vermittelst Schrauben *x, x,* ...., die, durch die Verbreitungen der Schienenstühle gehend, von oben bis unter die horizontalen Verlängerungen der *Flügel* des Untertheils der Fundamentirung ganz hindurchreichen, festgeschraubt; die Bahnschiene *A* dagegen, auf der Unterschiene *B* in einer Rinne derselben längs aus aufruhend, wird in die Schienenstühle auf die gewöhnliche Weise festgekeilt. . Der obere Theil der Fundamentirung, nemlich der Deckel, mit den Schienenstühlen, *deckt die Fuge* des Untertheils, aus der Wurzel, der Mittelwand und den Flügeln bestehend. Wenn nemlich ein 8 F. langes Stück des Untertheils von *p* bis *q* (Fig. 33. und 34.) reicht, so reicht ein gleichfalls 8 F. langes Stück des Obertheils von *r* bis *s;* und so abwechselnd weiter. Um den Untertheil mit dem oberen Theile zusammenzufügen, sind hier nur noch die *besonderen* Schrauben *e, e,* .... in der *Mitte* nöthig, die, durch die Verstärkungen *G, G,* .... der Mittelwand und Wurzel gehend, von dem Deckel bis unter die Wurzel reichen und in den zum Durchflufs des Wassers bestimmten Unterbrechungen *e, e,*.... der *Unterschiene* ihre Stelle finden. An den Seiten werden Ober- und Untertheil der Fundamentirung zugleich schon durch die Schrauben *x, x,* ...., welche die Leitschienen befestigen, mit einander verbunden. Wären keine Leitschienen vorhanden, so müfsten an den Seiten, an den Stellen x, x, ..., besondere, alsdann kürzere Schrauben durch den Fuſs der Schienenstühle zur Verbindung des oberen und unteren Theils der Fundamentirung an den Seiten eingezogen werden. Diese Art von durchlaufender eiserner Fundamentirung dürfte noch besser sein als diejenige Fig. 2. bis 5.; denn die gesonderten Theile derselben, der Ober- und Untertheil lassen sich bequemer gieſsen, und man erspart das *Ineinanderstecken* der 8 F. langen Theile an den Enden; auch ist die Verbindung zur Herstellung der Continuität der Fundamentirung noch fester.

Die Anbringung der *Leitschienen* ist nicht auf die durch Fig. 31. bis 34. vorgestellte Art der Fundamentirung beschränkt, sondern kann, wie leicht zu sehen, bloſs nachdem die Schienenstühle dazu passend eingerichtet worden, überall, auch bei jeder andern durchlaufenden, festen Fundamentirung der Schienen Statt finden, z. B. auch bei der Fundamentirung mit durchgehenden Steinen, Fig. 9. bis 16., oder bei der Fundamentirung mit Eisen, Fig. 6., 7., 8.; jedoch auch *nur bei einer festen, durchlaufenden Fundamentirung*, keineswegs, wenn gewöhnliche gewalzte Schienen, nach der englischen oder belgischen Art, bloſs in einzelnen Puncten unterstützt werden, und zwar dies letzte aus folgendem Grunde. Wenn nemlich die gewalzten Schienen bloſs in einzelnen Puncten unterstützt werden, so kann, wie weiter oben bemerkt, an den *Stöſsen* der Schienen, das Ende der einen Schiene unter das Ende der andern anstoſsenden Schiene hinuntergetrieben werden, und es kann so ein *Absatz* in der Bahn entstehen (der eben das Hauptübel nicht durchlaufender Fundamentirungen ist). Durch solch einen Absatz kann dann das in schnellem Fluge dahinrollende Wagenrad frei in die Höhe gehoben und, gleichsam in die Luft, wenn auch nur auf eine geringe Höhe, *geworfen* werden. Es kann also, wenn es etwa gerade seitwärts, hart an die eine Leitschiene gedrängt ist, auf dieselbe *aufsetzen*, und würde dieselbe nun unfehlbar zerbrechen, weil die Leitschiene kaum die Last des Rades und seiner Ladung zu *tragen*, geschweige denn den *Stoſs* und *Schlag* auszuhalten vermag. In allen Fällen dagegen, wo kein irgend merklicher *Absatz* in der oberen Profillinie der Bahnschiene entstehen *kann* (und diese Fälle finden wirklich bei allen *durchlaufenden*, festen Fundamentirungen Statt) ist für die Haltbarkeit und für die Sicherheit der Dienstleistung der *Leitschienen* durchaus nichts zu fürchten. Ihre untere Kante liegt mit der oberen Fläche der Bahnschiene *in gleicher Höhe*, oder kann, wenn man will, noch um eine Kleinigkeit *tiefer* gelegt werden, und ihre inneren Seiten sind *schräg:* also kann das Rad, welches nie von der Bahnschiene *abgehoben* wird, auch nie auf die Leitschiene aufsetzen. Von dem Gewicht und Stofs des Rades *von oben können* also die Leitschienen nie angegriffen werden, und den Schwung und Druck der Räder *nach der Seite* auszuhalten und sie in ihre Bahn zurückzuweisen, sind die Leitschienen vollkommen stark genug. Also auch um den Vortheil und Nutzen der *Leitschienen* zu erlangen, ist es gut und *nöthig*, die Bahnschiene *durchlaufend* und fest zu fundamentiren — eine Aufforderung dazu *mehr.*

Wenn man blofs verlangt, dafs die *Eisenbahnfuhrwerke* auch auf gewöhnlichen Strafsen sollen fahren können, also Räder *ohne* Spurkränze haben sollen, blofs mit cylindrischen Felgen, wie gewöhnliche Räder, und die Felgen nicht unter 4 Zoll breit: so ist *eine einzelne* Leitschiene, an der inneren oder an der äufseren Seite der Bahn (am besten an der inneren), hinreichend. Denn da die Räder von Eisenbahnfuhrwerken nothwendig mit der Achse aus einem Stücke bestehen müssen, so ist, aufser dem Spielraume zwischen dem Rade und der Leitschiene, kein anderer Spielraum weiter zwischen den Stirnen der Achse und Buchse nothwendig; und da für jeden einzelnen Spielraum 1 bis $1\frac{1}{2}$ Zoll Breite hinreichend sind, so kann die Radfelge, 4 Zoll breit, auf der 2 Zoll breiten Bahnschiene rollend, über den 2 Zoll breiten Zwischenraum zwischen der Bahnschiene und der Leitschiene nie von der Bahnschiene hinuntergleiten, sondern bewegt sich nur 1 bis $1\frac{1}{2}$ Zoll seitwärts, und ruht folglich immer ganz und voll auf der Bahnschiene auf.

Verlangt man dagegen, dafs auch *gewöhnliche Fuhrwerke*, deren Räder sich um die Achse drehen, so wie sie sind, auf der Eisenbahn sollen fahren können: so sind *zwei* Leitschienen nöthig, an jeder Seite der Bahnschiene eine; wie es in den Figuren 31. bis 34. vorgestellt ist, weil sonst die Räder der Wagen möglicher Weise von der Bahnschiene hinuntergleiten könnten. Sind so zwei Leitschienen vorhanden, so bleibt für gewöhnliche Fuhrwerke, welche auf der Eisenbahn fahren wollen, weiter keine Bedingung, als dafs ihre Spurweite die der Eisenbahn sei, und dafs ihre Felgen mindestens 3 Zoll breit und die Radreifen nicht etwa mit *Kopfnägeln* auf die Felgen befestigt sind. Unter diesen Bedingungen kann man dann ohne alles Bedenken jedes beliebige Fuhrwerk auf der Eisenbahn fahren lassen; denn der allerschwerste Frachtwagen und das gröſste Geschützstück wiegen lange nicht so viel, als ein Dampfwagen. Daſs die Räder der gewöhnlichen Fuhrwerke, wenn sie, im Schmutz, von gewöhnlichen Wegen an der Eisenbahn anlangen, vor der Auffahrt auf dieselbe vollständig gereinigt werden müssen, versteht sich von selbst.

Wenn die Leitschienen, so wie sie oben beschrieben sind, 2 Zoll hoch, 1 Zoll oben und $1\frac{1}{2}$ Zoll unten breit gemacht werden, so enthält eine Schiene von 8 F. lang . 240 Cubikzoll.

Die 5 angegossenen Knaggen zur Befestigung der Schiene enthalten, zu $1\frac{1}{2}$ Zoll lang, $1\frac{1}{2}$ Zoll breit und $1\frac{1}{3}$ Zoll hoch, ... 15 - -

Für die Schienenstühle kann man an Zulage zu dem Cubik-Inhalte der gewöhnlichen rechnen . . . . 50 - -

Thut zusammen 305 Cubikzoll,
also auf den laufenden Fuſs . . . . $38\frac{1}{3}$ Cubikzoll,
und zu 9 Loth den Cubikzoll . . . . $10\frac{2}{3}$ Pfd.
Thut auf die Meile Bahn . . . . 2309 Ctr. Guſseisen.

Die Kosten *einer* Leitschiene, mit Rücksicht auf die Erhaltung, dürften also auf die Meile Bahn folgende sein.

	Anlage-kosten.		Dauer.	Thut an Erhaltungs-kosten.				Zusammen an Capital.	
			Jahre.	Jährlich.		An Capital.			
	Rthlr.	Sgr.		Rthlr.	Sgr.	Rthlr.	Sgr.	Rthlr.	Sgr.
1. Für 2309 Centner Guſseisen, zu 3 Rthlr. 20 Sgr., ...	8466	10	50	169	10	3386	20	11853	—
2. Zulage für 15000 Bolzen, zu $2\frac{1}{2}$ Sgr.,	625	—	30	20	25	416	20	1041	20
3. Für das Richten und Aufschrauben der Schienen, 2000 Ruthen zu 5 Sgr.,	333	10	30	11	$3\frac{1}{3}$	222	$6\frac{2}{3}$	555	$16\frac{2}{3}$
Zusammen	9424	20	—	201	$8\frac{1}{3}$	4025	$16\frac{2}{3}$	13450	$6\frac{2}{3}$

oder etwa 7 Procent der mittleren Kosten einer Meile Bahn selbst. Doppelte Schienen kosten das Doppelte. Wahrscheinlich würde die Erfahrung zeigen, daſs die Leitschienen noch bedeutend schwächer sein können, und dann vermindern sich verhältniſsmäſsig die Kosten. Der Vortheil, daſs auch jedes gewöhnliche Fuhrwerk auf der Eisenbahn fahren könne, oder daſs wenigstens Bahnfuhrwerke auch gewöhnliche Straſsen passiren können, ist aber so groſs, daſs jedenfalls die Mehrausgabe dafür vortheilhaft angewendet sein dürfte.

26.

Eine andere Art, wie Eisenbahnen für Fuhrwerke mit gewöhnlichen Radfelgen ohne Spurkränze fahrbar eingerichtet werden könnten, stellen die Figuren 35., 37. und 38. vor.

Hier werden die Räder nicht durch *fortlaufende* Leitschienen, sondern durch einzelne, 8 Zoll von einander entfernte Knaggen *k, k,* .... in der Bahn gehalten und durch dieselben gezwungen auf den Schienen zu bleiben. In den 3 genannten Figuren ist angenommen, daſs die Schienen, worauf die Räder rollen, auf 4 F. lange Werkstücke, wie in Fig. 9. bis 16., fundamentirt, und 8 F. lang, z. B. von *A* bis *B* (Fig. 37. und 38.), und mit den Schienenstühlen, die die Leitknaggen *k, k,* .... tragen, und den Lappen *l, l,* ...., vermittelst welcher das Ganze durch die Bolzen *p, p,* .... an die Werkstücke festgeschraubt wird, *aus einem Stücke* gegossen werden. Die Rinnen *r, r,* .... sind zur Ableitung des Wassers unter die Schienen hindurch bestimmt. Die Leitknaggen *k, k,* .... sind inwendig auf 2 Zoll hoch, $\frac{1}{2}$ Zoll abgeschrägt, und die Theile *d, d,* .... der Schienenstühle sind abgedacht, damit kein Staub und Schmutz darauf verweilen kann. In Fig. 38. sind durch punctirte Bogen die Umfänge von 3 F., 4 F. und 5 F. im Durchmesser haltenden, auf den Schienen rollenden Rädern angedeutet, und die Figur zeigt, daſs die Leitknaggen die Räder überall verhindern, die Schienen zu verlassen. Die eigentliche Schiene *a, a,* ...., 2 Zoll breit und $2\frac{1}{2}$ Zoll hoch, steht einen halben Zoll über die abgedachten Querstücke *d, d,* .... vor, so daſs das Rad die letzteren nicht berührt, und liegt auf den Steinen platt auf. Die Lappen *l, l,* .... *zwischen* *A* und *B* haben die volle Dicke, diejenigen an den Stöſsen der Schienen, bei *A* und *B*, aber nur die halbe Dicke, und dagegen eine gröſsere Breite. Der *obere* Lappen, von der halben Dicke (Fig. 35. und 38.), ist mit der einen 8 F. langen Schiene, der *untere* Lappen mit der *folgenden*, anstoſsenden, 8 F. langen Schiene aus einem Stücke gegossen. Die Bolzenlöcher in beiden Lappen treffen auf einander und der Bolzen geht durch beide zugleich hindurch, wodurch also die 8 F. langen Schienenstücke zugleich *mit einander* zu einem fortlaufenden Ganzen verbunden werden.

Ein 8. F. langes Schienenstück, von der beschriebenen Form, würde mit den daran gegossenen Schienenstühlen, Leitknaggen und Bolzenlappen folgenden Cubik-Inhalt und folgendes Gewicht haben.

Die Schiene selbst, 96 Zoll lang, 2 Zoll breit, $2\frac{1}{2}$ Zoll hoch, ... 480 Cubikzoll.

Die abgedachten Querstücke, an jeder Seite 2 Zoll lang, im Durchschnitt $1\frac{1}{2}$ Zoll hoch und 2 zu 3, 6 zu $2\frac{1}{3}$ und 2 zu 2 Zoll, zusammen 24 Zoll breit, ... 144 - -

10 Leitknaggen, ebenfalls zusammen 24 Zoll breit, 4 Zoll hoch und im Durchschnitt $1\frac{7}{8}$ Zoll dick, ... 180 - -

4 Lappen, zu 3 Zoll lang, 3 Zoll breit und $1\frac{1}{2}$ Zoll dick, 54 - -

4 Lappen, zu 4 Zoll lang, 3 Zoll breit und 1 Zoll dick, 48 - -

Zusammen 906 Cubikzoll,

thut, zu 9 Loth den Cubikzoll, etwa . . . . . 255 Pfd.;
also auf den laufenden Fufs Bahn etwa . . . . 32 Pfd.
und auf die Meile Bahn . . . . 13 900 Ctr. Gufseisen.

An Werkstücken gehört zu der Fundamentirung von 4 laufenden Fufs Schienen ein Stein von 4 F. 4 Z. mit dem Arbeitszolle lang, 20 Zoll breit und $14\frac{1}{2}$ Zoll mit dem Arbeitszolle für die obere Fläche hoch; thut 15 080 Cubikzoll oder etwa $8\frac{3}{4}$ Cubikfufs,
und auf die Meile Eisenbahn . . . . . . 104722 Cubikfufs Werkstücke.

Hiernach würden die Kosten einer Meile Eisenbahn, mit Rücksicht auf die Erhaltung, wie folgt zu stehen kommen, wenn man nemlich annimmt, dafs die gegossenen Schienen, wie die *Reynold*schen, 25 Jahre vorhalten, was hier um so weniger zu viel sein wird, da die gegenwärtigen Schienen, nicht etwa wie diejenigen ohne Leitschienen oder Leitknaggen, blofs *auf einer Ecke* von den Rädern mit Spurkränzen, sondern immer *in ihrer ganzen Breite* getroffen werden, so dafs sie also weniger schnell abgerieben werden; was zugleich ein Grund ist, warum zwischen Leitschienen oder Leitknaggen *gegossene* Schienen dauerhaft genug und, wenigstens gröfserer *Dauer* wegen, eben keine gewalzte Schienen nothwendig sein möchten.

	Anlagekosten.		Dauer.	Thut an Erhaltungskosten.			
			Jahre.	Jährlich.		An Capital.	
	Rthlr.	Sgr.		Rthlr.	Sgr.	Rthlr.	Sgr.
1) Für 1200 Sch. R. Steine zum Steinschlage, zu 6 Rthlr. 20 Sgr., ...	8 000	—	100	80	—	1 600	—
2) Für den Steinschlag zu machen, zu $1\frac{1}{2}$ Rthlr die Schachtruthe, ...	1 800	—	100	18	—	360	—
Bis hierher	9 800	—	. .	98	—	1 960	—

	Anlagekosten.		Dauer.	Thut an Erhaltungskosten.			
			Jahre.	Jährlich.		An Capital.	
	Rthlr.	Sgr.		Rthlr.	Sgr.	Rthlr.	Sgr.
Bis hierher	9800	—	. .	98	—	1960	—
3) Für 104722 Cubikfuſs Werkstücke, zu 12½ Sgr., ...	43624	5	50	872	20½	17453	20
4) 45000 Quadratfuſs die Stirnen der Steine glatt zu bearbeiten und die Pfalzen und Zapfen zu machen, zu 3 Sgr., ...	4500	—	50	90	—	1800	—
5) 80000 Quadratfuſs, die Oberfläche der Steine unter den Schienen zu bearbeiten und die Rinnen einzubauen, zu 1½ Sgr., ...	4000	—	50	80	—	1600	—
6) 48000 Löcher zu den Bolzen zu machen, zu 3 Sgr., ...	4800	—	50	96	—	1920	—
7) Für 13900 Ctr. Guſseisen zu den Schienen, zu 3½ Rthlr., ...	48650	—	25	1946	—	38920	—
8) Für 48000 Schraubenbolzen, von 17 Zoll lang, mit Kopf, Spindel und Mutter: sind 800 Ctr. Eisen, zu 12 Rthlr., ...	9600	—	50	192	—	3840	—
9) Für die Steine und Schienen zu legen, zu 2 Rthlr. für die Ruthe Bahn, ...	4000	—	25	160	—	3200	—
Zusammen	128974	5	. .	3534	20½	70693	20
Das Capital für die Erhaltungskosten von .	70693	20					
hinzugethan, giebt an gesammten Kosten . .	199667	25,					

so daſs also die Kosten denen der Reynoldschen Art (§. 24. No. 11.) nur ungefähr gleich sind.

27.

Sollte man etwa fürchten, daſs die gegossenen Schienen da wo die Steine aneinander stoſsen, oder auch sonst, durch *Stöſse* der Wagen zerbrochen werden möchten, oder auch wünschen, die Schienen leichter erneuern zu können, so darf man nur die im vorigen Paragraph beschriebenen gegossenen Schienen mit Zubehör, aber dieses alles dann etwas schwächer, zu *Unterschienen* nehmen, und darauf leichte *gewalzte* Schienen festkeilen.

Wir haben die Art, wie solches geschehen könnte, um die Figuren nicht zu sehr zu vervielfältigen, im Grundriſs Fig. 37. durch *punctirte Linien* angedeutet, jedoch ein besonderes Profil (Fig. 36.) beigefügt. In diesem Profil ist jetzt *a* die *gegossene* Unterschiene und *b* die *gewalzte* Ober- oder Bahnschiene, welche, zu etwa 7 Pfd. auf den laufenden Fuſs schwer, stark genug sein wird. Sie steht auf der Unterschiene, in einem Pfalz derselben, und wird in den Schienenstühlen *s*, *s*, die mit der Unterschiene *a*, mit den Leitknaggen *k*, *k* und den Lappen *l*, *l* auf 3 F. 9 Z. lang aus einem Stück gegossen sind, festgekeilt. Es trifft jetzt je *mitten* auf einen 4 F. lang bauenden Stein eine 3 Zoll breite Rinne, und auf die Breite dieser Rinne ist die Unterschiene unterbrochen, und das Wasser kann in der Rinne unter die Oberschiene hindurch fliefsen. Also sind jetzt in *A*, in *C*, in *B* etc. (Fig. 37.) Rinnen, und ein, 3 F. 9 Z. lang, mit den Schienenstühlen, Leitknaggen und Lappen in Eins gegossenes Stück Unterschiene reicht z. B. von der Rinne *A* bis zur Rinne *C*, und namentlich von *y* bis *z*. Es wird durch 4 Bolzen an die Steine festgeschraubt und trägt 8 Leitknaggen, die etwas breiter sind als die Querstücke, welche sie mit der Unterschiene verbinden, damit von einem Leitknaggen bis zum andern, wie vorhin, nur 8 Zoll Zwischenraum bleibe. Die gewalzten Schienen müssen, für 4 Fufs lange Steine, 16 Fufs lang sein, und man kann sie je auf ein Viertheil der Länge eines Steins zusammenstofsen lassen.

So eingerichtet, kann man dann annehmen, dafs die Unterschienen mit Zubehör wohl 50 Jahre und die gewalzten Schienen 30 Jahre vorhalten werden.

Ein 3 F. 9 Z. langes Unterschienen-Stück würde mit Zubehör folgenden Cubik-Inhalt und folgendes Gewicht haben:

Die Schiene selbst, 45 Z. lang, mit 3 Zoll Querschnitt,	135 Cubikzoll.
Die abgedachten Querstücke, an jeder Seite 2 Z. lang, im Durchschnitt 3 Z. hoch und zusammen 7 Zoll breit,	84 - -
8 Leitknaggen, zusammen 16 Z. breit, $4\frac{1}{2}$ Z. hoch und im Durchschnitt $1\frac{3}{4}$ Z. dick, ...	252 - -
4 Lappen, zu 3 Z. lang, 3 Z. breit, $1\frac{1}{4}$ Z. dick, .	45 - -
Zusammen	516 Cubikzoll,
thut, zu 9 Loth den Cubikzoll, etwa	145 Pfd.;
also auf den laufenden Fufs Bahn etwa	$36\frac{1}{3}$ Pfd.
und auf die Meile Bahn	15 525 Ctr. Gufseisen.

An gewalzten Schienen würden für die Meile 3000 Ctr. zu rechnen sein. Der Bedarf an Werkstücken ist der nemliche wie bei der vorigen Art.

Hiernach würden die Kosten, mit Rücksicht auf die Erhaltung, wie folgt zu stehen kommen.

	Anlagekosten.		Dauer.	Thut an Erhaltungskosten.			
			Jahre.	Jährlich.		An Capital.	
	Rthlr.	Sgr.		Rthlr.	Sgr.	Rthlr.	Sgr.
1) Für den Steinschlag und die Werkstücke, wie (1., 2., 3. §. 26.), ...	53 424	5	—	970	20	19 413	20
2) Die Stirnen der Steine zu bearbeiten, wie (4. §. 26.), ...	4 500	—	—	90	—	1 800	—
3) Die Oberfläche der Steine zu bearbeiten und die Rinnen und Versenkungen einzuhauen, 80 000 Quadratfufs zu $2\frac{1}{2}$ Sgr., ...	6 666	20	50	133	10	2 666	20
4) Die Löcher zu den Bolzen zu machen, wie (6. §. 26.), ...	4 800	—	50	96	—	1 920	—
5) Für 15 525 Ctr. Gufseisen, zu $3\frac{1}{2}$ Rthlr.,	54 337	15	50	1086	$22\frac{1}{2}$	21 735	—
6) Für 3000 Ctr. gewalzte Schienen, zu 7 Rthlr. 10 Sgr., ...	22 000	—	30	733	10	14 666	20
7) Für 48 000 Keile, zu 1 Sgr., . . .	1 600	—	30	53	10	1 066	20
8) Für die Bolzen, wie (8. §. 26.), . .	9 600	—	50	192	—	3 840	—
9) Für das Legen der Bahn, 2 Rthlr. für die Ruthe, ...	4 000	—	50	80	—	1 600	—
Zusammen	160 928	10	. .	3435	13	68 708	20
Das Capital für die Erhaltungskosten von	68 708	20					
hinzugethan, giebt an gesammten Kosten . .	229 637	—,					

was etwa 15 Procent mehr ist als die Kosten der Reynoldschen Art, also nicht mehr, als nach §. 25. die Kosten einer guten Bahn mit durchlaufenden Leitschienen betragen würden.

28.

Man könnte auch einzelne Schienenstühle mit Leitknaggen, etwa von der Form wie es Fig. 36. vorstellt, giefsen, *ohne* sie durch eine Unterschiene zu verbinden, dieselben sodann auf Steinen nach Fig. 37. festschrauben, und darin *starke* gewalzte Bahnschienen, von etwa 15 Pfd. auf den laufenden Fufs schwer, festkeilen. Diese Bahnschienen müfsten dann einen 2 Zoll breiten, *platten Fufs* erhalten, mit welchem sie auf den Steinen unmittelbar aufruhen würden. Diese Art würde etwas wohlfeiler sein als die vorige (§. 27.), aber auch weniger fest.

29.

Zu bemerken ist noch, dafs die Leitschienen, oder auch die Leitknaggen, aufser ihrem Hauptnutzen, dafs die Bahn durch sie für gewöhnliche Fuhrwerke, mit Rädern ohne Spurkränze, fahrbar wird, noch einen andern, sehr wesentlichen Nutzen haben würden. Sie würden nemlich *Zugkraft* ersparen, und zwar aus folgendem Grunde.

Wenn die Räder der Wagen, wie auf gewöhnlichen Eisenbahnen, *Spurkränze* haben, so entsteht jedesmal, so wie sie seitwärts an die Schienen gedrängt werden (und dieses geschieht immerfort), mehr oder weniger *dauernd,* eine *starke* Reibung. Denn da die Spurkränze *gröfsere* Halbmesser haben als die Radfelgen, so kann sich das Rad nicht fortbewegen, ohne sich an der Schiene wesentlich zu *reiben.* Die *walzende* oder *rollende* Bewegung der Räder mit *Spurkränzen* findet auf gewöhnlichen Eisenbahnen gar nicht strenge in der Wirklichkeit, sondern nur mehr in der Einbildung Statt. Man dürfte die Wagen nur recht scharf seitwärts an die Schienen drängen, so würde man eine wahre *Hemmung* bekommen, die nach Belieben verstärkt werden könnte. Haben dagegen die Räder keine Spurkränze, so kann ein eigentliches *Reiben* viel weniger Statt finden, sondern die Räder können nur mehr als *Walzen* fortrollen. Denn, werden sie auch an die Leitschienen oder Leitknaggen gedrängt, so trifft doch immer nur die unterste, äufsere Kante der Radfelge die *schräge* innere Fläche der Leitschiene oder des Leitknaggens, und dies nur weit mehr vorübergehend. Die Leitschienen werden daher zugleich wesentlich *Zugkraft* ersparen.

Dafs die Bahnschienen, welche es auch sein mögen, zwischen Leitschienen oder Leitknaggen liegend, weniger werden *abgenutzt* werden, weil das Rad die Schiene nicht mehr blofs auf einer ihrer *Ecken,* sondern die *ganze obere Breite* derselben trifft, ist schon oben bemerkt worden. Auch die *Wagenräder* selbst würden zwischen Leitschienen oder Leitknaggen weniger abgenutzt werden.

30.

Wir haben nun schliefslich eine Aeufserung auf die Frage zu machen, welcher von den verschiedenen Schienenarten der Vorzug vor den übrigen gebühren dürfte. Zu dem Ende müssen wir mit wenigen Worten recapituliren, ob und in wie fern die einzelnen, etwa nach §. 24. geordneten Arten, zunächst abgesehen von Leitschienen oder Leitknaggen, die Erfordernisse §. 13. erfüllen.

Die *Englische* Art, §. 24. No. 1. und 2., mit gewalzten Schienen, auf einzelne Steine gelegt, erfüllt beinahe keine der 5 Bedingungen §. 13. Eine solche Bahn ist, wenigstens auf weichem Boden, weder gegen den Druck und Stofs der Wagen von oben, noch gegen den Seitendruck der Räder fest genug.

Sie mufs nothwendig bald holperig und uneben und dann bald zerstört werden. Die Ableitung des Wassers ist nicht vollständig; Reparaturen kommen sehr häufig vor und auch die Kosten sind nicht geringe. Schwerere Schienen können nur wenig helfen. Sie gereichen fast nur zum Vortheil der Verfertiger und Verkäufer gewalzter Schienen, die *so* mehr Eisen absetzen, nicht aber verhältnifsmäfsig zum Vortheil der Bahnen. Die beiden Arten Bahn No. 1. und 2. empfehlen sich also wenig. Die continuirlich zusammengeschraubten Schienen §. 21., für die Art No. 3. §. 24., können das Uebel zwar sehr vermindern, aber nicht ganz heben.

Die *Belgische* Art §. 24. No. 4. und 5. hat schon den Vortheil einer sehr guten Erhaltung des Parallelismus der Schienen; auch ist die Wasserableitung schon besser, die Fundamentirung fester und die Kosten sind, wenn man hölzerne Quer-Unterlagen legt, wenigstens für die erste Anlage, geringe. Doch sind steinerne Quer-Unterlagen No. 7. und 8. bei weitem besser, weil dann seltener Reparaturen vorkommen und also die Fahrt weniger oft unterbrocheu wird. Die Belgische Art ist also, und zumal wenn man continuirlich zusammengeschraubte Schienen machen will (No. 6. und 9.), schon viel besser. Die schweren gewalzten Schienen (No. 5. und 8.) können wieder wenig nutzen.

Von der *Amerikanischen* Art No. 10. ist ein *wesentlicher* Vorzug, dafs sie eine Art *fortlaufender* Fundamentirung besitzt; der Vorzug der geringen Anlagekosten ist dagegen nur scheinbar; denn die Kosten mit Rücksicht auf die Erhaltung sind sogar höher als die beinahe aller vorhergehenden Arten. Doch ist die gröfsere Festigkeit der Fundamentirung ebenfalls nur mehr scheinbar; denn sie findet nur Statt, so lange die Bahn neu und das Holz noch ganz fest ist. Späterhin wird die Bahn ebenfalls leicht holperig werden, und ein Hauptübel bei derselben ist, dafs sie dann mehr *Zugkraft* erfordert. Aufserdem ist es ein Uebel dieser Art, dafs sie *sehr* häufig und fortwährend Ausbesserungen erfordert. Desgleichen ist es ein Uebel für Gegenden, die keinen Ueberflufs an Holz haben, dafs diese Art Bahnen eine grofse Masse von Holz verzehrt, welches zu erzielen eine nicht unbedeutende Landfläche erforderlich ist, die besser benutzt werden kann. Diese Art ist daher nur da etwa zu empfehlen, wo man mit möglichst wenigen Kosten nur erst eine Strafse eröffnen will, oder wo es an Eisen und Steinen fehlt und wo Holz im Ueberflusse vorhanden ist: in anderen Gegenden, also auch in Deutschland, im Allgemeinen nicht.

Die Reynoldsche Art No. 11. erfüllt wenigstens die vorzüglichste Bedingung §. 13. der festen Fundamentirung und dauernden Ebenheit der Bahn sehr gut. Desgleichen auch recht gut die der Erhaltung des Parallelismus der Schienen und der Seltenheit der Reparaturen. Nur ist die Wasser-Ableitung noch unvollständig. Die Kosten dieser Art sind hoch.

Durch die veränderte Reynoldsche Art, so wie durch die neue Art No. 13., wird diesen Mängeln abgeholfen, und diese Arten dürften daher schon ziemlich das leisten, was zu wünschen ist; und noch etwas besser, wenn man die Fundamentirung statt nach Fig. 6., 7., 8., nach Fig. 31. bis 34. macht.

Noch besser, wenigstens sicherer, dürften jedoch die beiden Arten 14. und 15., besonders No. 15., mit einer Fundamentirung von Werksteinen sein: vorzüglich in Gegenden, wie die hiesige, wo Werksteine nicht übermäſsig theuer sind. Es fehlt nemlich über die Frage, wie lange *Eisen* in der Erde, wie hier angewendet, dauere, noch gänzlich an directen Erfahrungen. Dagegen weiſs man aus *vielfältigen* Erfahrungen, daſs gute *Werksteine*, z. B. feste Sandsteine, in der Erde *sehr* lange, ja Jahrhunderte dauern können. Zwar ist die Fundamentirung mit Werksteinen nicht so vollkommen in allen Puncten gleich stark, wie die Fundamentirung mit Eisen; aber ihre Stärke ist für den gewöhnlichen Zweck jedenfalls vollkommen zureichend.

Von dem, den Bahnen-Arten No. 11., 12., 13., 14., 15. eigenen Mangel an Elasticität und ihrer Starrheit ist, wie schon weiter oben bemerkt, durchaus nichts zu fürchten. Die Starrheit kann nur dann nachtheilig sein, wenn die Fahrspuren nicht *eben*, sondern *holperig* sind, also nur bei den *übrigen* Bahnenarten. Ist die Bahn *recht eben*, so kann sie *gar nicht starr genug* sein. Sollte man aber durchaus Nachtheile davon fürchten, oder die *Erfahrung* dergleichen, wider Erwarten, wirkich ergeben, so ist es bei den Arten 12., 13., 14. und 15. leicht, dem Uebel zuvorzukommen. Man darf nemlich nur entweder in die Rinne der Unterschiene, in welcher die Bahnschiene aufruht, oder bei No. 14. zwischen die Schiene und die Steine irgend einen elastischen oder weichen Körper, z. B. Blei oder dünne Hirnholztafeln oder auch getheerten Filz legen, so wird eine hinreichende Nachgiebigkeit der Bahn entstehen.

Alles zusammengenommen möchten wir also nun, vorzugsweise vor allen andern, wenigstens für die hiesige Gegend, die durch die Figuren 13.,

14., 15. und 16. vorgestellte Constructionsart No. 15. §. 24., mit einer durchlaufenden Fundamentirung von Werksteinen und mit gewalzten Schienen, auf gegossenen Unterschienen, empfehlen. Sie ist stark und die Bahn kann nicht holperig werden; der Parallelismus der Schienen ist hinreichend gesichert; die Ableitung des Wassers ist vollständig; Ausbesserungen können nur selten vorkommen, und die Kosten sind, wie die Zusammenstellung §. 24 ergiebt, mit Rücksicht auf die Erhaltung gerechnet, wie es nothwendig immer geschehen muſs, nicht höher als die der meisten anderen Arten.

Will man sich von gewalzten Schienen *unabhängig machen,* was, zumal so lange die Schienen aus England bezogen werden müssen, für den Continent ein bedeutender Umstand ist, so würde die Constructionsart No. 14., die von der vorigen nur darin abweicht, daſs sie gegossene statt gewalzter Schienen hat, zu empfehlen sein.

Für Gegenden, wo Werksteine zur Fundamentirung fehlen, scheint mir die Art No. 13., Fig. 6., 7. und 8., die bessere.

Will man ferner diesen besseren Arten noch *Leitschienen* geben, damit Fuhrwerke mit Rädern ohne Spurkränze die Bahn befahren können, oder eine der Arten §. 26., 27. oder 28. mit *Leitknaggen* wählen, unter welchen dann diejenige §. 26., die auch gewiſs völlig haltbar ist, als die bessere zu empfehlen sein möchte, schon deshalb weil sie keiner *gewalzten* Schienen bedarf: so wird man eine Eisenbahn erhalten, die wenig mehr zu wünschen übrig läſst.

Es wäre noch zu erörtern, wie bei den verschiedenen Constructionsarten die *Ausweichungen* von der Bahn, die *Uebergänge* gewöhnlicher Straſsen über die Bahn, u. s. w. einzurichten seien. Wir dürfen dies indessen für diesesmal, um die gegenwärtige Abhandlung nicht zu sehr zu verlängern, füglich übergehen, indem leicht zu sehen ist, daſs alle jene Einrichtungen bei den verschiedenen Constructionsarten ohne Schwierigkeit wenigstens möglich sind. Bei Gelegenheit mag darüber weiter gesprochen werden.

Daſs wir Constructionsarten empfehlen, die noch *nicht versucht* worden sind, könnte die Bemerkung nach sich ziehen, daſs sothaner Empfehlung das Fundament der *Erfahrung* abgehe. Aber dieser Einwand ist schon an sich selbst nur *scheinbar* richtig. Denn die *einzelnen Theile,* aus welchen die Constructionen zusammengefügt sind, haben allerdings die

Erfahrung für sich. Dafs Schienen von den angenommenen Maafsen halten, weifs man aus *Erfahrung;* dafs Steine in der Erde dauern und so, wie sie angenommen, stark genug sind, weifs man ebenfalls aus *Erfahrung;* und dafs die Zusammensetzung der einzelnen Theile so, wie sie vorgeschlagen, ausführbar und haltbar ist, wird Niemand bezweifeln wollen. Der Einwand findet also an sich selbst schon nicht Statt. Es wäre aber auch selbst dann, *wenn* der Einwand gegründet wäre, noch nicht wohlgethan, blofs auf denselben hin etwa die Berücksichtigung der Vorschläge von der Hand zu weisen.

Directe Erfahrungen können niemals *erlangt* werden, und man kann nie zum Besseren fortschreiten, wenn man nicht auf Vorschläge, sobald sie, wie hier, auf von der *Erfahrung ausgehender* Ueberzeugung gegründet sind, Rücksicht nimmt.

Wir glauben daher dafs es rathsam und wohlgethan sein werde, auf die obigen Vorschläge, wenigstens versuchsweise, auf einzelnen Strecken von Bahnen wirklich Rücksicht zu nehmen, und wünschen im Interesse der Betheiligten, dafs es geschehen möge.

Berlin, im August 1836.

17.

Prüfung der Bausteine in der Umgegend von Luxemburg (Keuper, Sandstein und Lias-Kalk), und zwar derjenigen, welche zum Festungsbau daselbst am häufigsten verwendet werden.

(Von dem Königl. Preufs. Ingenieur-Premier-Lieutenant Herrn *Beise* zu Coblenz.)

(Als Fortsetzung der Abhandlung No. 6. Heft 1., No. 2. Heft 3., No. 4. Heft 4. des 9ten, No. 2. Heft 1., No. 12. Heft 3. des 10ten und No. 6. Heft 1. dieses Bandes.)

I.

Kalkstein von Autun im französischen Gebiet, mehrere Stunden von Luxemburg entfernt. Es ist ein weifsgrauer Stein, eine Art Kalktuf, der sich sehr gut zu Hausteinen eignet, weil er nie verwittert und sich auch nicht leicht abnutzt. Treppenstufen daraus sind dauerhaft. Die Spanier, Franzosen und Oesterreicher haben daraus Thorpfeiler und andere Gegenstände gefertigt, welche während Jahrhunderten keine Verwitterung erlitten haben. Der Cubikfufs dieser Steinart wiegt 136 bis 150 Pfd. Der Bruch ist fein muschelig und zeigt sehr kleine Kalkspatcrystalle. Zerspringt nicht leicht unter dem Hammer oder ist zähe.

No.	Art und Weise wie sie unter die Presse gebracht wurden.	Dimensionen in Preufs. Zollen. Länge.	Breite.	Höhe.	Gewichte, bei welchen man die Trennung hörte. Pr. Pfd.	Gewichte, welche feine Risse erzeugten. Pr. Pfunde.	Gewichte, bei welchen Ecken absprangen. Pr. Pfunde.	Gewichte, durch welche sich die entstandenen Risse bis $\frac{1}{10}$ Linie und mehr erweiterten. Pr. Pfunde.	Gewichte, welche die Steine zerstörten. Pr. Pfd.	Compression des Steines unmittelbar vor der Zerstörung. Pr. Lin.	Besondere Beobachtungen und Bemerkungen.
1.	Ohne Unterlagen aufs natürliche Lager.	4	4	4	32850	32850 mehrere.	32850 37355 alle Ecken.	37355	44856	$\frac{1}{2}$	Hatte schöne ebene Lager, wurde in Prismen, Pyramiden, Körner und Staub zerstört. Als der Stein unter der Presse weggenommen wurde, hatte er, nachdem alle lockere Theile weggenommen worden, nur das Ansehen zweier viereckigen Pyramiden, welche in der Mitte des Steines mit den Spitzen zusammentrafen.
2.	Desgleichen.	4	4	4	37410	37410 drei.	29860 37410 zwei Ecken.	31640 mehrere noch hinzu.	47225	$\frac{4}{8}$	Wie der vorige; schälte sich ab an der rechten Seite.
3.	Desgleichen.	4	4	4	22312	22312 mehrere.	22312 29860 alle Ecken.	29860 31360 alle.	35960	1	Wie der vorige; nur waren die beiden Pyramiden nicht so bestimmt.

Berechnet man diese Widerstände auf den Quadratzoll Druckfläche, so erhält man für die vorigen Momente durchschnittlich für:

	Länge	Breite	Höhe	Trennung	feine Risse	Ecken	Risse erweitert	zerstört	Compression	Bemerkungen
No. 1. . . .	-	-	-	2054	2054	2194	2355	2804	$\frac{5}{10}$	Da wo mehr als ein Gewicht in derselben Rubrik angegeben worden ist, hat man das arithmetische Mittel derselben genommen.
No. 2. . . .	-	-	-	2332	2332	2099	1978	2952	$\frac{8}{10}$	
No. 3. . . .	-	-	-	1458	1454	1662	1913	2245	$\frac{10}{10}$	
Durchschn. pro Q.-Z.	-	-	-	1948	1948	1985	2082	2667		

II.

Kalktuf von Kopstall (genannt Kronstein, Daustein), zwei Stunden von Luxemburg. Dieser Stein hat eine schmutzig hellgraue Farbe und ist sehr porös. Die Poren sind mit einer gelblichen Masse ausgefüllt und manchmal $\frac{1}{2}$ Zoll grofs, wie ausgewitterter Mandelstein. Dieser Stein wird noch täglich durch mehrere versteinernde Quellen, welche aus kohlensaurem Flötzkalk (Lias) hervorquillen, gebildet. Selbst Moos, Gräser, Holz und Erdarten versteinern sich darin. Man verwendet ihn zum Bau der Schornsteine und der Fachwände, weil er sehr leicht ist und das daraus aufgeführte Mauerwerk schnell fest wird. Der Cubikfufs dieser Steinart wiegt 72 bis 100 Pfd. Ihr Bruch ist grobkörnig und erdig, man erkennt Pflanzenabdrücke darin.

No.	Art und Weise wie sie unter die Presse gebracht wurden.	Dimensionen in Preufs. Zollen. Länge.	Breite.	Höhe.	Gewichte, bei welchen man die Trennung hörte. Pr. Pfd.	Gewichte, welche feine Risse erzeugten. Pr. Pfunde.	Gewichte, bei welchen Ecken absprangen. Pr. Pfunde.	Gewichte, durch welche sich die entstandenen Risse bis $\frac{1}{10}$ Linie und mehr erweiterten. Pr. Pfunde.	Gewichte, welche die Steine zerstörten. Pr. Pfd.	Compression des Steines unmittelbar vor der Zerstörung. Pr. Lin.	Besondere Beobachtungen und Bemerkungen
1.	Ohne Unterlagen aufs natürliche Lager.	4	4	4	8758	8758 viele.	8758 zwei.	9221	9221	$3\frac{1}{2}$	Die Lager waren zwar eben gearbeitet, aber wegen der vielen und grofsen Poren sehr rauh. Die Zerstörung geschah in unregelmäfsigen Mafsen Körnern und Staub. Die beiden bei No. 1. gezeichneten Pyramiden waren kaum angedeutet
2.	Desgleichen.	4	4	4	8758	8758	8758	9221	9221	$2\frac{2}{3}$	Wie der vorige.
3.	Desgleichen.	4	4	4	5738	5738	5738	5738	5738	4	Wie der vorige.
	Diese Widerstände auf den Quadratzoll Druckfläche berechnet, geben für:										
	No. 1. . . .	-	-	-	547	547	547	576	576	-	
	No. 2. . . .	-	-	-	547	547	547	576	576	-	
	No. 3. . . .	-	-	-	358	358	358	358	358	-	
	Durchschnittlich pro Quadratzoll .	-	-	-	484	484	484	503	503	-	Während der Zerstörung comprimirt sich diese Steinart um mehr als einen Zoll, wenn der Stein 4 Zoll Höhe hat.

III.

Kircher Sandstein, einige Stunden von Luxemburg. Die bessere Art dieser Steine ist ein guter Baustein, zu Fenster- und Thürgewänden, wie auch Quader aller Art, aber zu Treppentritten nicht geeignet, weil er sich so leicht austreten läfst. Er verwittert nicht so leicht, wie manche näher an Luxemburg liegende Steine dieser Art. Der Cubikfufs wiegt 138 bis 150 Pfund. Seine Farbe ist gelblich-weifsgrau. Lager bemerkt man nicht in den einzelnen Stücken. Im Ganzen geben seine Lager aber (als Flötzgebirge) beinahe horizontal. Zerbricht leicht unter dem Schlägel.

No.	Art und Weise	Länge	Breite	Höhe	Trennung	feine Risse	Ecken	Risse bis $\frac{1}{10}$ Linie	zerstörten	Compression	Bemerkungen
1.	Ohne Unterlagen aufs natürliche Lager.	4	4	4	28350	28350 mehrere.	Keine Ecke.	35845 38950	39450	1	Gute platte Lager zerspalteten in Prismen, und die beiden Pyramiden in der Mitte waren auch zerspalten und kleiner. Nicht so viel kleine Stücke Körner und Staub wie bei I.
2.	Desgleichen.	4	4	4	35850	35850	Desgl.	46350 53850	56550	$\frac{11}{12}$	Gute und bessere Lager wie der vorige. Sonst alle Umstände dieselben.
3.	Desgleichen.	4	4	4	13230	20730	Desgl.	20730	28230	$1\frac{5}{6}$	Hatte ein zerreibliches Ansehen und man konnte selbst mit den Fingern die Ecken in Sandkörner zerreiben. Wurde ganz in unreguläre Stücke und Staub zerdrückt.

No.	Art und Weise wie sie unter die Presse gebracht wurden.	Dimensionen in Preufs. Zollen.			Gewichte, bei welchen man die Trennung hörte.	Gewichte, welche feine Risse erzeugten.	Gewichte, bei welchen Ecken absprangen.	Gewichte, durch welche sich die entstandenen Risse bis $\frac{1}{10}$ Linie und mehr erweiterten.	Gewichte, welche die Steine zerstörten.	Compression des Steines unmittelbar vor der Zerstörung.	Besondere Beobachtungen und Bemerkungen.
		Länge.	Breite.	Höhe.	Pr. Pfd.	Pr. Pfunde	Pr. Pfunde.	Pr. Pfunde.	Pr. Pfd.	Pr. Lin.	
Diese Widerstände auf den Quadratzoll derjenigen Flächen berechnet, welche der Druck erlitten, giebt für:											
	No. 1. . . .	-	-	-	1772	1772	- -	2337	2466	-	Da wo mehrere Gewichte für denselben Stein vorkommen, ist das arithmetische Mittel genommen worden.
	No. 2. . . .	-	-	-	1772	2240	- -	3131	3534	-	
	No. 3. . . .	-	-	-	827	1296	- -	1296	1764	-	
	Durchschn. pro Q.-Z.	-	-	-	1455	1736	- -	2255	2588	-	

IV.

Der härteste Sandstein bei Luxemburg, welcher zu Pflastersteinen benutzt wird (Beugeling). Dieser Stein verwittert nicht. Er bricht nur selten in so dicken Schichten, dafs man ihn als Quadersteine benutzen könnte. Die Steinhauer lieben ihn nicht, weil er sehr mühsam zu bearbeiten ist. Als Baustein zu gewöhnlichem Mauerwerk ist er der beste. Er enthält eine gröfsere innig mit dem Kieselsande verbundene Menge Kalk als der gewöhnliche Sandstein, jedoch nicht im krystallisirten Zustande. (Eine andere Art Steine in den Gebirgen bei Luxemburg besteht auch aus Kalk und Kieselsand, aber gewissermafsen durch Lager von einander getrennt; dieser verwittert sehr leicht, und der Frost thut ihm grofsen Schaden.) Diese Pflastersteine wiegen pro Cubikfufs 135 bis 150 Pfund.

No.	Art und Weise	Länge.	Breite.	Höhe.	Trennung	Feine Risse	Ecken	Risse erweitert	Zerstört	Compression	Bemerkungen
1.	Ohne Unterlagen aufs natürliche Lager.	4	4	4	35840	35840	28336	50846	50846	$\frac{1}{2}$	Zerspaltete in schmale Prismen und Keile; wenig Körner, und die beiden Pyramiden der Druckflächen kaum angedeutet. Ungleiche Lager.
2.	Desgleichen.	4	4	4	26700	35840	28336	35840 40340	67350	$\frac{7}{8}$	Die Lager rauh, aber besser wie die vorigen. Alle andere Umstände dieselben.
3.	Desgleichen.	4	4	4	28325	43450	35856 58450	43450 58450	79692	1	Bessere Lager als die vorigen.
Auf den Quadratzoll Druckfläche kommen daher folgende Widerstände:											
	No. 1. . . .	-	-	-	2240	2240	1765	3178	3178	-	Da wo bei demselben Stein mehrere Gewichte vorkommen, ist das arithmetische Mittel genommen worden.
	No. 2. . . .	-	-	-	1669	2240	1765	2380	4210	-	
	No. 3. . . .	-	-	-	1764	2716	2947	3184	4981	-	
	Durchschn. pro Q.-Z.	-	-	-	1891	2399	2159	2914	4123	-	

V.

Fester Sandstein aus den Brüchen von Fort Olizy in der Nähe von Luxemburg vor Niedergrunewald gelegen. Diese Steinart läfst sich gut bearbeiten zu Thür- und Fenstergewänden, Tablotten, Cordonsteinen, Gesimsen und anderen Gegenständen, und widersteht der Verwitterung. Gute Küchenplatten, aber wenig dauerhafte Treppenstufen werden daraus gefertigt (die einzigen guten Treppentritte giebt der Stein von Autun in Frankreich und der rothe Sandstein bei Colmar an der Allzette, 4 Stunden von Luxemburg). Der Cubikfufs dieses Sandsteines wiegt 105 bis 115 Pfund.

No.	Art und Weise	Länge.	Breite.	Höhe.	Trennung	Feine Risse	Ecken	Risse erweitert	Zerstört	Compression	Bemerkungen
1.	Aufs natürliche Lager ohne Unterlagen.	4	4	4	20800	20800 vier Risse.	22300 eine.	28300 die alten Risse erweiterten sich und es entstanden neue.	30565	$1\frac{1}{6}$	Die Lager waren uneben. Der Stein wurde in zwei Pyramiden, oben und unten eine, in unregelmäfsige Körner von Sand, Trümmer und Staub zerstört. Man sah, dafs hier ein Mangel an Bindemittel (Kalk) vorhanden war.
2.	Desgleichen.	4	4	4	13500	22300 mehrere.	22300 eine.	24575 wie oben.	30565	$1\frac{1}{4}$	Die Lager waren besser als die des vorigen Steines.
3.	Desgleichen.	4	4	4	14760	14760 auf der rechten Seite.	13200 die vordere Ecke rechts.	21450 es entstanden in der ganzen Masse durch und durch viele neue Risse.	24470	$1\frac{1}{2}$	Dieser Stein hatte ein schaaliges Ansehen und seine eine Seite wurde früher zerstört als die andere, daher der geringe Widerstand. Er zerbrach in Prismen, Keile, Schaalen, Trümmer und Körner.

No.	Art und Weise wie sie unter die Presse gebracht wurden.	Dimensionen in Preufs. Zollen. Länge.	Breite.	Höhe.	Gewichte, bei welchen man die Trennung hörte. Pr. Pfd.	Gewichte, welche feine Risse erzeugten. Pr. Pfunde.	Gewichte, bei welchen Ecken absprangen. Pr. Pfunde.	Gewichte, durch welche sich die entstandenen Risse bis $\frac{1}{10}$ Linie und mehr erweiterten. Pr. Pfunde.	Gewichte, welche die Steine zerstörten. Pr. Pfd.	Compression des Steines unmittelbar vor der Zerstörung. Pr. Lin.	Besondere Beobachtungen und Bemerkungen.
	Diese Widerstände auf den Quadratzoll Druckfläche berechnet, geben für:										
	No. 1. . . .	-	-	-	1300	1300	1394	1769	1910		
	No. 2. . . ,	-	-	-	844	1394	1394	1536	1910		
	No. 3. . . .	-	-	-	922	922	825	1341	1530		
	Durchschn. pro Q.-Z.	-	-	-	1022	1205	1204	1548	1783		

VI.

Strassener Kalk (Lias- oder Gryphiten-Kalk).

Dieser Kalk liegt in der Tiefe von 3 bis 4 Fufs unter den Aeckern und Wiesen nördlich eine kleine Stunde von Luxemburg auf einem Plateau, welches zu beiden Seiten durch tiefe Thäler von den übrigen Bergen abgesondert wird. Er liegt nur 1 Fufs 15 Zoll mächtig in mehreren Flötzen übereinander. Die einzelnen Flötze sind durch ebenso mächtige blaue und graue Thonmergelschichten von einander getrennt. Der obere Flötz von 15 Zoll Dicke wird für den besten gehalten. Er hat eine dunkelblaue Farbe, ein marmorartiges Ansehen und ist mit feinen Adern von kohlensaurem weifsem Kalk durchkreuzt. Je feinkörniger er aussieht, desto mehr Kalk ist darin. Der gröbere ist aber ein besserer hydraulischer Kalk, weil mehr thonige und eisenhaltige Theile darin vorkommen. Der Cubikfufs wiegt 130 bis 145 Pfund. Als Baustein würde er zwar vorzügliche Dauer haben, aber wegen seiner köstlichen Eigenschaften, und weil er nur in geringen Massen gewonnen werden kann, verwendet man ihn nicht dazu, sondern brennt ihn auf Ort und Stelle wo er gegraben wird, in eigends dazu errichteten Kalköfen, wozu man das Material ebenfalls auf dem Platze hat. Die Tonne Kalk zu 4 Cubikfufs kostet 3 bis 4 Franken bis auf den Bauplatz. Der gröbere giebt ein gutes Strafsenmaterial.

No.	Art und Weise	Länge	Breite	Höhe	Trennung	feine Risse	Ecken	Risse erweitert	zerstört	Compression	Bemerkungen
1.	Auf die natürlichen Lager ohne Unterlagen.	4	4	4	19350	20852 fünf Risse.	20851 43588	21602 62816 Die Risse wurden zum Theil über eine Linie weit. Sehr viele Risse.	62816	$\frac{1}{4}$	Dieser Stein hatte ungleiche Lager, weil er sich mit dem Meifsel nicht gut bearbeiten läfst. Geschliffen ist er jedoch ein schöner Marmor. Er zerspaltete in Prismen, Schaalen und andere unreguläre Trümmer, kleine Körner oder Staub. Es war ein Abblättern dünner Schaalen.
2.	Desgleichen.	4	4	4	20852	20852 viele und weite Risse.	20852 23107 25180	36004	45754	$\frac{1}{8}$	Wie der vorige. Die Lager waren noch schlechter. Er blätterte sich von vorne nach hinten zu, und an der rechten Seite ab. Wahrscheinlich war dies eine schwächere Stelle.
3.	Desgleichen.	4	4	4	13200	13200 24900 drei Risse.	13200 36004	36004 43554 79426 viele Risse und Abschälungen.	91808	$\frac{9}{10}$	Bessere Lager als die vorigen. Sonst alle andere Umstände dieselben wie bei den vorigen.
	Diese Widerstandsfähigkeiten auf den Quadratzoll Druckfläche berechnet, geben für:										
	No, 1. . . .	-	-	-	1210	1303	2014	2638	3926	-	Da wo mehrere Momente angegeben worden sind, hat man das arithmetische Mittel derselben angenommen.
	No. 2. . . .	-	-	-	1308	1303	1440	2250	2859	-	
	No. 3. . . .	-	-	-	825	1240	1537	3312	5738	-	
	Durchschn. pro Q.-Z.	-	-	-	1113	1282	1664	2733	4174	-	

VII.

Weifser Gyps, aus den Mergellagen welche von dem Grés de Luxembourg überdeckt werden, der nur im Merscherthal an der Allzette in geringer Tiefe gebrochen wird. Dieser Gyps wird ge-

brannt und gemahlen, um daraus Plafonds und andere Stuccaturarbeiten zu fertigen. Auch verwendet man ihn sehr häufig zum Düngen der Felder. Als Baustein wird er dort wenig verbraucht, weil in der Nähe viel bessere Sandsteine zu haben sind. Er läfst sich gut schleifen und aus den gröfseren seltenen Blöcken, lassen sich sehr schöne Verzierungen für das Innere der Gebäude, als Gesimse etc. arbeiten. Der Cubikfufs dieses Gesteines wiegt 120 bis 125 Pfd. Zerspringt sehr leicht unter dem Schlägel. Manche Arten sind zerreiblich.

No.	Art und Weise wie sie unter die Presse gebracht wurden.	Dimensionen in Preufs. Zollen. Länge.	Breite.	Höhe.	Gewichte, bei welchen man die Trennung hörte. Pr. Pfd.	Gewichte, welche feine Risse erzeugten. Pr. Pfunde	Gewichte, bei welchen Ecken absprangen. Pr. Pfunde.	Gewichte, durch welche sich die entstandenen Risse bis $\frac{1}{10}$ Linie und mehr erweiterten. Pr. Pfunde.	Gewichte, welche die Steine zerstörten. Pr. Pfd.	Compression des Steines unmittelbar vor der Zerstörung. Pr. Lin.	Besondere Beobachtungen und Bemerkungen.
1.	Auf die natürlichen Lager ohne Unterlagen.	4	4	4	9966	9966 zwei Risse.	Keine.	13288 entstanden viele kleine und grofse Risse.	13288	$1\frac{1}{2}$	Dieser Stein war im Innern so weich wie Zucker und zerrieb sich auch in solche Körner, nachdem die Cohäsion zerstört worden war. Das Crystallisationswasser schien im Ueberflufs vorhanden zu sein, weil die Körner sich feucht anfühlten. Die beiden Pyramiden waren vollständig gebildet und alle übrigen Theile unregelmäfsig.
2.	Desgleichen.	4	4	4	28288	28288	Eine Ecke 50796 und viele Risse.	38796 mehrere neue Risse.	58284	$\frac{11}{12}$	Dieses Exemplar war crystallisirt, und die Ecken beinahe durchsichtig. Es hatte sehr schöne glattgeschliffene Lager und zerbrach in Parallelepipeden, Würfel, Keile und Splitter. Die beiden Druckpyramiden waren gänzlich zerstört, gleichsam als ob der Druck nicht polarisirt worden wäre.
3.	Desgleichen.	4	4	4	13278	13278	9965	16308 mehrere neue.	43468	$1\frac{1}{4}$	Hatte ungleiche Lager, und schien zerklüftet, sonst aber sehr crystallisirt und scheinbar fest. Sonst wie der vorige.
	Die Widerstände pro Quadratzoll Druckfläche sind daher für:										
	No. 1. . . .	-	-	-	623	623	- -	830	830	-	
	No. 2. . . .	-	-	-	1768	1768	3175	2425	3643	-	
	No. 3. . . .	-	-	-	829	829	622	1019	2717	-	
	Summa	-	-	-	4220	3220	3797	4274	7190	-	
	Durchschn. pro Q.-Z.	-	-	-	1406	1073	1266	1424	2396	-	

VIII.

Backöfen-Sandstein vom Glacis des Forts Olizy. Wie sein Name ausweiset, ist dies ein guter Stein für Feuerbauten, welcher beinahe ebenso gut hält ohne zu zerspringen als Tufsteine, wenn sie dem Feuer ausgesetzt werden. Das Bindemittel scheint hier weniger Kalk, als Eisen und Thon zu sein, denn die anderen Sandsteine in der Umgegend von Luxemburg zerspringen vom Feuer, weil ihr Bindemittel Kalk ist. Man fertigt daraus schöne Schornsteine von 3 bis 7 Zoll Weite, welche aufserordentlich dauerhaft und feuersicher sind. Der Cubikfufs dieser Steinart wiegt 122 bis 128 Pfd. Er ist ein vorzüglicher Baustein, der nicht verwittert.

No.	Art und Weise	Länge	Breite	Höhe	Trennung	feine Risse	Ecken	Risse erweitert	zerstört	Compression	Bemerkungen
1.	Auf die natürlichen Lager ohne Unterlagen.	4	4	4	19352	20850 28350 mehrere.	Keine	35856 39608	47225	$1\frac{1}{8}$	Unreguläre Trümmer, zwei Pyramiden, Körner und wenig Staub.
2.	Desgleichen.	4	4	4	18450	24450 28200 mehrere.	40166	32428	52548	$1\frac{1}{2}$	Desgleichen.
3.	Desgleichen.	4	4	4	16238	24613	Keine.	29143 32408	55568	$1\frac{1}{2}$	Desgleichen.

No.	Art und Weise wie sie unter die Presse gebracht wurden.	Dimensionen in Preufs. Zollen. Länge.	Breite.	Höhe.	Gewichte, bei welchen man die Trennung hörte. Pr. Pfd.	Gewichte, welche feine Risse erzeugten. Pr. Pfunde.	Gewichte, bei welchen Ecken absprangen. Pr. Pfunde.	Gewichte, durch welche sich die entstandenen Risse bis $\frac{1}{10}$ Linie und mehr erweiterten. Pr. Pfunde.	Gewichte, welche die Steine zerstörten. Pr. Pfd.	Compression des Steines unmittelbar vor der Zerstörung. Pr. Lin.	Besondere Beobachtungen und Bemerkungen.
	Werden die Widerstände auf den Quadratzoll Druckfläche berechnet, so erhält man für:										
	No. 1. . . .	-	-	-	1209	1538	- -	2358	2952	-	
	No. 2. . . .	-	-	-	1153	1642	2510	2027	3284	-	
	No. 3. . . .	-	-	-	1015	1538	- -	1928	3473	-	
	Durchschn. pro Q.-Z.	-	-	-	1126	1573	2510	2104	3236	-	

IX.

Mürber Sandstein vom Glacis des Forts Olizy.

Dieser Stein ist ein reiner Sandstein, worin das Bindemittel zwar Kalk ist, jedoch in so geringer Menge darin vorkommt, dafs man ihn, nachdem der Stein zerstört ist, kaum darin erkennt. Der Stein läfst sich leicht bearbeiten, weshalb ihn die Steinhauer gern wählen. Er hat aber nicht die geringste Dauer. Im Bau stofsen sich die Ecken bei der kleinsten Berührung ab und als Thür- und Fenstergewände ist er sehr schlecht. Die Kloben halten kaum darin. Wird durch Zufall eine Thür oder ein Fenster gewaltsam zugeschlagen, so geben Stücke ab. Die Soldaten schleifen gern die Brodmesser darauf. Auf diese Weise waren in den alten Kasernen ganze Fensterbänke und Gewände ausgeschliffen worden. Die Steinhauer behaupten, dieser Stein werde härter, wenn er trocknete. Dies ist aber gar nicht der Fall; er wird blofs leichter. Sein Gewicht in trockenem Zustande ist **116** bis **120** Pfund der Cubikfufs. Es wächst gern Moos darauf. Ist sehr zerreiblich.

No.	Art und Weise	Länge	Breite	Höhe	Trennung	feine Risse	Ecken	Risse erweitert	zerstört	Compression	Bemerkungen
1.	Aufs natürliche Lager ohne Unterlagen.	4	4	4	8719	13254 mehrere.	13254 eine Ecke.	14764 viele.	17516	2	Wurde in unreguläre prismatische, keilförmige Trümmer und die beiden Hauptpyramiden zerstört. Aber sehr viele feine Sandkörner, beinahe die halbe Masse des Steins. Wenig Kalkstaub.
2.	Desgleichen.	4	4	4	6455	9475 13256 viele.	19292 20804 zwei Ecken.	19292	28350	$1\frac{5}{6}$	Wie der vorige.
3.	Desgleichen.	4	4	4	9475	13256	20804 eine Ecke.	17516	20536	$2\frac{1}{8}$	Desgleichen. Man sah darin röthlich gestreifte Lager, wie auch in den beiden vorigen.
	Die Widerstände auf den Quadratzoll Druckfläche berechnet, geben für:										
	No. 1. . . .	-	-	-	545	828	828	923	1095	-	
	No. 2. . . .	-	-	-	403	710	1253	1206	1772	-	
	No. 3. . . .	-	-	-	592	828	1300	1095	1284	-	
	Durchschn. pro Q.-Z.	-	-	-	514	789	1127	1075	1385	-	

X.

Sandstein aus dem Kripsgründchen bei Luxemburg.

Die beste Art dieses Sandsteines ist fest, hat eine hinreichende Menge Bindemittel von Kalk, und verwittert nicht, jedoch überzieht er sich nach und nach mit einer schwärzlichen Farbe und nach längerer Zeit zieht er etwas Moos. Es giebt Lager, welche selbst gute Pflastersteine liefern. Die Steinhauer ziehen auch hier die weichere Art vor, welches jedoch die schlechteste ist, weil sie sich im Frost auflöset. Das Gewicht dieses Steines ist pro Cubikfufs **135** bis **140** Pfund. Als gewöhnlicher Mauerstein vorzüglich, nur zum Strafsenbau zu weich. Die härteste Art ist die beste, wenn die Steinhauer sie wegen der schweren Arbeit auch nicht so gern verarbeiten.

No.	Art und Weise	Länge	Breite	Höhe	Trennung	feine Risse	Ecken	Risse erweitert	zerstört	Compression	Bemerkungen
1.	Aufs natürliche Lager ohne Unterlagen.	4	4	4	13250	13288 17516 viele Risse.	21555 Schaalen und Ecken.	21555 alle.	28491	$1\frac{1}{4}$	Hatte ungleiche Lager, zerbrach in unreguläre Trümmer, Körner, Staub und die beiden pyramidenartigen Körper an den beiden Druckflächen.

No.	Art und Weise wie sie unter die Presse gebracht wurden.	Dimensionen in Preufs. Zollen. Länge.	Breite.	Höhe.	Gewichte, bei welchen man die Trennung hörte. Pr. Pfd.	Gewichte, welche feine Risse erzeugten. Pr. Pfunde.	Gewichte, bei welchen Ecken absprangen. Pr. Pfunde.	Gewichte, durch welche sich die entstandenen Risse bis $\frac{1}{10}$ Linie und mehr erweiterten. Pr. Pfunde.	Gewichte, welche die Steine zerstörten. Pr. Pfd.	Compression des Steines unmittelbar vor der Zerstörung. Pr. Lin.	Besondere Beobachtungen und Bemerkungen.
2.	Desgleichen.	4	4	4	13250	13250 14786	20878	20878	29714	$1\frac{1}{10}$	Wie der vorige.
3.	Desgleichen.	4	4	4	18271	20878	13246	28486	31224	$\frac{9}{10}$	Desgleichen, aber bessere Lager als die beiden vorigen. Wenn der Stein ganz zerstört war, so betrug die Compression ½ Z.
	Berechnen wir diese Widerstände auf den Quadratzoll Druckfläche, so finden wir für:										
	No. 1. . . .	-	-	-	828	961	1347	1347	1781	-	
	No. 2. . . .	-	-	-	828	876	1305	1305	1857	-	
	No. 3. . . .	-	-	-	1142	1305	827	1780	1952	-	
	Summa	-	-	-	2798	3142	3479	4432	5590	-	
	Durchschn. pro Q.-Z.	-	-	-	933	1047	1159	1477	1863	-	

XI. Mörtel,

aus schwarzem Bimsteinsande 4 Theile; Trierschem Kalk (Muschelkalk) 1 Theil ungelöscht. 8 Jahre alt, pro Cubikfufs 64 Pfd.

1. trug ein Würfel von 3 Zoll 8738 Pfd. oder pro Quadratzoll Druckfläche 971 Pfd.
2. - - - - - - - - - - 8003 - - - - - - - - - - - - 889 -
3. - - - - - - - - - - 9966 - - - - - - - - - - - - 1107 -

Durchschnittlich pro Quadratzoll 989 Pfd.

XII. Mörtel,

aus 4 Theilen Flufskiessand und 1 Theil Trierschem Kalk, 8 Jahre alt. Pro Cubikfufs 120 Pfd.

1. Ein Würfel von 3 Zoll trug 5738 Pfund oder pro Quadratzoll Widerstandsfläche 638 Pfd.
2. - - - - - - - - - 4530 - - - - - - - - - - - - - - 503 -
3. - - - - - - - - - 6450 - - - - - - - - - - - - - - 717 -

Durchschnittlich pro Quadratzoll 619 Pfd.

Vergleicht man die Widerstände dieser beiden Mörtelarten, welche aus demselben Kalk, nur mit verschiedenem Sand und in gleichem Verhältnifs gefertigt wurden, so siehet man, dafs der scharfkantige Bimsteinsand in derselben Zeit einen festeren Mörtel giebt, als der Flufskies, dessen Körner sehr abgerundet erscheinen und eine glatte Oberfläche haben. Dagegen gereicht das gröfsere specifische Gewicht (in neu aufgeführten Mauern) des Kiesmörtels der Standfestigkeit der Mauern Anfangs zum Vortheil.

No.	Art und Weise	Länge	Breite	Höhe	Trennung	feine Risse	Ecken	Risse	zerstört	Compression
1.	Ohne Unterlagen.	4	4	4	1948	1948	1985	2082	2667	-
2.	Desgl.	4	4	4	484	484	484	503	503	-
3.	Desgl.	4	4	4	1455	1736	- -	2255	2588	-
4.	Desgl.	4	4	4	1891	2399	2159	2914	4123	-
5.	Desgl.	4	4	4	1022	1205	1204	1548	1783	-
6.	Desgl.	4	4	4	1113	1282	1664	2733	4174	-
7.	Desgl.	4	4	4	1406	1073	1266	1424	2396	-
8.	Desgl.	4	4	4	1126	1573	2510	2104	3236	-
9.	Desgl.	4	4	4	514	789	1127	1075	1385	-
10.	Desgl.	4	4	4	933	1047	1159	1477	1863	-

Nach den Beobachtungen von Luxemburg verwittert derjenige Sandstein, welcher weniger Bindemittel hat, sehr leicht, weil das Wasser, was er im Herbste einsaugt, im Winter darin crystallisirt und durch seine Volumenausdehnung die im Parament der Mauern sitzenden Flächen absprengt.

Es giebt ferner eine andere Art dieses Sandsteines, welcher schieferartig in Lagen von 2 bis 4 Zoll Dicke vorkommt, und dabei aus einzelnen Theilen von beinahe lauter Sand und aus anderen von fast reinem Kalk zusammengesetzt ist. Dieser Stein hat die unangenehme Eigenschaft, dafs nach grofser Kälte im Winter, im Frühjahr, wenn die ersten Sonnenstrahlen auf ihn einwirken, diese Theile sich von einander absondern und folglich nach allen Richtungen Risse entstehen, so dafs der Stein auseinander fällt. Auf diese Weise sind kleine Paramentsflächen in Luxemburg ganz abgeschält und zersprengt worden.

Die letzte Steinart erkennt man leicht daran, dafs sich die sandigen Theile besser mit dem Mauerhammer bearbeiten lassen, als die Kalkmassen. Aufserdem haben die Sandtheile ein gelbgraues und die Kalktheile ein bläulichgraues Ansehen.

Endlich giebt es noch eine Steinart in diesem Sandstein, welche in ihrem Bindemittel viele krystallinische Theile von kohlensaurem Kalk eingemengt hat. Diese blättert ebenfalls ab und zerspringt.

Der beste und dauerhafteste ist der in einer gröfseren Tiefe liegende feste Sandstein, welcher sich schwer bearbeiten läfst und sehr hart ist. Es finden sich einzelne Kieselsteine von der Gröfse einer Erbse bis zu einem Hühnerei darin. Diese sind es, welche das gute und bequeme Behauen desselben erschweren. Er liegt in dicken Lagern von 18 Zoll bis 3 Fufs und man bemerkt keine Lagerschichten in dieser Dicke. Die Mauerer und Steinhauer nennen ihn Bengling. In dem Steinbruche, welcher 1830 in der Kehle von Grofs-Wallis angelgt wurde, findet er sich in vorzüglicher Güte. Viele Cordonsteine und Gesimssteine wurden daraus gefertigt, welche man auf den äufseren Thionviller Fronten nöthig hatte.

Coblenz im Monat July 1834.

Schlufsbemerkung.

Die ersten Prüfungen der Bausteine, unternahm der Unterzeichnete gemeinschaftlich gröfstentheils mit dem Bau-Rath Herrn Umpfenbach, unter Mitwirkung des Majors und Ingenieurs vom Platz Herrn von Huene, welcher das lebhafteste Interesse an allem Nützlichen nimmt; diese gegenwärtigen Versuche hat derselbe aber allein während eines Urlaubes vorgenommen, weil der Herr Major Meier, gegenwärtig Génie-Director zu Luxemburg, die relative Tragkraft, Dauer und Güte der dortigen Bausteine für den bevorstehenden Festungsbau daselbst, zum Besten des Allerhöchsten Interesses gerne ganz genau wissen wollte.

Es möchte nicht uninteressant sein, wenn in der Umgegend jeder Festung und jeder andern Stadt des preufsischen Staates ähnliche Versuche angestellt würden, weil dann jeder Baumeister, vorzüglich jeder Ingenieur Offizier bei der Versetzung aus einer Festung in die andere, gar nicht unschlüssig über den Vorzug sein könnte, welchen man einer Steinart vor der andern geben müfste. Denn in der Regel sind diejenigen Steine, welche am leichtesten unter der Presse zerstört werden können, auch diejenigen, welche am schnellsten verwittern. Bei derselben Steinart leidet diese Regel fast gar keine Ausnahme.

Von verschiedenen Dimensionen wurden bei diesen letzten Prüfungen keine Exemplare gewählt, weil sich schon hinreichende Schlüsse aus der ersten Versuchsreihe in dieser Beziehung folgern lassen.

Coblenz im März 1835.

18.

Ueber ein neues System von ökonomischen Kochheerden für Casernen.

Vom Herrn Ingenieur-Capitain *Choumara.*

(Aus dem *Mémorial de l'Officier du génie No.* 11. übersetzt durch Herrn *Fleischinger*, Landbaumeister im Königl. Kriegs-Ministerio.)

Anmerk. So wie der französische Text in's Deutsche, ist das französische Maafs, Gewicht und Geld in Preufsisches übertragen worden.

Lange ist das Kochen der Nahrungsmittel und die Zimmer-Erwärmung für das Militair blofs der Macht der Gewohnheit und der Routine unterworfen geblieben. Erst seit einigen Jahren hat man angefangen, auch diesem Zweige der Administration einige Aufmerksamkeit zu widmen, welche nun zu bedeutenden Ersparnissen führen kann.

Ist aber wohl durch die bisherige Veränderung die Aufgabe ganz gelöset worden, die Speisen für die Truppen auf die wohlfeilste Art zu kochen und ihre Wohnungen zu erwärmen, während zugleich die Salubrität der Casernen berücksichtigt oder vermehrt wird? Dies ist die Frage, welche wir näher untersuchen wollen.

Allgemeine Bemerkungen über Camine und Oefen.

Das erste, was den Leuten, die mit der Zubereitung der Speisen für die Truppen zu thun haben, auffiel, war die grofse Menge Wärme, welche für die dem Caminfeuer ausgesetzten Fleischkessel unbenutzt verloren ging.

Um den Verlust zu vermindern, hat man vorgeschlagen, statt der gewöhnlichen Camine, Oefen zu bauen, worin die Fleischtöpfe theilweise eingeschlossen sind; dann aber gemeinschaftliche, von den Zimmern getrennte Küchen. Dieses beides hat man als zusammenhörig betrachtet, obwohl Eins von dem Andern ganz verschieden ist. Denn einerseits würden zwar die Kochheerde in den Küchen weniger Brennmaterial erfordern, andererseits aber würde nur die Zubereitung der Speisen erlangt werden, während das Caminfeuer einen dreifachen Zweck erfüllen soll, nämlich:

1) das Kochen der Nahrungsmittel,
2) die Erwärmung der Zimmer,
3) die Beförderung der Salubrität der Zimmer durch einen permanenten Luftstrom in jeder Jahreszeit.

Die Vertheidiger der gemeinschaftlichen Küchen, wie sie meistentheils existiren, haben nur an die beiden ersten Zwecke gedacht, und nicht angegeben, wie der dritte Zweck erfüllt werden soll; welcher gleichwohl nicht der unwichtigste ist. Die neue Disposition veranlaſst zwei Arten der Vertheilung des Brennmaterials: die eine zum Kochen der Nahrungsmittel, die andere zur Erwärmung der Zimmer während vier oder fünf Monate des Jahres. Sie macht die Zimmer weniger gesund, indem sie ihnen einen Luftstrom entziehet, welcher an einem Orte, wo viele Menschen während der Nacht beisammen sind, unentbehrlich ist.

Es ist einleuchtend, daſs diese doppelte Inconvenienz nicht Statt haben würde, wenn man, statt gemeinschaftlicher Küchen, die Kochöfen in die Zimmer-Camine setzte: alsdann würden die Oefen eben die Wirkung wie die Camine haben, ohne ihre Unvollkommenheiten.

Was diese Anordnung verhinderte, ist in einem früheren Aufsatze (*Mém. de l'officier du génie No. 4.*) auseinander gesetzt.

Da die gemeinschaftlichen Küchen in Frankreich gewissermaſsen naturalisirt sind, so würde es unnütz sein, zu untersuchen, ob die Gründe für dieselben überwiegend genug sind, um auf die Vortheile des Luftstromes der Camine zu verzichten. Wir wollen uns also auf die Untersuchung beschränken, ob in der Hypothese der gemeinschaftlichen Küchen nicht noch Verbesserungen möglich sind.

Mängel der alten Koch-Oefen.

Bald nach der Einführung der gemeinschaftlichen Küchen und der Oefen zum Kochen der Nahrungsmittel für die Truppen suchte man den Verbrauch des Brennmaterials noch dadurch zu verringern, daſs man ein und dasselbe Feuer für zwei Kochtöpfe benutzte. Aus den Erfahrungen, deren Resultate früher (*Mém. No. 4.*) mitgetheilt worden sind, schloſs man, daſs die Anwendung dieses neuen Mittels einen reellen Vortheil gewähren müſste und führte deswegen Oefen mit zwei Kochgefäſsen ein, in welchen sich die gegen eine dreieckige Platte schlagende Flamme in zwei Theile theilte, deren jeder sich vermittelst eines Rauchcanales unter dasjenige Gefäfs richtete, welches er erwärmen sollte.

Die Erfahrung lehrte jedoch bald, dafs diese allzu complicirte Disposition mehrere Uebelstände habe.

Die gegossene dreieckige, einem heftigen Feuer fortwährend ausgesetzte Platte wurde in kurzer Zeit zerstört. Um sie zu ersetzen, mufste man einen grofsen Theil des Ofens einreifsen; was häufige und kostspielige Herstellungen veranlafste. Auch die Oeffnung des Rauchcanales wurde leicht beschädigt; was ebenfalls häufige Reparaturen nothwendig machte. Die Regulirung des Feuers war schwierig, und es fand beim Kochen oft eine Differenz von einer Stunde zwischen den Kochtöpfen eines und desselben Ofens Statt, weil die Abnutzung hinreichte, um einen Luftzug hervorzubringen, der allen Wärmestoff nach einer Seite führte und die andere ohne Hitze liefs. Endlich waren diese Oefen zur Steinkohlenfeuerung wenig geeignet; und obwohl die Heizkraft dieses Brennmaterials beinahe doppelt so grofs als die des Holzes ist, so mufste man davon doch ein gleiches Gewicht haben; was an vielen Orten, wo nur Steinkohlen gebrannt werden, höchst ungünstig war.

Ohne Zweifel waren es diese Betrachtungen, welche das Comité des Geniecorps bewogen, den Gegenstand von neuem einer Prüfung zu unterwerfen. Daraus ist die Abhandlung über die Oefen hervorgegangen, welche sich in No. 9. des Memorials abgedruckt findet.

In dieser Abhandlung giebt man den Oefen mit einem Kochgefäfs und umlaufenden Zügen den Vorzug vor den Oefen mit zwei Gefäfsen, weil den Erfahrungen zufolge die ersteren etwas vortheilhafter sind als die letzten, wenn man sie mit Holz heizt, und eine Ersparnifs bis zur Hälfte gewähren, wenn man mit Steinkohlen feuert.

Aber die Erfahrungen, auf welche man sich gestützt hat, sind weit entfernt, gegen jede Art von Oefen mit zwei Kochgefäfsen zu entscheiden. Diese letzteren können noch so modificirt werden, dafs sie vor den Oefen mit einem Kochgefäfs und umlaufenden Zügen mehr Vorzüge haben, als die alten Oefen mit zwei Gefäfsen vor den Oefen mit einem Gefäfs und ohne Umlauf; wie man bald sehen wird.

Ursache der Nachtheile der alten Oefen mit zwei Kochgefäfsen.

Die vorzüglichsten Ursachen, warum mehr Zeit und Brennmaterial nöthig ist, um die Oefen mit zwei Gefäfsen zum Kochen zu bringen, sind folgende:

1) dafs, da die Kochtöpfe sich nicht unmittelbar über der Feuerung befinden, die Flamme schräge durch die Seiten-Canäle geht, sich theilt und einen Theil ihrer Intensität und ihrer Geschwindigkeit verliert;

2) dafs die Stellung an der Seite hin sehr von der Feuerung entfernt ist und dadurch die Wirkung der strahlenden Wärme und der entzündeten Kohle vermindert wird.

Diese beiden Nachtheile, welche in der Wirklichkeit zusammenfallen, sind jedoch leicht zu beseitigen, indem man nur die Form und die Stellung der Gefäfse verändern darf.

Form und Stellung, welche die Grapen erhalten müssen.

Anstatt eines Grapens von 3577 Cubikzoll Inhalt, wie er ihn gewöhnlich für eine Compagnie bekommt, nehme man ein Gefäfs von 7154 Cubikzoll Inhalt, durch eine verticale, die Achse schneidende Ebene in zwei gleiche Hälften getheilt. Jede Hälfte wird so grofs sein als der Kochtopf für eine einzelne Compagnie, und beide Hälften vereinigt, und mit ihren ebenen Flächen an einander gefügt, werden ein Ganzes bilden, welches so aussieht wie ein Gefäfs von der gewöhnlichen Form. Dann läfst sich der Ofen so einrichten, dafs die Flamme und der Rauch um beide Töpfe circulirt, mit Ausnahme der beiden zusammengefügten Flächen; der Boden jedes Topfes aber wird unmittelbar der Einwirkung des Wärmestoffes ausgesetzt sein. Läfst man, statt die beiden ebenen Flächen in Berührung zu bringen, zwischen denselben einen Raum von $1\frac{1}{2}$ bis 2 Zoll, und schliefst die obere Oeffnung und die Seitenöffnungen des Faches durch ein gekrümmtes Querstück, so werden sich die Flamme und der Rauch zwischen den beiden Töpfen vereinigen und daselbst möglichst verdichten, insofern man an der Seite des Bodens des Faches nicht mehr Oeffnung läfst, als für den guten Zug nöthig ist.

Aus dieser sehr einfachen Anordnung ergeben sich folgende Vortheile.

1) Der Wärmestoff wird immer zum Mittelpuncte der Flüssigkeit dringen, nachdem er auf den Boden der Kessel gewirkt hat.

2) Er wird sich zwischen den beiden ebenen Wänden der Gefäfse verdichten und seine Intensität wird nach Verhältnifs dieser Verdichtung zunehmen.
3) Die beiden erhitzten Ebenen werden einander wechselseitig strahlende Wärme mittheilen.

Aufserdem wird zugleich die Flamme und der Rauch ringsum die Töpfe circuliren, wie in dem in No. 9. des Mémorials beschriebenen Ofen.

Man sieht leicht, dafs die Anordnung nichts weiter erfordert, als dafs die horizontalen Durchschnitte jedes Topfes Halbkreise bilden; oder auch halbe Ellipsen; was eine noch bequemere Form giebt.

Dies ist die einfache Idee, nach welcher ich im Juni 1829 einen Probe-Ofen in der Caserne Montblanc und zwei andere in der Avé-Maria-Caserne im März 1830 habe bauen lassen. Bei ersterem hat man Kessel von starkem Eisenblech genommen, im Boden $2\frac{1}{2}$ Linien, und in den Seitenwänden $1\frac{1}{2}$ Linien dick. Die Oberfläche des Bodens besteht aus einem Rechteck, von 22 Zoll lang und 3 Zoll breit, und aus einem Halbkreise von 22 Zoll Durchmesser.

Die Vereinigung beider nähert sich einer halben Ellipse, deren kleine Achse 22 Zoll und deren grofse Achse 28 Zoll hält. Die obere Oeffnung ist gleichfalls aus einem Rechtecke von 23 Zoll lang und 2 Zoll breit und aus einem Halbkreise von 23 Zoll Durchmesser zusammengesetzt, dergestalt, dafs sich der Grapen nach der einen Richtung um $1\frac{1}{2}$ Zoll und nach der andern um $\frac{3}{4}$ Zoll erweitert, und so leichter in den Ofen gesetzt werden kann. Jeder Grapen ist 15 Zoll hoch und enthält 4024 Cubikzoll Wasser, wenn er ganz gefüllt ist. Diese Gröfse ist für eine Compagnie von 64 Mann angemessen; jedes Gefäfs mufs 136 Pfund Suppe (Fleisch und Gemüse darunter begriffen) enthalten, ohne ganz voll zu sein, damit die Flüssigkeit, ohne überzulaufen, zum Sieden gebracht werden kann.

Gestelle mit beweglichen Rahmen.

Die Kochgefäfse ruhen in dem Ofen auf einem eisernen Gestelle, aus zwei Ellipsen zusammengesetzt, welche $11\frac{1}{2}$ Zoll von einander entfernt und durch drei Stützen verbunden sind. Die untere Ellipse, auf welcher der Boden des Gefäfses ruht, hat drei gespaltene Klauen, so, dafs das Gestelle, wenn es im Mauerwerk versetzt ist, durchaus unverrückbar und sehr fest steht. Das Gestelle ist durch einen nach Willkühr beweglichen

Rahmen in zwei gleiche Theile getheilt. Der Rahmen besteht aus einem gekrümmten Querstück, welches das Fach oder den Zwischenraum der beiden oberen Flächen der Gefäfse vorn und oben verschliefst. Im Boden des Faches befindet sich die Oeffnung, durch welche die Flamme und der Rauch in den Canal gehen, der die Grapen umschliefst. Die Randleisten der Kochgefäfse ruhen auf der obern Ellipse und auf dem horizontalen Theile des beweglichen Rahmens.

Die Kochgefäfse in der Ave-Maria-Caserne haben dieselbe Gröfse wie in der Caserne Montblanc, sind jedoch von Gufseisen, 3½ bis 4 Linien stark, und wiegen 128 Pfd. (1.).

Rauchzug, Aschenloch, Construction des Heerdes.

Die übrige Construction der Oefen hat viel Aehnlichkeit mit der in No. 9. des Mémorials beschriebenen. Es ist nur noch ein Umzug für den Rauch und noch ein kleines Gefäfs zur Erwärmung des Wassers angebracht. Der Rauch-Canal ist von Ziegeln, ungefähr 38 Zoll hoch, und daran eine Oeffnung für das Register oder Ventil, durch welches der Zug regulirt wird. Ueber diesem Canal hat man die Eisenblechröhren von den alten Oefen angebracht; wie es auch in ähnlichen Fällen wird geschehen können, um Kostspieligeres zu vermeiden. Eben so wird man sich auch der alten Rahmen, Thüren, Roststäbe u. s. w. bedienen können.

Ich hatte einen unterirdischen Aschenfall angenommen, um so wenig als möglich von dem Musterofen abzuweichen; was indessen mehrere Unbequemlichkeiten hatte. Denn

Erstlich müssen sich die Leute beim Anschüren des Heerdfeuers beinahe hinlegen und den Kopf nahe am Fufsboden halten;

Zweitens werden von wenig achtsamen Köchen die unterirdischen Aschenlöcher als Niederlage von Unreinigkeiten aller Art gemifsbraucht, und es wird wohl sogar der Schaum aus den Kochgefäfsen hinein gethan;

Drittens treten die Soldaten fast beständig auf die Roststäbe der Aschenlöcher und unterbrechen auf diese Art, hauptsächlich bei schlechtem Wetter, den Luftzug, indem der Schmutz, welchen sie hineintragen, die zwischen den Roststäben befindlichen Oeffnungen, durch welche die Luft hindurch dringen soll, verstopft.

Dieser dreifache Uebelstand wird nicht Statt finden, wenn man die Aschenlöcher über den Boden legt und vor denselben eine Thür mit angemessenen Oeffnungen anbringt, um den zur Verbrennung nothwendigen Luftstrom durchzulassen. Es ist hinreichend, diese Thür nur dann zu öffnen, wenn es nöthig ist, das Luft-Volumen zu vermehren.

Bei dieser Anordnung wird der Ofen um 6 bis 8 Zoll höher, so dafs seine ganze Höhe bis auf 30½ Zoll steigt; was aber keine Unbequemlichkeit hat. Sollte man jedoch die Höhe zu bedeutend finden, so wird sich ein Tritt von Hausteinen anbringen lassen, der vor den Thüren unterbrochen ist.

Dasjenige Kochgefäfs, welches das Feuer des Rauchcanales zuerst erhält, wird sich etwas eher als die andern erhitzen; weshalb man, um die Ungleichheit zu compensiren, den Rost ungefähr um 14 Linien aus der Mitte rücken mufs, wenn die Töpfe von Eisenblech sind. Für gufseiserne Gefäfse ist eine Abweichung von 9 Linien hinreichend.

Verband des Ziegelmauerwerks des Ofens.

Die einfachste und solideste Art, den Heerd zu construiren, ist, die Ziegel auf die schmale Seite zu legen; wie es sich in den Grundrissen und Durchschnitten angedeutet findet.

Wenn das Mauerwerk in der Höhe der oberen Fläche des Rostes abgeglichen ist, wird der Brennheerd von zwei auf die schmale Seite gelegten Ziegelschichten gebildet. Die halbe Hälfte der ersten Schicht, welche dem Feuer am meisten ausgesetzt ist, bleibt unversehert und gerade. Vom Puncte *a* ausgehend zieht man die Linie *ab*, welche angiebt, wie weit die Ziegel abzuschrägen sind. Die Verlängerung der Linie *ab* giebt die Abschrägung der zweiten Ziegelschicht. Der Arbeiter setzt den Stein zuerst trocken hin, trägt darauf mit dem Richtscheit die Richtung auf und schreibt dieselbe an beiden Seitenflächen des Ziegels mit Kreide vor. Um den Umlauf zu bilden, setzt man den Ziegel aufrecht, wie bei *e* angedeutet ist. Darauf legt man zwei flache Ziegelschichten, von welchen die obere das Pflaster bildet.

Die auf solche Art construirten Kochheerde sind sehr solide und bedürfen selten Reparaturen.

Die Handwerker sind sehr geneigt, bei Aufführung der Kochheerde die Ziegel aufrecht zu stellen. Dies ist jedoch nicht so gut, langwieriger, kostet mehr Ziegel und ist weniger solide als die obige Art; es sollte daher nur dann gestattet werden, wenn der Abhang sehr geneigt ist; wie etwa im hinteren Theile der grofsen Oefen in den Hospitälern.

Resultate der Versuche auf Kochheerden mit zwei Gefäfsen.

Die Gründe für die hier beschriebenen Kochheerde mit zwei Gefäfse sind so einleuchtend, dafs man im Voraus einer wesentlichen Ersparnifs von diesen Oefen versichert sein konnte. Die Erwartung ist durch die Erfahrung bestätigt worden. Die officiellen Versuche haben am 4ten, 5ten und 6ten Juli 1829 in der Caserne Montblanc zu Paris, in Gegenwart eines Militair-Intendanten und dreier Compagnie-Officiere, so wie von beständig anwesenden Unterofficieren, Statt gefunden.

Die Resultate davon, so wie sie in einem Protocoll verzeichnet worden sind, haben ergeben, dafs mit einem Pfunde Holz 12 bis 14 Pfunde Suppe zubereitet werden können; wie folgendes Detail es nachweiset.

Versuche in der Montblanc-Caserne.

Um die Speisen in beiden Gefäfsen zu kochen, sind an Holz verbrannt worden:

Den 4ten Juli	22,4 Pfd.
Den 5ten Juli	21,3 Pfd.
Den 6ten Juli	21,3 Pfd.
Zusammen	65 Pfd.

An Suppe hat man erhalten:

Am 4ten Juli	271,06 Pfd.
Am 5ten Juli	304,13 Pfd.
Am 6ten Juli	305,20 Pfd.
Zusammen	880,39 Pfd.

Mit 65 Pfd. Holz hat man die Suppe für 6 Compagnien zubereitet, so dafs also der Bedarf an Kochholz für eine Compagnie von 64 Mann 10,8 Pfd. betrug.

Die Resultate in der Ave-Maria-Caserne waren noch günstiger. Sie sind, wie sie in den am 10., 23., 26. und 30. April, 7., 11. und 12. Mai 1830 aufgenommenen Protocollen, durch die auf Befehl des Kriegs-Ministeriums zusammengetretene Commission constatirt wurden, folgende:

a. Versuche mit Holzfeuerung.

Es sind verbrannt worden:

	im Ofen No 3. mit 2 Gefäſsen,	im Ofen No. 4. mit 2 Gefäſsen,	oder zusammen.
Den 10. April 1830	...... Pfd.	... 21,3 Pfd.	... 21,3 Pfd.
Den 23. - -	... 21,3 -	... 21,3 -	... 42,6 -
Den 26. - -	... 20,7 -	... 20,7 -	... 41,4 -
Den 30. - -	... 20,3 -	... 19,2 -	... 39,5 -
		Also überhaupt	144,8 Pfd.

Mit diesen 144,8 Pfd. Holz hat man die Suppe für 14 Compagnieen zu 60 bis 64 Mann zubereitet, so daſs also auf jede Compagnie 10,3 Pfd. Holz kommen.

b. Versuche mit Steinkohlen.

Es sind verbrannt worden:

	im Ofen No. 3. mit 2 Gefäſsen,	im Ofen No. 4. mit 2 Gefäſsen,	oder zusammen.
Den 7. Mai 1830	... 11,74 Pfd.	... 11,74 Pfd.	... 23,48 Pfd.
Den 11. - -	... 11,74 -	... 11,74 -	... 23,48 -
Den 12. - -	... 10,94 -	... 10,67 -	... 21,61 -
		Also überhaupt	68,57 Pfd.

Mit diesen 68,57 Pfd. Steinkohlen hat man die Suppe für 12 Compagnieen zubereitet, was auf jede derselben 5,71 Pfd. Steinkohlen beträgt.

Auf dem in No. 9. des Memorials beschriebenen Kochheerde hat die Zubereitung der Suppe für eine Compagnie in den guſseisernen Gefäſsen durchschnittlich 17,07 Pfd. Holz und 10,67 Pfd. Steinkohlen, also fast das Doppelte erfordert. Mithin würden die neuen Kochheerde bei der Zubereitung der Speisen für die Truppen fast die Hälfte des Brennmateriales, sowohl Steinkohlen als Holz, ersparen.

Kochheerd mit 4 Gefäſsen.

Da die obige Einrichtung für zwei Gefäſse einen so vollständigen Erfolg hatte, so waren noch günstigere Resultate zu erwarten, wenn man statt zweier vier Gefäſse über eine Feuerung setzte. Die Erfahrung hat diese Voraussetzung gleichfalls bestätigt.

Um sich eine richtige Vorstellung von den nach dieser Idee ausgeführten Kochheerden zu machen, stelle man sich wieder ein Kochgefäſs vor, dessen horizontaler Durchschnitt kreisförmig ist und welches den Inhalt von 4 Compagnie-Gefäſsen von den angenommenen Dimensionen hat.

Theilt man dasselbe durch zwei verticale, durch die Achse gehende Ebenen in vier gleiche Theile, so stellt jeder Theil das Gefäfs für eine Compagnie dar; und um vier Gefäfse über einer Feuerung anzubringen, ist nichts weiter nöthig, als den einzelnen Gefäfsen eine solche Form zu geben, dafs ihr horizontaler Durchschnitt einen Viertelkreis bildet.

Läfst man zwischen den ebenen Flächen dieser Gefäfse einen Raum von $1\frac{1}{2}$ bis 2 Zoll, indem man ein Gestelle und einen Rahmen macht, der in der Mitte ein Kreuz bildet, so wird dadurch die erwärmte Oberfläche beträchtlich vergröfsert werden. Die Flamme und der Rauch, eingeschlossen in den beiden rechteckigen Fächern, welche die ebenen Flächen der Gefäfse und die Schenkel des Rahmens bilden, werden nach Verhältnifs der Ausdehnung dieser Flächen und abhängig von ihren Entfernungen vom Mittelpunct der Flüssigkeit wirken.

Die hiernach in der Ave-Maria-Caserne errichteten Kochheerde, von welchen die Truppen gegenwärtig Gebrauch machen, haben nur ein Pfund Holz auf 16 bis 18 Pfund Suppe erfordert, und mit einem Pfunde Steinkohlen hat man 26 bis 30 Pfund Suppe bereitet; wie es die nachfolgenden Versuche ergeben.

Versuche mit Holz.

	Holz, welches verbraucht wurde:	An Suppe hat man erhalten:	Dies giebt auf 1 Pfd. Holz an Suppe:
Den 10. April 1830	. . . 33,08 Pfd.	. . . 538,75 Pfd.	. . . 16,83 Pfd.
Den 23. - -	. . . 35,21 -	. . . 517,59 -	. . . 14,70 -
Den 26. - -	. . . 31,21 -	. . . 525,04 -	. . . 16,82 -
Den 30. - -	. . . 31,21 -	. . . 550,65 -	. . . 17,64 -
Zusammen	130,71 Pfd.	2132,03	

Mit diesen 130,71 Pfd. Holz hat man die Suppe für 16 Compagnieen zu 60 bis 64 Mann zubereitet; so dafs also 8,17 Pfd. Holz auf die Suppe für eine Compagnie kommen.

Versuche mit Steinkohlen.

	Man hat gebraucht Steinkohlen:	Und davon erhalten Suppe:	Also 1 Pfd. Steinkohlen hat an Suppe gegeben:
Den 7. Mai 1829	. . . 18,67 Pfd.	. . . 525,04 Pfd.	. . . 28,11 Pfd.
Desgleichen	. . . 20,81 -	. . . 525,04 -	. . . 25,23 -
Desgleichen	. . . 17,07 -	. . . 525,04 -	. . . 30,75 -
Zusammen	56,55 Pfd.	1575,12 Pfd.	

Mit diesen 56,55 Pfd. Steinkohlen hat man die Suppe für 12 Compagnieen zu 00 Mann gekocht; was für eine Compagnie 4,71 Pfd. ausmacht.

Es folgt daraus, daſs die Kochheerde mit vier Gefäſsen, über einer und derselben Feuerung, beinahe zwei Drittheile des Brennstoffs gegen den in No. 9. des Memorials beschriebenen Koch-Ofen ersparen.

Bemerkungen.

Man könnte glauben, die hier erlangte Ersparniſs komme bloſs daher, daſs die zwei oder vier Gefäſse über einer und derselben Feuerung eine gröſsere Masse Flüssigkeit enthalten als ein einzelnes gewöhnliches Gefäſs, und daſs man mit einem doppelt oder viermal so groſsen Gefäſs das nemliche Resultat erhalten würde. Dem ist jedoch nicht so, und die Haupt-Idee ist, mehrere Kessel einem einzigen zu substituiren.

Nehmen wir z. B. an, man wolle die Speisen für halbe Bataillone zubereiten. In diesem Falle würden statt eines einzigen Kessels von 14308 Cubikzoll Inhalt, zwei Kessel, jeder zu 7154 Cubikzoll, oder vier Kessel zu 3577 Cubikzoll besser sein. Sollen zwei Compagnieen vereinigt werden, so würden vor einem Kessel von 7154 Cubikzoll zwei Kessel, jeder zu 3577 Cubikzoll, den Vorzug haben. Endlich, wenn man einen Heerd für bloſs eine Compagnie haben wollte, würde es immer noch vortheilhafter sein, zwei Gefäſse, jedes zu $1788\frac{1}{2}$ Cubikzoll, als eines zu 3577 Cubikzoll zu machen.

Alles dieses beweiset die Erfahrung.

Wir haben einen Kessel aus Kupfer verfertigen und darin ein Fach von der Art, wie das zwischen den zwei Gefäſsen, anbringen lassen. Der Kessel in der Caserne de la Courtille, über einen Ofen, wie der in No. 9. des Memorials beschriebene, gesetzt, der jedoch den Rauch-Canal unter dem unteren Kreise nicht hatte, gab ein Ersparniſs von beinahe einem Drittheil des Brennstoffes und kam viel früher zum Sieden.

Gleiches ergaben die Resultate der verschiedenen oben berichteten Versuche. In der That gaben die alten Oefen 10 bis 12 Pfund Suppe durch ein Pfund Steinkohlen, in Gefäſsen von 3577 Cubikzoll Inhalt. In Kesseln von 27045 bis 33534 Cubikzoll Inhalt erhielt man 20 bis 25 Pfund Suppe durch ein Pfund Steinkohlen. Im Mittel also werden Kessel von 7154 und 14308 Cubikzoll Inhalt resp. 12 bis 15 und 15 bis 18 Pfund Suppe durch 1 Pfund Steinkohlen geben, während unsere vier Kessel, von zusammen 14 308 Cubikzoll Inhalt, 30,75 Pfund Suppe durch ein Pfund Steinkohlen lieferten. Der Ueberschuſs kann nur daher entstanden sein, daſs die Flüssigkeit in vier Gefäſse vertheilt wurde.

Man hat Grund zu glauben, daſs man ähnliche Resultate erhalten werde, wie groſs auch die Kessel immer sein mögen: von der häuslichen Küche an, bis zu chemischen Gefäſsen und bis zu den Dampfmaschinen. Es läſst sich allgemein annehmen, daſs es,

> Um eine gewisse Quantität Flüssigkeit zu erhitzen, vortheilhafter ist, sie in zwei oder vier Kessel zu vertheilen, als sie in einen einzigen zu bringen, in so fern sich sonst den einzelnen Kesseln eine schickliche Form und eine Stellung geben läſst, die die Thätigkeit des Wärmestoffes begünstigt und denselben durch den Mittelpunct der flüssigen Masse leitet.

Es ist jedoch zu bemerken, daſs es nicht vortheilhaft sein würde, die Kessel gar zu sehr zu vervielfältigen, wie z. B. in dem gegenwärtigen Falle, wo jeder Kessel die Speisen für eine Compagnie aufzunehmen hat, oder wenn sonst die Menge der zu erwärmenden Flüssigkeit nicht sehr groſs wäre.

Abstrahirt man von den Bedingungen des Militair-Dienstes, so wäre es sogar vielleicht vortheilhafter, nur zwei Gefäſse, jedes von 7154 Cubikzoll, als vier von 3577 Cubikzoll zu machen. Der Grund davon ist leicht zu sehen. Macht man nämlich 4 Gefäſse, so ist man genöthigt, den Rost für das Brennmaterial beinahe in die Mitte des Heerdes zu bringen, damit die Gefäſse zu gleicher Zeit in's Kochen kommen. Da nun der Rauchcanal im Hintergrunde sich befindet, so wird der Wärmestoff hauptsächlich dorthin geführt, und der vordere Theil und die Seiten des Zwischenfaches bekommen davon viel weniger als man glauben möchte. Setzt man dagegen nur zwei Gefäſse, so läſst sich der Rost im vorderen Theile des Heerdes anbringen; und da der Rauchcanal sich ebenfalls im Hintergrunde befindet, so ist der Wärmestoff, ehe er dahin gelangt, gezwungen, die ganze Länge des Zwischenfaches zu durchlaufen. Er wird darin mehr verdichtet, weil er sich nur in diesem einzigen Raume ausbreiten kann, der nicht ganz die Hälfte desjenigen der beiden Zwischenfächer für 4 Gefäſse beträgt. Wenn es also nicht sonst nothwendig ist, die Suppe für jede Compagnie besonders zuzubereiten, oder wenn man blofs eine Flüssigkeit erwärmen will, wie in kleinen Dampfmaschinen, wird es im Allgemeinen besser sein, statt vier Kessel nur zwei zu machen,

Nutzbar gemachte Wärmemenge in den Oefen mit 4 Gefässen, bei der Holzfeuerung.

Es wurden die vier Gefäfse eines Heerdes jedes mit 3130 Cubikzoll Wasser von 14 Grad hundertheilig Wärme angefüllt. Die gesammten 12520 Cubikzoll Wasser wurden binnen einer Stunde mit 21,34 Pfund Holz zum Sieden gebracht (Protocoll vom 12ten Mai). Als das Sieden begonnen hatte, blieb noch etwas Holz, welches nicht consumirt war, so wie eine grofse Menge entzündeter Kohle übrig, was genügte, um das Sieden während einer Stunde zu unterhalten, und wovon die Heizkraft mindestens auf ein Fünftel des Ganzen angeschlagen werden konnte. Es waren also eigentlich nur 17,07 Pfund Holz nöthig gewesen, um 12505 Cubikzoll Wasser von 14 Grad auf eine Temperatur von 100 Grad zu bringen.

Da die 17,07 Pfd. Holz 23,560 Wärme-Einheiten enthalten (S. No. 9. des Memorials), so folgt, dafs ungefähr 76 Procent nutzbare Wärme erlangt wurden.

Um dieses Resultat zu beglaubigen, hat man die Operation unter denselben Umständen wiederholt. 21,34 Pfd. Holz genügten, um das Wasser in den 4 Gefäfsen zum Sieden zu bringen. Sobald das Sieden begonnen hatte, nahm man das heifse Wasser heraus und gofs Wasser von 14 Grad ein, welches bis auf eine Temperatur von 38 Grad gebracht wurde. Um 12520 Cubikzoll Wasser von 14 bis auf 38 Grad zu bringen, sind 5,088 Wärme-Einheiten nöthig, was mit den 18,232 Einheiten, die zur ersten Siedung angewendet wurden, im Ganzen 23,320 Einheiten ausmacht. Da nun 21,34 Pfd. Holz 29,450 Einheiten enthalten, so ergiebt sich, dafs man in diesem Falle 78 Hunderttheile nutzbare Wärme erlangt hatte.

Nutzbar gemachte Wärme mit Steinkohlen.

Man gofs in jedes Gefäfs 3130 Cubikzoll Wasser von 11 Grad Wärme. Es wurden 14,94 Pfund Steinkohlen und 4,27 Pfund Holz zum Anzünden der Steinkohlen eingelegt; was im Ganzen 47,314 Wärme-Einheiten ausmacht. Das Wasser in den vier Gefäfsen wurde binnen 1½ Stunden zum Sieden gebracht. Darauf verblieben noch viel Steinkohlen und entzündete Kohlen, womit das Sieden während zwei Stunden fortgesetzt werden konnte, und was mindestens noch ein Drittheil des Ganzen betrug, so daſs beinahe 31,543 Wärme-Einheiten angewendet wurden, um das Wasser zum Sieden zu bringen. Da nun 19,936 Wärme-Einheiten nöthig sind, um 12520 Cubikzoll Wasser von 11 Grad auf 100 Grad Wärme zu bringen, so ergiebt sich, daſs man 63 Hunderttheile nutzbare Wärme erlangt hat.

Die Operation wurde nun wiederholt, indem man die gleiche Wassermenge von gleicher Temperatur und dieselbe Quantität Holz und Kohlen einlegte, so daſs der Brennstoff 47,314 Wärme-Einheiten enthielt. Sobald das Sieden in den vier Gefäſsen begann, wurde das Wasser durch frisches ersetzt, welches sich von 11 Grad Wärme auf 65 Grad erhob. Dazu waren 12,096 Wärme Einheiten und, um das erste Wasser zum Sieden zu bringen, 19,936 Einheiten nöthig; was zusammen 32,032 Einheiten ausmacht. Also hat die nutzbar gemachte Wärme 67 Hunderttheile betragen.

Aus diesen Versuchen ergiebt sich, daſs bei dem Kochheerde mit vier Gefäſsen zwei Drittheile der Wärme nutzbar gemacht wurden, wenn man Steinkohlen, und drei Viertheile wenn man Holz nahm. Also gab unser Kochofen mit vier Gefäſsen eben so vortheilhafte Resultate, wie die vollkommensten Heizungen in Fabriken.

Menge der nutzbar gemachten Wärme in den Koch-Oefen mit zwei Gefäſsen.

Mit Holz.

Man goſs in jedes Gefäſs 3353 Cubikzoll Wasser zu 15 Grad, und legte in den Ofen 17,07 Pfund Holz, in zwei Partieen. Das Wasser wurde nach einer Stunde zum Sieden gebracht, und es blieb noch Holz und viel entzündete Kohle übrig; was zusammen auf mehr als ein Viertheil des in den Ofen gebrachten Brennstoffes anzuschlagen war.

Das siedende Wasser wurde darauf durch Wasser von 15 Grad ersetzt, welches noch auf 50 Grad Wärme gebracht wurde. Um 6706 Cubikzoll Wasser von 15 auf 100 Grad zu bringen, sind 10 Wärme-Einheiten nöthig: um andere 6706 Cubikzoll Wasser von 15 auf 50 Grad zu erwärmen, 4,2 Einheiten; was im Ganzen 14,4 Wärme Einheiten ausmacht. Nun enthalten aber 17,07 Pfd. Holz 23,560 Wärme-Einheiten: es ergeben sich also 61 Hunderttheile nutzbar gemachte Wärme.

Mit Steinkohlen.

In jedes Gefäfs wurden 3353 Cubikzoll Wasser von 15 Grad gethan und mit 8,54 Pfd. Steinkohlen und 2,13 Pfd. Holz, zum Anzünden, erwärmt; was im Ganzen 26,673 Wärme-Einheiten ausmacht. Das Wasser wurde in $1\frac{1}{2}$ Stunden zum Sieden gebracht und es blieben noch entzündete Kohlen und nicht consumirte Steinkohlen übrig, um das Sieden während beinahe zwei Stunden zu unterhalten. Das siedende Wasser wurde durch anderes Wasser von 15 Grad ersetzt, welches man noch auf eine Temperatur von 62 Grad brachte. Nun sind 10,2 Wärme-Einheiten nöthig, um 6906 Cubikzoll Wasser von 15 auf 100 Grad zu bringen, und 5,64 Einheiten, um die gleiche Wassermenge von 15 bis auf 62 Grad zu erwärmen: im Ganzen 15 87 Einheiten. Es sind also 59 Hunderttheile Wärme nutzbar gemacht worden.

Es ist zu bemerken, dafs bei dem Ofen mit zwei Gefäfsen die Steinkohle und das Holz beinahe das gleiche Resultat gaben, während bei dem Ofen mit vier Gefäfsen eine Differenz von einem Drittheil oder Viertheile Statt fand. Diese Differenz stimmt mit dem überein, was wir beim Kochen der Speisen gefunden haben; denn man bedarf nur halb so viel Steinkohlen als Holz, um die Suppe in dem Kochheerde mit zwei Gefäfsen zu kochen, während in den Kochheerden mit vier Gefäfsen im Allgemeinen eine verhältnifsmäfsig gröfsere Menge von Steinkohlen nöthig ist.

Ueberschlägliche Berechnung des jährlichen Ersparnisses an Brenn-Material durch Oefen zu zwei Gefäfsen.

Die in der Montblanc- und in der Ave-Maria-Caserne mit unseren Kochöfen angestellten Versuche, und die Anwendung welche die Truppen seit langer Zeit von diesen Oefen machen, lassen keinen Zweifel über die beträchtlichen Ersparnisse, welche sie zu gewähren im Stande sind. Wir wollen die Ansichten über die Natur dieser Ersparnisse festzustellen suchen.

Es ist erwiesen, dafs die den Truppen für den in No. 9. des Memorials beschriebenen Ofen auf eine Compagnie gelieferte Holz-Ration für unsern Ofen mit zwei Gefäfsen hinreicht. Das Ersparnifs beträgt also die Hälfte, und da die tägliche Ration für die Compagnie 6521 Cubikzoll beträgt, so wird man täglich auf die Compagnie $3260\frac{1}{2}$ Cubikzoll Holz ersparen. Für die vorhandenen 230 Tausend Mann, oder 3333 Compagnieen zu 60 Mann, beträgt dies Ersparnifs täglich 7232 Cubikfufs und jährlich 2 639 747 Cubikfufs Holz; was nach einem mittleren Preise von 6 Rthlr. 4 Sgr. für 100 Cubikfufs, 162 349 Rthlr. 25 Sgr. kostet.

So würden also unsere Oefen, in der ganzen französischen Armee eingeführt, ein jährliches Ersparnifs von mehr als 160 Tausend Thaler gewähren.

Wollte man die tägliche Ration zu 7452 Cubikzoll auf den Ofen annehmen, so würde das Ersparnifs 137 216 Rthlr. 15 Sgr. betragen.

Ersparnifs bei der ersten Einrichtung.

Das Ersparnifs an Brennmaterial ist nicht das einzige. Nach dem bisherigen Systeme müfste man 3883 Oefen für 230 Tausend Mann bauen: nach unserem Systeme nur die Hälfte. Es würden also 1916 Oefen erspart werden, welche, nach dem Mittelpreise von 106 Rthlr. 20 Sgr., 204 373 Rthlr. 10 Sgr. kosten.

Ueberschlag der Kosten eines Kochheerdes zu 2 Gefäfsen, nach den Preisen von Paris.

Zu dem eisernen Gestelle mit beweglichen Rahmen und den Halsbändern der Röhren 117,4 Pfd. Eisen der dritten Gattung, zu 6 Sgr., ...	23 Rthlr.	14 Sgr.
Zu den Thürzargen des Heerdes und des Aschenfalles, so wie zu den Thüren, 53,3 Pfd. Eisen der vierten Gattung, zu 7,9 Sgr., ...	14 -	— -
Zu der Einfassung 59,7 Pfd. Eisen der zweiten Gattung, zu 4,9 Sgr., ...	9 -	21 -
Für Rosstäbe und Coulissen, zu den beiden Gefäfsen zur Suppe und zu dem kleinen Gefäfs, 328,7 Pfd. Gufseisen der dritten Gattung, zu 2¼ Sgr., ...	24 -	19 -
Zu den Röhren, Kappen und Schiebern über dem Aschenfall 68,3 Pfd. Eisenblech der ersten Art, zu 6,8 Sgr.,	15 -	11 -
Zu dem Mauerwerk des Ofens 1000 Burgunder Ziegel	24 -	28 -
Zum Aufbau 8 Maurer- und Handlanger-Tagelöhne, zu 2 Rthlr. 7 Sgr., ...	17 -	28 -
Bis hierher	130 Rthlr.	1 Sgr.

Bis hierher	130 Rthlr.	1 Sgr.
Zum Mauerwerk 30 Säcke Gartenerde, zu 1,0 Sgr.,	1 -	18 -
Zu den Fugen $3\frac{1}{4}$ Cubikfuſs Gyps, zu 5,6 Sgr., .	— -	18 -
Zur Einfassung der Halsbänder der Röhren 6 Befestigungs-Eisen von $5\frac{3}{4}$ Zoll hoch, zu 5,2 Sgr., . . .	1 -	1 -
	133 Rthlr.	8 Sgr.
An Rabat 21 Procent abzusetzen	27 -	29 -
Bleiben	105 Rthlr.	9 Sgr.
Unvorherzusehende Ausgaben	1 -	11 -
Zusammen	106 Rthlr.	20 Sgr.

Es würden also die 1916 Kochöfen, welche für 230 Tausend Mann nöthig sind, nicht mehr als 204 373 Rthlr. 10 Sgr. kosten, vorausgesetzt, daſs Alles dazu neu angekauft und verfertigt werden müſste. Die Kosten der ersten Einrichtung würden aber durch das Ersparniſs an Brennmaterial im ersten Jahre beinahe gedeckt werden.

Aber es fehlt viel, daſs ein Ofen 106 Rthlr. 20 Sgr. kosten sollte, indem die Thürzargen, die Thüren, die Roststäbe, Coulissen, Röhren, Einfassungen und die Ziegel aus den alten Oefen zu den neuen wieder würden benutzt werden können, so daſs sich die Ausgabe in der Wirklichkeit wie folgt verringern würde.

Das eiserne Gestelle mit Rahmen 106,7 Pf., zu 6 Sgr.,	21 Rthlr.	10 Sgr.
Die beiden Gefäſse, und das kleinere, 286 Pfund Guſseisen zu $2\frac{1}{4}$ Sgr., ...	21 -	13 -
Schieber, Deckel über dem Aschenfall, 25,6 Pfd. Eisenblech, zu 6,8 Sgr., ...	5 -	23 -
500 neue Ziegel	12 -	14 -
Garten-Erde, 30 Säcke zu 1,6 Sgr., ...	1 -	18 -
Gyps, wie oben, ...	— -	18 -
Tagelöhne des Ofensetzers und des Gehülfen, wie oben, ...	17 -	28 -
Thut	81 Rthlr.	4 Sgr.
Davon 21 Procent Rabat abzuziehen	17 -	1 -
Verblieben	64 Rthlr.	3 Sgr.
Ausgaben für Reparatur des Rahmens, der Thüren, der Einfassungen, Röhren und einiger Befestigungen .	15 -	27 -
Zusammen	80 Rthlr.	— Sgr.

Diese auf das Maximum berechneten Ausgaben könnten noch ferner verringert werden, wenn man davon die alten Eisen und Gufsstücke in Abrechnung bringen wollte, die entbehrlich werden und verkauft werden könnten.

Nimmt man aber auch die Kosten eines Ofens zu 80 Rthlr. an, so kosten 1916 Oefen nicht mehr als 153 280 Rthlr., und das Ersparnifs an Brennmateral würde in einem Jahre diese Ausgabe vollständig decken.

Da die nach den Angaben in No. 9. des Mémorials errichteten Oefen wenigstens 106 Rthlr. 20 Sgr., bis 133 Rthlr. 10 Sgr. kosten, so folgt, dafs die erste Errichtung dieser Oefen für 230 Tausend Mann eine Mehr-Ausgabe von mehr als 266 Tausend Thaler gegen unsere Oefen verursachen würde.

Berechnung des Ersparnisses durch Oefen mit vier Gefäfsen.

Nach dem, was weiter oben ermittelt ist, dürften 9315 Cubikzoll Holz für jeden Heerd zu vier Gefäfsen genügen: was ein jährliches Ersparnifs an Brennmaterial von ungefähr 208732 Rthlr. giebt.

Die Ausgabe für die erste Errichtung beträgt nur ungefähr 80 000 Rthlr.

So würde also das Ersparnifs eines Jahres nicht blofs die Kosten der ersten Einrichtung völlig decken, sondern noch einen Ueberschufs von etwa 130 Tausend Thalern gewähren.

Wir fügen diese letzten Resultate blofs nachrichtlich bei, da der Genie-Ausschufs als Grundsatz festgestellt hat, dafs von Kochöfen mit vier Gefäfsen für die Küchen der Soldaten kein Gebrauch zu machen sei. Auch wir sind der Meinung, dafs die Oefen mit zwei Gefäfsen zum gewöhnlichen Gebrauch in den Casernen besser sind; dafs jedoch Oefen mit vier Gefäfsen in mehreren Anstalten, z. B. in Hospitälern, Schulen u. s. w., so wie in vielen Werkstätten mit Nutzen angewendet werden können, z. B. wo es nöthig ist, verschiedene Materialien in einem Ofen beisammen zu haben, wie bei der Farben-Fabrication, in den Schriftgiefsereien, und dergleichen mehr.

Vorzüge unserer Oefen rücksichtlich der Solidität.

Eben wie unsere Oefen hinsichtlich des Ersparnisses an Brennmaterial und der ersten Einrichtung vortheilhaft sind, so sind sie es auch nicht weniger rücksichtlich der Erhaltung.

Denn da der Heerd keine Einschnitte hat und der untere Kreis mit dem oberen unveränderlich vereinigt ist, so ist er unerschütterlich, und die Zusammensetzung des Ofens hat einen solchen Grad von Solidität, dafs Reparaturen nur äufserst selten vorkommen können. Auch sind dieselben immer in sehr kurzer Zeit nach Beendigung des Kochens ausführbar, ohne dafs es nöthig wäre, Ergänzungs-Heerde zu haben, oder provisorische Heerde zu errichten.

Alles dieses ist durch die Erfahrung bestätigt; denn der seit einem Jahre im Gebrauch befindliche Kochheerd mit zwei Gefäfsen in der Montblanc-Caserne ist noch immer in demselben Zustande wie bei seiner Errichtung.

Wir dürfen auch noch hinzufügen, dafs unsere Oefen mit zwei Gefäfsen ein Drittel weniger Raum erfordern, als die in No. 9. des Mémorials beschriebenen Oefen; was in vielen Localitäten wichtig ist.

Schlufsbemerkung.

Das Vorhergehende, kurz zusammengefafst, ergiebt:

1. Ein Erparnifs von mehr als 130 Tausend Thaler jährlich beim Brennmaterial.
2. Ein Ersparnifs von mehr als 260 Tausend Thaler bei der ersten Einrichtung.
3. Gröfsere Solidität und beträchtliches Ersparnifs an Reparatur- und Erneuerungs-Kosten.
4. Ein Ersparnifs von einem Drittheil des Terrains, welches die Küchen einnehmen.

Dies sind die Vortheile, welche unser Ofen zu zwei Gefäfsen auf die einleuchtendste Weise darbietet.

Die Resultate sind unbestreitbar; denn sie sind durch die Erfahrung und durch genaue Kosten-Anschläge bewiesen. Alle die Vortheile sind eine natürliche und unmittelbare Folge des Grundsatzes, den wir für die Abänderung der Form und der Lage, so den Gefäfsen zu geben ist, aufgestellt haben. Dieses eben so einfache als fruchtbringende Princip ist nicht blofs auf Koch-Oefen in Casernen anwendbar, sondern auch auf Oefen bei den Gewerben, und besonders auf Dampfmaschinen.

Wir fürchten nicht, zu behaupten, dafs es auch wahrscheinlich eins der wirksamsten Mittel gegen die Explosionen der Dampfmaschinen gewähren würde.

Erklärung der Figuren, welche den neuen Sparheerd vorstellen.

(Die folgenden Zahlen bezeichnen in allen eilf Figuren das Nemliche.)

1. Grundriſs und Durchschnitt in der Höhe des unteren Reifens des eisernen Gestelles genommen.
2. Grundriſs und Durchschnitt über den Gefäſsen genommen.
3. Rost des Heerdes.
4. Unterer Reifen des eisernen Gestelles.
5. Befestigungsklauen des unteren Reifens.
6. Stützen, welche die beiden Reifen des Gestelles verbinden.
7. Oberer Reifen.
8. Wand des beweglichen Rahmens, oder gekrümmtes Querstück, welches das Fach einschlieſst.
9. Umlauf und Zug für die Flamme und für den Rauch.
10. Neue Art der Gefäſse.
11. Obere Zweige des beweglichen Rahmens.
12. Kleines Gefäſs, um Wasser zu erwärmen.
13. Aschenfall.
14. Register für den Zug.
15. Rauchleitung.
16. Röhren von Eisenblech, der alten Oefen.
17. Eiserner Gürtel um den Ofen.
18. Thüre des Heerdes.
19. Thüren und Platten des Aschenfalles.

19.

Einige Nachrichten über die Benutzung des Asphalts von Seyssel zu Fufspfaden, Dachdecken, Wasserbehältern u. s. w.

(Vom Herausgeber.)

Der Herausgeber dieses Journals hat im August 1837, bei seiner Anwesenheit in Paris, Gelegenheit gehabt, aus Asphalt von Seyssel dort verfertigte Strafsen- und Brücken-Fufspfade, Dachdecken, Fufsboden etc. zu sehen, und zwar sowohl fertige, zum Theil schon ältere Gegenstände dieser Art, als auch die Verfertigung selbst, wenigstens von Fufspfaden. Durch die Gefälligkeit des Directors der Unternehmung der Anwendungen des genannten Asphalts, des Herrn Ingenieur-Hauptmanns *Coignet,* wohnhaft Rue Plumet No. 25., ist ihm über das Verfahren bei den Anwendungen des Asphalt, über die Kosten desselben und Anderes, was dabei in Betracht kommt, nähere Auskunft zu Theil geworden.

Da nun die Gegenstände aus Asphalt, welche der Herausgeber gesehen hat, ihrem Zweck vorzüglich zu entsprechen ihm geschienen haben, so dafs von dem Asphalt auch in Deutschland mit Nutzen dürfte Gebrauch gemacht werden können, so will er nicht ermangeln, das, was er über den Gegenstand erfahren hat, hier mitzutheilen.

Zuerst mag die kurze, gedruckte Nachricht über die Unternehmung mit dem Asphalt von Seyssel, die ihm zugekommen ist, hier in wörtlicher Uebersetzung folgen.

Die französischen Maafse, Gewichte etc. sind, wie immer in diesem Journale, auf Preufsische reducirt.

Gesellschaft von Unternehmern und Besorgern (Société en commandite) für die Asphalt-Gruben von Pyrimont-Seyssel.

Die Asphalt-Gruben von Pyrimont liegen im Ain-Departement, auf dem französischen Ufer des Rhône, $1\frac{1}{4}$ Meile nördlich von dem Städtchen Seyssel (unterhalb Genf, nach Lyon zu), von welchem die Gruben ihren Namen führen.

Sie sind der Gegenstand einer Concession, die bis in das Jahr 1792 zurückreicht und durch das Decret vom 21sten April 1810 auf immer verlängert worden ist. Diese Concession ist um so wichtiger, da die Gruben bis jetzt die einzigen bekannten ihrer Art sind.

Der Asphaltit-Fels liegt im Allgemeinen unter einem weichen Sandsteine, der selbst von Bitumen durchdrungen ist. In Pyrimont aber steigt eine Asphalt-Masse von etwa 2500 Fuſs lang und 800 Fuſs breit, zwischen zwei Schluchten, mitten aus dem Sandstein empor. Das Mineral, auſsen weiſslich, hat innerlich, in verschiedener Dicke, von mehreren Metern, eine dunkelbraune Farbe, die von dem eingedrungenen Bitumen herrührt. Nimmt man eine mittlere Dicke von $6\frac{1}{3}$ Fuſs (2 Meter) an, so ergiebt sich für das Asphalt-Lager von Pyrimont eine Masse von etwa 9000 Cubik-Ruthen und von mehr als 20 Millionen Centnern an Gewicht. Die Existenz des Lagers selbst, welches Jahrhunderte lang allen Einwirkungen der Witterung ausgesetzt gewesen ist, ohne daſs dieselbe die geringste Veränderung daran hervorgebracht hätte, ist der deutlichste Beweis für die Dauer und Unveränderlichkeit der Masse.

Das Mineral, welches auf 100 Theile 9 bis 10 Theile innig damit verbundenes Bitumen enthält, wird ohne Abraum gewonnen und gefördert, und nach den Hütten am Ufer des Rhône transportirt. Dort wird es erst mit der Hand in kleine Stücke zerschlagen und darauf durch Stampfen pulverisirt. Das so erhaltene Pulver wird in Oefen gethan, mit 7 Procent Bergtheer (Goudron minéral) gemengt, der aus dem bitumineusen Sandstein gewonnen wird und die Masse geschmeidig macht. Die geschmolzene Masse wird darauf in Mastix-Tafeln geformt, welche man zum Gebrauche versendet.

Der stets zunehmende Erfolg, welchen dieser natürliche Mastix seit mehreren Jahren gehabt hat, in der Anwendung sowohl zu Terrassen als Gewölbe-Uberzügen, Fuſspfaden und Parkets u. s. w., hat mehrere künstliche Nachahmungen desselben hervorgerufen, welche sich aber bis jetzt nicht dauerhaft gezeigt haben, während es Gegenstände von natürlichem Asphalt giebt, die unverändert, erwiesen, schon 30 Jahre alt sind. Unter diesen Umständen läſst sich, ohne Anstoſs an der, vielleicht aus Eigennutz, vielleicht aus Vorurtheil hervorgehenden Meinung Derjenigen zu nehmen, die den Asphalt zu den Dingen zählen zu müssen glauben, von welchen man den Erfolg erst mit Mifstrauen erwarten müsse, mit Sicherheit behaupten, dafs der Asphalt, sowohl rücksichtlich seiner Dauer, als rücksichtlich seines Nutzens, bei gehörigem Gebrauche das Vertrauen aller Derjenigen verdienen werde, welche sich die Mühe geben wollen, seine Eigenschaften näher kennen zu lernen und sich nach den Gegenständen genauer zu erkundigen, zu welchen er bis jetzt angewendet worden ist.

Erst seit dem Jahre 1833, wo die Asphalt-Gruben Eigenthum des Grafen *Sassenay* wurden, nahm der Absatz dieses Minerals zu, und stieg von 6000 auf 16 000 Ctr. jährlich. Zugleich nahmen die Gewinnungskosten in Folge allmähliger Vervollkommnung der Proceduren, die aber noch fortgesetzt werden können, ab. Schon für das Jahr 1837 wird man Anstalt machen, die Fabricationskosten eines grofsen Theils der in diesem Jahre abzusetzenden Masse um ein Drittheil zu vermindern. Zugleich wird der Absatz von 16 000 Ctr. bis auf 30 000 Ctr. gebracht werden, vermittelst schon getroffener Vorausbedingungen mit Zwischenhändlern, die zugleich die Verfertigung der Gegenstände aus Mastix, deren eine grofse Menge bestellt sind, übernehmen.

Unter diesen günstigen Verhältnissen, und aus Privatgründen, hat der Herr Graf *Sassenay* sich entschlossen, seine Asphalts-Gruben einer Vereinigung von Unternehmern und Besorgern (Société en commendite) zu überlassen; desgleichen auch sein Vertriebs-Etablissement zu Paris, welches er bis dahin in Gemeinschaft mit zwei anderen Personen, aber unter Bedingungen verwaltet hatte, die der Unternehmung nicht diejenige freie Entwickelung gestatteten, deren sie fähig ist. Denn der Mastix wurde dem Vertriebs-Bureau nur zu einem festen und auf den Gewinn der Gruben berechneten hohen Preise geliefert; die Verfertiger der Gegenstände aus Mastix befanden sich also zwischen dem Begehren der Besteller, die niedrige Preise wünschten, und dem festen Preise des Stoffs eingeengt, und mufsten deshalb oft Bestellungen ablehnen, welche guten Gewinn gebracht haben würden, wenn die Ausbeutung und Verarbeitung des Stoffs einem und demselben Interesse angehört hätte. Dieser Umstand schadete beiden: dem Verbrauch und der Ausbeutung.

In einem solchen unrichtigen Verhältnisse befindet sich nunmehr die gegenwärtige Gesellschaft für den Asphalt von Pyrimont-Seyssel nicht mehr. Sie hat die Ausbeutung des Stoffes und die Verarbeitung eines großen Theils desselben in einer Hand, und kann also frei den Forderungen eines wohlverstandenen Interesses nachgeben. In Folge dessen sind schon Contracte geschlossen worden, welche dem Mastix von Seyssel auf mehrere Jahre hinaus einen bedeutenden Absatz verschaffen werden, und zwar mit Verarbeitern, welche die nöthige Uebung und Erfahrung besitzen, um ihre Bestellungen mit derjenigen Befriedigung zu besorgen, welche dem Mastix den ihm gebührenden Ruf bewähren wird. Schon sind auf mehreren Puncten von Frankreich Niederlagen begehrt worden, und es wird die vorzüglichste Sorge der Gesellschaft sein, dergleichen Niederlagen überall zu etabliren, wo auf Absatz zu rechnen sein möchte.

Alle diese Elemente des Erfolgs sichern, wie sich leicht würde beweisen lassen, den Actionnairs 12 Procent Dividende, und es ist gar kein Zweifel, daſs, wenn in Folge der Etablirung neuer Niederlagen der Absatz weiter zunimmt, die Dividende noch ferner und schnell steigen werde.

Die Berechnungen, auf welche sich diese Erwartungen gründen, sind um so sicherer, da die Gruben schon seit langer Zeit ausgebeutet werden, und also bei dem Ertrage nicht wohl, wie bei einer neu beginnenden Unternehmung, Ausfälle und unvorhergesehene Ereignisse vorkommen können, die meistens sonst wohl überlegte Vorausberechnungen umzustoſsen pflegen.

Die Urheber der Actionnair-Vereinigung haben zum verantwortlichen Vorsteher einen in der polytechnischen Schule gebildeten Ingenieur erwählt, der durch 24jährigen Staats-Dienst alle nothwendige Erfahrung erlangt hat, um die Interessen der Gesellschaft mit Vorsicht und Geschicklichkeit wahrzunehmen. Seine Stellung in der Gesellschaft gewährt jede zu verlangende Bürgschaft. Auſserdem hat man Herrn *Eyquem*, der seit lange diese Fabrication zu dem Hauptgegenstande seiner Thätigkeit gemacht hat, und welchem dieselbe groſsentheils ihre Entwickelung in neuerer Zeit verdankt, für dieselbe gewonnen.

Die Statuten der Gesellschaft sind von dem Herrn Advocaten *Calley Saint-Paul* sen., als Rechtsbeistande der Gesellschaft, so wie von dem Notar der Gesellschaft, dem Herrn *Daloz*, wiederholt und mit der gröſsten Sorgfalt revidirt worden. Die Mitwirkung dieser Männer giebt die sicherste Bürgschaft, daſs keine wesentlichen Schwierigkeiten rücksichtlich der Begründung der Gesellschaft entstehen können; so wie für die Rechtlichkeit, mit welcher die Statuten verfaſst sind.

Verzeichnifs der vorzüglichsten Gegenstände von Asphalt, welche bis jetzt für Rechnung der Civil- und Militair-Verwaltung geliefert worden sind.

Paris.	1) Das Dach des Verwaltungs-Gebäudes, Quai de Billy, von etwa	3 046 Quadratfufs.
	2) Im Jahre 1832 sind die Dächer der beiden Verwaltungs-Gebäude des Fourrage-Magazins bei Bercy mit Asphalt bedeckt worden. Die Dachdecke war früher aus künstlichem Bitumen verfertigt, der sich nicht haltbar gezeigt hatte; etwa . .	6 091 - - -
	3) In dem Stalle der Caserne am Quai d'Orsay hat man einen Theil des Fufsbodens mit einer Asphalt-Lage bedeckt; was vollkommen gelungen ist.	
Vincennes.	4) Seit 1832 sind mehr als 60 000 Q.-F. Decke, mehr als 40 000 Q.-F. Fufsboden und mehr als 10 000 Q.-F. Mauerbekleidung gemacht worden; zusammen . .	111 671 - - -
Melun.	5) Die Böden des Gefangenhauses . . .	101 529 - - -
Lyon.	6) Die Gewölbe-Bekleidung, Terrassen und Böden in den abgesonderten Verschanzungen	203 073 - - -
Douai.	7) Im Zeughause sind sechs Dächer mit 1 auf 3 Abhang bedeckt worden. Das eine, etwa 27 000 Q.-F. grofs, war früher mit künstlichem Bitumen bedeckt; was aber nicht haltbar war, ...	108 622 - - -
Besançon.	8) Die Gewölbe-Decke im Fort Brégille, so wie die Böden in verschiedenen Militair-Gebäuden	17 265 - - -
Nevers.	9) Die Seitenschiffe der Cathedral-Kirche sind mit Asphalt bedeckt worden . . .	5 076 - - -
Bourbon-les-Bains.	10) Ein Casernen-Dach von	6 091 - - -
Peronne.	11) Das Dach einer Caserne und die Fufsböden par terre, zusammen	35 531 - - -

Lille	12) Gewölbe-Decke in der Citadelle . . .	19 288 Quadratfufs.
	13) In dem allgemeinen Krankenhause wird ein Theil des Pflasters durch Asphalt-Böden ersetzt werden, zusammen . . .	15 228 - - -
Port l'Ecluse.	14) Die im Jahre 1807 von Asphalt verfertigte Dachdecke des Pulver-Magazins zeigt bis jetzt keine Veränderung. .	2 031 - - -
	15) In diesem, nahe bei dem Bergwerk liegenden Fort sind noch mehrere Gegenstände von Asphalt ausgeführt werden.	
Genf.	16) Der im Jahre 1816 von Asphalt ausgeführte Fufsboden des Schlachthauses in dieser Stadt ist noch in vollkommen gutem Zustande.	10 152 - - -
	17) Ein Keller daselbst, der von hohem Wasser des Sees überschwemmt wurde, ist auf angemessene Weise durch Asphalt wasserfrei gemacht worden.	
Antwerpen.	18) In der Citadelle sind zwei Casernen und ein Pulver-Magazin mit Asphalt bedeckt werden.	17 258 - - -
	19) Ein Gebäude am verbrannten Zeughause	16 243 - - -
	20) Das Mechelner Thor	2 437 - - -
Lüttich.	21) Die Bedeckung der Citadellen-Caserne	27 413 - - -
	22) Ein Pulver-Magazin, ein Laboratorium in der Citadelle und ein Fufsboden in der Giefserei	9 137 - - -
Brüssel.	23) An Dachdecken überhaupt	7 106 - - -
Tirlemont.	24) Das Dach des Rathhauses . . .	1 269 - - -

Fufspfade von Asphalt.

Paris.	25) Auf dem Pont royal, dem Pont du carroussel, dem Boulevard des Italiens, vor dem Opernhause und dem Café Tortoni; am Leihhause und dem Hülfshause; die Bogengänge des Finanzministeriums u. s. w., zusammen	40 607 - - -

Lyon. 26) Die Fuſspfade auf der Brücke Morand, im Jahre 1829 verfertigt, ... 6 091 Quadratfuſs.

Havre. 27) Verschiedene Fuſspfade für Rechnung der Stadt, zusammen . . . . 12 182 - - -

Lille. Verschiedene Fuſspfade für Rechnung der Stadt.

Lüttich. Die Bogen-Brücke.

Verschiedene Gegenstände.

In Paris und in der Umgegend, zu Lyon, Marseille, Toulon, Bordeaux u. s. w., desgleichen in kleinern Städten, sind seit 1816 noch zu Gegenständen verschiedener Art ungefähr 120 000 Ctr. Asphalt verbraucht worden; was einer Fläche von etwa 3 Millionen Quadratfuſsen gleich kommt.

Zu Bordeaux hat man 1816 und in den folgenden Jahren den Asphalt mit gutem Erfolge zur Verdichtung von Kellern gegen das Wasser benutzt, die von der Garonne bei hohem Wasser überschwemmt wurden. Auch Wasserkufen hat man aus dieser Masse verfertigt; z. B. eine Badewanne in dem Frauen-Hospital.

In andern Städten ist der Asphalt mit gleichem Erfolge zu zahlreichen Wasserbauen angewendet worden.

Gesicherter Absatz.

Für mehrere Orte sind mit der Unternehmer-Gesellschaft Contracte, theils auf Lieferung von fertigen Gegenständen, theils auf die Lieferung des Stoffes zur Verarbeitung geschlossen worden. Diese Contracte werden eine Masse Asphalt erfordern, die zu etwa 761 000 Quadratfuſs Fläche nöthig sein würde. Zu den Verdingen gehören unter andern die in diesem Jahre auf dem Concordien-Platze auszuführenden 190 855 Quadratfuſs Fuſsboden.

Haupt-Bedingungen der Gesellschafts-Acte, wie sie am 21sten Januar 1837 von dem Notar Herrn Daloz zu Paris aufgenommen und deponirt worden ist.

Die Actionnair-Gesellschaft besteht aus Unternehmern und Besorgern. Herr *Coignet* ist allein verantwortlicher Vorsteher und zeichnet für die Gesellschaft. Er stellt eine Caution von 5333 Rthlr. 10 Sgr. in Actien.

Die Dauer der Vereinigung ist 15 Jahre, kann aber verlängert werden.

Das Gesellschafts-Capital beträgt 320 Tausend Thaler. Die Actien sind auf 266 Rthlr. 20 Sgr. ausgestellt. Tausend Actien sind ausgegeben. Die übrigen Zwei hundert können nur mit Genehmigung der General-Versammlung emittirt werden.

Das Gesellschafts-Capital kann nicht in Anspruch genommen werden.

Die Actien lauten entweder auf den Inhaber, oder auf Namen; nach der Wahl des Actionnairs. Nur die letzten geben die Berechtigung zum Zutritt zur General-Versammlung und zum Aufsichts-Ausschusse. Die Uebertragung der auf Namen lautenden Actien geschieht durch einfache Indossirung.

Der Betrag der Actien ist innerhalb 14 Tage, nachdem die Ankündigung in die Wohnung des Actionnairs angelangt ist, zahlbar.

Die Zinsen der Actien zu 5 Procent werden halbjährig bezahlt. Der dritte Theil des reinen Gewinns gehört dem Vorsteher und dem Ober-Aufseher der Arbeiten. Die zwei andern Drittheile werden unter die Actionnairs vertheilt, und zwar als Amortisation des Betrags der Actien, bis zu ihrer gänzlichen Ablösung. Nach der Amortisation werden neue Scheine ausgestellt, welche Ansprüche auf verältnifsmäfsige Interessen vom Gesellschafts-Capital geben.

Von der General-Versammlung der Actionnairs wird eine aus 6 Personen zusammengesetzte Aufsichts-Commission ernannt. Es sind 10 Actien nöthig, um Theil an dieser Commission haben zu können. Die Mitglieder der Commission haben Anspruch auf 2 Jetons, jeden zum Werth von 1 Rthlr. 10 Sgr. für jede Sitzung.

Man mufs 5 auf den Namen lautende Actien besitzen, um Theil an der General-Versammlung nehmen zu können. Indessen können diejenigen Actionnairs, welche weniger als 5 auf den Namen lautende Actien besitzen, sich vereinigen, um diese Zahl voll zu machen, und dann Einen aus ihrer Mitte zur Theilnahme an der General-Versammlung abordnen.

Fünf Actien geben eine Stimme. Zehn Actien und mehr geben zwei Stimmen.

Sollte ein Drittheil des Gesellschafts-Capitals verloren gehen, so kann dem Vorsteher nicht gewehrt werden, sich zurückzuziehen, falls die General-Versammlung nicht die Auflösung der Gesellschaft vorzieht. Im Falle des Verlustes von zwei Fünftheilen des Gesellschafts-Capitals ist die Societät bedingungsmäfsig aufgelöset.

Streitigkeiten zwischen den Gesellschafts-Mitgliedern werden, ohne Berufung, durch drei Schiedsrichter geschlichtet.

Unterschriften auf die Actien nehmen an:

Herr *Daloz,* Notar der Gesellschaft, rue St. Honoré No. 239;

Die Herren *Louis Leboeuf* und *Comp.*, Banquiers der Gesellschaft, rue Hauteville No. 44.;

Und das Bureau der Gesellschaft, rue Hauteville No. 35.

Dieses ist der Inhalt der im Jahre 1837 gedruckten Nachricht über den Asphalt von Seyssel. Aufserdem sind dem Herausgeber dieses durch den Ingenieur-Hauptmann Herrn *Coignet* und durch sonstige Erkundigungen folgende Notizen über diesen Gegenstand zu Theil geworden.

Das Verwaltungs-Bureau für den Asphalt von Seyssel, zu Paris, rue Hauteville No. 35., unter Direction des Herrn *Coignet,* an welches man sich wendet, liefert auf Verlangen entweder die nöthige Masse, oder es läfst auch, auf Bestellung, in und aufserhalb Paris die von Asphalt auszuführen verlangten Gegenstände verfertigen. Es sendet zu dem Ende auch nach aufserhalb entweder von seinen Arbeitern, die der Verfertigung kundig sind, oder es gestattet, dafs von aufserhalb nach Paris gesendeten Arbeitern das Verfahren dort gezeigt werde.

Das Mineral kann, so wie es aus den Gruben kommt, entweder in Staub zerschlagen und zermalmt werden, oder es wird blofs in gröfsere Stücke zerschlagen, welche man in eiserne Oefen thut und diese anfeuert, wo die Stücke dann durch die Hitze weiter in Staub zerfallen.

Zu Fufspfad-Mastix nimmt man auf 94 Pfund kalkhaltiges bituminöses Mineral (*minerai calcaire bitumineux*) 9 Pfund natürlichen Bergtheer (*goudron ou brai minéral naturel*), zu Dachdecken oder Gewölbe-Bekleidungen nur 7 Pfund. Die Mischung schmilzt in einer Hitze von 224 Grad Réaum. Das Schmelzen geschieht an dem Orte des Verbrauchs, in kleinen eisernen Oefen.

Zu einem Quadratfufs Fufspfad sind $4\frac{2}{5}$ Pfund (20 Kil. auf den Quadrat-Meter), zu Dachdecken $4\frac{4}{5}$ bis $5\frac{1}{4}$ Pfund (23 bis 25 Kil. auf den Quadr.-M.) Mastix nöthig. Zu den Fufspfaden nimmt man halb so viel an Gewicht Kies, der beim Giefsen eingethan wird, so dafs er mit der Masse sich mengt. Zu Dachdecken wird der Mastix rein genommen.

Die Mastix-Lage zu Fufspfaden wird $5\frac{1}{2}$ Linien, diejenige zu Dachdecken- und Gewölbe-Bekleidungen $4\frac{3}{5}$ Linien dick gegossen. Unmittelbar nach dem Gufs streut man, wenn die Masse noch weich ist, nachdem sie geebnet worden, sowohl auf Fufspfade als auf Dachdecken, Kies, damit die Pfade und die Decken den Fufstritten besser widerstehen. Der Kies kann mit Theer oder andern wasserfesten Farben gefärbt werden, um nach Belieben Figuren zu bilden. Der Gufs geschieht zwischen eisernen Schienen, in 3 F. breiten Streifen. Für den anstofsenden Streifen wird die Schiene weggenommen, damit sich der neue Streifen mit dem vorhergehenden verbinde. Die Masse erkaltet in etwa einer Stunde und ist alsdann sofort zum Gebrauch fertig.

Fufspfade legt man, um die Wirkungen des Frostes abzuhalten, auf irgend eine wasserdichte Lage, entweder von Béton, oder auf ein Ziegel- oder Fliesen-Pflaster, oder auf ein Lager von fein zerschlagenem, stark gestampftem Kalkstein. Auch die Béton-Lage, aus Kiesel, Sand und hydraulischem Kalk bestehend, und 3 bis 4 Zoll dick, mufs stark gestampft werden.

Dachdecken, denen man etwa 1 auf 50 Abhang giebt, legt man auf ein Pflaster von dünnen Fliesen oder Dachziegeln, welches seinerseits auf Latten gelegt wird.

Auf diese Unterlage wird die Mastix-Decke, wie oben beschrieben, ausgegossen, darauf geebnet und mit Kies bestreut.

Der Mastix hat sich auch zu Fufsböden in Pferdeställen, zu Rinnsteinen, Cisternen und dergleichen bewährt. Er hat in den Ställen den Hufen der Pferde widerstanden; und selbst leichte Fuhrwerke können darüber hingehen.

Man macht auch noch mannigfache andere Anwendungen davon. Man kann daraus z. B. sehr schöne Mosaiken bilden. Zu dem Ende legt man die Figuren, welche die Mosaik zeigen soll, auf einer Marmortafel, worauf sie vorgezeichnet ist, mit farbigen Steinchen aus, über welche man eine Lage Mastix giefst. Diese Mastix-Lage umfängt die Steinchen, hält sie fest, und zeigt nun auf der untern Seite, nachdem sie von der Marmortafel abgenommen worden, die Figur. So z. B. macht man Tafeln, die, an den Strafsen-Ecken eingemauert, die Namen der Strafsen zeigen. Die Buchstaben sind hier sauber aus weifsem Porzellan gemacht. Man bedient sich auch des Mastix, um ihn in die Fugen der hölzernen Klotzpflaster zu giessen. Die Masse ist compressibel genug, um der Ausdehnung des Holzes nachzugeben.

Zu Paris kostet der Centner Asphalt 3 Rthlr. 13 Sgr.; also das Pfund ungefähr 1 Sgr. (100 Kil. 25 Fr.). Der Quadratfufs Fufspfad, oder auch Ueberzüge von Gewölben in Casematten, von Kellermauern und dergleichen, wird für $5\frac{1}{2}$ Sgr. (7 Fr. der Quadrat-Meter) geliefert. Der Quadratfufs flache oder auch steile Dachdecke kostet 7 Sgr. 1 Spf. (9 Fr. der Quadr.-M.). Für weniger als 500 Quadratfufs müssen 5 bis 7 Procent des Preises zugelegt werden. Der laufende Fufs Fugen-Ausgufs an Steintafeln und dergleichen kostet $2\frac{1}{2}$ Sgr. (1 Fr. der lauf. Meter).

Den Arbeitslohn für einen Quadratfufs Fufspfad, mit Inbegriff der Feuerungskosten und des Kieses, rechnet man zu 1 Sgr. 2 Spf. ($1\frac{1}{2}$ Fr. den Quadr.-M.), für einen Quadratfufs Dachdecke auf $2\frac{1}{2}$ Sgr. ($2\frac{1}{2}$ Fr. den Quadr.-M.).

Der Quadratfufs Unterlage von Béton zu Fufspfaden kostet 1 Sgr. 7 Pf. (2 Fr. der Quadr.-M.).

Der Centner Mineral kostet in Lyon, in sofern wenigstens 1000 Centner genommen werden, 1 Rthlr. $19\frac{1}{2}$ Sgr. (100 Kil. 12 Fr.). Die Transport-Kosten von Lyon bis Strafsburg betragen etwa $24\frac{3}{4}$ Sgr. (100 Kil. 6 Fr.).

Dieses sind die Nachrichten, welche der Herausgeber über den Gegenstand dieses Aufsatzes durch Mittheilung erhalten hat.

Gesehen hat er zu Paris die Fufspfade von Asphalt auf den Boulevards, den Brücken, und in einigen, zum Theil engen Passagen, z. B. an dem Gebäude der grofsen Bibliothek; ferner die Dächer auf einigen öffentlichen und Privat-Gebäuden; einige Mosaiken aus Asphalt, und dann die Verfertigung des Fufsbodens auf dem Platze Louis XV. (dem nemlichen, auf welchem der Obelisk von Luxor steht), wobei ganz wie oben beschrieben verfahren wurde. Er hat kleine Stücke von Fufsboden und Dachdecken, so wie kleine Proben von der rohen Masse mitgebracht.

Die Fufspfade, obgleich, notorisch, zum Theil schon mehrere Jahre alt, und zum Theil ganz aufserordentlich stark betreten, hat der Herausgeber in vollkommen gutem Zustande gefunden, und es war kaum irgendwo eine Abnutzung der Oberfläche erkennbar. Der Fufstritt auf der nicht sehr harten und elastischen Masse und auf der vollkommen ebenen, durch keine Fugen oder Vorsprünge unterbrochenen Fläche ist besonders angenehm; sogar fast noch angenehmer als auf einem mit Holz gedielten Boden. Die Dächer, welche er sah, waren ebenfalls, obgleich auch schon zum Theil älter, in völlig gutem Zustande, und es war keine Spur vom Durchdringen der Nässe sichtbar.

Dafs die Masse der Nässe und der Witterung widerstehe, läfst sich begreifen, weil sie durchaus keine im Wasser zerfliefsenden Theile enthält. Dafs sie hart genug ist, um dem Tritte von Menschen und selbst von Pferden zu widerstehen, zeigt die Erfahrung. Man könnte fürchten, eine starke Sonnenwärme werde die Masse erweichen. Aber die heftige Hitze im August dieses Jahres von 26 bis 27 Grad Reaum., die, an der Stelle wo die Sonne von den Mauern abprallte, wohl über 30 Grad betragen mochte, erweichte die Masse noch keineswegs.

Der Herausgeber hat daher die Ueberzeugung, dafs der Asphalt von Seyssel überall, wo er wegen der Transportkosten nicht etwa gar zu theuer zu stehen kommt, zu Fufspfaden, Dächern, Rinnen, Wasserbehältern u. s. w. mit Grunde zu empfehlen sei. Der Asphalt hat für Fufspfade und für Dächer, auf welchen man g e h e n will, noch die besondere Annehmlichkeit, dafs, wie oben bemerkt, der Tritt darauf sehr bequem ist.

Um die Kosten von Fufsboden und Dächern, z. B. für Berlin zu berechnen, darf man zu dem, was diese Gegenstände in Paris kosten, nur etwa das hinzusetzen, was die Masse von Seyssel nach Berlin mehr als nach Paris zu transportiren kosten würde. Berlin ist von Seyssel etwa 150, Paris etwa 60 Meilen, also Berlin etwa 90 Meilen weiter entfernt als Paris. Man mufs daher, im Maximo, nemlich für die L a n d f r a c h t, noch etwa 3 Rthlr. für den Centner Masse an Transportkosten zu dem Pariser Preise hinzusetzen. Dieses thut für das Pfund Masse etwa 10 Spf. Also würde der Quadratfufs Fufspfad in Berlin etwa $3\frac{1}{2}$ Sgr. und der Quadratfufs Dachdecke etwa $4\frac{1}{4}$ Sgr. mehr kosten als zu Paris. Nun kostet, dem Obigen zufolge, der Quadratfufs Fufspfad, mit Unterlage, eben wie der Quadratfufs Dachdecke ohne Unterlage, etwa 7 Sgr. Also würde der Quadratfufs Fufspfad in Berlin hienach etwa in Allem auf $10\frac{1}{2}$ Sgr., der Quadratfufs Dachdecke ohne Unterlage etwa auf $11\frac{1}{4}$ Sgr. zu stehen kommen. Jedoch läfst sich die Zulage zu den Transportkosten, wenn man Zeit hat, des Wassertransports statt der Landfracht sich zu bedienen, wohl noch ansehnlich vermindern; auch wird dem Obigen zufolge der Asphalt künftig wolfeiler zu erhalten sein, so dafs vielleicht der Quadratfufs Fufspfad mit Unterlage für 7 Sgr., der Quadratfufs Dachdecke ohne Unterlage für 9 Sgr. herzustellen sein möchte. Nimmt man Dachziegel zur Unterlage der Dachdecke, auf enger Belattung, so möchten die Kosten dieser Unterlage höchstens 1 Sgr. für den Quadratfufs betragen.

Wollte man des Asphalts in Berlin sich bedienen, so wäre, in so fern die Fläche von Fufspfaden oder Dächern von einiger Bedeutung ist, zu rathen, einen gelehrigen Arbeiter nach Paris zu senden, um die Verfertigung dort zu erlernen. Es kommt bekanntlich bei jeder Sache auf mehr oder weniger Geschicklichkeit und Kunstgriffe an, welche nur die Erfahrung lehren kann, und es ist fast immer besser, die Erfahrung, welche Andere schon gemacht haben, zu benutzen, als der eigenen Geschicklichkeit, ohne Uebung, oder gar eigenen Erfindungen zu viel zu vertrauen.

Zu Fufspfaden auf den Strafsen und Brücken dürfte in Berlin der Asphalt von Seyssel wohl nur wegen der Annehmlichkeit des Fufstritts auf denselben zu empfehlen sein; denn die Kosten sind nicht bedeutend geringer als die der Granittafeln; und ob der Mastix für diesen Zweck eben so dauerhaft sei als die Granittafeln, möchte noch nicht erwiesen sein. Zu flachen Dächern dagegen, auch wenn sie stark betreten werden sollen, so wie auch zu den anderen oben erwähnten Dingen: Wasserbehältern, Rinnen, Mosaiken etc. dürfte er auch in Berlin entschieden nützlich sein. Der Herausgeber ist, nach dem was er gesehen und erkundigt hat, von dem Nutzen dieser Masse, insbesondere zu Dächern, in dem Maafse überzeugt, dafs er, wenn er für sich selbst ein Haus zu bauen hätte, demselben unbedingt eine flach liegende Dachdecke aus Asphalt von Seyssel geben würde.

Berlin im September 1837

20.
Nachrichten von der projectirten Eisenbahn zwischen Berlin und Frankfurt a. d. O.

(Vom Herausgeber.)

(Fortsetzung von No. 3. im ersten, No. 9. im zweiten und No. 14. im dritten Hefte dieses Bandes.)

II. Technischer Theil des überschläglichen Entwurfes.

Erster Abschnitt.

Richtung und Gefälle der Eisenbahn.

26.

Daraus, daſs eine Eisenbahn so nahe als möglich *horizontal* sein muſs, weil die Ersparung an Zugkraft gegen die auf Chausséen in ihrem vollen Maaſse, nemlich von etwa 90 Procent, nur auf *horizontaler* Bahn Statt findet, und schnell abnimmt, so wie der Abhang einer Bahn stärker wird, indem auf Abhängen die Lasten durch die Zugkraft zugleich hinauf zu *heben* sind, folgt für Eisenbahnen, eben wie für Chausséen, aber noch *dringender*, die Regel, daſs sie möglichst den *Strömen* und *Flüssen* folgen müssen; denn Ströme und Flüsse sind diejenigen Linien auf dem Terrain, die, nebst ihren Thälern, letztere wenigstens in der Nähe des Wassers, nur *geringe* Abhänge haben, nemlich, in so fern es nicht etwa Gebirgsströme sind, nur Abhänge von 1 auf 4000, 3000, 2000, bis höchstens 1 auf 1000; welche Abhänge die Ersparung an Transportkraft auf Eisenbahnen nur erst wenig, höchstens nur um 2 bis 3 Procent vermindern.

Ferner folgt von selbst die Regel, daſs eine Eisenbahn da, wo sie nicht anders als aus einem Fluſsthal in ein anderes übergehen kann, die *Wasserscheide* zwischen beiden Thälern möglichst an der *niedrigsten* Stelle übersteigen muſs.

Man muſs also auch hier, von Berlin nach Frankfurt a. d. O., mit der Eisenbahn möglichst den Fluſsthälern folgen und die Wasserscheiden an den niedrigsten Stellen zu übersteigen suchen.

27.

Das Terrain ist dazu hier, wenigstens theilweise, ganz günstig; denn der *Spree-Fluſs* hat im Ganzen, wenigstens von Fürstenwalde bis Berlin, beinahe genau die Richtung der Straſse zwischen Berlin und Frankfurt a. d. O. Die Eisenbahn muſs also entschieden über *Fürstenwalde* gehen.

Auch die *Chaussée* über Müncheberg nach Frankfurt a. d. O. liegt zwar schon, wie es die beigefügte Carte zeigt, ziemlich parallel mit der Spree; allein sie steigt schon so hoch auf den Thalrand des Flusses hinauf, daſs sie füglich nicht mehr ebenes Terrain finden kann. Sie hat deshalb auch schon bedeutende Gefälle und Steigungen, die bei und hinter Müncheberg in dem Maaſse zunehmen, daſs die schweren Fuhrwerke hie und da *Vorspann* nehmen müssen. In der Richtung der *Chaussée* würde eine Eisenbahn unausführbar sein.

Die Richtung der Chaussée ist zwar für den von Müncheberg abgehenden Arm nach Cüstrin günstig, indem sie von Berlin nach Cüstrin von der geraden Linie nur wenig abweicht: dagegen ist sie es für Frankfurt weniger; die Straſse nach Frankfurt über Müncheberg weicht stärker von der geraden Linie ab.

Die Richtung der Eisenbahn über Fürstenwalde befindet sich in dem umgekehrten Falle. Nach Cüstrin hin weicht ihre Richtung mehr von der geraden Linie ab: nach Frankfurt dagegen nur wenig. Uebrigens würde es ohne bedeutende Schwierigkeiten möglich sein, eine Eisenbahn, wenn es geschehen sollte, *nach Cüstrin* über Fürstenwalde zu bauen; nemlich von Fürstenwalde ab, in beinahe gerader Linie, die Chaussée bei Heinersdorf schneidend, über Neu-Tempel nach Cüstrin, so dass also die Richtung über Fürstenwalde auch für die etwaige künftige Abzweigung nach Cüstrin noch ganz günstig ist. Ueber Müncheberg würde es, wie gesagt, kaum möglich sein, mit der Eisenbahn nach Frankfurt zu kommen.

Die Stadt Fürstenwalde ist daher, für die Richtung der Eisenbahn jedenfalls ein unbedingt fester Punct.

28.

Zwischen Fürstenwalde und Frankfurt muſs die Eisenbahn unvermeidlich eine *Wasserscheide*, nemlich diejenige zwischen der Oder und der Elbe, übersteigen; denn das Spreethal ist ein Seitenarm des Havelthals, und dieses ein Seitenarm des Elbthales.

Der bei weitem niedrigste Punct dieser Wasserscheide liegt zwischen *Müllrose* und der Oder. Der Friedrich-Wilhelms-Canal zeigt diesen Punct an; und mit Recht ist dieser, die Spree mit der Oder verbindende Canal dorthin gelegt worden. Acht Schleusen des Canals, nach der Oder hin, haben etwa 64 F., und die übrigen zwei Schleusen, nach der Spree hin, etwa 10 F. Gefälle. Das Terrain in dem niedrigsten Puncte der Wasserscheide liegt nur etwa 70 F. hoch über dem Nullpuncte des Oderpegels.

Nördlich nach Frankfurt und weiter hin erhebt sich die Wasserscheide schnell und sehr bedeutend. Sie steigt hier, nach dem Oderbruche hin, 300 bis 400 F. hoch über die Oder.

Sehr günstig wäre es also, wenn man mit der Eisenbahn nach Frankfurt a. d. O. auch von Fürstenwalde weiter der Spree, am Canale über Müllrose, und dann der Oder folgen könnte. Man würde auf diese Weise eine Eisenbahn bekommen, die an geringer Abweichung von der horizontalen Linie kaum irgendwo ihres Gleichen hätte. Sie würde sich auch in der Richtung über Müllrose ohne alle sonstige Schwierigkeiten bauen lassen. Selbst längs der Oder, an der sogenannten *steilen Wand,* bei *Schiffersruh,* wo die Oder hart an einem mehr als 100 F. hohen Ufer hinströmt, sind die Schwierigkeiten nur mehr scheinbar als wirklich. Allein der *Umweg,* den in dieser von der Beschaffenheit des Terrains angedeuteten Richtung die Eisenbahn machen müfste, ist *bedeutend:* er beträgt *über* 2 Meilen auf 5.

Es bleibt also nichts übrig, als, um von Berlin nach Frankfurt zu kommen, von Fürstenwalde in möglichst gerader Richtung über die Wasserscheide zu gehen. Glücklicherweise findet sich auch, fast *genau* in der geraden Linie zwischen den beiden Städten, ein Punct auf dem Kamme der Wasserscheide, dicht beim Dorfe Rosengarten, der bedeutend niedriger ist als alle andern in der Nähe. Mit Hülfe eines 66 F. tiefen Einschnitts in den Kamm des Hügelrückens, der aber nur kurz zu sein braucht, ist es möglich, den höchsten Punct der Eisenbahn so weit zu senken, dafs er nur noch 226 F. über dem *Nullpuncte des Oderpegels* bei Frankfurt liegt. Da indessen einerseits das natürliche Terrain bei Fürstenwalde schon 75 F., und am Fufse des Hügelrückens schon 79 F. über dem Nullpuncte des Oderpegels liegt, anderseits der Endpunct der Eisenbahn bei Frankfurt, weil man mit derselben nicht *durch,* sondern nur bis *an* die Stadt gehen kann, 120 F.

hoch über dem Nullpunct erhöht bleiben mufs: so beträgt die Höhe, welche von *Fürstenwalde* her mit der Eisenbahn zu ersteigen ist, nur 147 F., und diejenige, welche von *Frankfurt* her erstiegen werden mufs, nur 106 F.; was für die beträchtliche *Länge* der Bahn nicht bedeutend ist.

Zwar würde gegen die gerade Richtung von Fürstenwalde nach Frankfurt, dann, wenn es *sehr* schwierig wäre, in der Folge von dem Eisenbahnhofe bei Frankfurt mit der Eisenbahn die Oder entlang weiter nach Schlesien zu gehen, ein bedeutendes Bedenken Statt finden, weil dann die Bahn nach Schlesien die Frankfurter Bahn schon diesseit der Wasserscheide beim Dorfe Briesen verlassen müfste, und so die Fahrt nach Schlesien auf $2\frac{1}{2}$ Meilen lang die Frankfurter Bahn umgehen würde. Jene Schwierigkeit findet indessen nicht Statt, sondern es ist *ohne* zu grofse Unbequemlichkeiten möglich, von dem Eisenbahnhofe bei Frankfurt in gerader Linie, vermittelst einer Rampe, die noch ohne stehende Maschinen, blofs mit Dampfwagen fahrbar ist, gleich hinter der Karthause bei Frankfurt nach dem Oderthale hinunter zu kommen, und dann in demselben weiter fortzugehen.

Es ist also unbezweifelt vollkommen das beste, von Fürstenwalde die Eisenbahn in beinahe *ganz gerader* Linie, wie es die Carte zeigt, an den Dörfern Birkenbrück, Briesen, Jacobsdorf und Rosengarten vorbei, bis nach dem Thalrande der Oder, und bis unmittelbar an die Häuser des Wilhelmsplatzes von Frankfurt zu bauen; woselbst der Eisenbahnhof gerade an die Stelle zu liegen kommt, von welcher eine, nur etwa 300 Ruthen lange Strafse durch die Stadt quer über den Wilhelmsplatz bis zu dem Hafen und dem Haupt-Anlandeplatze der Oder führt.

29.

Für den Theil der Eisenbahn von Berlin bis Fürstenwalde bleibt noch die Wahl, ob man nach Cöpenick hinanbiegen solle, oder nicht. Es findet sich hier nemlich der seltene Fall, dafs es, nach der Beschaffenheit des Terrains, ohne irgend eine namhafte Schwierigkeit möglich sein würde, eine über *6 Meilen lange, schnurgerade Linie* vom Frankfurter Thore von Berlin bis zu dem Eisenbahnhofe bei Fürstenwalde zu bauen. *Diese, über 6 Meilen lange, schnurgerade und dabei zugleich beinahe vollkommen horizontale Eisenbahn* würde bis jetzt nirgend ihres Gleichen haben. Es ist indessen wohl billig, dieser blofsen Curiosität nicht wesentliche

Vortheile aufzuopfern; und es wird besser sein, die Stadt Cöpenick nicht zu umgehen; denn der der Biegung wegen nothwendige *Umweg* ist völlig unbedeutend, und die Stadt Cöpenick, wenn gleich nicht bedeutend, hat doch gleichwohl ebenfalls Ansprüche auf die Vortheile der Eisenbahn, da ihr dieselben ohne alle wesentlichen Aufopferungen zugeführt werden *können.* Auch ist es für Berlin selbst rathsam, Cöpenick zu berühren, da dieser Ort schon jetzt einer der wenigen Ausflüge der Bewohner der Residenz ist und wegen seiner nicht unangenehmen Lage am Wasser durch die Eisenbahn ein recht besuchter Vergnügungs-Ort werden dürfte.

Zwischen Berlin und Fürstenwalde wird also die Eisenbahn noch die Stadt Cöpenick berühren müssen.

30.

Die Eisenbahn verbindet also so, in dieser bis jetzt im Allgemeinen beschriebenen Richtung, welche die bessere sein dürfte, mit der Residenz Berlin, von (angenommen) 240 Tausend Einwohnern, unmittelbar die drei Städte Frankfurt a. d. O. von 23 Tausend, Fürstenwalde von 5 Tausend und Cöpenick von nahe an 2 Tausend Einwohnern, aufser den 6 Dörfern, Rosengarten, Jacobsdorf, Briesen, Birkenbrück, Rummelsburg und Bockshagen; der Colonie Friedrichshagen; den drei Förstereien Madlitz, Hangelsberg und Cöpenick; den beiden Weilern oder Vorwerken Nunen und Erkner, und mehreren Mühlen, an welchen sie unmittelbar vorbeistreicht.

Von seitwärts her können mit der Eisenbahn sehr bequem durch Chausséen zunächst *Müncheberg, Müllrose* und *Beeskow* verbunden werden. Besonders die Verbindung mit *Müncheberg,* etwa 2 Meilen lang, würde dem Getraidemarkte von Fürstenwalde, auf welchen schon viel Getraide aus dem Oderbruche kommt, also auch dem Oderbruche selbst ungemein nützlich sein. Noch wichtiger aber ist, gleichzeitig für den Verkehr, für die Gegend und für die Eisenbahn, die Chaussée von Frankfurt weiter, über Drossen, Zielenzig und Meseritz, nach Posen und Polen, und, mit einem Seiten-Arme auf Landsberg, nach Preufsen, deren Ausführung beabsichtigt wird. Sie wird den bedeutenden Transport von Frachtgütern und Vieh aus diesen Gegenden nach Berlin ungemein erleichtern und denselben der Eisenbahn zuführen. Diese so nützliche Strafse kann nun durch die Eisenbahn um so leichter zur Ausführung kommen, da es ganz im Interesse der Eisenbahn-Actionnairs ist, den Bau derselben auf alle Weise zu betreiben und zu fördern.

31.

Da *Biegungen*, die nur wenig von der geraden Linie ablenken, und wenn nur die Halbmesser der Bogen recht grofs sind, einer Eisenbahn wenig schaden, so ist kein zureichender Grund vorhanden, selbst zwischen Fürstenwalde und Berlin, oder vielmehr, weil Cöpenick berührt werden soll, zwischen Cöpenick und Fürstenwalde, auf ganz gerade Linien zu bestehen. Es ist vielmehr angemessen, lieber Schwierigkeiten, wie sie hier zum Theil die häufigen und ziemlich grofsen Seen machen, auszuweichen, in so fern es durch sanfte Biegungen angeht, was in der That mit so grofsen Halbmessern der Bogen, als man nur will, möglich ist.

Es wird also gut und angemessen sein, die Tour von Berlin bis Fürstenwalde aus 5 geraden Linien zusammenzusetzen, die durch sanfte und ganz unmerkliche Bogen, von 1000 Ruthen Halbmesser, mit einander verbunden werden.

Zwischen Fürstenwalde und Frankfurt ist nur eine einzige Biegung nothwendig, und zwar auf dem Scheitelpuncte der Bahn selbst, wo sie gar nichts schadet, indem die Fahrt dort schon jedenfalls verzögert werden mufs.

Im Ganzen also wird die etwa $10\frac{1}{2}$ Meilen lange Eisenbahn von Berlin nach Frankfurt aus 7 geraden Linien zusammengesetzt sein, die aber meistens mit einander nur Winkel von 5, 6 bis 10 Graden machen. Die stärkste Biegung, bei Cöpenick, macht einen Winkel von 26 Graden, die Halbmesser sämmtlicher verbindender Bogen sind 1000 Ruthen lang angenommen.

32.

Die *Abhänge* der Eisenbahn sind auf dem bei weitem gröfseren Theile der Bahn, namentlich auf 8 Meilen lang, *überaus geringe* und man könnte sagen fast Null. Blofs zum Uebersteigen der Wasserscheide bei Frankfurt, auf nicht volle $2\frac{1}{2}$ Meilen lang, sind stärkere Gefälle nöthig. Das stärkste dieser Gefälle von 1 auf 150 (etwa ein Zoll auf die Ruthe), auf 1322 Ruthen lang, ist allerdings für eine Eisenbahn bedeutend, allein doch noch weit unter der Grenze derjenigen Abhänge, die mit *gewöhnlichen* Dampfwagen, und wenn sie nicht das Maximum ihrer Ladung fortzubringen haben, selbst ohne Hülfswagen fahrbar sind. Denn auf der Liverpooler Bahn wird seit Jahren der Abhang von Rainhill theils ohne, theils, bei schwerer Ladung mit Hülfsmaschinen, durch Dampfwagen *ohne* stehende Maschinen passirt; und dieser Abhang beträgt nicht blofs 1 auf 150, sondern sogar 1 auf 89. Hier wird also der Abhang von 1 auf 150 keine besonderen Vorrichtungen erfordern, sondern weiter keine Folgen haben, als dafs die Fahrt auf die kurze Strecke etwas langsamer geht. Auch für die Fahrten bergab ist durchaus keine Gefahr vorhanden, sondern die gewöhnliche Hemmung ist vollkommen hinreichend.

Der andere namhafte Abhang, von der Wasserscheide nach Fürstenwalde hinunter, 3328 Ruthen lang, beträgt 1 auf 273. Er ist also gerade nur so stark, dafs die Wagen anfangen, von selbst hinabzurollen, mithin für die Thalfahrt, sogar recht günstig, weil so fast auf $1\frac{3}{4}$ Meilen die Zugkraft bergab fast ganz ruhen kann.

33.

Folgendes ist die Uebersicht der *Länge* der Bahnlinien im Einzelnen und im Ganzen, und ihrer *Gefälle*.

	Linien.	Länge der einzelnen Linien. Ruthen.	Länge der geraden Linien. Ruthen.	Länge der Bogen. Ruth.	Abweichung von der geraden Linie. Grade.	Halbmesser der Bogen. Ruth.	Steigen. Fufs.	Fallen. Fufs.	Abhänge: 1 auf	Abhänge: oder auf die Ruthe etwa Linien.
1.	Von Berlin bis zur ersten Biegung bei Cöpenick	2764	2764	—	—	—	$1\frac{1}{2}$	—	21 552	$\frac{1}{12}$
2.	Erste Biegung, bei Cöpenick . .	—	—	464	26	1000	horizontal.			
3.	Von da bis gegen Friedrichshagen	828		—	—	—	$\frac{1}{2}$	—	21 552	$\frac{1}{12}$
4.	Von da bis zur Biegung an der Ransdorfer Mühle	560	1388	—	—	—	$2\frac{2}{3}$	—	2 340	$\frac{3}{4}$
5.	Zweite Biegung, bei der Ransdorfer Mühle	—	—	190	$10\frac{1}{4}$	1000	horizontal.			
6.	Von da weiter	1000		—	—	—	$5\frac{1}{3}$	—	2 340	$\frac{3}{4}$
7.	Von da bis zur dritten Biegung an der Fangschleuse	1300	2300	—	—	—	—	$\frac{3}{4}$	4 890	$\frac{1}{2}$
8.	Dritte Biegung, an der Fangschleuse	—	—	120	$6\frac{1}{2}$	1000	horizontal.			
9.	Von da weiter	330		—	—	—	—	$3\frac{1}{4}$	4 890	$\frac{1}{2}$
10.	Von da bis zum Löcknitz-Flusse	1000	2055	—	—	—	13	—	923	$\frac{5}{8}$
11.	Von da bis zur vierten Biegung bei Hangelsberg	725		—	—	—	$1\frac{1}{2}$	—	5 490	$\frac{1}{3}$
12.	Vierte Biegung, bei Hangelsberg	—	—	90	5	1000	horizontal.			
13.	Von da bis Fürstenwalde . . .	2935	2935	—	—	—	$6\frac{1}{2}$	—	5 490	$\frac{1}{3}$
	Summe von Berlin bis Fürstenwalde	11442	11442	864			31	4		
		12 306 Ruthen.								
14.	Von Fürstenwalde bis zwischen dem Madlitzer Försterhause und Briesen	3036		—	—	—	horizontal.			
15.	Von da bis gegen Briesen . .	650	7041	—	—	—	4	—	1 950	1
16.	Von da bis gegen den Scheitelpunct der Wasserscheide	3328		—	—	—	146	—	273	6
17.	Fünfte Biegung auf der Scheitelstrecke	—	—	120	$6\frac{3}{8}$	1000	horizontal.			
18.	Von da bis zum Eisenbahnhofe bei Frankfurt	1332	1332	—	—	—	—	106	150	12
19.	Der Eisenbahnhof bei Frankfurt	132	132	—	—	—	horizontal.			
	Summe von Fürstenwalde bis Frankfurt	8505	8505	120			150	106		
			8625							
	Hierzu von Berlin bis Fürstenwalde	11 442		864			31	4		
	Thut zusammen von Berlin bis Frankfurt a. d. O.	19 947		984			181	110		
	Summe . .	20 931 Ruthen.								

Die Eisenbahn wird also im Ganzen, von dem Frankfurter Thore von Berlin an bis durch den Eisenbahnhof bei Frankfurt, 20 031 Ruthen oder etwa $10\frac{1}{2}$ Meilen lang werden. Sie ist bis zum Frankfurter Eisenbahnhofe aus 7 geraden Linien von 2764, 1388, 2300, 2055, 2935, 7041 und 1332 Ruthen lang zusammengesetzt, steigt im Ganzen 181 F. und fällt im Ganzen 110 F. Die 5 Bogen sind zusammen 984 Ruthen lang, sämmtlich mit Halbmessern von 1000 Ruthen lang. 4179 Ruthen Bahn liegen *ganz horizontal*; 12 092 Ruthen haben ein ganz *unmerkliches* Gefälle, von noch nicht 1 Linie auf die Ruthe; nur 3328 Ruthen Bahn haben ein Gefälle von etwa $\frac{1}{2}$ Zoll, und nur 1332 Ruthen Bahn ein Gefälle von nicht voll einen ganzen Zoll auf die Ruthe. Der Eisenbahnhof bei Frankfurt liegt 45 F. höher als der von Fürstenwalde, 72 F. höher als der von Berlin und 120 F. hoch über dem Nullpuncte des Oderpegels von Frankfurt. Vom Eisenbahnhofe bei Frankfurt hinunter, durch die Stadt, nach dem Auslade-Platze an der Oder wird eine Chaussée, mit *Steinbahn,* etwa 300 Ruthen lang, mit 1 auf 30 Gefälle gebaut werden.

Der Weg von Berlin nach Frankfurt a. d. O. wird *auf der Chaussée* $11\frac{1}{2}$ *Meilen* lang gerechnet. Zieht man davon etwa $\frac{1}{4}$ Meile für die Strafsen von Berlin bis zum Frankfurter Thore ab, so bleiben $11\frac{1}{4}$ Meilen. Also ist der Weg auf der Eisenbahn um nicht weniger als $\frac{3}{4}$ Meilen *kürzer* als der auf der Chaussée.

34.

Das Terrain, welches die Eisenbahn durchzieht, hat zum bei weitem gröfseren Theile nur geringen Werth. Es besteht meistens aus ziemlich jungem Fichten- und Kiefern-Walde und öder Haide. Der Wald fängt unweit Berlin an, und erstreckt sich, fast ohne alle Unterbrechung, bis unmittelbar an den Eisenbahnhof zu Fürstenwalde, der zwischen den Scheunen dieser Stadt, aber auf einem sehr freien, offenen und unbenutzten Platze seine Stelle findet. Auch hinter Fürstenwalde, bis zum Fufse der Anhöhe, auf welcher die Wasserscheide liegt, ist viel Wald; das übrige ist fast unfruchtbares Sandfeld und Haide. Blofs auf der Anhöhe ist der Boden etwas besser, und Ackerland; nach Frankfurt hin trifft man auch auf etwas besseres Ackerland und einige Wiesen. Der

Eisenbahnhof bei Frankfurt findet auf einem freien, der Stadt-Commune gehörigen Grasplatze seine Stelle; derjenige bei Berlin auf einer Wiese am Thore. Nirgend sind Gärten und Gebäude von bedeutendem Werthe im Wege. Einige kleine Landgebäude in der Colonie Friedrichshagen und beim Dorfe Rosengarten, welche werden weggeräumt werden müssen, sind für Weniges käuflich. Im Ganzen sind die Schwierigkeiten rücksichtlich der Erwerbung des Terrains zur Eisenbahn verhältnifsmäfsig geringe.

(Die Fortsetzung folgt im nächsten Bande.)

Inhaltsverzeichnifs des vierten Hefts elften Bandes.

Berlin, gedruckt bei G. Reimer.

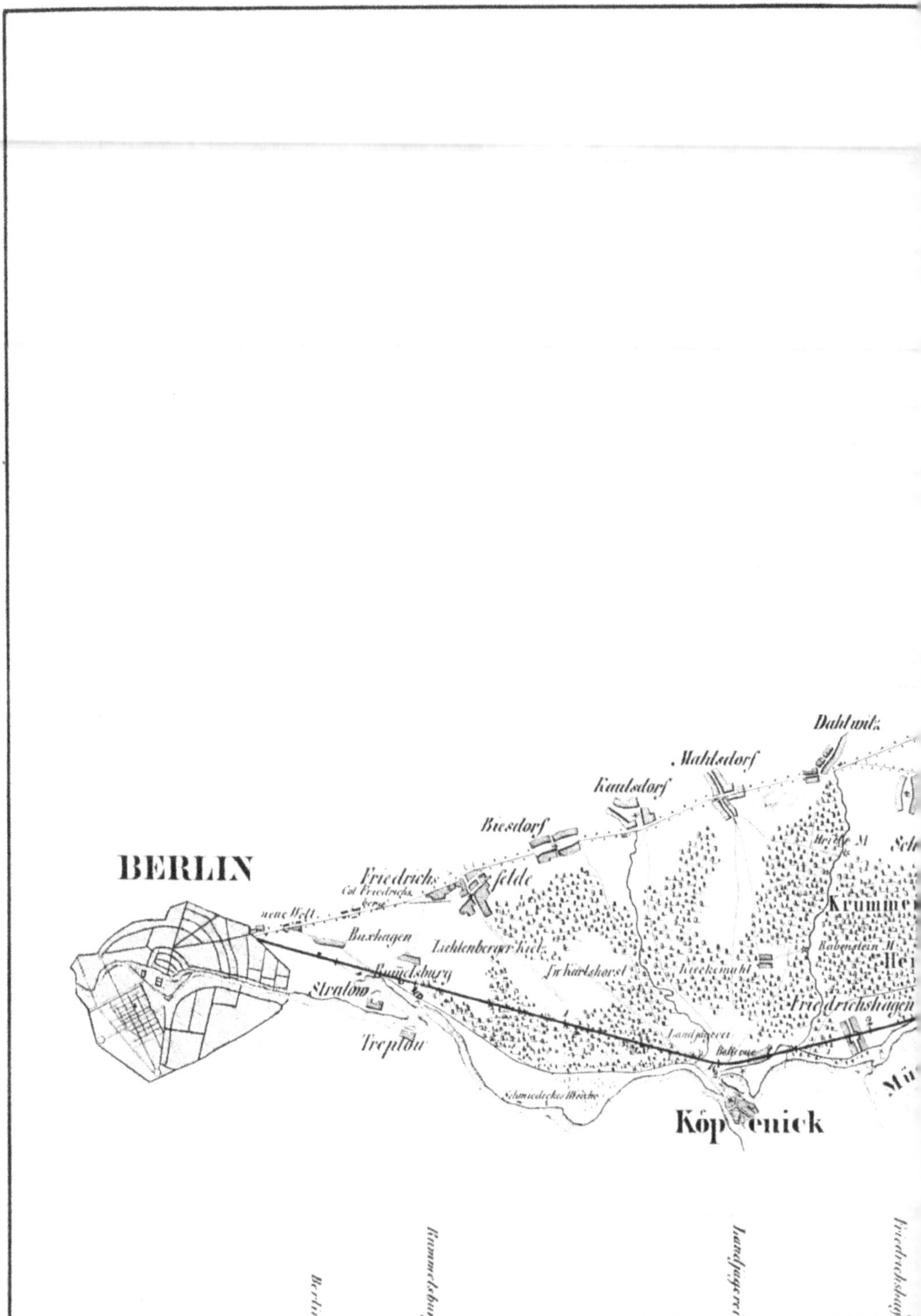

Entw. u. gez. durch Achilles.

Hennickendorf
Herzfelde
Tasdorf
Kagel
Kienbaum
Jankendorf
Hoppengarten
Wildemann
Rüdersdorf
Woltersdorf
Rahnsdorf
Schönebeck
Erkner
Hangelsberg
Spree Fl.
Profil der
2 Meilen

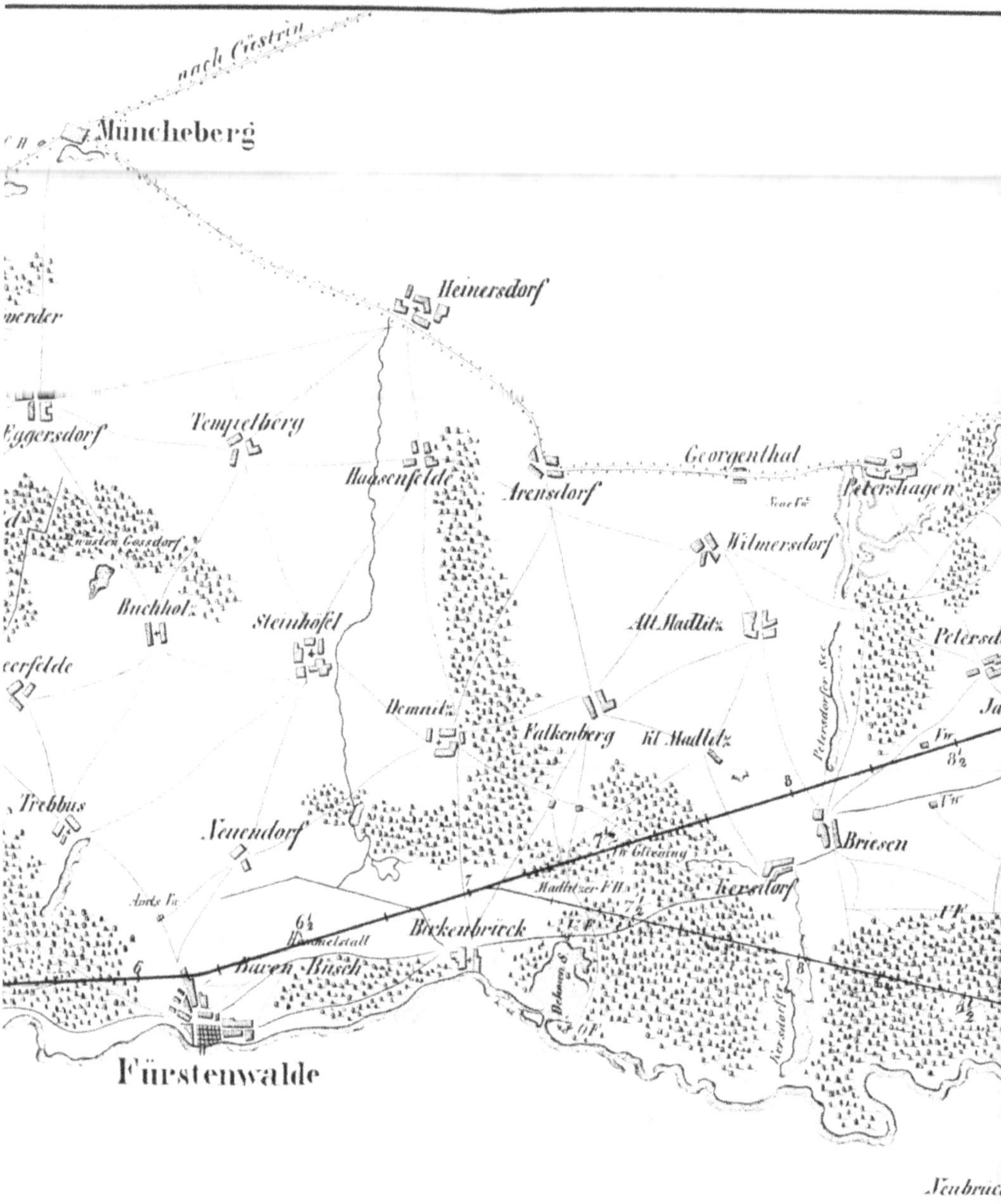

Linie von Berlin nach Frankfurth.

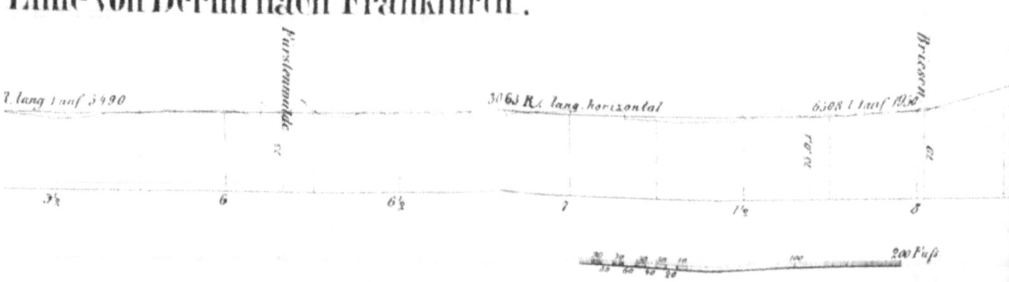

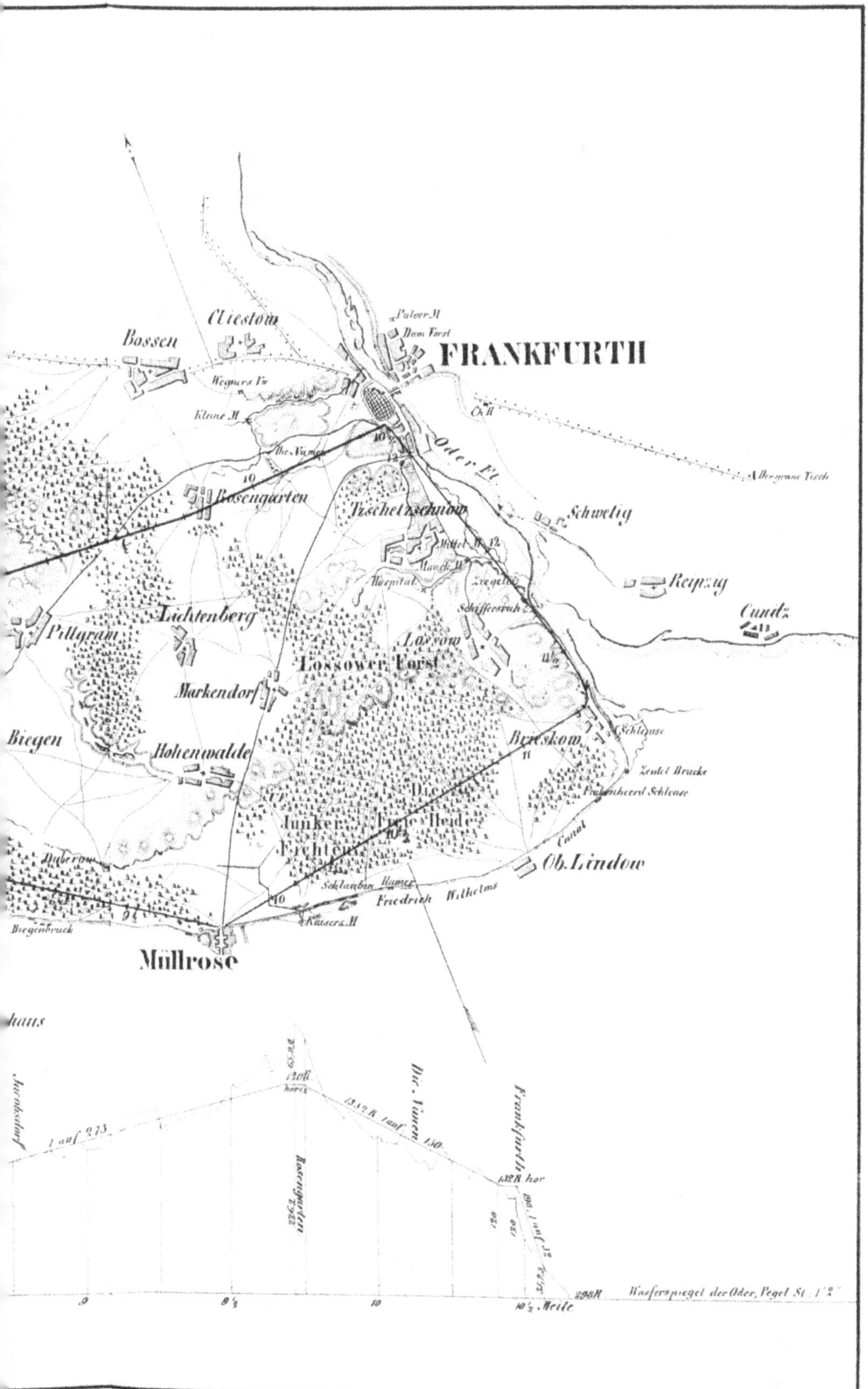

grav. v. C. G. Herwig.

Exercier Platz
der
Garde Artillerie
Invalidenhaus
Oranienburger
Vorstadt
Neue Thor
Casern
Exercier Platz
Circus
Thiergarten
Schul Garten
Friedrichs
Vorstadt
Carlsbad
Die
Bullen
Wiese
Hallisch Thor
Gasbeleuchtungs
Neu Schöneberg
Upstall
Weinberg
Der dustre Keller
Denkmal
Kreuz Berg
Tivoli

BERLIN.

Zur grünen Tanne
Lehm Pfuhl
Communications Weg
Verlorne Weg
Frankfurter Th.
Ch. H.
Neue Welt
Schlösschen
Eisenbahn hof
Buxhagen
Stralower Th.
Oberbaum
DIE SPREE
Meierei
Kupferwerk
Graben
Die Cölnische Heide
Zur guten Hoffnung

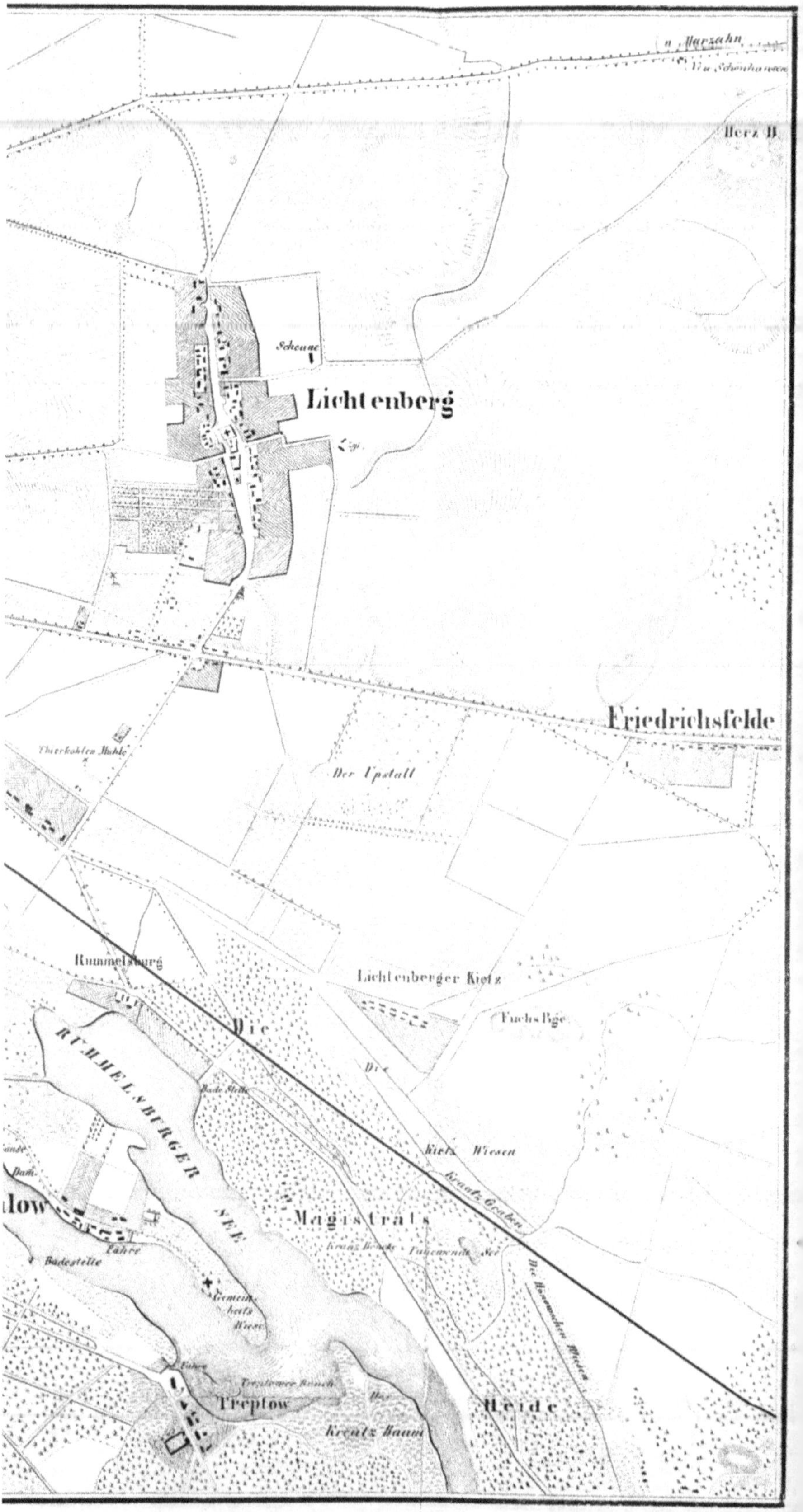

Lichtenberg
Scheune
Friedrichsfelde
Der Upstall
Rummelsburg
Lichtenberger Kietz
RUMMELSBURGER SEE
Die
Kietz Wiesen
Kraatz Graben
Magistrats
Heide
Treptow
Kreutz Baum
Badestelle
Fähre

FRANKFURT a. d. O.

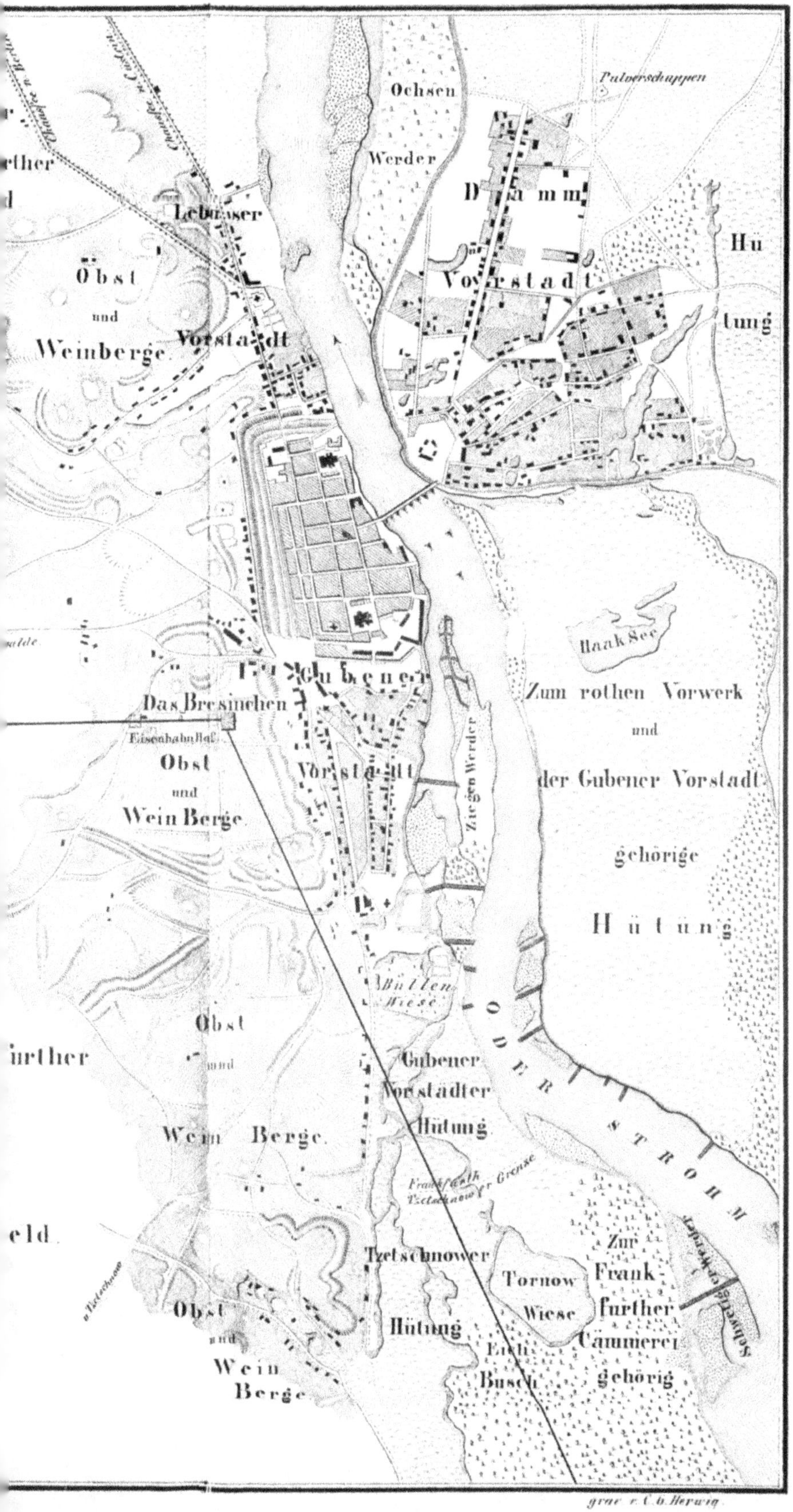

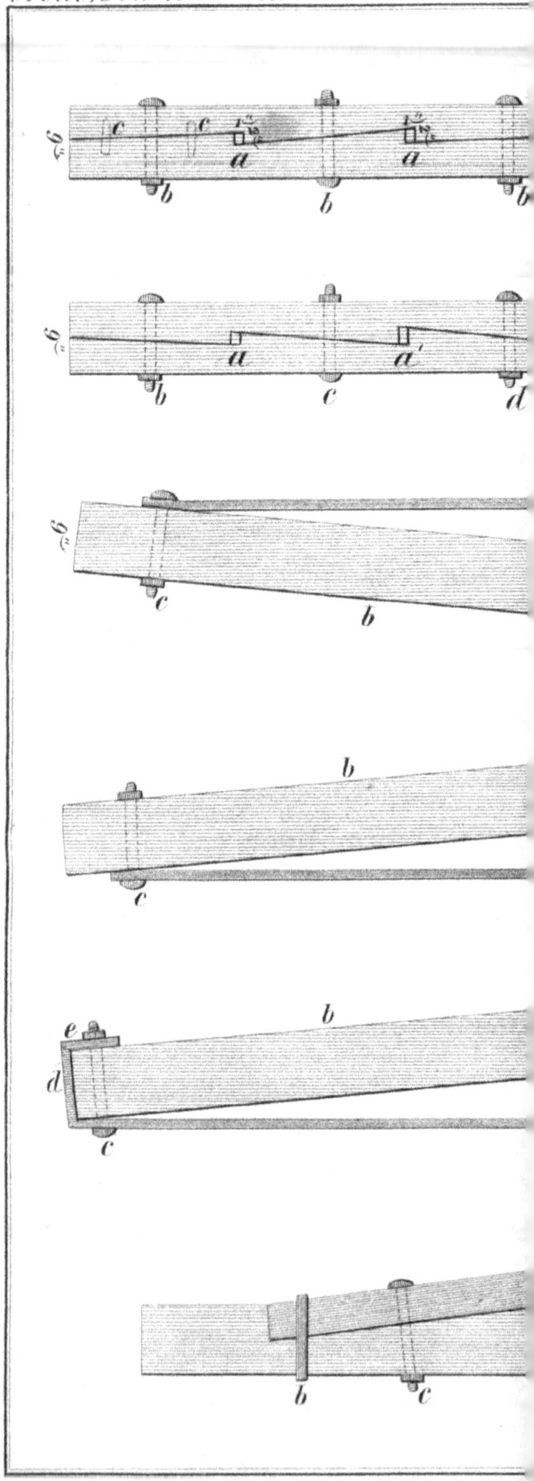
9"
c
c
a
a
b
b
b
9"
a
a
b
c
d
9"
c
b
b
c
e
b
d
c
b
c

TAF. III.

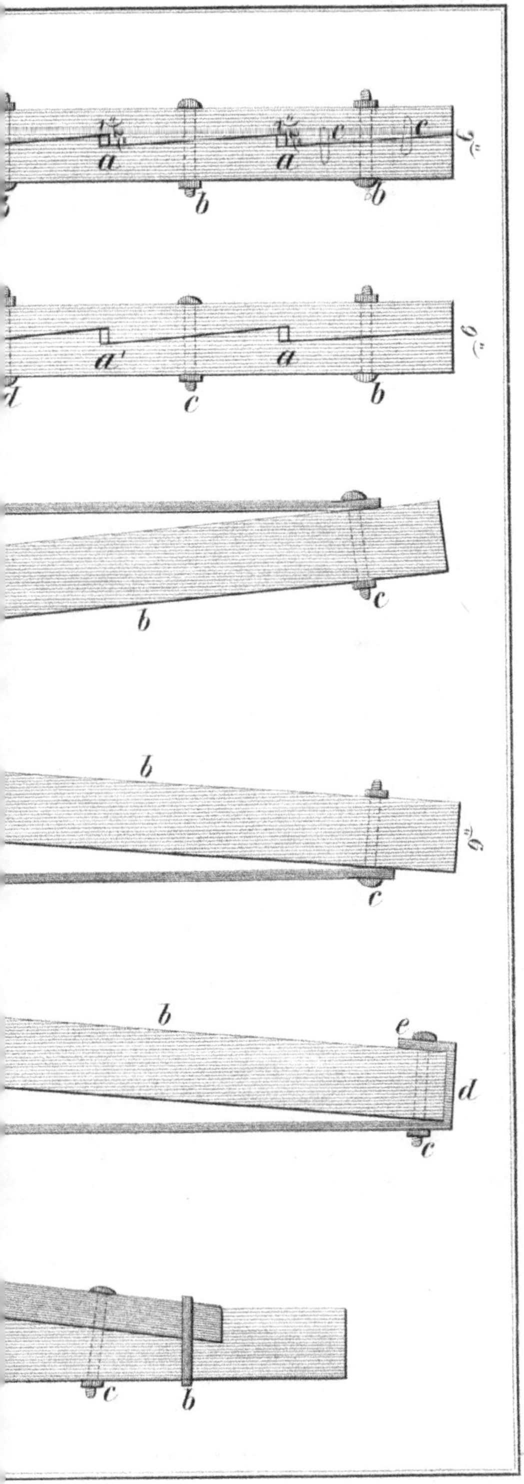

2.

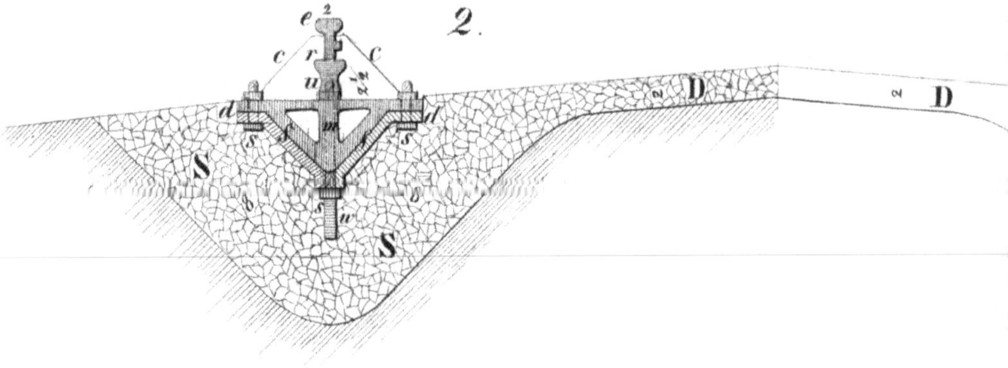

4.

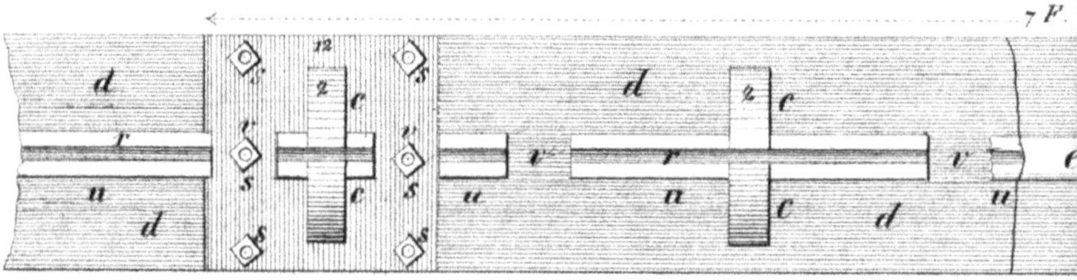

5.

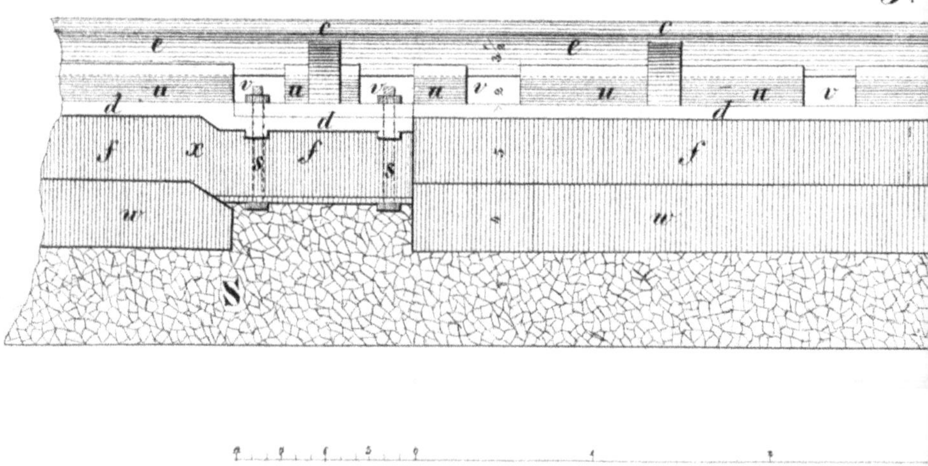

TAF. IV.

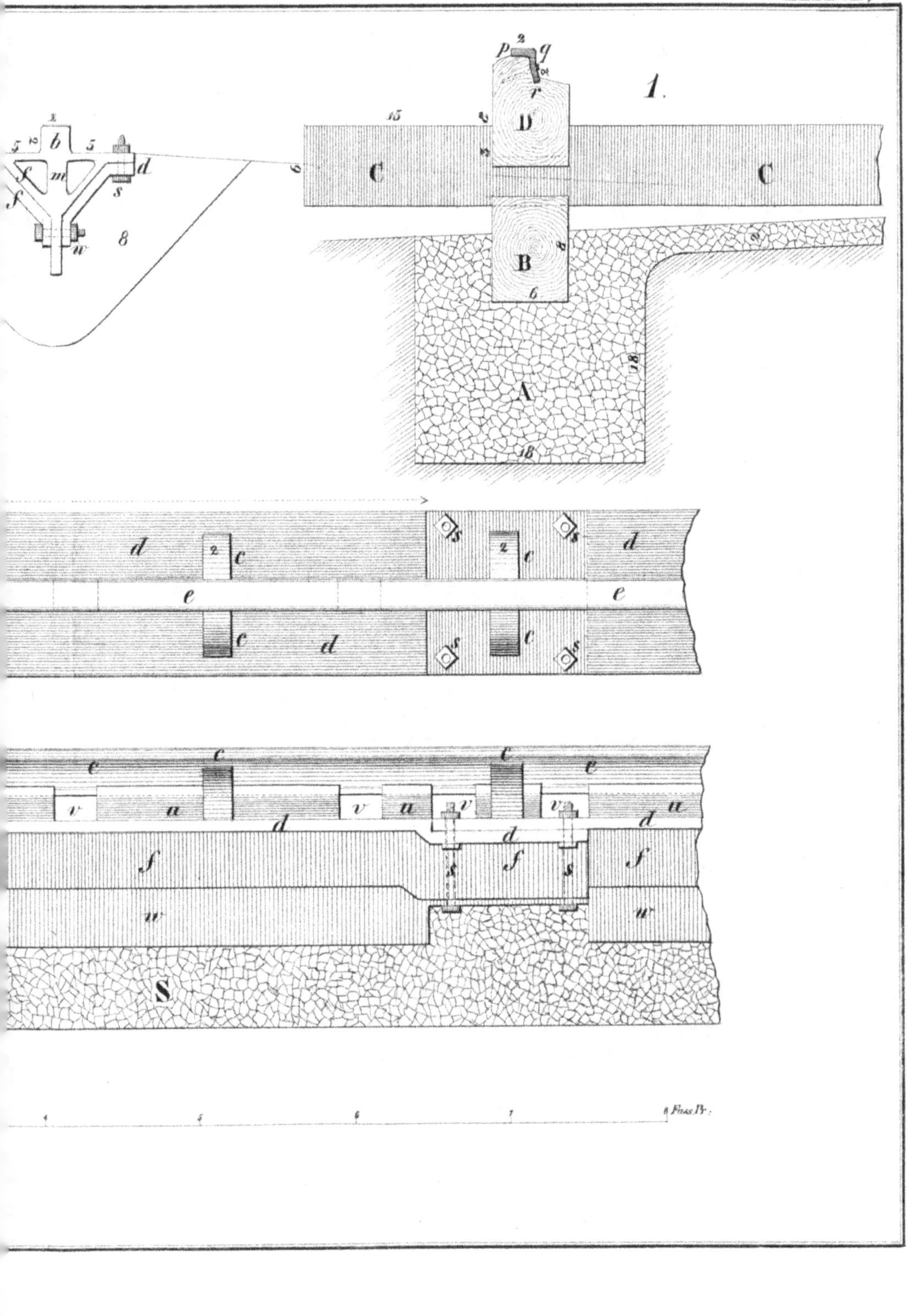

TAF. V.

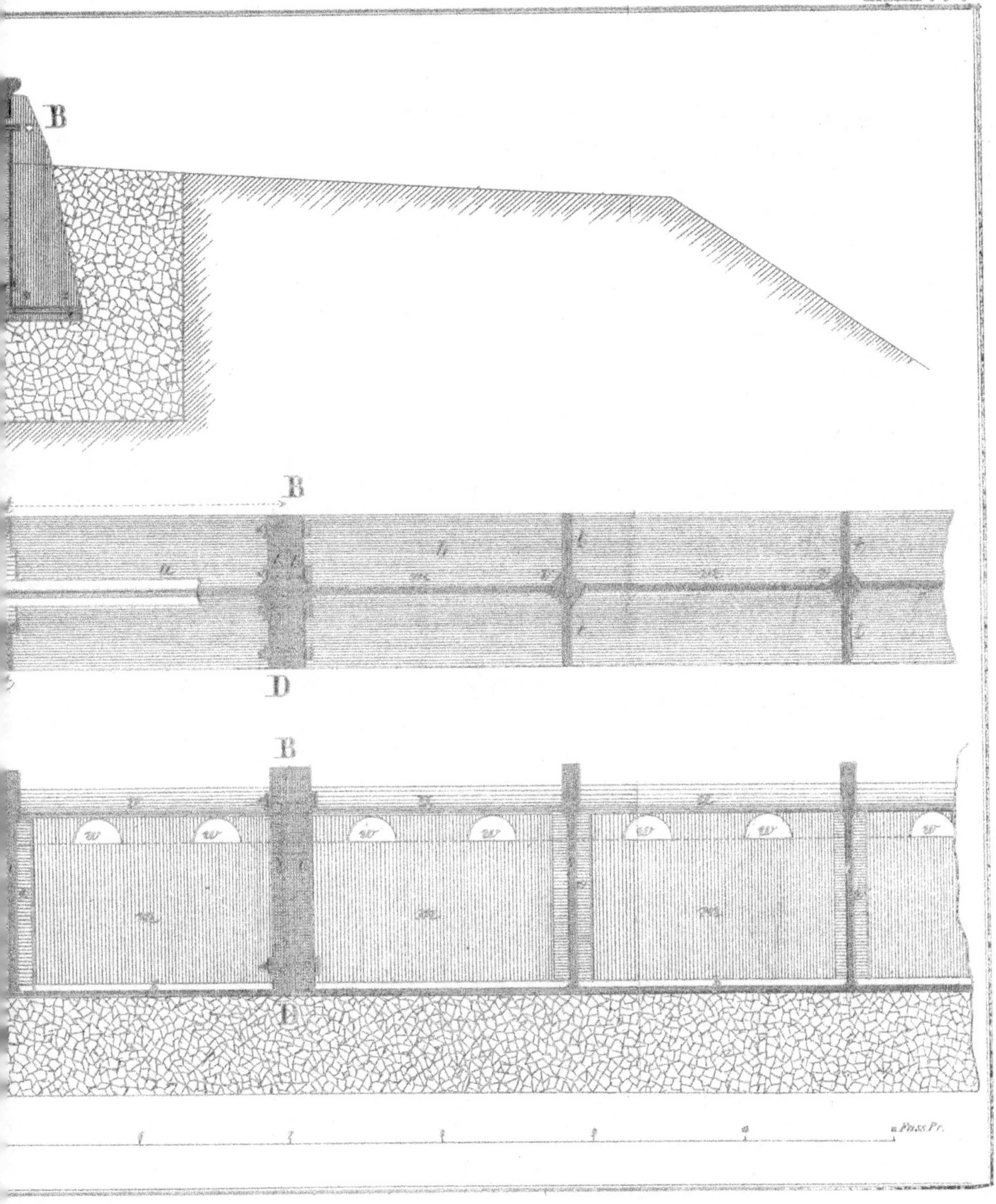

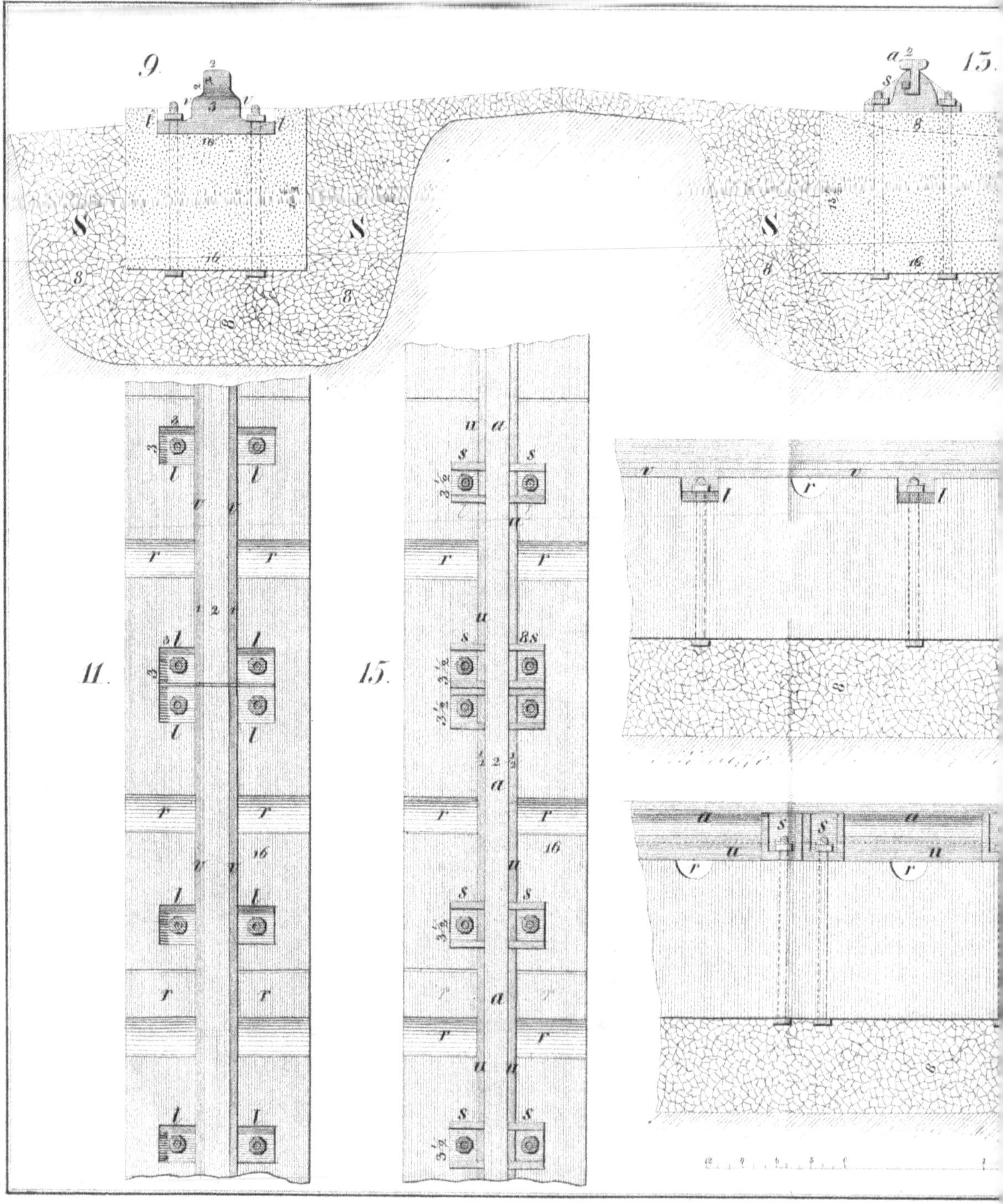
9.
13.
11.
15.

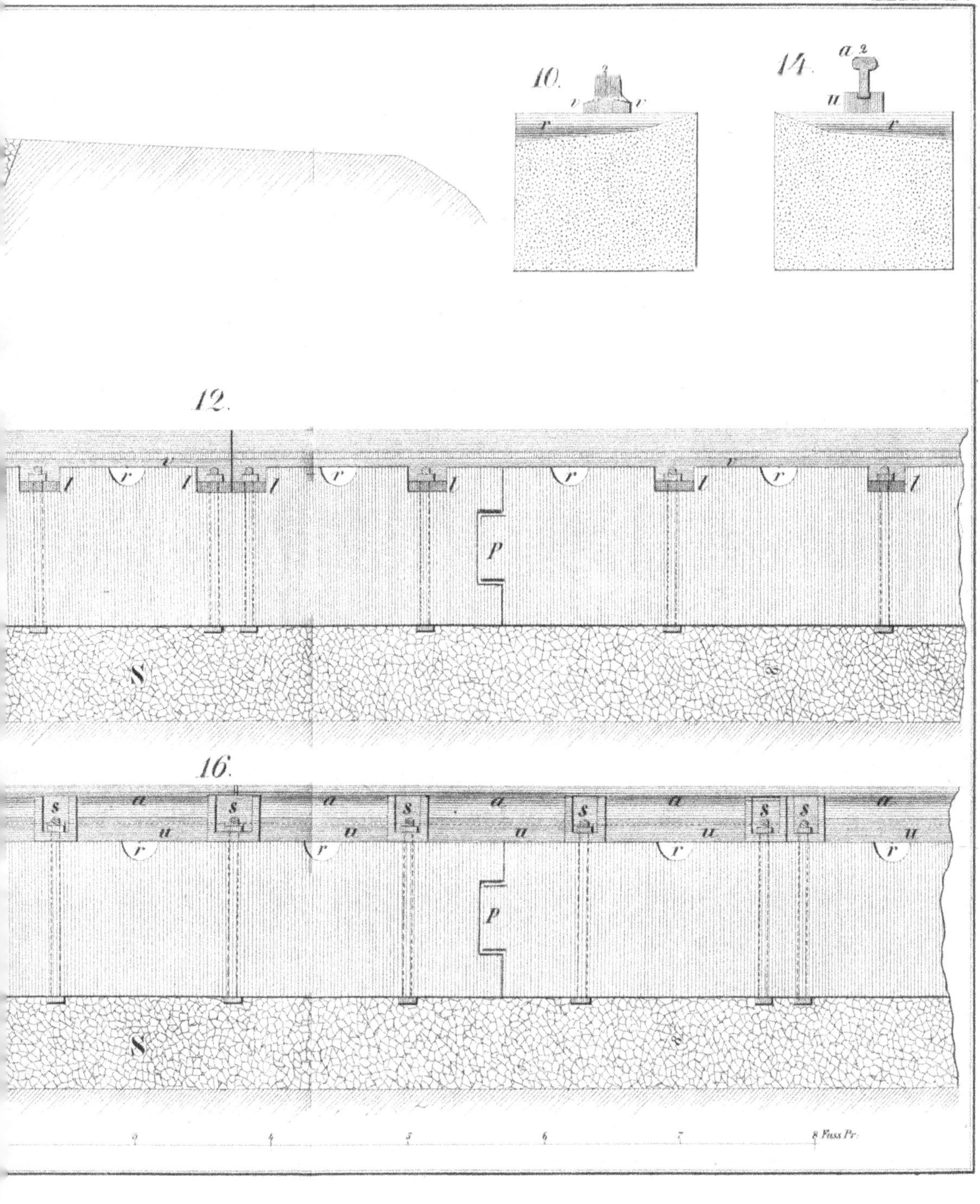

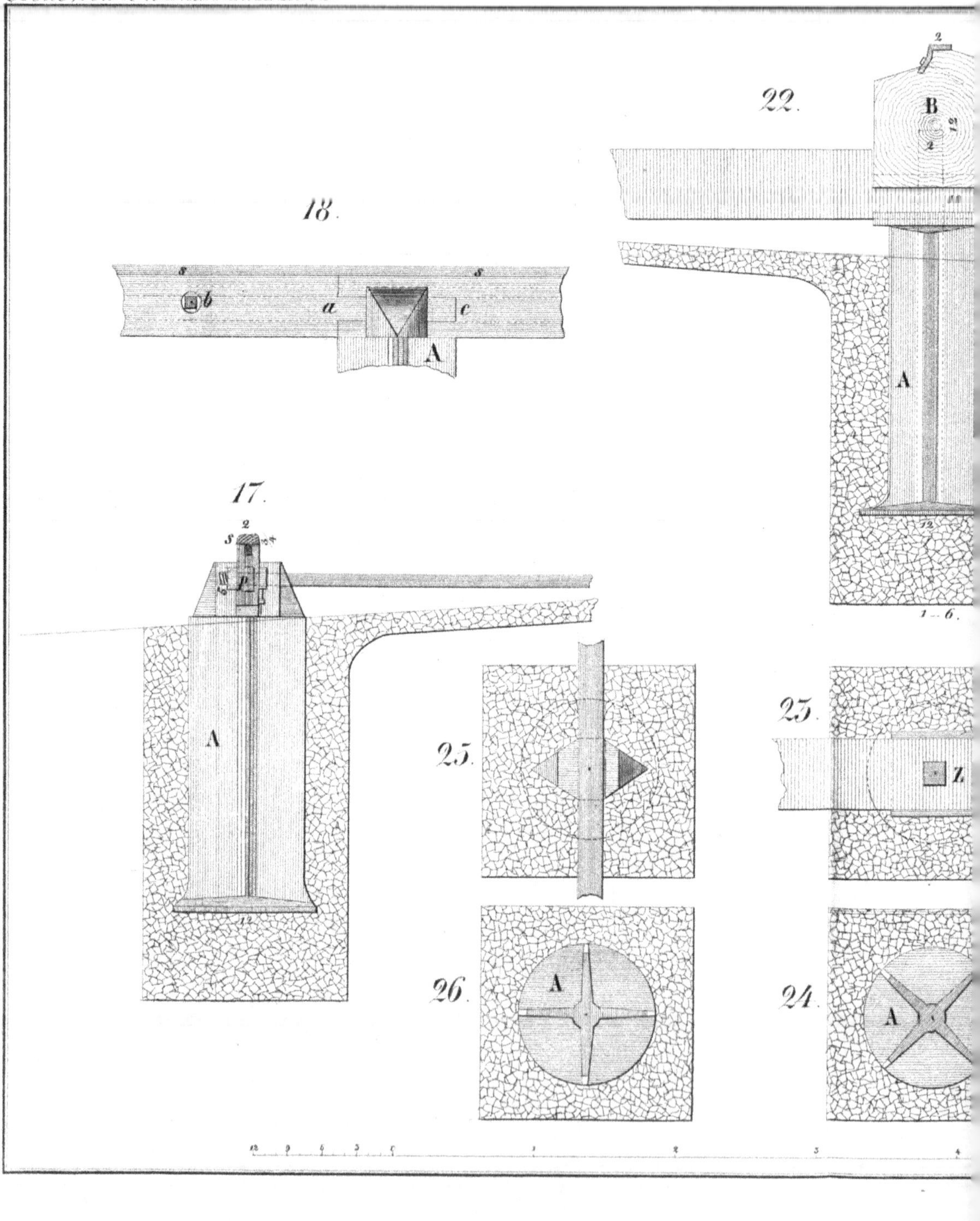
22.
B
A
18.
s
s
b
a
c
A
17.
2
s
P
A
12
1 - 6.
25.
23.
Z
26.
A
24.
A

TAF. VII.

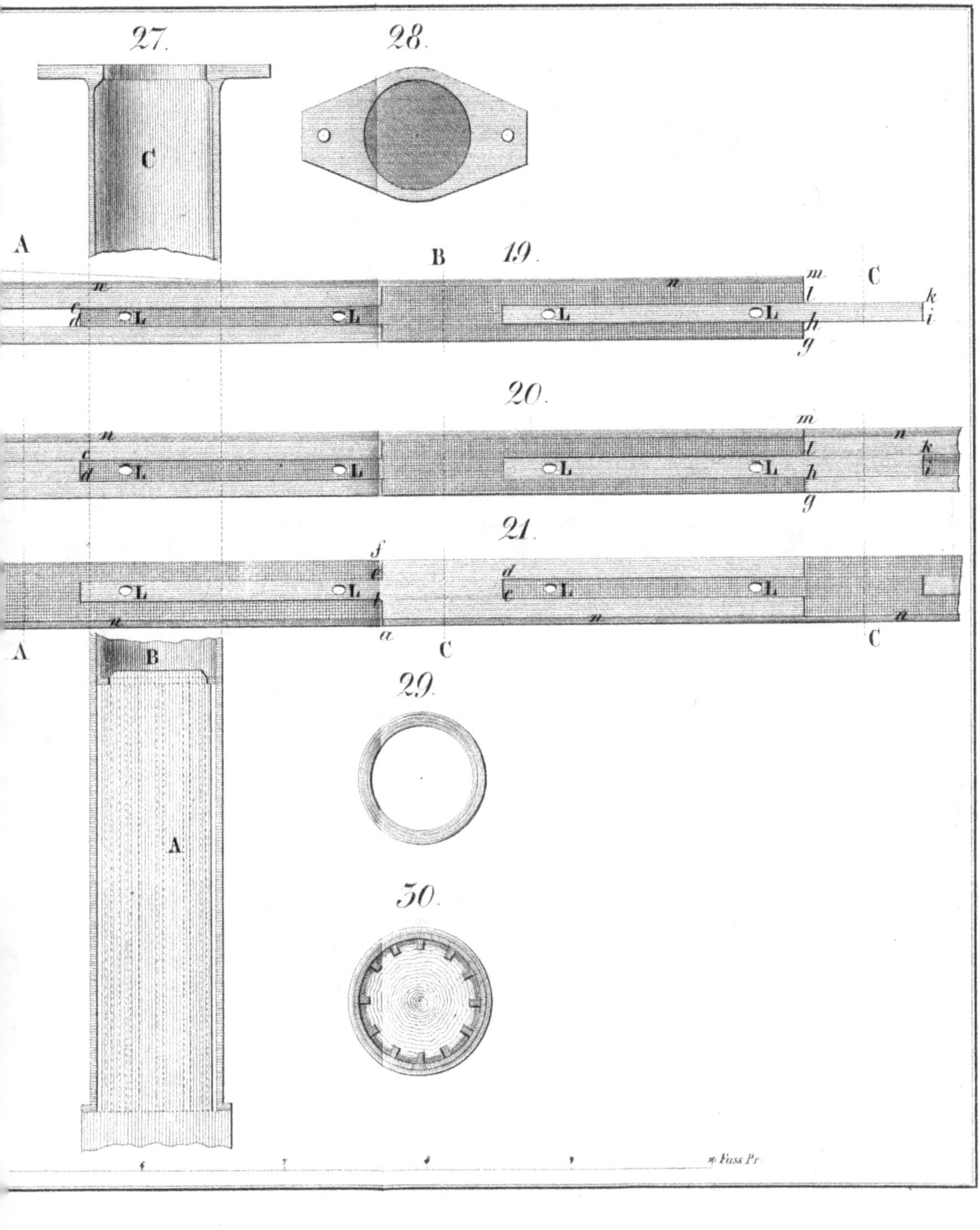

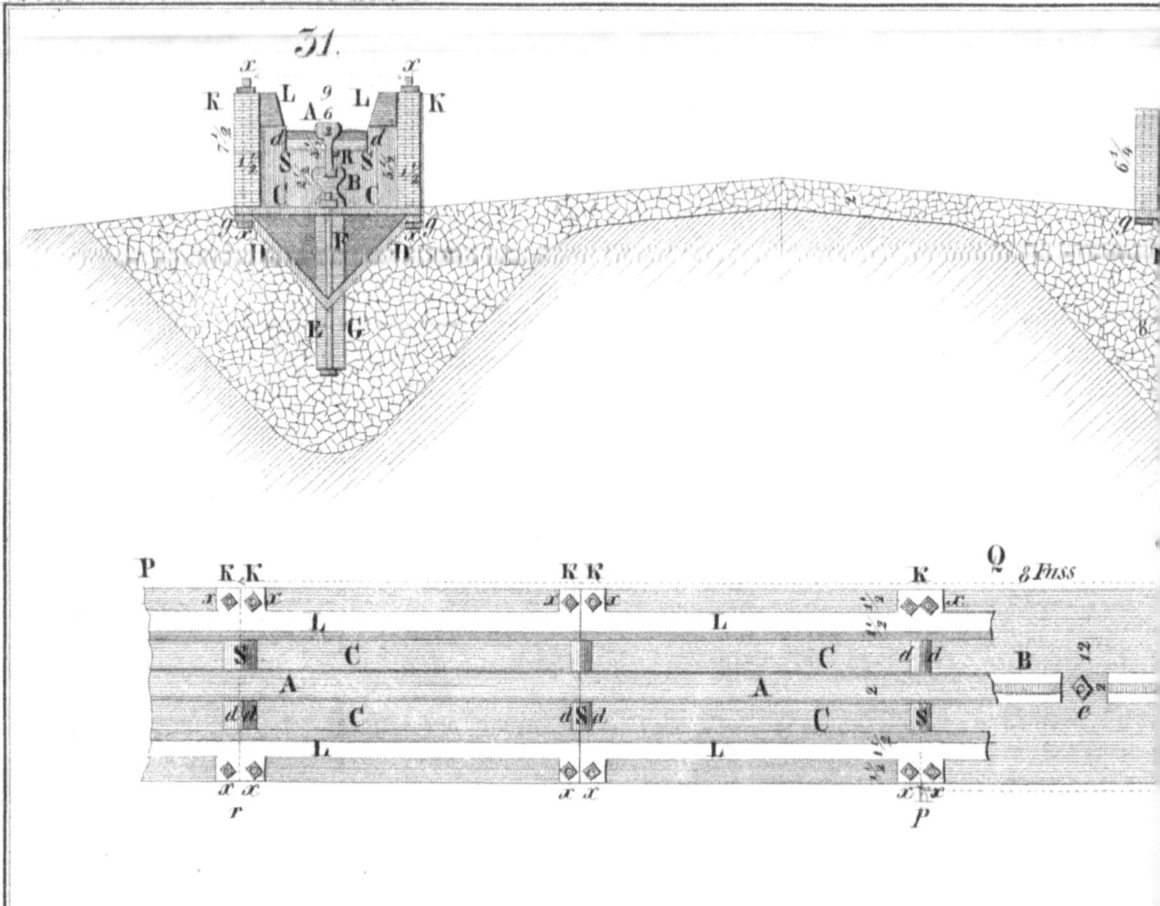
31.
8 Fuss

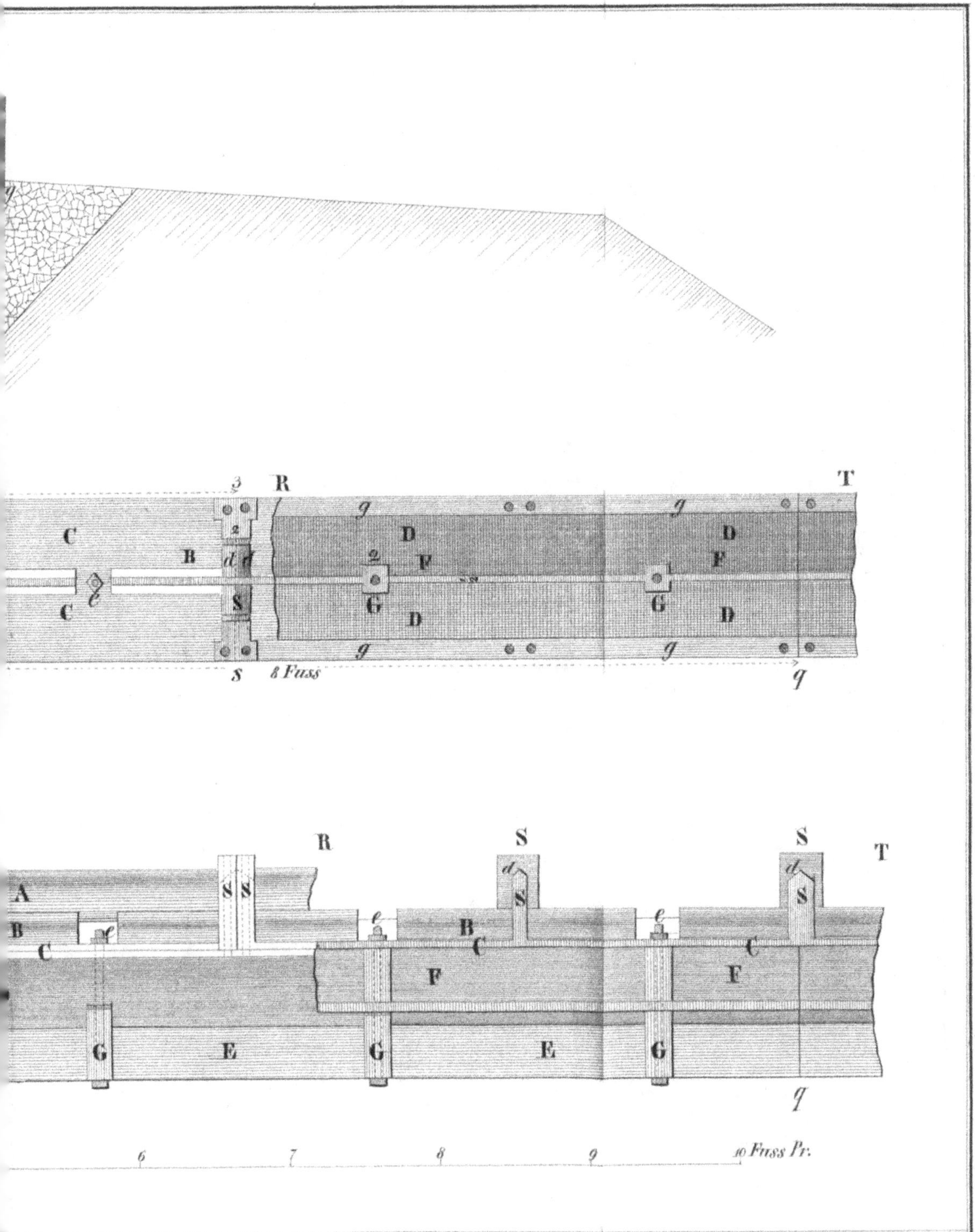
R
T
8 Fuss
R
S
S
T
6
7
8
9
10 Fuss Pr.

35.

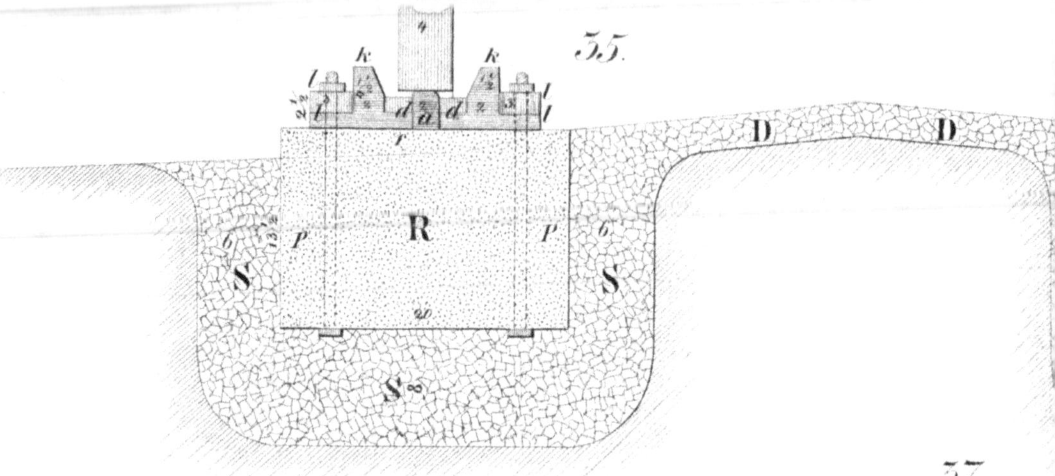
k
k
l
l
d
a
d
r
R
P
P
S
S
S
D
D

37.

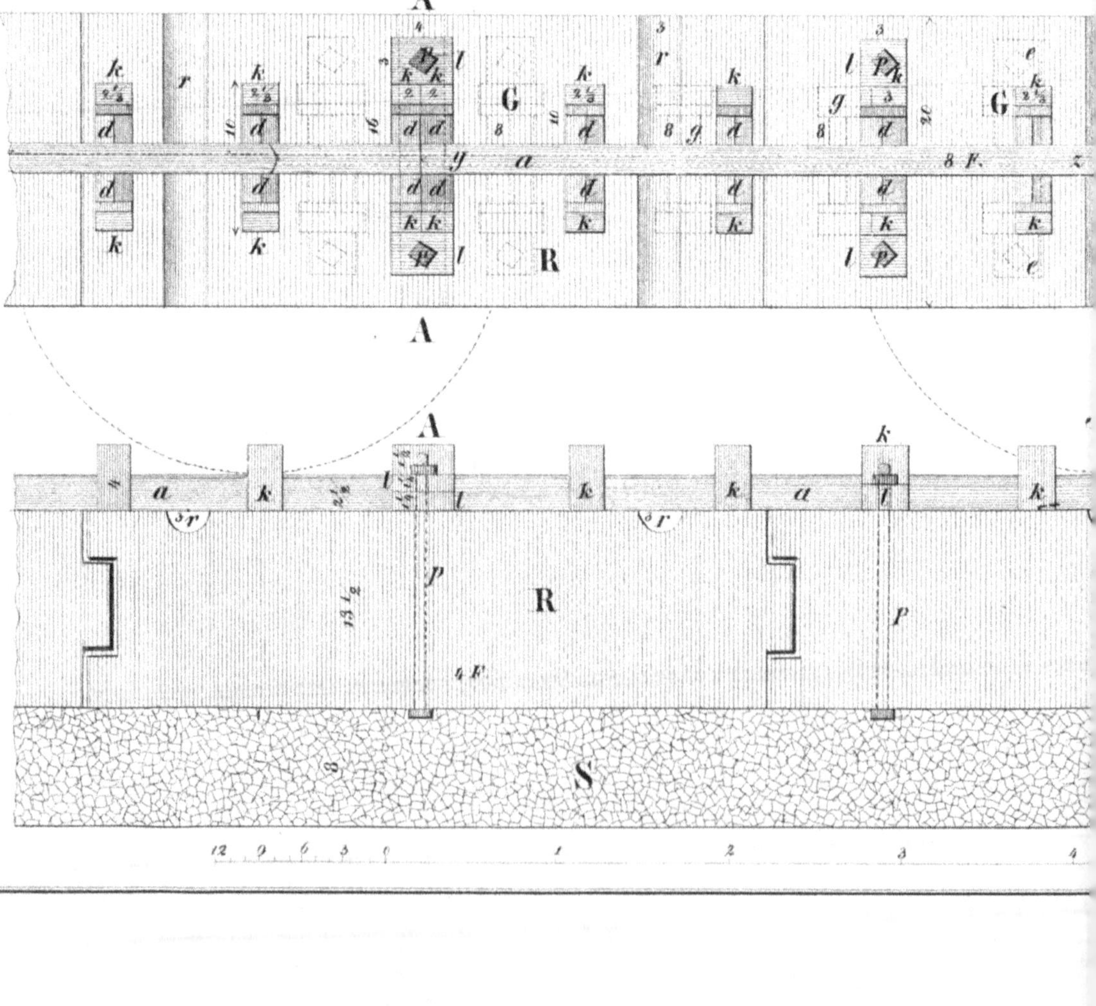
A
k
r
k
d
d
d
d
k
k
l
G
R
y
a
8 F.
z
g
A
A
a
k
k
k
k
p
R
p
4 F.
S
12
9
6
3
0
1
2
3
4

36.

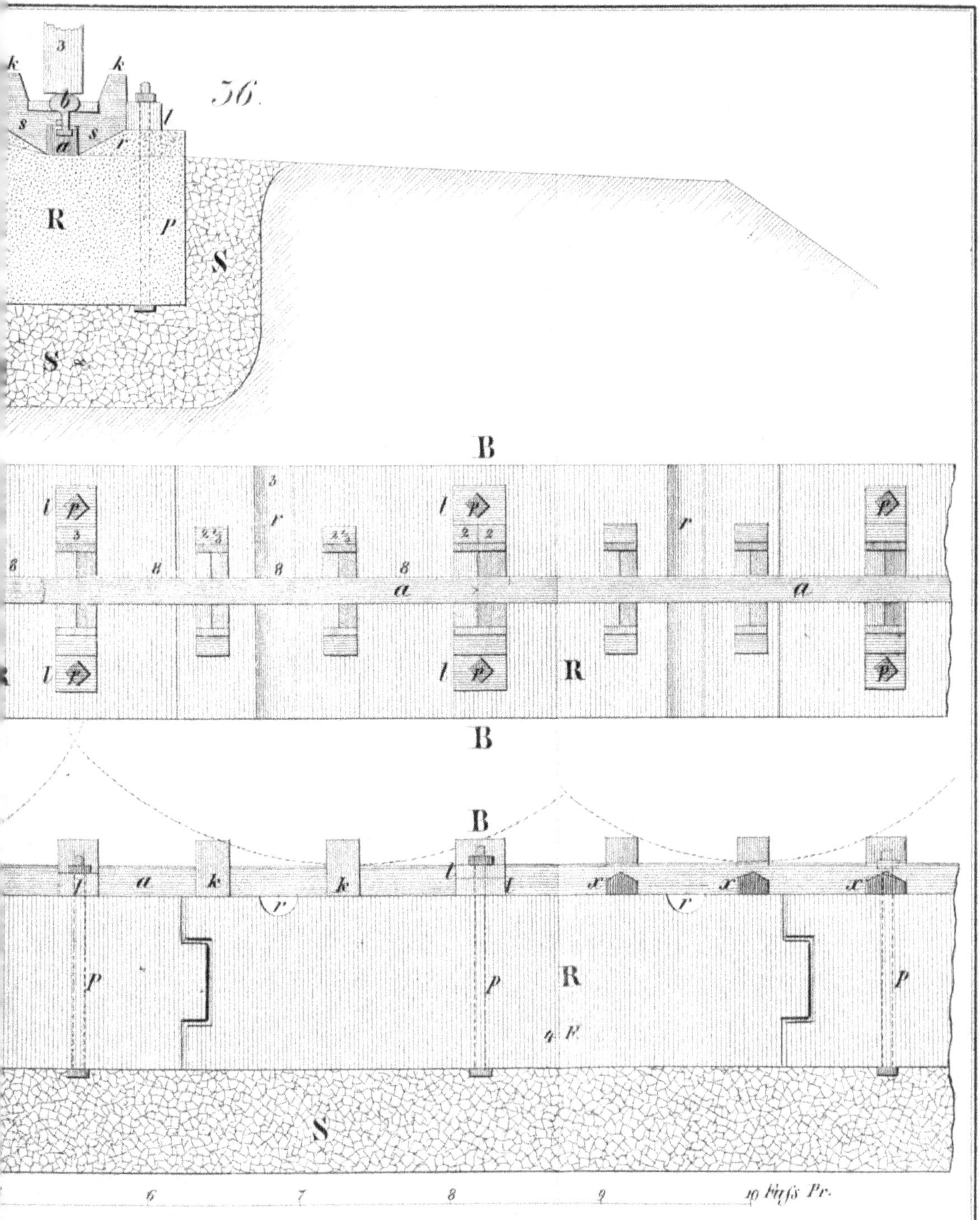

Herwig, litho.

www.ingramcontent.com/pod-product-compliance
Lightning Source LLC
LaVergne TN
LVHW080745300926
849162LV00008BA/1758